微服务治理

体系、架构及实践

李 鑫◎著

電子工業出版社
Publishing House of Electronics Industry
北京•BEIJING

内 容 简 介

微服务架构会给企业的整个研发体系，包括开发、运维、团队组织、协同，都带来冲击，企业必须构建起一整套以服务治理为核心、从线下到线上的新的能力体系来保障微服务架构顺畅落地。本书是作者在服务及微服务治理领域多年探索和实践的总结，从微服务的度量、管控和管理三个维度入手，力求构建一个覆盖微服务线上及线下的广义的治理体系。全书内容翔实，层次清晰，涉及服务治理的发展历史、难点和特点，微服务治理的关键技术，深度治理能力的构建等，还通过一个完整的涵盖指标采集、传输、存储、分析度量的实战案例，帮助读者掌握微服务治理的核心能力，并应用到实际工作中。

尤其难得之处在于，本书不仅系统讲述了微服务治理的方方面面，还包含大量作者亲历的真实案例，融入了其技术“世界观”和经验，深入浅出、耐人寻味。

本书适合架构师、技术管理者和有一定基础的技术人员阅读，尤其适合已进入或即将进入服务化和服务治理领域的相关人员阅读。希望本书能够为读者提供一些启发和指引，让大家少走弯路。

图书在版编目（CIP）数据

微服务治理：体系、架构及实践 / 李鑫著. —北京：电子工业出版社，2020.5

ISBN 978-7-121-38915-3

Ⅰ. ①微…　Ⅱ. ①李…　Ⅲ. ①互联网络－网络服务器　Ⅳ. ①TP368.5

中国版本图书馆 CIP 数据核字（2020）第 051914 号

责任编辑：董　英

印　　刷：北京天宇星印刷厂

装　　订：北京天宇星印刷厂

出版发行：电子工业出版社

北京市海淀区万寿路 173 信箱　　邮编：100036

开　　本：787×980　1/16　印张：27.25　字数：608 千字

版　　次：2020 年 5 月第 1 版

印　　次：2022 年 1 月第 2 次印刷

印　　数：5 001~5 600 册　　定价：106.00 元

凡所购买电子工业出版社图书有缺损问题，请向购买书店调换。若书店售缺，请与本社发行部联系，联系及邮购电话：（010）88254888，88258888。

质量投诉请发邮件至 zlts@phei.com.cn，盗版侵权举报请发邮件至 dbqq@phei.com.cn。

本书咨询联系方式：010-51260888-819，faq@phei.com.cn。

序 1

未来 10 年是各行各业数字化转型的关键 10 年。数字化转型将帮助企业打破原有 IT 系统的烟囱状布局，解决 IT 应用数据孤岛问题，实现数据集中管理共享，从而为企业降低成本、提高运营效率、加快产品创新提供平台和技术保证，使企业在市场竞争中获得优势。

为数字化转型提供保证的平台和技术就是我们常说的云化服务化数字平台，它通过云计算、大数据、物联网、移动互联网、人工智能等技术，把企业 IT 应用的公共能力统一，进行服务化改造，形成技术中台、数据中台、业务中台等一系列中台能力，并以服务的形式开放给各应用系统。这就涉及服务的定义、服务的架构设计、服务的开发、服务的治理等一系列问题。

李鑫在华为期间，是华为中间件团队从 SOA 向云分布式架构转型的重要参与者，是 PaaS 分布式服务化的主导者之一，曾基于运营商客户的应用场景，根据华为大型电信软件的系统要求，参与了华为分布式服务化的系统设计和软件开发工作，促进了华为软件分布式服务化技术的进步。

离开华为后，李鑫加入互联网公司，继续投入服务及微服务的探索和实践中，同时在国内各技术大会上积极分享微服务开发和实践的经验，向业界同行学习，与行业顶尖专家切磋。

本书是李鑫在服务及微服务上多年探索和实践的总结，内容翔实，层次清晰，涉及服务治理的发展历史、难点和特点，微服务治理的关键技术，深度治理能力的构建等，还辅以一个完整的实战案例。本书可以帮助读者掌握微服务治理的核心能力，并应用到实际工作中。

是为序！

陈沂洲

华为中间件团队原研发总监

序 2

有为而治

——平衡吞噬世界的软件之熵

任何系统的可持续发展都需要与之相匹配的治理能力。在人类文明演进的过程中，技术是第一生产力，管理则是不可或缺的软实力，两者刚柔相济，从而使得政治、经济、军事、社会形成高效可控的体系。进入 21 世纪以来，软件代码借由互联网、云计算、人工智能、VR/AR、物联网等技术正在“吞噬”整个世界，大规模复杂系统成为社会运转的基础设施。随着应用的功能不断增强，服务粒度越发精细，系统规模更加庞大，技术架构更加复杂，技术团队持续“膨胀”，软件之熵急剧增长，相应的治理体系在实践中迭代演进，日趋成熟。

大平台、微服务架构之下，服务治理能力至关重要。衡量系统成熟度的主要标准是非功能性指标，如稳定性、安全性、可维护性、可扩展性等。系统架构从单体到分布式，再到微服务、云原生，甚至混合云，管理复杂度显著提高。解耦分治的系统更需要全局维度的服务治理能力，且必须依靠系统管理系统，实现代码即文档，系统即规范。千里之堤，溃于蚁穴，一旦有所忽视，不能以规范化、过程化、数据化有效地治理，系统就将迅速腐化，轻则留下技术债务，重则沉疴难起，无药可救。软件系统固然有其生命周期，但因治理失效导致不可持续则无疑是一种失败。

李鑫老师将他在微服务治理领域多年实践的心得结集成书，填补了这方面技术图书的空白。李鑫老师从业十余年，历经数个行业，在多个领域都拥有丰富的实践经验。我有幸与他在当当共事，合作重构项目，结下了深厚的革命情谊。李老师非常热情，乐于分享，在很多技术大会上分享技术“干货”，特别受欢迎，多次获得“最佳讲师”的荣誉称号。更为难得的是他一直深入钻研技术，公众号自称“土狼”，可见骨子里自有“狼性”。本书专注于服务治理，内容系统全面，涵盖发展历史、体系构建、实例详解。如果你的系统越来越乱，那么可以借鉴本书，重建治理体系，由乱而治。如果你的系统刚刚起步，那么本书能够让你少走弯路，从一开始就兼顾治理，让一切尽在掌握。诚然治理也有成本，需与实际收益匹配，合适的才是最好的，过犹不及。水火相济，阴阳相契，平衡乃中庸之道的最高境界，做系统须有系统化思维。

作为系统创造者，面对软件之熵，当制之以衡、行之有度，使之增减有序，有为而治，方显能者本色！天高海阔，大有可为，而修齐治平，当身体力行，与诸君共勉！

史海峰

公众号“IT 民工闲话”作者，贝壳金服小微企业生态 CTO

前　　言

近几年，微服务的热度居高不下，企业纷纷向微服务架构转型。但是大部分企业缺乏服务治理意识，以为所谓的微服务化就是简单地引入一套微服务框架，对微服务架构给整个研发体系带来的挑战预估不足，导致在开发、运维、测试、团队协同领域都遭到了微服务的“反噬”，其结果是研发效率和质量不升反降，转型之路备受质疑。毫不夸张地说，服务治理能力的缺失是企业将微服务架构从“能用”做到“好用”的最大的“拦路虎”。

我最早接触服务治理这个概念大约是在 2006 年。当时我主要从事金融、电信、政府相关的企业级项目开发工作，与 IBM 公司有大量的接触，得以深入了解 IBM 公司面向 SOA 所提出的 SGMM 相关标准和规范。对服务治理的第一印象是其涉及的领域太广，水太深，就像一场“暗夜长征”，只有找到正确的治理方向，才能坚持到底，看到胜利的曙光。随着工作的变迁，我陆陆续续在导航、航空、电商等行业中从事了一些服务化和服务治理相关的设计及开发工作，但不是特别成体系。直到去了华为，当时华为电软开发了自己的分布式微服务框架 DSF，但在推广过程中遇到了线上服务运维管控、线下开发效率、交付质量等一系列相关问题和挑战，迫切需要进行服务治理。作为项目的总架构师，我全程领导了治理项目及配套的研发工具套件集的架构设计和开发落地工作。这是我真正意义上全面主导一个服务治理技术体系的构建，从这个项目中我收获了非常多的经验和教训，并形成了个人面向微服务治理领域的完整技术体系。

从 2017 年开始，我在 QCon、ArchSummit 等技术大会及线下技术沙龙上做了一系列关于服务化和服务治理的技术分享与交流，也给一些企业提供了服务治理的咨询服务。在一次深圳的技术大会上，碰到了电子工业出版社博文视点的董英老师，由于目前市面上还没有系统讨论微服务治理的专业书籍，董老师劝我写一本这方面的专著。当时自感写书责任重大，只是谨慎表示会好好考虑，但写书的想法已经萌生了。

在其后的半年多时间里，我不断思考这本书的大纲，如何写才合适呢？微服务治理是一个完整的体系，不只是技术和经验的拼凑，想要讲清楚微服务治理，就应该展现体系全貌。因此本书从微服务的度量、管控和管理三个维度入手，力求构建一个覆盖微服务线上及线下的广义的治理体系，同时将我的技术“世界观”和经验融入其中。基于此，我规划了全书的大纲，于2018年年底正式开始了本书的写作之旅。

我平时也写一些公众号的文章，但真正动笔写书的时候才发现，写书和写公众号完全是两回事。写书在体系性和严谨性方面要求都更高，我需要阅读大量文献资料，结合自身经验和认识，总结知识、提炼观点，再形成体系，对所写内容反复斟酌、小心求证，尽力做到表述精准。写书的过程也是对自己的知识体系全面深入梳理的过程，它让我在服务化和服务治理这个领域的技术“世界观”不断完善并趋于完整。整个过程就是精神和体力上的“双重马拉松”，虽然很辛苦，但我很享受这个过程！这是我对技术社区进行反哺的一步，我相信这绝不会是最后一步。

本书结构

- 第 1、2 章全面阐述服务治理的发展历程，以及“大平台、微服务”架构下服务治理的难点及特点；提出由微服务的度量、管控及管理构建起一个三位一体的闭环体系，从而综合解决微服务全生命周期的现实治理问题；同时阐述治理体系所涉及的相关细分领域及技术能力。
- 第 3、4 章重点介绍微服务的线上治理能力；通过微服务治理的度量指标体系及指标采集、存储、分析手段构建微服务度量能力，并在此基础上，通过微服务的健康度分析、故障定界定位、容量规划、根因分析、趋势预测等来构建针对微服务的“看”的能力；通过限流、降级、容错、弹性伸缩、安全管控等手段来构建微服务的“管”的能力；同时通过应急预案、故障演练、混沌工程等来提升线上微服务的可靠性。
- 第 5 章介绍通过 APM 及动态调用链跟踪来提升微服务的监控及度量能力。
- 第 6 章介绍微服务深度治理能力的构建，将微服务的治理“延升”到架构、开发、测试、运维、团队协同等各个领域，从而实现微服务架构在组织中从“用得了”到“用得好”的提升；同时将服务治理能力反哺给业务，实现技术和业务的良性互动。
- 第 7、8、9 章是实践部分，通过一个完整的涵盖指标采集、传输、存储、分析度量的实战案例引导读者深入地理解微服务治理的度量能力的构建。

读者对象

本书适合技术管理者、架构师和有一定基础的技术人员阅读，尤其适合已进入或即将进入服务化和服务治理领域的相关人员阅读。希望本书能够为读者提供一些启发和指引，让大家少走弯路。

示例源码

本书相关示例源码可以在 GitHub 站点下载：https://github.com/longlongriver-storm/microservice-governance。

致谢

在写作本书的一年多时间里，我基本没有节假日和业余休息时间。在此感谢家人，是他们给予我的包容和全力支持让我得以专心写作。尤其要感谢我的爱人，除照顾我的生活外，还帮我做了大量的文章校对及内容梳理工作，没有她的支持和鼓励，我是无法完成本书的。

感谢电子工业出版社的董英老师和相关工作人员为本书的出版付出的努力。

目　　录

第 1 章 服务及服务治理发展简介

1

1.1 IT 治理与服务治理的关系

IT 治理的概念最早是由 IBM 引入中国的，所谓“治理”，在《汉语大词典（简编本）》中的解释是“整治、修整”，从字面上看包含了对被治理对象的问题梳理及改进优化的意思。按此理解，企业 IT 治理可以理解为对企业 IT 问题的梳理及改进优化。目前业界比较普遍认同的定义是：IT 治理是描述企业或政府是否采用有效的机制，使得 IT 的应用能够完成组织赋予它的使命，同时平衡信息化过程中的风险，确保实现组织的战略目标的过程。

IT 治理本质上是为业务服务的，治理的最终目标是保证企业 IT 能力建设能够适应企业业务的变化发展，为业务保驾护航，而不是“拖后腿”。图 1.1 比较形象地描述了企业业务与 IT 治理的关系。

IT 治理规定了整个企业 IT 运作的基本框架，涉及 IT 的所有方面，包括 IT 组织治理、IT 管理效能治理、IT 架构治理、基础资源治理、应用/服务治理、数据治理等领域的治理。

服务治理是 IT 治理的一部分，它重点关注服务生命周期的相关要素，包括服务的架构、设计、发布、发现、版本治理、线上监控、线上管控、故障定界定位、安全性等。

在服务的架构体系中，由于服务的提供者和服务的使用者分别运行在不同的进程中（甚至在不同的物理节点上），并由不同的团队开发和维护。团队的协作和服务的协同，都需要进行大量的协调工作。协调工作越多，复杂度越高。任何事物，一旦有了复杂度，治理的需求就会随之而来，通过治理，为协调工作立规范、打基础并时时监控，不断提高协调的效率，以期降低复杂度，规避风险，这就是服务治理的由来。

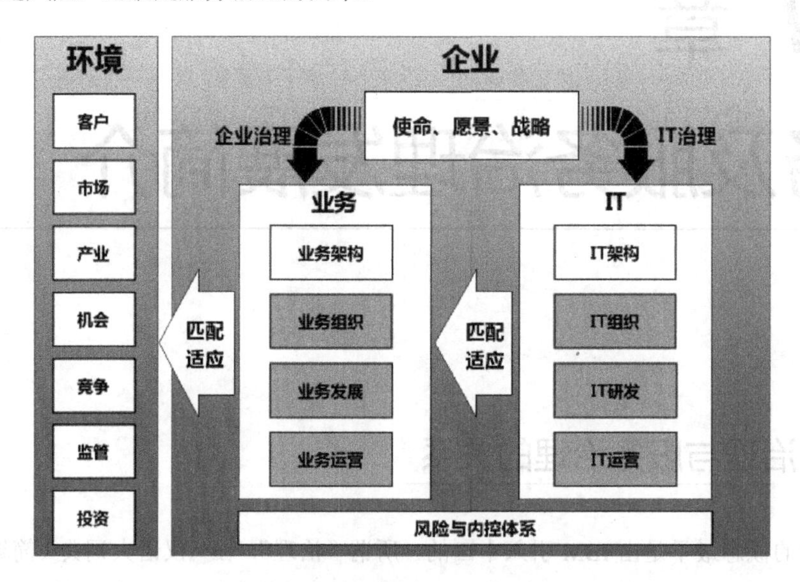

图 1.1　企业业务与 IT 治理的关系

1.2　服务治理发展历史

1.2.1　单体架构及治理

1.2.1.1　单体架构的进化

一个系统的发展壮大总是由其业务驱动的，系统的访问量、数据量、业务的复杂度直接决定了系统的应用架构。一个小网站系统或一个普通的企业 Web 应用在访问量和数据量较小时，往往所有的功能模块都打包在一个工程中，并最终发布为一个部署包（Java 中是 war 应用包），并部署在一个 Web 容器中运行，如图 1.2 所示。

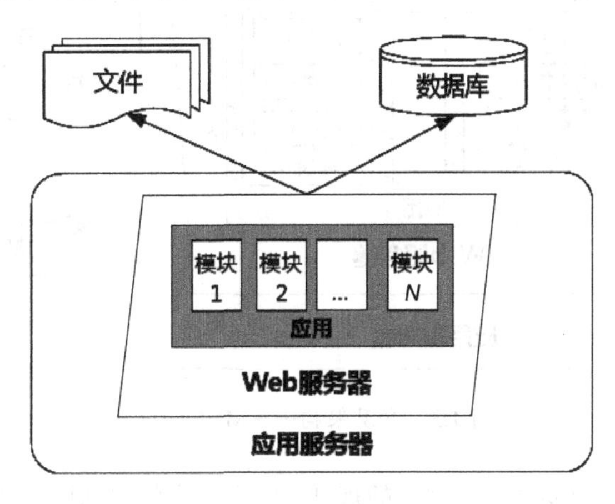

图 1.2　单体架构

随着业务的发展，系统越来越复杂，有的开发人员习惯在 JSP 页面上实现所有的功能，有的开发人员则注重把一些通用功能抽取为 JavaBean，不同开发人员的不同开发风格会给系统的维护带来严重的影响。这时候，我们开始思考对功能模块进行分层设计，以便对功能模块的设计提供统一、易于维护的标准模式，这样也能让系统内部单个模块的设计有效地解耦。在分层设计中，应用最普遍的是 MVC 设计模式，最典型的 MVC 是 JSP + Servlet +JavaBean 的模式，但这种组合的约束性太弱，不易形成统一的规范。对于模式的应用，最好的途径莫过于直接使用一些基于模式设计的、具有一定约束性的框架（Framework），利用别人搭建的舞台（Framework）来进行表演（开发应用）。这个时期很多公司都在开发并分享自己的框架，大浪淘沙，最终慢慢沉淀下来一些设计合理、普及性广泛的框架，比如 Java 中的 Struts1/2、Spring MVC，Go 中的 Django、Ruby 中的 Rails 等。

基于这一类的 MVC 框架，将模块内偏向展示的部分抽取成独立的视图层（View），将负责请求处理流转控制的业务代码独立为控制层（Control，也叫活动层），为了防止控制层太重，还可从其中将负责具体业务逻辑的代码抽取为一个独立的服务层（Service），以集中操作文件、数据库等资源。各层之间弱耦合，只有一个统一的业务模型（Model）贯穿前后。这样，一个功能模块的开发就可以分别由团队内的不同人员（UI 设计师、前端工程师、服务端工程师）负责，这是系统微观方面的拆分，如图 1.3 所示。

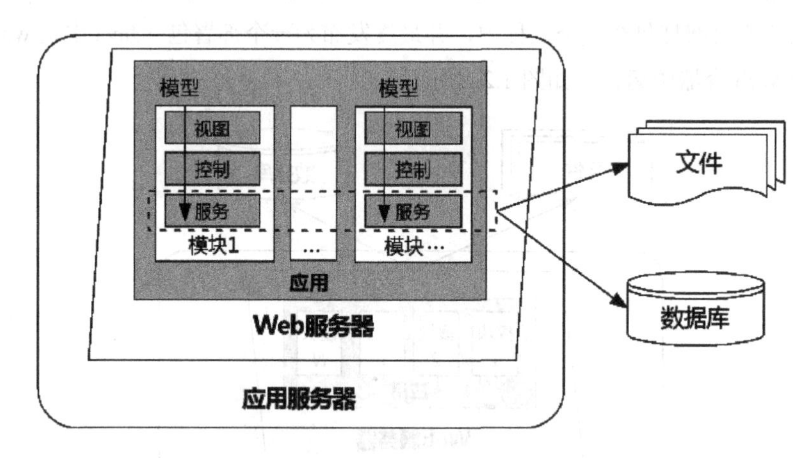

图 1.3　分层架构——MVC 分层

使用 MVC 框架，一定要遵守该框架的规则，它有一定的强制性。MVC 框架使应用程序输入、处理和输出分开。使用 MVC 的应用程序被分成三个核心部件：模型、视图和控制器（可以从其中再隔离出服务），它们各自处理自己的任务。

单体应用的开发和调试都很简单，部署也相对容易，只要控制好 Session 在不同节点的共享问题（可以采用前端 Cookies 缓存数据，也可采用后端的数据库或统一缓存中心来缓存数据），只需要把打包应用复制到服务器端，再结合负载均衡器就可以轻松实现应用的扩展。在早期，这类应用运行得很好。由于系统架构及部署架构都比较简单，治理方面的需求并不强。

这个时期的复杂度，主要来自于系统功能不断扩充后，系统膨胀导致的开发复杂度上升，这个复杂度既体现在单个功能模块的前、后端的耦合度上，也体现在模块间的依赖和模块的复用性上。

1.2.1.2　组件库及其治理

架构分层，尤其是类似 MVC 等框架的导入，解决了单个功能模块的复杂度问题。在模块的复用性上，将一些基础的或者通用的功能模块独立抽取出来，形成独立的组件库，组件库的各个组件可独立维护，并按需组装到不同的应用中，基于组件库的开发模式如图 1.4 所示。

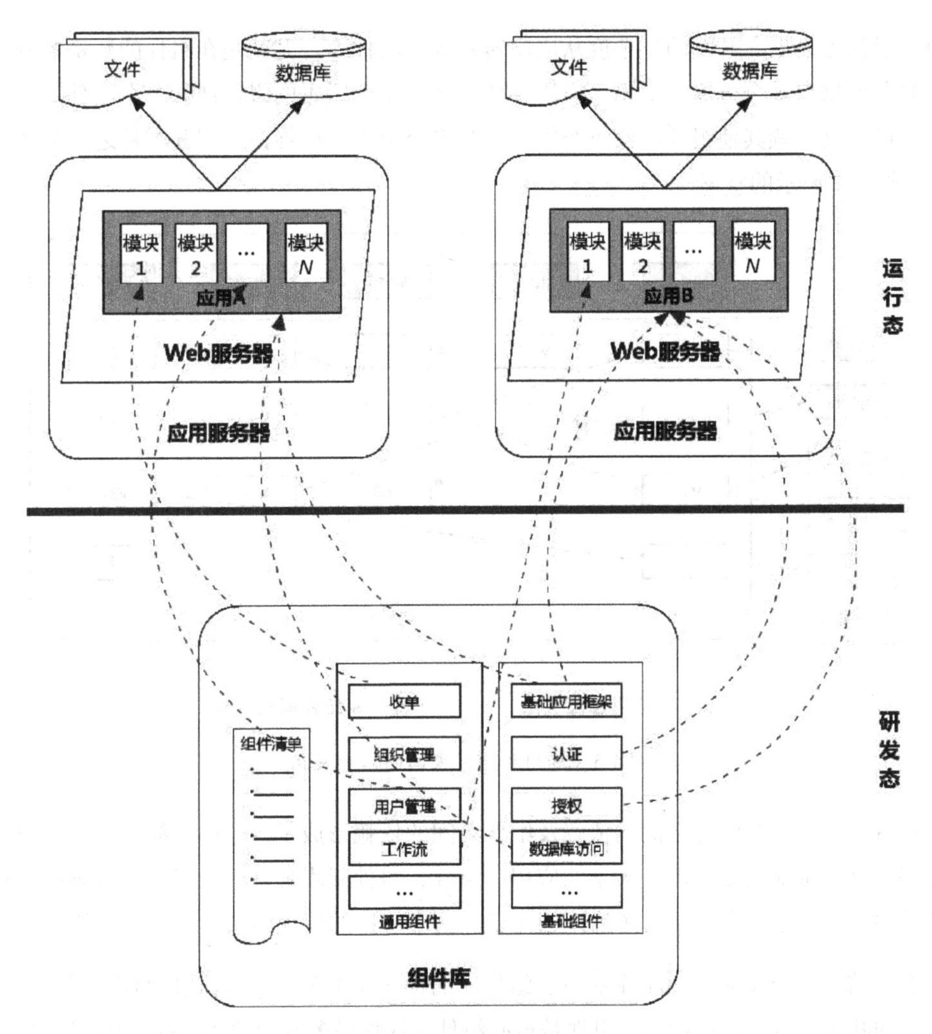

图 1.4　基于组件库的开发模式

组件库的出现有效改善了单体系统开发的复杂度，诸如基础运行框架、认证、授权、资源（文件、DB、缓存等）等对外无依赖且自洽的平台和组件可以被抽取出来，独立地按工程开发并发布为独立的基础组件。而更上层一些靠近业务的通用模块（可能会依赖其他组件）也可以抽取为独立工程并发布为通用组件。有了组件库之后，应用的相当一部分能力集成现有组件即可，其工程的体量直接降了下来，业务开发人员就不需要再关注“一大坨的”底层功能代码。

有了组件库之后，开发的复杂度从应用转移到了组件库，尤其是在组件的数量攀升之后。组件的复杂度来自多个方面：①每个应用会依赖多个特定版本的组件；②每个组件，尤其是通用组件，可能会依赖其他组件；③每个组件会分多个版本。最终，应用和组件之间的依赖关系会形成如图 1.5 所示的状况。

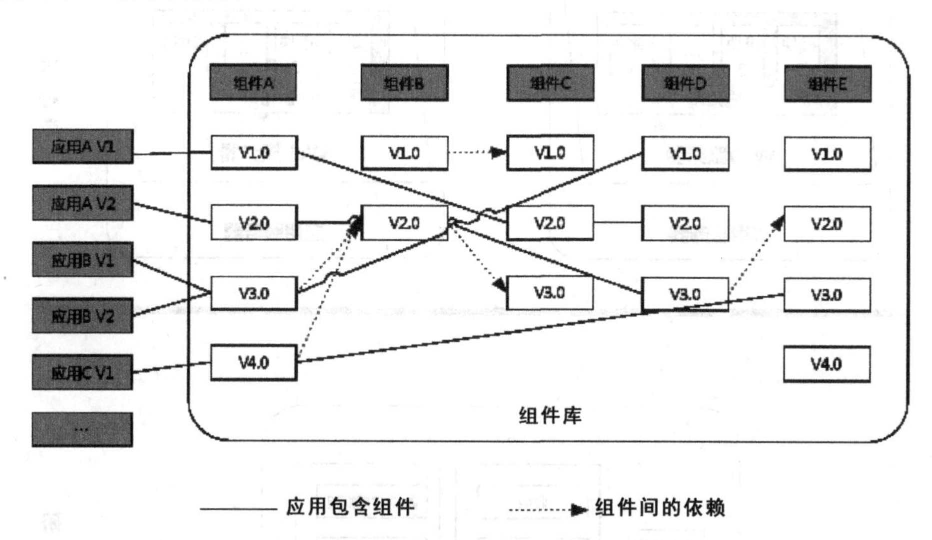

图 1.5　应用和组件之间的依赖关系

可以看到，应用和组件之间的依赖及组件之间的依赖形成了一个网状的关系，而组件的版本又增强了这个依赖的复杂度。大量的应用、组件、组件版本最终形成了一个复杂的直接及间接的依赖关系。有了复杂度就有了治理的需求，这个时期的治理需求主要是对组件库的治理。

笔者之前曾在一家大型 ERP 企业负责组件库的构建及治理工作，要定期给出组件治理报告，分析组件的状态及依赖，包括哪些组件是核心组件（依赖最多）；组件依赖是否合理、是否有循环依赖；哪些组件版本可以归档、不能再被使用；组件版本升级涉及多少线上应用、关联组件是否也要同步升级；等等。通过组件库的治理，可以有效控制功能的版本，防止版本失控，从而降低应用的维护难度及成本。

1.2.1.3　单体应用的不足

通过架构分层及组件库，虽然有效降低了应用系统的复杂度及维护成本。但随着业务不断发展，一个简单的应用总会随着时间的推移逐渐变大。在每个迭代周期中，开发团队都会面对新“故事”，然后开发许多新代码。长此以往，一个小而简单的应用会变成一个巨大的“怪物”。笔者曾在入职一家新企业的时候，接手了一套老平台系统的维护工作，这套百万行代码的系统经历了无数程序员之手，功能巨多，代码纵横交错。看了两个星期代码之后，笔者直接崩溃了，不得不基于 JDT 写了一个代码梳理工具，很多单体系统最终都会发展成这样一个“怪物”。

一旦应用变得庞大又复杂，对任何接手的开发团队都是个“噩梦”。这时，没有一个开发者能够通盘了解它，团队对系统的控制能力降低，我们不知道修改 Bug 和添加新功能是否会引入不可测的风险，修改一行代码都会瞻前顾后、顾虑重重。这种背景下，程序员很难有什么成就感可言，团队的稳定性也就可想而知了。

单体应用也会降低开发速度，虽然可以拆成组件，但最终依然还是要合并部署。应用越大，启动时间越长。笔者曾经见识过一个银行的内部系统，启动时间居然超过了 20 分钟，其间涉及大量组件的初始化工作。如果开发者需要经常重启应用进行调试部署，那么大部分时间就要在等待中度过，生产效率会受到极大影响。

单体应用在不同模块发生资源冲突时，扩展将会非常困难。比如，一个模块主要进行业务逻辑计算，应该部署在计算型主机上；而一个缓存模块则更适合部署在内存型主机上。如果这些模块都部署在一起，可用硬件的选择面将会非常窄，成本也会直线升高。

最后，单体应用一旦长大了，容易“尾大不掉”，很难进行架构升级和技术优化。无论是时间成本、人力成本，还是替换成本，都很高昂。这是一个无法逾越的鸿沟，这个时候，任何治理手段都会失效，往往最终会为最初的选择付出昂贵的代价。

总结单体应用的发展历程：最初的“小而美”的核心业务应用，会随着业务的发展慢慢成为一个难以理解的“大而全”的“怪物”。单体的复杂度导致系统可靠性降低，任何人在此系统上进行扩展都会投鼠忌器，更谈不上升级技术和提高开发效率了。最终的结果是无人愿意接手此应用，敏捷开发和部署也无从谈起。

正是由于单体应用的种种弊端，所以在业务发展的过程中，往往会对应用按更细化的业务进行拆分，拆成独立部署的不同的小应用，如图 1.6 所示。这时候，原来的内部调用关系就变成了跨网络的远程调用，系统间的集成需求也就浮上了水面，企业级应用和互联网应用由于需求的侧重点不同，走出了两条既有交集、又有很大差异的路。

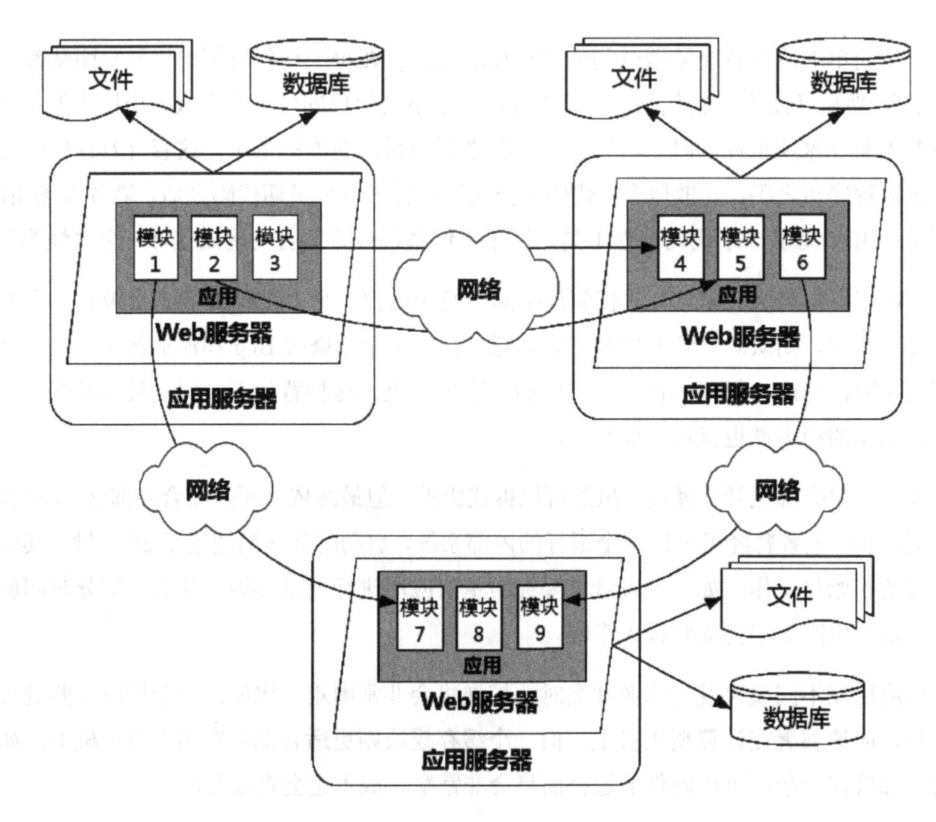

图 1.6　单体应用按业务拆分成多个小应用

接下来，我们介绍企业级应用的拆分及整合之路。

1.2.2　企业 SOA——EAI/ESB 及治理

随着企业 IT 建设的不断深入，IT 系统越来越多，由于建设人员、建设时期不同，差异很大，技术不断发展，每个时期采用的技术也不一样，这些系统往往会形成独立的竖井。随着业务的不断发展变化，系统之间交互的需求越来越多，把这些“竖井式”的系统进行一体化整合也随之被提上日程。

1.2.2.1　点对点式（P2P）的直连模式

这是最原始的整合模式，直连手段也五花八门：文件交换、RMI 技术、基于 HTTP 的远程调用……不一而足，如图 1.7 所示。这种 EAI 方案虽然取得了一定的成功，但存在种种致命缺点。一方面，这种模式最终会导致内部应用系统之间形成一张网，造成系统之间的强耦合，随着集成的应用越来越多，程序员需要编写和维护的远程直连相关代码的工作量也迅速增长，不易于系统及整个 IT 环境的升级维护及管控；另一方面，这种解决方案的出发点还是基于各个业务系统的需求，而不是从企业 IT 发展的整体需求出发，使用的技术和协议都很随意，格局所限，导致只能各自为政，没有在整体的基础之上适应未来的变化和发展。因此，P2P 的集成方式很快就被摒弃了，尤其是在系统数量很多的大型企业或网站之中。

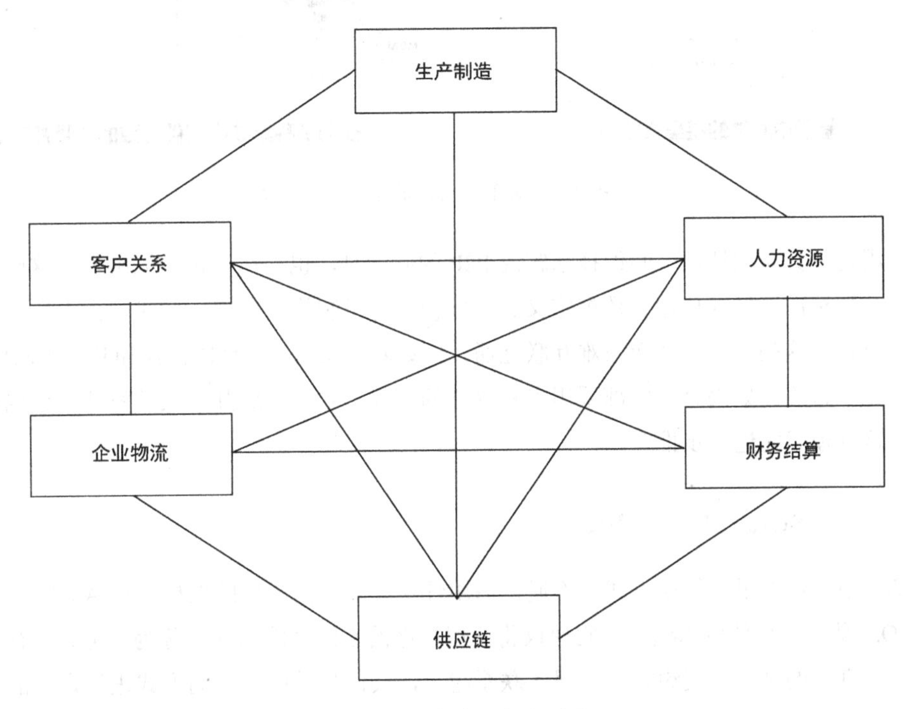

图 1.7　点对点直连的整合模式

1.2.2.2　星型连接模型

为了克服点对点集成的缺点，逐渐出现了基于中间件的企业应用集成方案。如图 1.8 所示，通过建立一个由中间件组成的企业应用底层架构，来联系整个企业的异构应用。这些作为集成引擎的底层中间件主要包括 RMI、CORBA、DCOM、J2EE/JCA、EJB 等。

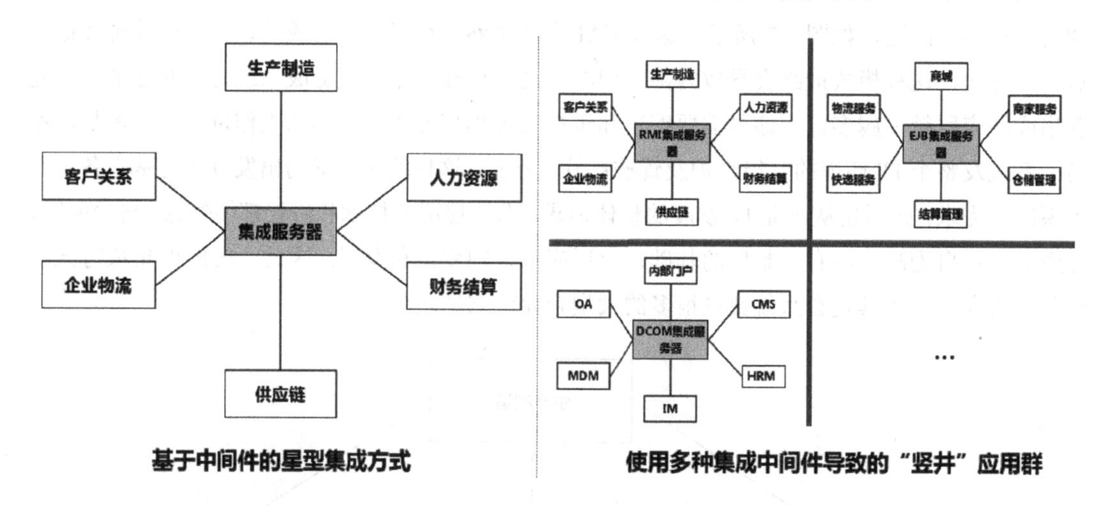

图 1.8　基于中间件的星型集成方式

使用这些分布式处理中间件技术解决 P2P 的问题时，也存在一定的局限性。这些技术虽然都基于某种标准，但其传输、数据定义、访问模型等机制均不一样。同时，由于厂商利益导致的技术对抗，这些中间件之间很难互联互通，比如基于 Java 的 RMI 协议和基于微软的 DCOM 之间就无法直连。如果企业内部采用多种这样的模式，容易形成几个大的竖井，这也在客观上阻碍了这种模式的进一步推广。

1.2.2.3　SOA/ESB 连接模型

基于中间件的星型集成方式走不通，通用性更广的面向服务的架构（SOA）随之被提了出来。SOA 是一种组件概念模型，它建议将应用程序的不同功能单元（称为服务）进行拆分，并通过定义良好的接口和契约将这些服务联系起来，接口是采用中立的方式进行定义的，它独立于实现服务的硬件平台、操作系统和编程语言，并有效兼容各种协议。这使得构建在各种各样的系统中的服务可以以一种统一和通用的方式进行交互。

SOA 概念的具体落地形式（也是核心）就是服务总线（ESB），那么什么是服务总线呢？简而言之，我们可以把 ESB 想象成一个连接所有企业级服务的脚手架，是一种松耦合的服务和应用之间标准的集成方式。

服务总线本质上就是传统中间件技术与 XML、Web 服务等技术结合的产物，这些中间件包括 MQ、各种网络或数据的协议转换及适配器、流程引擎等。服务总线为应用系统之间的互联互通提供了一个基于网络的、中心化的连接中枢，它可以通过一整套标准化的协议适配器（比如 JMX 协议、SOAP 协议等）来支持应用之间在消息、事件、服务级别上动态地互联互通，被接入的应用还可以通过流程化的编排，把这些接入的基础服务聚合成更大粒度的复杂服务（服务编排），并通过诸如 UDDI 这类协议暴露出去，供第三方系统查阅和调用。

如图 1.9 所示，ESB 中的核心部件是 Web 服务，它由如下几大组件构成。

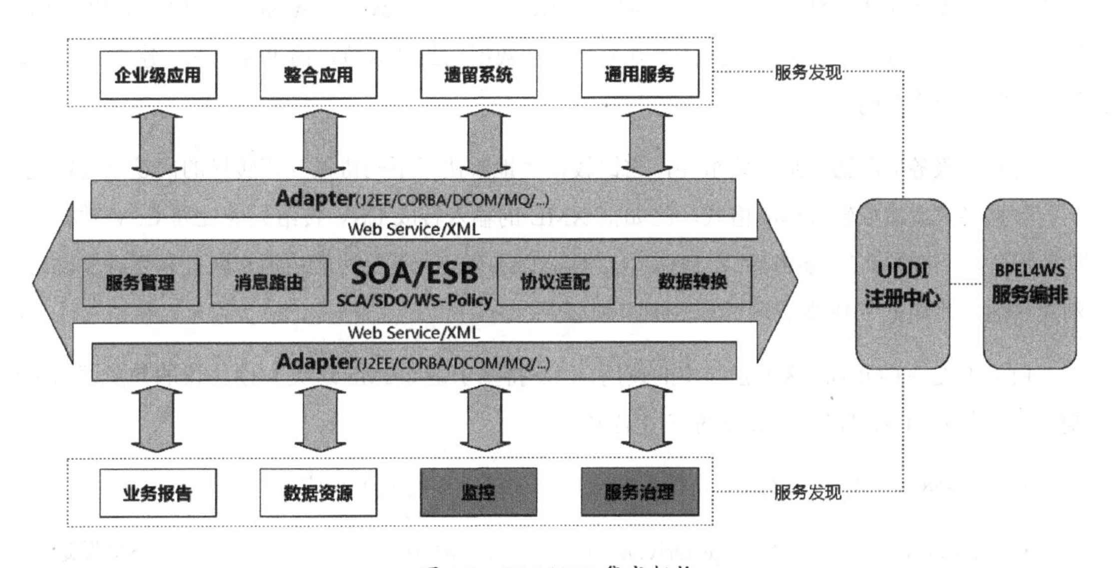

图 1.9　SOA/ESB 集成架构

- WSDL（Web 服务描述语言）：是一种规范，定义如何用 XML 语法描述 Web 服务。WSDL 定义了一套基于 XML 的语法，将 Web 服务描述为能够进行消息交换的服务访问点的集合，实现了以结构化的方式对 Web 服务的调用或通信交易进行描述。

- SOAP（简单对象访问协议）：是一种基于 HTTP 协议和 XML 规范的、轻量的、简单的 Web 服务的标准通信协议。
- UDDI（通用描述、发现与集成服务）：是一种目录服务，企业可以使用它对 Web Service 进行注册和搜索。
- BPEL4WS（基于 Web 服务的业务过程执行语言）：实现对 Web 服务的流程化编排。

除了 Web 服务，各大软件厂商还共同制定了中立的 SOA 标准来保证其落地。这一努力最重要的成果体现在 3 个重量级规范上：SCA、SDO 和 WS-Policy。SCA 和 SDO 构成了 SOA 编程模型的基础，分别定义了服务组件的开发规范和数据的封装规范，而 WS-Policy 建立了 SOA 组件之间安全交互的规范。

此外，服务适配器也是重要组件，它比较彻底地解决了不同协议互相转换的问题，可以把不同数据格式或模型转成标准格式，比如把 XML 的输入转成 CSV 传给只能处理 CSV 数据的遗留服务，把 SOAP 1.1 服务转成 SOAP 1.2 等。它还有一个重要功能是消息队列和事件驱动的消息传递，比如把 JMS 服务转化成 SOAP 协议。

由于既支持 CORBA 这类强同步的调用，也支持基于诸如 JMS 这类 MQ 协议的异步调用机制，所以在 ESB 上可以实现如下的应用架构：

- 服务驱动的架构（SOA）——分布式应用由可重用的服务组成；
- 消息驱动的架构（Message Driven Architecture，MDA）——应用之间通过 ESB 发送和接收消息；
- 事件驱动的架构（Event Driven Architecture，EDA）——应用之间异步地产生和接收消息。

图 1.10 是一个 ESB 的典型案例的架构图。

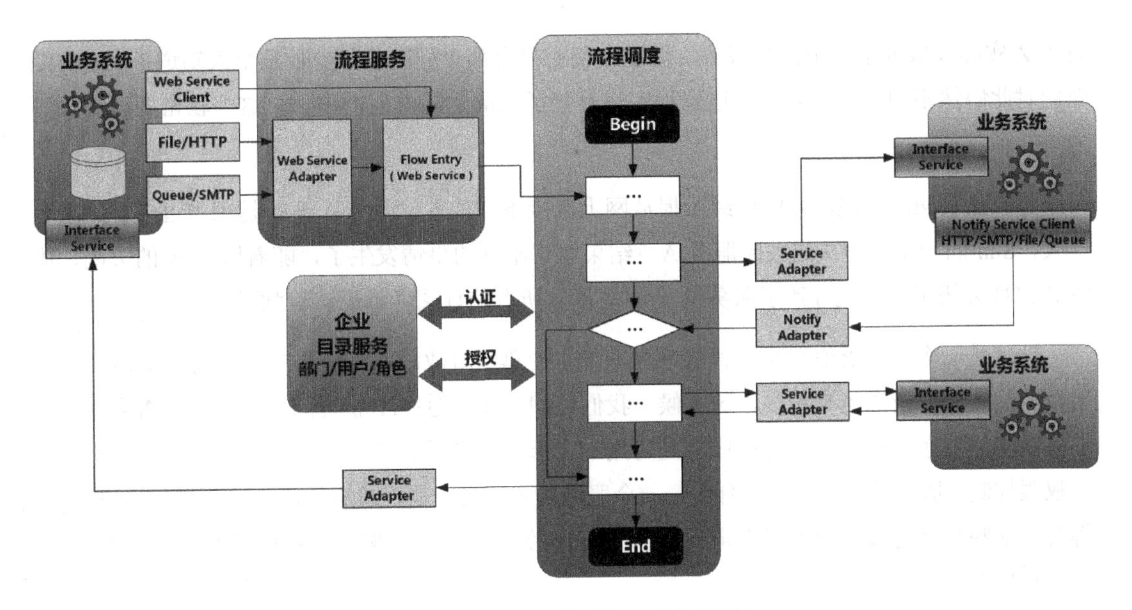

图 1.10　ESB 的典型案例的架构图

1.2.2.4　SOA 治理

我们首先引用一个流传甚广的真实故事来看看为什么 SOA 需要治理。

在 20 世纪 90 年代后期，Sun 推出了一系列产品，包括 Java、Solaris 等，他们鼓励用户使用这些产品，但当时网速太慢了，在线下载几百兆的软件几乎无法实现。因此，Sun 在网站上推出了一个电子商务服务 A，通过信用卡支付 10～20 美元快递费用，就可以免费获赠 Sun 的产品光盘。负责这个电子商务服务 A 的程序员，另外写了一个在线服务 Z，用来完成信用卡付账交易，它运行在内网中，采用 HTTP 传输加密的 XML 消息。服务 A 上线之后，一直工作得很好。不久之后，这个程序员被调到 Java 开发组，但是 Sun 的 Java 网站提供一个类似 MSDN 的 Java 产品光盘订阅服务，称为服务 B，这个程序员每季度向订阅者寄送最新的 Java 产品光盘。订阅者也要通过信用卡支付订阅费。碰巧这项工作又交给了这位程序员来完成。他不愿意重写信用卡结账服务 Z，既然原来的那个服务通过 HTTP 暴露在内网里，何不直接用？他简单地复用了这个信用卡结账服务 Z，完成了任务。这样，在 20 世纪 90 年代后半期，这位程序员率先实现了企业服务的复用。

这样就形成了一个有趣的局面，即服务 A 中包含一个子服务 Z，而服务 B 又依赖于服务 Z，服务 Z 实际上成为了一个公共服务。但这个秘密只有那个程序员和少数几个人知道，Sun 的经理们对此懵然不知。几年之后，这位程序员离开了 Sun，随着他的离去，这个秘密变得更加不为人知了。

随着互联网的发展，人们已经习惯从网上直接下载软件，服务 A 变得越来越过时。终于有一天，Sun 的一个经理决定关闭服务 A。结果意想不到的事情发生了，随着服务 A 的关闭，服务 Z 也被关闭了，这就导致了服务 B 全面崩溃，所有的订阅者都无法付款了。

这就是一个在缺乏治理和监管的情况下发生的典型事故。在 SOA 这个大背景下，涉及的应用及其他软硬件资源越来越多，这时候，我们迫切需要知道：IT 整合的整体规划是否合理；线上目前共注册了哪些服务；哪些服务是可用的；哪些服务是核心服务；某些敏感服务是不是做了权限控制；服务的依赖关系是什么；一个服务发生变更，是否通知了依赖它的相关周边服务；等等。这些都是对服务的治理需求。实际上，“服务治理”这个概念就是伴随着 SOA 的发展被同步提出的。

毋庸置疑，SOA 整个体系架构涉及的规范多、技术栈长、流程复杂，从战略规划到架构落地的过程中，如果缺少一定的治理保障，导致过程中出现缺失，就算我们最初有个 100 分的战略规划，最终也有可能收获一个不合格的实现结果，图 1.11 形象地描述了这个过程。

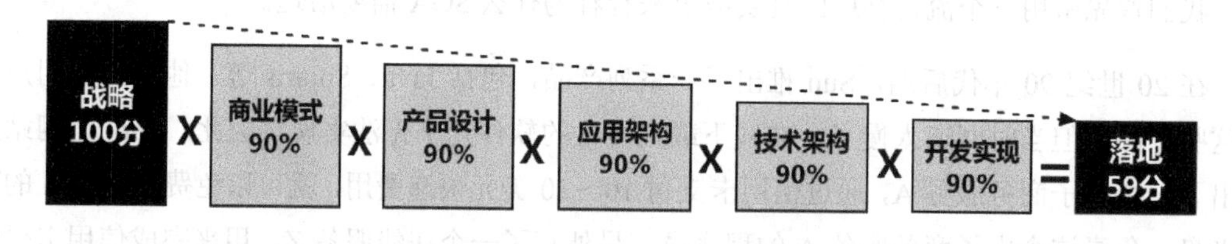

图 1.11　缺少治理保障的 SOA 落地效果

所以，实施服务治理的目标就是防止 SOA 实施的失控。一般来说，企业都会成立专门的团队或委员会来负责 SOA 治理，负责创建策略来执行治理和角色标识、授权并保证获得了决策与策略执行能力的人员的可靠性。这里的治理与管理是有区别的，二者之间通常存在以下差异：治理决定谁具有决策的权力和责任，为决策提供框架，保证做“对”的事情，走“正确”的路；管理是进行决策和实施决策的过程。

因此，治理讨论应该如何进行决策，而管理是进行决策和执行决策的过程。简单来说，治理委员会需要处理三个主要问题：

- 为了确保有效的 IT 资产管理，需要进行哪些决策？
- 谁应该负责进行这些决策？
- 此类决策如何执行和监视？

作为治理实现的核心部分，需要建立服务水平协议（Service Level Agreement，SLA，又称服务可用性协议）的衡量指标体系及监控评估体系，以持续地对其进行改进。同时，也会收集相关服务的性能度量来表征治理的有效性。

大多数企业都会采用某种业界通用的方法论来逐步实施 SOA，该方法首先通过收集业务需求并对其进行抽象和优化来进行基础服务的建模；有了基础服务之后，就可以组装新的及现有的服务来实现业务流程；创建的这些服务及流程资产将被部署到安全的环境中被使用；在使用的过程中，还要持续地对这些资产进行优化管理。“建模—组装—部署—管理”这个过程周而复始，这就是著名的 4 阶段的 SOA 生命周期方法论。

与此对应，SOA 治理同样遵循生命周期原则，IBM 推出的“SOA 治理及管理方法”（SGMM）就把服务治理的生命周期定义为如下 4 个阶段：

- 计划：确定 SOA 治理的重点；
- 定义：定义 SOA 治理模型；
- 启用：实现 SOA 治理模型；
- 度量：改进 SOA 治理模型。

SOA 治理生命周期产生一个治理模型来管理 SOA 生命周期。这两个生命周期相互配合、同时运行，一起被使用，产生 SOA 组合应用程序及其服务。图 1.12 描述了它们之间的关系。

具体来说，通过对 UDDI 服务注册中心的梳理，可以获取服务提供者、服务使用者的相关信息，继而推导出服务或系统之间的依赖关系；通过 ESB 内置的日志监控，可以获取服务调用过程中的性能指标等信息；通过 ITIL 等运营系统，可以获取服务的相关维护信息，再结合 UDDI 服务注册中心不同时期的服务注册信息和依赖关系，可以获取服务变动情况跟踪报告和依赖变动跟踪报告，如图 1.13 所示。这些指标信息，构成了 SOA 服务治理的相关指标报告，并提交给治理委员会成员进行相关的分析，据此提出优化建议，从而驱动 SOA 架构的持续调整和深度优化。

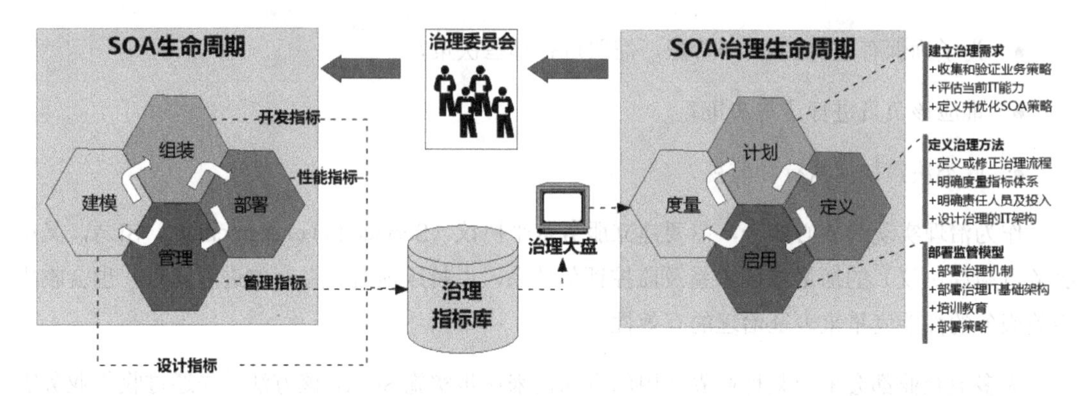

图 1.12　SOA 治理生命周期和 SOA 生命周期的协同配合

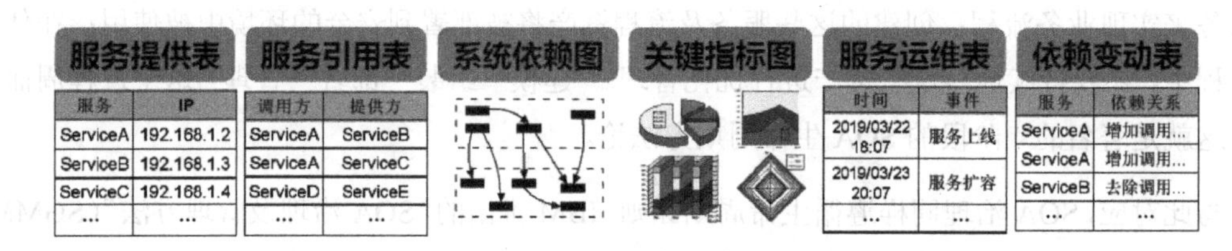

服务	IP
ServiceA	192.168.1.2
ServiceB	192.168.1.3
ServiceC	192.168.1.4
...	...

调用方	提供方
ServiceA	ServiceB
ServiceA	ServiceC
ServiceD	ServiceE
...	...

时间	事件
2019/03/22 18:07	服务上线
2019/03/23 20:07	服务扩容
...	...

服务	依赖关系
ServiceA	增加调用...
ServiceA	增加调用...
ServiceB	去除调用...

图 1.13　SOA 治理的度量指标

1.2.2.5　SOA 的问题

主导这一时期 SOA 标准及治理标准的都是一帮老牌大厂，像 IBM、Oracle 等。正因如此，企业级 SOA 最大的问题就是它所涉及的技术栈太重，相关规范太复杂，导致落地很困难。毕竟，对于软件厂商而言，技术太简单、落地太容易的话，就很难在咨询及服务上卖出大价钱。

同样，这个时期的服务治理还是一种比较粗粒度的行为，更多的是通过诸如 ITIL 这类企业内部的 IT 流程管理来实现服务的注册和梳理。在治理过程中，人工行为占了很大的比重，自动化及智能化水平不足。比如，这个时期的 WebService UDDI 服务注册采用人工方式将服务的接口信息（服务名、服务 URI 等）配置到服务注册中心。它的问题是需要人工收集服务接口信息，这个过程可能产生滞后或者错误的信息，运维代价大、“人肉”方式无法对服务进行细粒度的管控。另外，缺少服务运行时动态治理能力，面对突发的流量高峰和业务冲击，传统的服务治理在响应速度、故障快速恢复等方面存在不足，无法敏捷地应对业务需求。在大的软件厂商的有意推动下，治理流程及架构和平台复杂、治理组织机构臃肿、对人员要求高等因素也增加了服务治理的实施难度，SOA 生命周期及治理周期的复杂度双重叠加，导致落地难度直线上升。

另外，像 ESB 这类组件，本身就成了一个最大的“单点”，虽然可以采用“主备”模式提高可用性，但在容量扩展上依然存在瓶颈，当服务数量及调用量不断增长时，ESB 往往成为最先倒下的那张多米诺骨牌。

1.2.3　分布式服务及治理

1.2.3.1　互联网服务化

在互联网领域，大型网站基本都是从一个小站点逐步演变而来的。这点和企业级应用很不一样，企业内部的系统建设一般都是先由特定的一批人的需求零星独立建设的，系统多了，有了互联互通的需求之后，才开始做整合。当网站的业务规模很小的时候，采用的也是类似如图 1.1 所示的单体架构，随着业务的快速发展，站点的所有功能都堆积在一个系统中的问题就开始显现，包括功能模块及代码互相耦合、资源冲突、维护麻烦、编译时间变长等，这些单体应用会遇到的问题，网站也都会遇到。除此之外，膨胀的单体架构对网站还有另外几个致命的影响。

- 对 SAP-ERP、Oracle-DB 这类典型的企业级软件而言，产品版本以年为单位发布；而对一个快速发展的站点而言，为了适应业务的发展，往往需要不断试错，会频繁上线新功能，并根据用户的使用体验进行迭代更新。这会导致频繁发版，频率甚至会达到每天几十次。如果采用单体架构，仅编译就需要十几到几十分钟，测试和发布部署都极其麻烦，完全无法适应业务的快速发展。
- 一个站点各个功能的访问总是不均衡的，比如对购物网站来说，商品列表页和详情页的访问频度总会很高，一个秒杀的功能甚至会导致瞬时几十倍的流量暴增，而评论、客服这类功能的使用频率相对较低。如果这些功能都堆积在一个单体架构中，高频应用将占据绝大部分系统资源，就会导致其他功能的资源受挤占，从而影响用户体验。

基于如上种种问题，一个网站发展到一定规模之后，往往会将业务按产品线进行拆分。比如，美团就将旗下业务拆分为美食、酒店、电影、购物这几大产品线，归不同的业务团队负责。

业务映射到技术上，技术架构及部署策略同样需要跟随产品线进行同步拆分，将一个网站拆分成许多不同的应用，并独立部署和维护。研发团队也相应地拆分成不同的产品线团队，各自负责不同业务系统的研发及维护。

网站系统和企业系统的一点不同在于，它在数据资源的唯一性上做得比较彻底。比如，在企业系统中，集团公司的办公系统可以只有集团公司的用户，分公司的办公系统可以只有分公司的用户，这两套系统之间的公文传输可以通过 ESB 来完成。在系统建立初期，实际上并不强制一定要有一套统一的用户中心（例如 LDAP）。而对于网站来说，初始的用户体系就必须只有一套，一个用户 ID 能在各条产品线中通用，一个用户在网站的所有系统中只有唯一的一套标识（俗称 oneID），否则，用户根本无法在网站中进行随意跳转。所以，大型网站的用户信息这类基础数据往往都存储在同一个数据库（集群）中。如果每个应用都直接连接用户数据所在的数据库，就算每个应用节点只分配几个连接，在集群规模下，总的连接数也将达到几万甚至几十万个，这完全超出了数据库的连接数上限，会导致数据库连接资源不足，从而拒绝服务。

这时候就要考虑服务化的架构了，既然每一个应用系统都需要执行许多相同的业务操作，比如用户管理、商品管理、仓储管理等，那么完全可以将这些通用的业务提取出来，独立部署。由这些可以复用的业务连接数据存储层，提供共用的业务服务，这样应用系统就可以做得比较薄，而把逻辑集中到后台服务中，由共用业务服务完成具体业务操作。具体架构如图 1.14 所示。

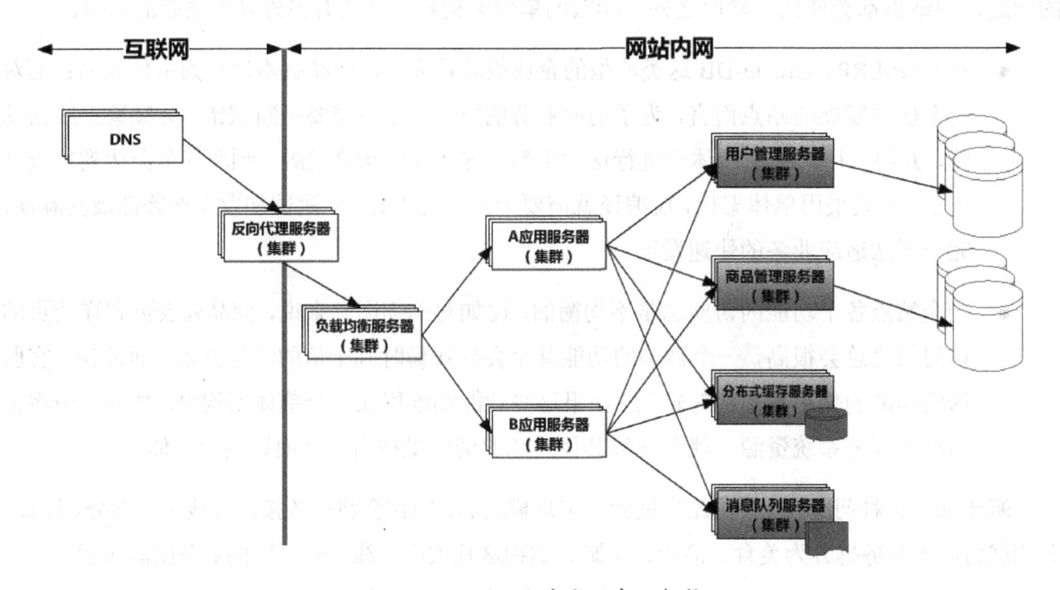

图 1.14　互联网分布式服务化架构

服务化的架构分层带来了很多的好处。

服务化在很大程度上解决了复杂性扩散的问题。比如，随着并发量越来越高，用户管理的访问数据库成了瓶颈，需要加入缓存来降低数据库的读压力，于是架构中引入了缓存，如果没有统一的用户管理服务层，各个业务线都需要关注缓存的引入导致的复杂性，而由于统一的用户管理服务层的存在，可以将缓存操作集中在这里进行，各个前端应用则对此无感；另外，随着数据量越来越大，数据库需要进行水平拆分，于是架构中又引入了分库分表，如果有了统一的服务层，分库分表策略集中在服务层进行即可，各个业务线都不需要关注分库分表的引入导致的复杂性。

天下武功唯快不破，“快”就意味着机会，尤其是在这个竞争充分、变化快速的社会中，服务化带给业务最大的好处就是，可以让业务系统迅速适应业务高速发展的需求。通用业务及基础技术能力下沉，这些能力从业务系统中剥离出来之后，由专门的部门或者组织维护，业务应用就可以变得更轻、更专注，开发者更多的时候就可以通过很少的代码把这些服务聚合起来，封装成业务功能暴露给用户。业务系统更小、更轻，意味着可以更频繁地上线，更快速地修改，更快、更简单地聚合出新的功能推给市场，只有这样才能支持业务不断试错。服务化做得好的架构，必然是服务层越来越厚，业务层相对较薄，如图 1.15 所示的就是一个典型电商平台的分布式服务化架构。

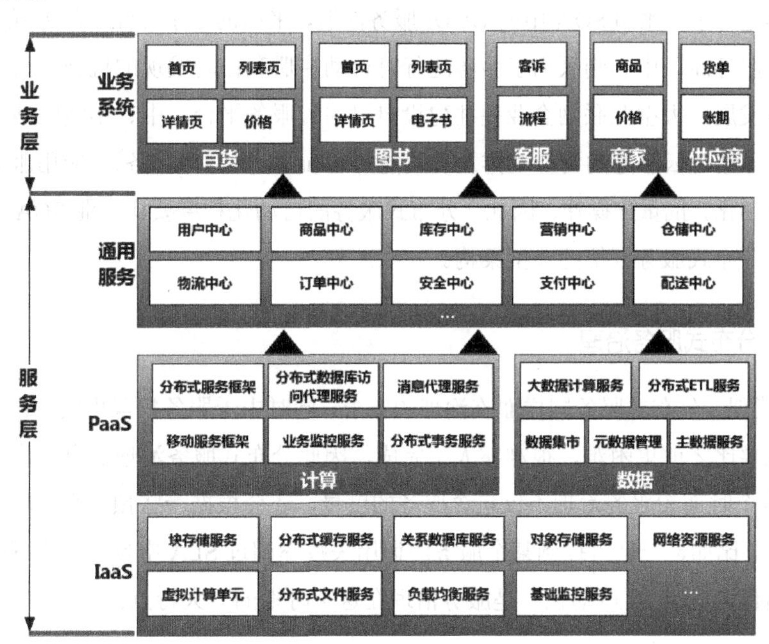

图 1.15　电商平台的分布式服务化架构

1.2.3.2 分布式服务框架

随着服务化的不断深入，被下沉的服务数量越来越多，另一方面，随着流量的增大，单个服务的集群规模不断扩大，这就迫切需要一个统一的分布式服务框架来对服务进行集中的管理。参考企业级 SOA 架构，互联网领域提出了“轻量化 SOA 架构”，仍然引入服务注册机制和远程调用机制，负责服务的注册、发现、路由、调用等典型的 SOA 能力，但是摒弃了复杂的服务编排和低效的协议适配（同构系统中，兼容多种协议的需求意愿并不强）。

互联网领域的分布式服务化虽然复用了 SOA 架构（做了简化），但依然有很大的不同。首先，由于互联网服务具有普遍集群化的特点，需要在分布式服务框架中引入服务负载均衡的机制；针对互联网服务流量大、并发高、可靠性要求高的特点，在分布式服务框架中还引入了限流、降级、熔断等保护机制。这些对服务的管控和运维能力被下沉到框架层面之后，可以让业务开发人员专注于业务逻辑实现，避免冗余和重复劳动，规范研发、提升效率。

分布式服务化比起企业 SOA 的另外一大不同就是规模。规模上去了，一些原来靠人工完成的功能就不再适用了，比如 SOA 中的 UDDI 服务注册，采用的是手工注册的方式，而在分布式服务框架中，服务注册中心则采用了服务运行时自动注册和自动发现的机制。而且，随着云计算技术的快速发展，大型互联网企业往往建设自己的云服务平台，中、小型网站也可以购买第三方的云服务。结合云服务的资源编排及调度能力（IaaS，资源即服务），应用服务的上线、调配可以采用自动化、批量化操作。因此，分布式服务的自动化程度要比企业 SOA 高。如图 1.16 所示为互联网分布式服务框架的典型架构。

1.2.3.3 分布式服务治理

同 SOA 类似，分布式服务同样面临治理的需求，同时由于服务集群规模大，梳理服务之间的结构及依赖要比之前更困难，很难靠人工完成，因此分布式服务治理的自动化程度要远高于 SOA 治理。这个时期的服务治理不仅包含服务的度量，还会根据一些预定义策略，自动执行服务管控的操作。比如，一旦监控到某个服务的调用失败率超过 SLA 中预先定义好的阈值，服务自动触发熔断保护机制。“自动化”是服务治理在这个时期的一大特点。

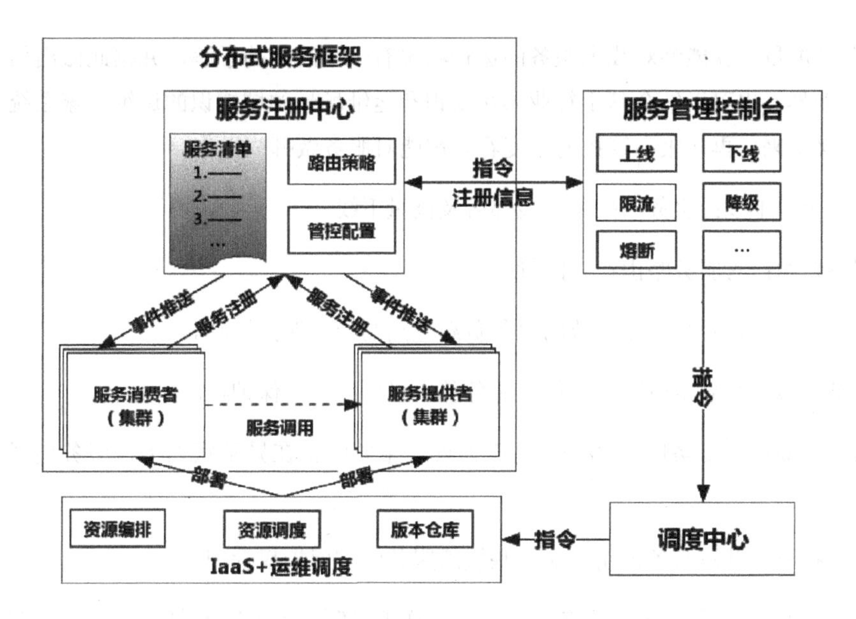

图 1.16　互联网分布式服务框架的典型架构

分布式服务治理包含服务度量和服务管控两大部分。服务度量具体如下：

- 服务基础信息：包括服务唯一标识、访问协议、版本和归组等信息。
- 服务管理信息：从 ITIL 这类运维管理系统中获得的对服务管控的相关运维管理信息。
- 服务质量（健康度）：根据被调用服务的出错率、响应时间等数据对服务健康度进行的评估。
- 服务依赖：根据服务直接的调用及被调用关系，推导出服务与其上下游服务的依赖关系。同时根据监控获取的调用数据，评定依赖的强弱关系。
- 服务分布：提供服务在物理空间上的拓扑分布情况，包括服务在不同计算中心、不同机房，甚至不同机架上的分布情况。
- 服务容量：根据所提供服务的总能力及当前所使用容量进行的评估，其中能力是指对于请求数量方面的支撑情况。
- 服务调用：服务在线上被调用的次数及基于此的一些统计分析，包括 Top*N* 的一些统计排行等。

通过服务度量，就能够对线上服务的运行状况有一个清晰的了解，并据此做出相应的服务管控动作。当然，也可以结合基于行业领域知识和运维场景领域知识的运维专家系统，做自动化的管控。接下来，再从服务管控的角度看看都能对服务做哪些操作。

- 服务上、下线：服务的批量上线部署及批量下线。
- 服务路由：对服务路由策略的管理。
- 服务限流：针对高流量导致的服务负载过高的一种保护机制。
- 服务降级：在异常情况下，保证服务基本可用的一种保护机制。
- 服务熔断：是服务降级的一种特殊体现，主要防止在异常状态下，服务出现“雪崩”状况。
- 服务授权：针对服务调用者对某些敏感服务的访问授权管理。

以上治理的相关详细内容，将在后续章节中详细讲解。图 1.17 描述了互联网分布式服务及其治理之间的整体关系。

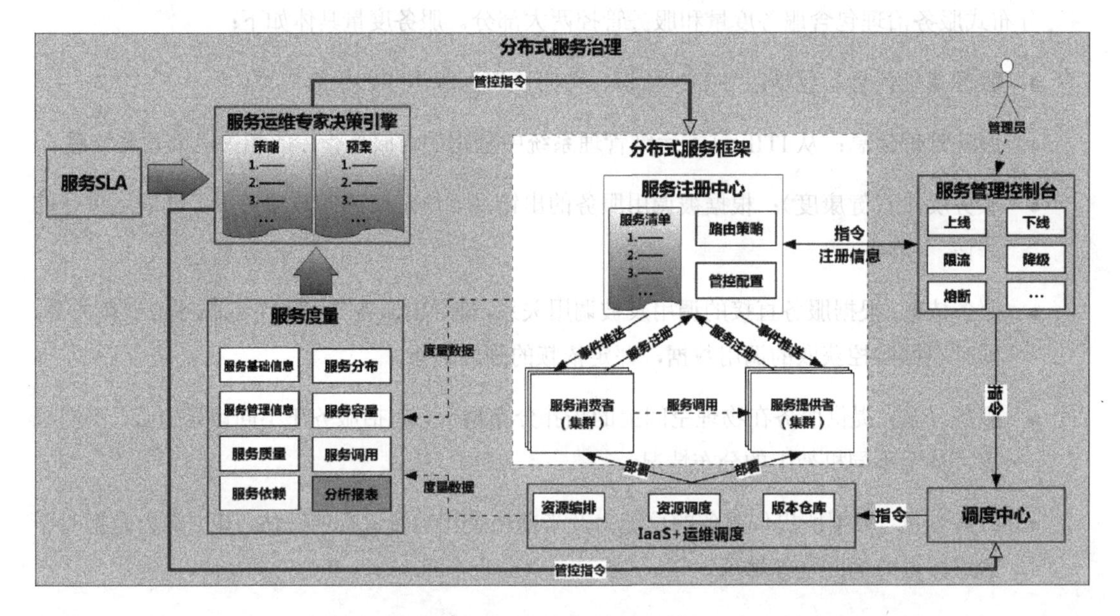

图 1.17　互联网分布式服务及其治理之间的整体关系

1.2.4　微服务及治理

1.2.4.1　大平台、微服务

在容器技术出来之前，服务部署模式以物理机和虚拟机系统为主，虽然服务可以被拆分得很小，但考虑到操作系统的部署成本，最终这些服务还是会被合并部署。当然，也可以采用在同一个操作系统内，启动多个应用服务进程来做服务隔离，但依然无法在 CPU、内存等资源利用方面做到很好的隔离，而且服务的合并部署必然导致服务逻辑之间存在耦合。

以 Docker 为代表的容器技术出来之后，对软件应用的开发、运维产生了深刻的影响。由于容器比虚拟机轻量，消耗的系统资源极少，启停速度比虚拟机提高了一个量级，在资源利用率上，容器的部署密度也比虚拟机高。另外，诸如 Dockerfile 这种容器定义文件，不但能够定义使用者在容器中需要进行的操作，还能够定义容器中运行软件需要的配置，于是，软件开发和运维终于能够在一个配置文件上达成统一。这些都极大地降低了服务部署及运维的成本。原来服务聚合部署的模式可以被拆分成一个服务一个容器的单服务部署模式，服务的粒度也越来越细，这就是所谓的微服务模式。

在此背景下，大型互联网公司的分布式服务应用出现了一种两极分化的趋势。一方面，随着业务规模和访问量的增大，服务集群（平台）的规模越来越庞大，提供的服务及服务的分层也越来越复杂；另一方面，底层单个原子服务的粒度却越来越小，越来越扁平化。这种趋势用一句话简单概括就是：大平台、微服务。图 1.18 就是从网络上收集的一些互联网公司内部服务的调用关系图。

大平台、微服务是一种必然的趋势。服务粒度被拆得越细、功能越单一，其可组装性就越好。粒度更小的服务可以更加灵活地组装出复杂程度不同的顶层服务。打个比方，原子服务就像蜂巢中规则的六边形小蜂房，通过这些微小蜂房的有序组织，可以构建出巨大的、适应不同环境的蜂巢，如图 1.19 所示。

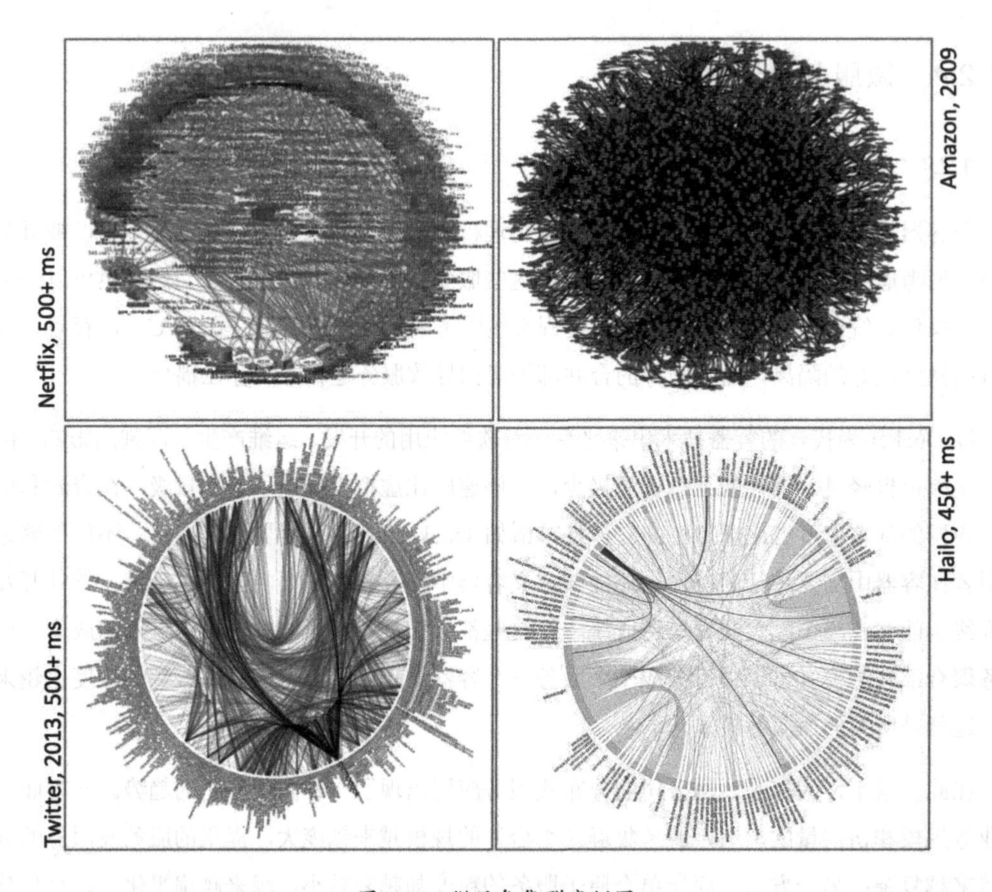

图 1.18 微服务集群案例图

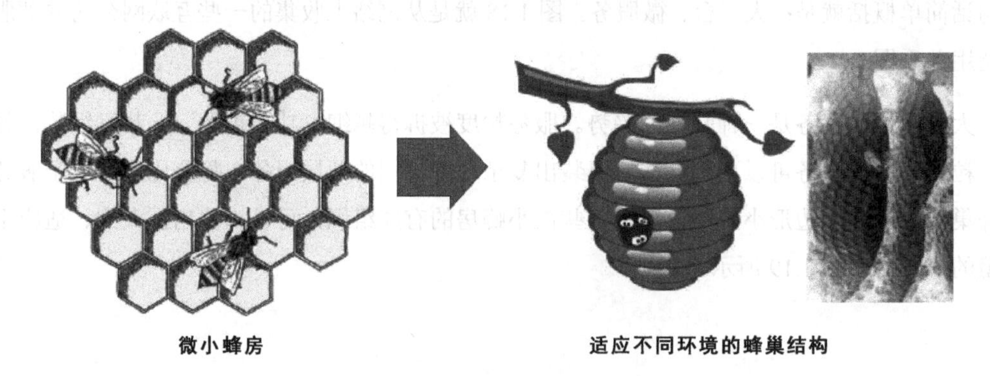

图 1.19 蜂巢内外部结构

1.2.4.2 微服务的智能化、立体化治理

在大平台、微服务模式下，服务的数量非常庞大，服务的分层日趋复杂，一个业务请求贯穿的服务数量越来越多，此时服务治理的广度、深度、难度都将达到前所未有的程度。量变到一定程度就会导致质变，我们每天在线上都可能会遇到新的问题，靠预先定义的专家系统的自动化运维已经很难适应此时治理的需求，需要通过一些算法来根据大量的线上运维数据（日志、监控信息、服务信息等）进行自动学习，以辅助我们对线上问题进行自动归类和判别。更进一步，结合机器学习的成果，甚至可以让集群自身以发生过的人工干预历史作为学习样本，自动生成规则策略，进一步降低人工干预的程度，从故障发现到诊断再到自愈，整个流程由智能大脑统一控制，并由自动化和智能化自主实施，成为一个自耦的系统，真正朝着智能化治理方向发展。

同时，微服务架构模式所要求的领域隔离性也会对传统的 IT 资源编排和调度、组织管理模式、研发策略、测试方法都带来影响。服务治理的范围也从线上的应用服务扩展到更大范围的研发、测试、运维、协同管理等领域，从而实现立体式的治理覆盖。

我们将在 1.3 节中对微服务治理的对象及范畴展开更进一步的讨论。

1.3 微服务治理的范畴

1.3.1 微服务是一种研发模式

任何组织在设计一套系统（广义概念上的系统）时，所交付的设计方案在结构上都与该组织的沟通结构保持一致。

——康威定律

换个角度理解这句话，如果团队管理模式及工程管理模式和组织所采用的技术架构不匹配，就会延缓研发进度，降低研发效率及架构落地质量。

因此，微服务是一种研发模式，一旦企业决定采用微服务架构，就必须在组织架构、管理策略、研发模式、测试、运维等领域都做出相应的调整，为微服务架构的落地创造合适的“土壤”。本章后续几节将尝试从不同领域的视角来看待微服务架构所带来的冲击及领域治理的调整策略。

1.3.2 微服务的架构模式及治理

1.3.2.1 高内聚、低耦合

微服务的架构特点首先是“微”，即“小”，但究竟要多小才算“微”，其实没有定论和一成不变的评判标准。一般的看法是，根据业务的边界来确定服务的边界，只要符合领域驱动设计（Domain-Driven Design，DDD），专心完成一件不可再分割的完整业务操作功能，即可称为“微服务”，这也符合设计上的“单一职责原则”。

从微服务的单个实体角度看，一个微服务就是一个独立的部署包，或一个独立的操作系统进程。从微服务的整体集群角度看，服务和服务之间通过网络调用进行通信，调用双方遵循“服务接口契约”，即我们常说的服务 API。所以对于一个服务来说，需要考虑的是什么应该暴露，什么应该隐藏。如果暴露过多，服务消费方会与服务的内部实现产生耦合，这就会使得服务和消费方之间产生额外的协调工作，降低服务的自治性。

所以，从微观角度看架构，一个微服务一定是对内“高内聚”、对外“低耦合”的。

1.3.2.2 独享资源

微服务强调能够独立演进，互不影响（除了接口契约）。不像传统多个服务共享一个数据库，微服务架构中每个服务都有自己的数据库，这样才能保证松耦合。这种拆分获得的好处是，各个服务可以自由选择适合自己的数据库，如果需要复杂的查询操作，可以选择关系数据库；如果需要针对海量数据进行存储及检索，可以选择 NoSQL 数据库。此外，各个服务所对应的数据库不会相互影响。

拆分带来的坏处是，由于查询的需要，一些诸如字典表之类的基础数据可能需要冗余，在不同的库之间做复制。另外，事务的一致性保障变得复杂了，我们往往需要使用分布式事务来做最终一致性的保障，但分布式事务也不是“银弹”，它会增加微服务或者微服务框架的复杂度，降低处理效率。所以，为了获得微服务的好处，总是需要承受一些代价，在架构上做些取舍。

1.3.2.3 同构还是异构

微服务虽然功能单一，但这只是针对业务而言，如果考虑服务跨网络调用的协议暴露、负载均衡、限流、降级、熔断、监控等能力支持的话，整体功能还是非常复杂的。为了防止这些服务管控能力干扰业务功能的简单性，在微服务架构中，会把这些管控能力抽取到微服务支撑框架中，这一点和分布式服务框架是一致的。微服务框架分两种模式。一种是基于 SDK 的合设部署模式，如图 1.20 所示。SDK 和微服务业务逻辑合设部署，共同跑在同一个进程中，在这种模式下，微服务和 SDK 所采用的开发语言必须是一致的，否则无法合设。另外一种采用新兴的 SiteMesh 的所谓边车（SideCar）机制，如图 1.21 所示。微服务和负责服务路由及管控的 SideCar 是两个独立运行的进程，双方借助基于网络层（三层）和传输层（四层）的操作系统本地环回网络进行通信，在这种模式下，SideCar 对微服务而言就是一个全透明的“代理人”，微服务可以自主选择适合自己的开发语言和技术，不受 SideCar 所使用技术的影响。

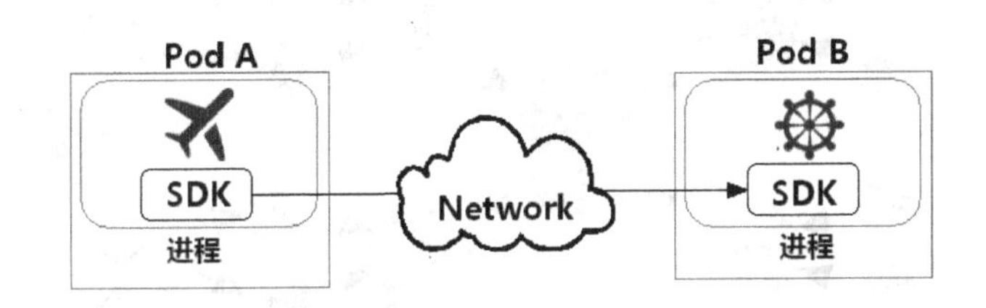

图 1.20　基于 SDK 的微服务框架

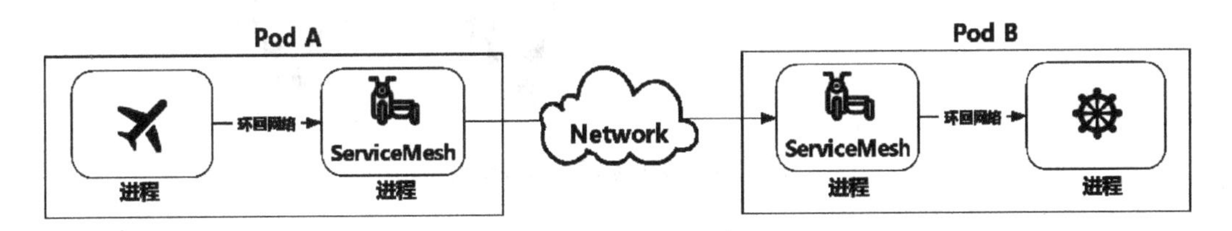

图 1.21　基于边车模式的微服务框架

综上所述，如果采用基于 SDK 的微服务框架，一般建议统一技术框架；如果采用基于“边车”模式的微服务框架，则在技术选型上没有强制的需求（不排除许多公司试图避免混乱，只提供某些技术选择）。

1.3.2.4　架构治理

由于单个微服务的逻辑简单，从微观角度来看架构其实并不存在多大的问题。但从整个微服务集群来说，讨论架构这个事情就复杂了。微服务是一种自底向上的架构模式，在大的 IT 规划下，各个团队野蛮生长，到最后，没有一个人能说清楚整体架构是什么。这时候，架构上可能就会出现如下的一些隐患。

单点依赖：在网站的服务层中，各个服务的重要性各不相同，服务的相互调用会形成一张密集的“网”。在这张网中，一些通用的服务会被越来越多地调用，形成一个被密集调用的节点，这往往构成了微服务集群中的“单点风险”。这类服务一旦出问题，会导致服务应用出现大面积的故障，如图 1.22 所示，一旦图上的 G 点所对应的服务出现问题，所有业务请求都要“停摆”。所以，一方面对这一类“被依赖度”更高的服务，要设定更高的运维等级，在资源配置及日常维护上做重点关照；另一方面，要分析其是否被过度依赖，是否要在粒度上做更细化的拆分等。

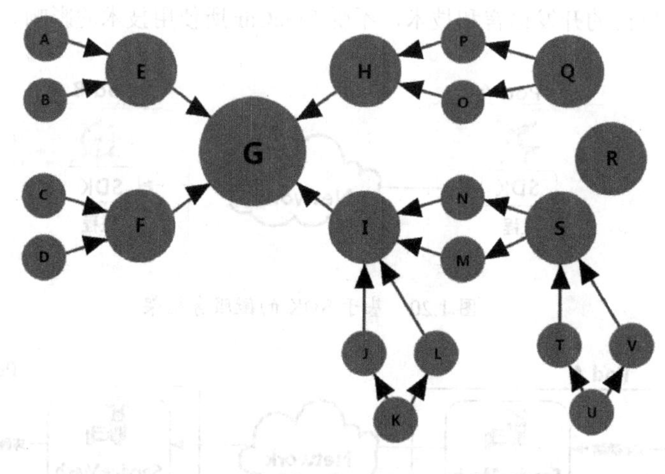

图 1.22　微服务调用网络示例

循环调用：如果服务 A 调用 B，B 调用 C，C 在特定条件下又调用 A，这样 A→B→C→A 就形成了一个循环调用，如图 1.23 所示。这构成了线上的一个隐患，也许平时正常调用没有问题，可一旦在特定条件下，这种循环关系被触发，就会导致业务异常。而对于每个微服务而言，它只关心直接调用的服务，不关心也无力看到隔代调用。所以，在单个微服务节点上，是无法看到这种调用的不合理性的，只有通过梳理所有服务的整体调用关系，才可能发现这种风险点。

服务冗余：所谓服务冗余，可能是有些微服务不再被调用了，还可能是微服务的老版本，依赖它的其他应用或者服务已经消亡了，这些服务不会再被调用，这时需要将它们找出来，并清理下线，优化线上的资源配置。笔者所在公司会定期梳理不用的服务，并将其下线。

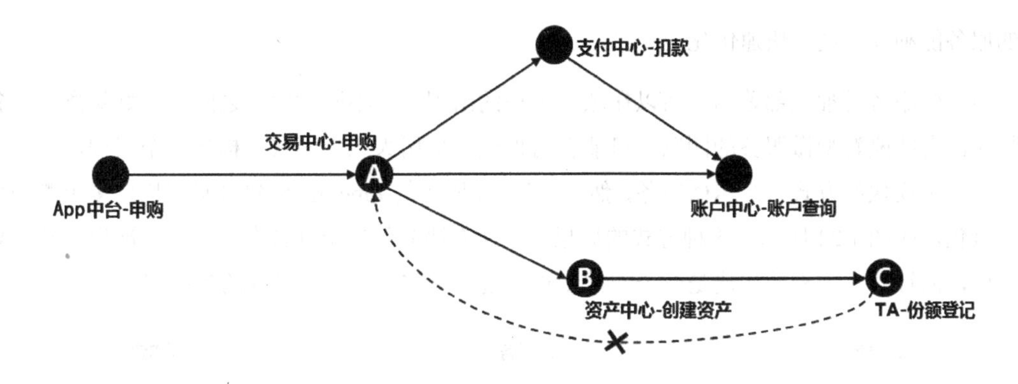

图 1.23　微服务的循环调用

以上种种，都是架构腐化的表现。所以，在微服务架构下，需要对服务的整体架构进行不断优化。但要优化架构，首先要“看到”架构。面对成千上万的微服务节点，要做调用关系的梳理，靠人是不行的，要靠自动化。有两种典型的手段：

- 静态代码调用链路分析；
- 动态线上调用依赖关系分析。

找出关系还不够，还需要在调用关系上做依赖聚合，形成人能看懂的部署或者调用架构，以便分析。我们将在 3.2 节和 6.1 节中详细讲解如何做“微服务与微服务”之间的架构梳理及优化，在 3.6 节中详细介绍“微服务与资源”之间的架构梳理及优化。

1.3.3　研发治理

1.3.3.1　小团队、小工程

我们在 1.2.3.1 节中提到，技术映射到业务，当业务按产品线来划分时，研发团队也会被按产品线拆分。同样，当应用继续拆成更小粒度的服务、微服务的时候，研发团队也会从紧耦合的大团队被拆成松耦合联系的各个小团队，原来几个程序员负责一个应用或者服务的开发，拆到后面可能一个程序员就能负责几个微服务的开发。Amazon 著名的“Two Pizza Team”理论（一个团队的所有成员用两张比萨就能养活）就是这种拆分的典范。而 Netflix 做得更彻底，在决定往微服务架构转型时，就直接从研发团队开始动手，拆分成多个独立的小团队，以保证开发出来的服务能独立演进，快速优化。

由于微服务是独立部署的，所以在项目工程的组织上，不同微服务之间要做好隔离，并独立打包。有些刚转型微服务的团队，可能会习惯性地采用大工程模式，构建一个工程，按一个文件夹一个模块的方式来组织微服务，然后通过 CI 服务的 Pipeline 构建策略来构建多个微服务的部署包，如图 1.24 所示。这种方式的后果是，所有团队的提交耦合在一起，每次提交都会导致构建，而针对大工程的构建是一个非常漫长的过程，这完全是不必要的效率浪费。

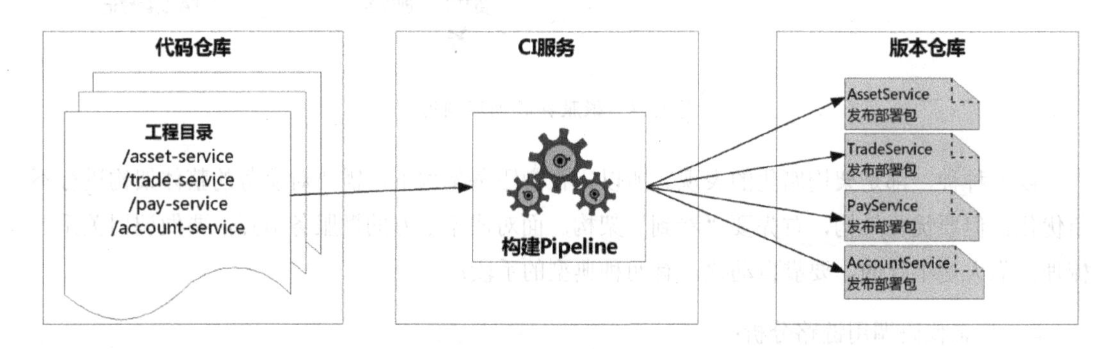

图 1.24 共享工程模式

因此，比较推荐的微服务工程组织模式如图 1.25 所示：每个微服务都是独立的工程，独立组织，独立存放在代码库中，并且在 CI 服务中有独立的 Pipeline 专门负责其构建。这样，各个工程的提交不会影响各自的构建，构建及部署效率会更高。

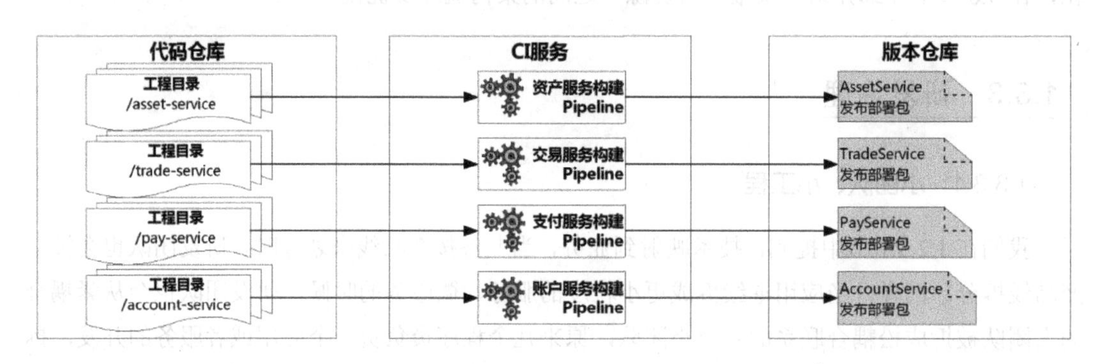

图 1.25 独立工程模式

在微服务模式下，团队隔离了，工程隔离了，CI 构建流水线也隔离了，每个微服务都有了很大的空间来按自身的节奏进行自由演进。这种自由度一方面促进了快速迭代及灵活变更，另一方面，也挖了一个大大的“陷阱”，一旦滥用了这种自由度，往往会在代码质量、接口契约遵循上失控。所以，针对微服务的研发，同样需要治理。

1.3.3.2　工程及代码质量治理

一个微服务项目刚开始时，我们通常很谨慎，会精心地设计架构，会制定完备的设计规范和编码守则，团队成员也会尽可能遵守规则。项目推进顺利，过程规范，一切都是我们想要的模样。

随着业务的快速迭代，要不断地增加新功能和修改旧功能，时间紧、任务重。我们会经常面临选择：一种是临时方案，它不符合约定的设计规范和编码守则，从长远看也有些风险，但它能在短期内满足业务需求，最关键的是短时间内就可以完成；另一种是严格按照规程设计或修改，这种方案可能要修改底层架构，开发时间长，而且由于连带影响导致测试范围要扩大，测试成本也随之上升。怎么选？这是个问题！

面对进度压力，很多程序员会避重就轻，采用在当下看来最便捷的方案，保证快速上线，“先用临时方案顶一顶，等后续腾出手来再重构”。但实际情况是，需求源源不断，研发力量会很快投入新的开发中，只要临时方案没出问题，没有人顾得上去重构。就这样，项目中引入了一个又一个“临时方案”，这个微服务就这样“腐化”了……

我们虽然制定了各式各样的规范，甚至为程序员提供了很好的范例和代码模板，但这些并没有强制约束力，只能寄希望于程序员的主动性和自觉性。代码审核可以在相当程度上保证代码质量，但不能保证每个团队都会执行，也不能保证会覆盖到所有的代码。所以，随着时间的推移，我们往往丢掉了微服务的“微”这个初心。代码变得臃肿，逻辑上多了很多冗余，甚至在某个托底的逻辑分支中出现了某个代码失误。平时看不出来，可一旦某天这个逻辑分支被触发，悲剧就会出现了……

所以，对微服务的治理，不仅仅是针对线上微服务的治理，还需要对微服务项目的研发过程演变及代码质量进行治理。我们将在后续章节中详细介绍如何通过自动化的手段，对微服务工程代码的扫描来挖掘微服务的深层调用链路（与动态调用链路的分析有区别）及分析其合理性，并通过纵比的方式勾绘微服务的研发演变过程及评估代码质量的变化趋势。

1.3.3.3 接口契约治理

一个微服务需要以接口的形式将内部的功能暴露出去，微服务之间的调用需要遵循某种契约，防止服务提供方的随意变动导致服务调用方的异常。在微服务架构下，虽然团队之间的关系变得更松散了，但团队之间的正常沟通还是必需的，我们会在定期的交流中讨论并通报相关服务接口的变更情况。

实际上，一旦团队多了、规模大了，人与人的沟通协调往往不一定可靠，经常会发生服务的接口或者逻辑变更了，但负责的团队忘了通知相关调用方，直接导致线上出现故障的情况。这种情况很难通过纯管理手段来解决，毕竟只要有人的参与，就一定有主观性的判断。程序员在修改代码的时候，也许觉得自己并没有破坏接口逻辑，殊不知，其增加的某一行代码，会引发某个隐性的逻辑旁路。

所以，我们需要一种可靠的自动化手段，能够有效识别出线上大量的微服务是否依然遵循接口契约。“契约测试”可以有效地实现这点。我们将在第 2 章中详细介绍如何通过构建基于接口的“契约测试”能力，来针对微服务接口的有效性进行治理。

1.3.4 测试治理

1.3.4.1 单元测试及冒烟测试的挑战

假设一个新的业务，需要同时开发 A、B、C 这 3 个上下游微服务，调用关系为 A→B→C，这 3 个微服务的开发团队在确定接口契约之后，各自进行所负责微服务的开发。理想情况下，应该是 C 服务最先被开发出来，这样 B 服务开发完随即就可以和 C 服务进行联调测试。同样，B 服务的开发进度也要先于 A 服务，这样 A 服务才能在开发完之后，不耽搁和 B 服务的联调测试。

但现实往往不会这么理想，很有可能的情况是 A 服务先于 B 服务开发完，这样，A 服务的负责团队就得等待，等待 B 服务完成开发并和 C 服务联调完才能与其进行联调测试，如图 1.26 所示。这样，研发效率因为服务之间的互相依赖一下就降低了。

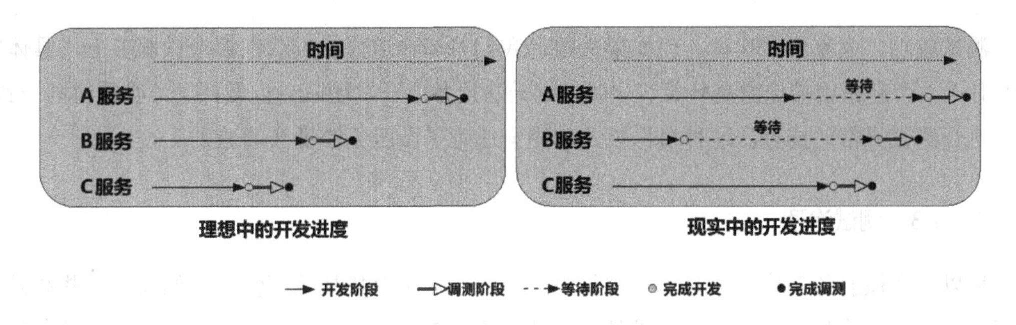

图 1.26　微服务的测试依赖

这时候，我们会采用一些打桩的方式来解决服务的依赖问题。比如 B 服务的开发团队可以在完成开发之后，构造一个 C 服务的 stub，把它 Mock 掉，这样 B 服务就可以在 C 服务还没有完成开发的时候，直接进行内部调测，无须再等待。同样的做法也适用于 A 服务。以下就是一段基于 mockito 的典型 Mock 代码：

```
when (c.function1()) .thenReturn (0.5) ;
```

上述代码表示，当调用 C 服务的 function1 方法的时候，直接返回数值 0.5。通过这种方式，可以有效地解除服务之间的耦合，让原来串行的开发模式变成并行的开发模式。但采用这种 Mock 方式，我们需要从头到尾梳理代码，再写一堆的 Mock 语句把远程服务全 Mock 掉。每次业务逻辑发生变化，我们均需同步修改 Mock 代码。如果依赖的服务上线了，还要把相应的 Mock 代码去掉。对测试代码的修改工作贯穿于整个开发过程，工作量很大，测试用例的复用率很低。

另外，传统的 Mock 方式无法模拟网络延时和网络错误导致的故障和异常，因此，使用它所获得的测试结果具有一定的局限性。

1.3.4.2　集成测试的挑战

以上是单元测试和冒烟测试会遇到的问题，如果进行端到端的集成测试，则会遇到一些新的问题。

要进行一个完整的端到端测试，必须确保整个微服务集群的调用链路中所有的主流程服务和依赖服务都部署到位，只要有任何一个微服务缺位，测试就无法进行。所以端到端测试对线上服务完备性的依赖很强。

测试成功，大家皆大欢喜。但如果失败，我们希望知道究竟失败在哪个微服务上，具体错误是什么，引起错误的原因是什么。这时，就无法让各个开发团队自由发挥了，必须协同一致，共同进行测试异常的排查，这种协作模式，完全违背了微服务松耦合的原则。

1.3.4.3 测试治理

所以，在微服务架构下，对服务进行测试是一件非常有挑战的事情。我们需要一些高效率和低成本的方式来构建针对微服务的测试能力。在6.2节中将详细阐述如何构建适合微服务架构的测试体系，以及针对这种测试体系的持续治理。

1.3.5 运维治理

1.3.5.1 微服务对传统运维的挑战

当我们从单个微服务节点来看微服务架构的时候，往往给我们一种错觉，觉得它很简单，架构简单、依赖简单、部署结构简单。可一旦微服务数量增加之后，复杂度就开始呈指数级上升，传统服务可能只有十几个、几十个服务，转型微服务后，会有几百个、上千个服务，每个微服务都有独立的数据库，可能还需要相对隔离的分布式缓存服务和消息服务，一个完整的微服务集群涉及的节点动辄成千上万，一些大型互联网公司的服务集群达到百万个也很常见。因此，微服务时代，在规模压力下，传统运维方式受到了前所未有的挑战。

规模上的压力是一方面，效率及可靠性的要求是另一方面，微服务之间还可能存在深度很长的调用依赖关系。图1.27是笔者之前负责业务的一个业务请求在内部的调用关系梳理，可以看到，请求从服务集群的第一个微服务被调用一直到数据进数据库，一共经过了6级层层调用。所以，在一个业务上线的时候，我们不仅要在短期内调配大量的服务节点上线，还需要对这些节点进行精细的编排，保证被依赖的服务或者资源能够优先被调度。

服务之间通过脆弱的网络进行通信，不出问题是不可能的，另外硬件故障、程序Bug、高并发、资源冲突等也都会导致远程调用故障。为了保障服务集群的高可用，运维人员必须能够在故障出现后，快速实现故障的定界定位，快速对故障点进行隔离、移除替换、限流、降级等操作，更进一步，甚至能做到基于线上监控数据分析，主动进行健康度检查，对故障提前预警，提前采取措施规避。

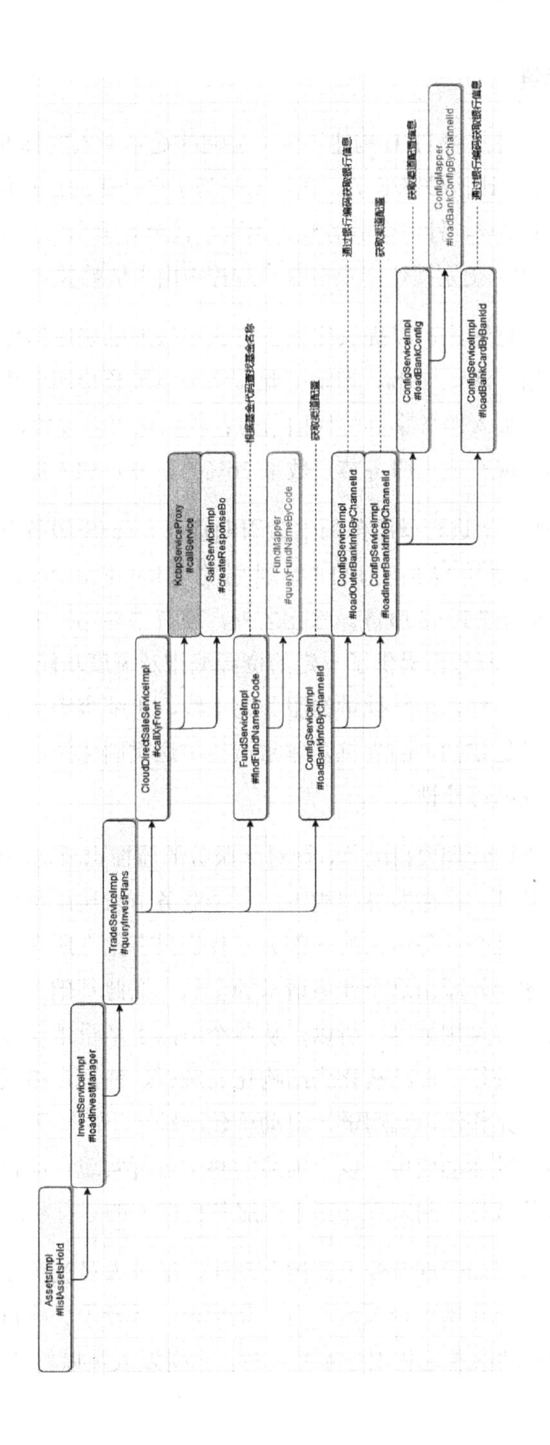

图 1.27　某业务请求的调用关系梳理

1.3.5.2 自动化服务运维

传统运维的一大特点是围绕 ITIL 构建流程，强调的是基于人的标准化。进入大规模的微服务时代的运维，人的因素的比例被降低了，强调的是基于自动化的标准化操作。企业采用微服务架构，自动化运维是基本要求，针对微服务几十上百、甚至上千个节点实例的批量部署已经不是“人肉”方式能承受得了的，更别提还涉及在这一过程中由于依赖关系所导致的部署编排操作。

基于专家系统的自动化运维可以提供比人工方式更快速的响应速度。比如，我们可以设置一旦某个服务的调用出错率超过 50%，自动把此服务节点隔离出服务集群，并把资源回收，同时部署一个新的服务节点加入服务集群替代旧节点；我们也可以设置，当 QPS/TPS 超过某一个阈值时，自动调配相当于现有线上服务节点数量 20%的新节点加入服务集群进行扩容等操作。

目前普遍在 PaaS 平台上进行微服务的生命周期管理。PaaS 服务有很多种选择，如果我们自己部署私有云，可以使用包括自顶向下规划的 CloudFoundry，或者自底向上规划的 Kubernetes、Swarm 等来构建 PaaS 服务。除此之外，还有很多第三方公有云服务提供商提供的 PaaS 服务可用，这类 PaaS 服务都提供了一定的资源编排及调度功能，可以通过自动化的方式，根据预先定义的资源编排文件，进行批量的服务上下线、扩缩容等操作。将微服务的生命周期管理自动化能够有效提升稳定性，因为机器非常擅长做这类固化的、重复性强的操作，从而提高线上服务的整体稳定性和可控性。

除了微服务的生命周期管理要自动化，针对微服务的监控也要自动化。监控是运维的基础，而日志收集又是监控的基础。在微服务架构下，一个业务请求层层贯穿多个微服务，在任何一个微服务上观察到的只是这个业务请求的一部分，我们只有集合所有关联微服务节点上的相关日志，进行综合分析，才能勾画出这个业务请求的全貌，在此基础上，才能做全链路的故障定界定位、性能瓶颈分析、容量规划等。所以，从单个节点上增量地获取日志后，要把它发送到统一的日志中心，日志会进行从非结构化到结构化的解析、清洗、格式转换，以及数据（如性能指标）的聚合计算，再完整汇总调用链，自动构建分钟、小时、天等多个时间维度的报表，并入库存储，以供其他运维活动使用。以上描述的整个过程实现自动化后，就可以非常快速地获得从微观（单个微服务节点）到宏观（整个微服务集群）的运行状况。

实现了微服务的生命周期管理及线上监控自动化，运维人员就可以从重复枯燥的日常操作中解放出来，将更多的时间和精力投入运维自动化平台的建设中。让自动化运维能力以服务的形式暴露出来，进一步推动部署这类工作不断前移，让研发人员以自助的方式介入服务的“看”

和“管”的操作，甚至直接和 CI 平台对接，实现研发人员直接构建、部署等一条龙操作，这就是所谓的 DevOps。

1.3.5.3　智能化服务运维

在大部分情况下，自动化运维可以很好地应对微服务运维的需求。当服务出现故障（调用失败、抛出错误）或者出现故障征兆（处理延时变长、系统负载持续升高）时，自动化运维可以保证我们及时获得一份故障报告，做得好的话，甚至能通过专家系统将故障报告在专家库做匹配，基于服务预案直接做一些简单的故障自愈操作。但在一些复杂场景下，包括调用链故障根因分析、多因素故障止损、长期容量预测等方面自动化运维就无能为力了。这时候，基于 AIOps 的智能化服务运维就登场了。

早在 2016 年的时候，Gartner 就提出了 AIOps 的概念，图 1.28 是 Gartner 对 AIOps 的概念定义图。我们可以看到，AIOps 是在自动化的基础上，基于运维大数据（日志、监控指标、服务与应用信息等）及广义的人工智能算法，通过机器学习的方式来解决已知的问题和潜在的运维问题、并通过持续度量来不断进行优化的一种技术解决方案。

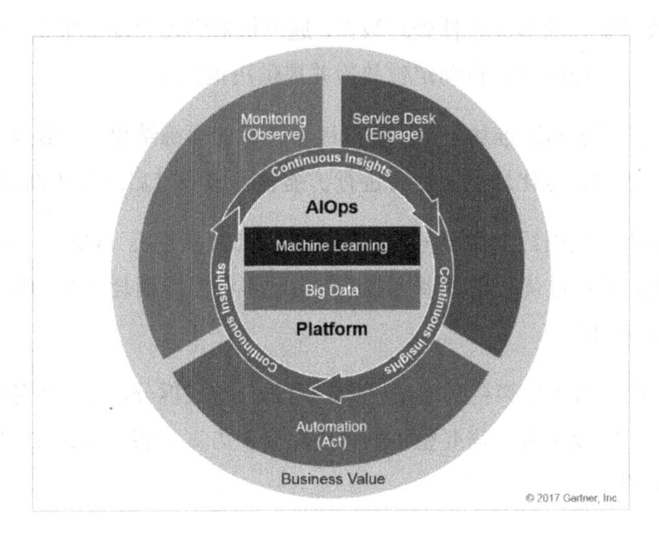

图 1.28　AIOps 的概念定义图（注：图来自 Gartner）

因为 AIOps 不需要由人来指定规则，所以它不依赖于预定义的专家库，它能够基于机器学习算法自动从海量运维数据（包括运维事件日志及事件处理日志）中提炼规则。也就是说，它可以自主地构建专家库，在此基础上自动对事件进行匹配、分析，给出决策建议，并通过自动化运维操作将决策直接落地，从而构成一个无人干预的、全自动化的运维闭环体系。

当然，以上是 AIOps 的理想情况，目前由于算法的误差率无法完全消除，这种全自动的运维闭环体系没有办法全面推广，只能在一定范围内尝试。在很多情况下，AIOps 只是给出辅助的运维决策，最终执行还是需要人工判别和干预。但不管怎么说，AIOps 极大地改善了微服务架构体系下运维的窘境。

1.3.5.4 微服务的运维治理

线上服务的运维治理是微服务治理中最核心的部分，毕竟对技术团队而言，最重要的职责就是保证线上服务的稳定及可靠。由于微服务是从分布式服务演化而来的，所以 1.2.3.3 节中所描述的治理动作，在微服务治理中都是需要继承和进一步深化的。同时，在自动化和 AIOps 的支持下，对微服务的运维治理还有如下几方面的动作。

- 智能化故障分析：在微服务架构下，业务组网更加复杂，变更频繁、复杂路由、深度依赖带来的直接后果就是，我们每天都会在线上遇到之前没碰到过的问题。这时候，需要基于历史故障事件数据及事件处理数据，通过机器学习自动提取故障特征，生成故障特征库，再通过特征匹配，自动定位故障并提供决策建议。
- 智能决策：在复杂的运维场景下，基于机器学习的训练结果——决策特征库，根据线上服务的监控数据智能化地做出是否进行扩缩容、服务重启或者重新调度等决策。
- 资源优化分析：根据线上微服务的长期资源消耗监控指标（CPU、内存、I/O），自动对其进行分类，并通过优化部署调度策略，实现不同资源消耗类型的微服务的混部，以提高整体资源的利用率。
- 安全管控：由于微服务架构采用了更细粒度的分布式拆分，对于服务调用安全方面的问题更复杂，更需要重视，需要整体的系统化解决方案。将在 4.6 节的服务授权小节中对此做详细介绍。

1.3.6 管理治理

根据康威定律，组织和系统架构之间存在映射关系，有什么样的架构就需要有什么样的组织与其适配。微服务架构强调的是灵活快速，以保证技术能为业务提供及时的支持。笔者目前从事互联网金融工作，大的产品版本发布周期是两周一迭代，至于紧急运营需求和线上 Bug 修复等更是不计其数，导致每天都会有上线发布。传统的基于“需求设计→需求评审→概要设计→概要评审→详细设计→详细设计评审→开发→测试→发布评审→协同发布”的瀑布模式完全无法满足业务快速试错的需求。Scrum 这类敏捷开发模式就很适合微服务架构下小团队、短周期的快速迭代。

1.3.6.1　敏捷：产品与研发高效协同的不二之选

采用敏捷模式，产品经理再不能以大而全的思路来设计产品需求，需要基于对用户和市场的研究，采用“用户故事（User Story）”的形式来组织需求。所谓的用户故事是从用户的角度描述用户渴望得到的功能。一个好的用户故事包括如下要素。

- 有价值：业务价值、技术价值均可，但一定要有价值，否则就是无用功。
- 小而独立：对应一个完整的简单功能。大的需求可以将大故事再提炼、分解成小故事。只有够小，才能在短周期迭代中完成。
- 工作量可评估：这是用户故事成熟度的标志，包括必须具备评估工作量的基本资料，一般要有原型，如果涉及前端，还需要有“高保”。
- 可确定优先级：需求总是有轻重缓急之分，业务要发展，一定要优先实现高价值、高优先级的需求。

一个基于敏捷的研发流程由如下步骤构成。

1）标注了优先级的“用户故事”首先进入产品 Backlog 库。

2）产品负责人通过需求宣讲会向研发团队详细讲解高优先级的用户故事，并解答相关疑问。

3）研发团队将用户需求分解成研发任务，评估各任务的工作量。再根据本轮迭代的可用人力资源确定进入本轮迭代的用户故事（需求）列表，按优先级排序，排不进的排入下一轮迭代。

4）研发团队进行开发，通过每日站会的方式同步项目进度信息。这个阶段必须完成产品的开发及测试。

5）召开迭代复审会议，由研发团队向产品负责人展示开发的产品，产品负责人进行验收和反馈。

6）在迭代最后召开迭代回顾会议，总结经验教训，并提出下一个迭代的优化（改进）策略。

以上步骤可以用图 1.29 形象地展示。敏捷缩小了产品需求和开发之间的隔阂，而且人人都是架构师——研发人员直接负责产品的架构设计，这些都有效地缩短了产品开发的周期，提高了效率。

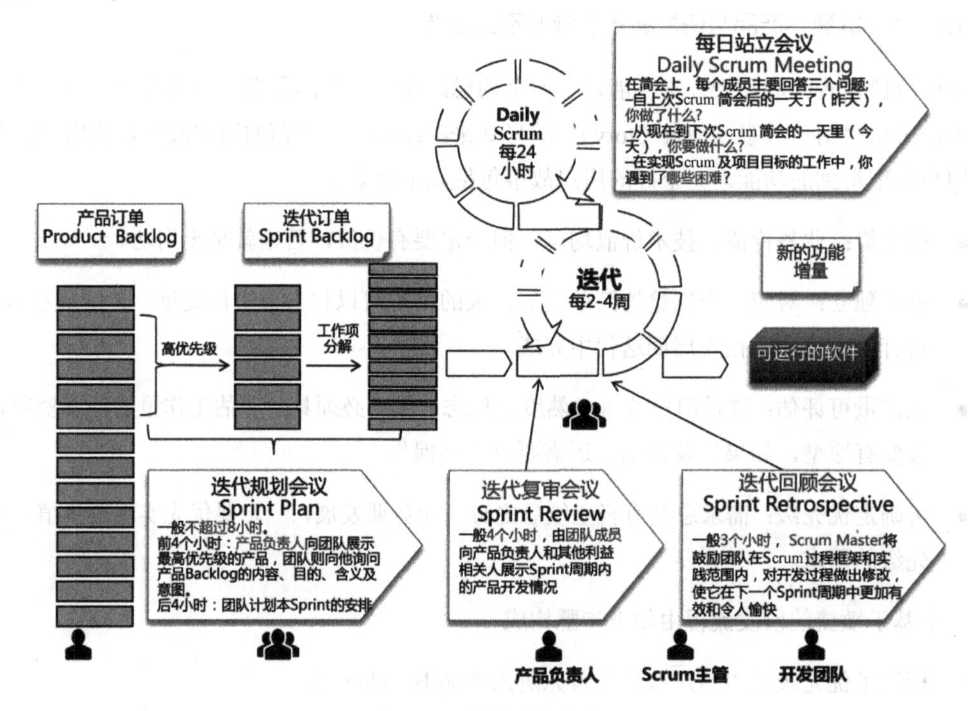

图 1.29　敏捷研发流程

但这还不够，研发团队开发出来的产品和服务还必须进行及时、充分的测试并部署到线上，让用户能平稳地使用。因此，研发人员和运维人员的衔接还必须足够顺畅，这就需要通过下一节即将介绍的 DevOps 来整合研发和运维了。

1.3.6.2　DevOps：研发、运维、质量一体化的必然选择

我们在 1.3.5.2 节中已经涉及 DevOps，通过运维自动化可以将大部分运维人员对服务的“看”

和“管”的能力让渡给开发人员，由开发人员直接负责服务的部署、运维和监控。但 DevOps 的范畴远不止这些，它还涉及软件或服务的质量（测试）领域。从概念上说，DevOps 是一种方法论，是一组过程、方法与系统的统称，用于促进应用开发、应用运维和质量保障（QA）部门之间的沟通、协作与整合。简而言之，就是实现研发、运维、质量一体化。

具体到落地层面，DevOps 最核心的工作就是构建标准化、规范化和自动化的研发流水线或工具链，实现计划、设计、开发、测试、发布和运维的紧密协同。它通常包括如下工作：

- 测试用例管理；
- 测试环境管理；
- 自动化持续构建（CI）；
- 持续部署（CD）；
- 发布管理；
- 负载测试；
- 应用系统监测；
- 反馈管理。

敏捷解决的是如何将需求快速地转换成软件产品的问题，而 DevOps 则解决软件产品的快速部署和灵活管理的问题，是敏捷的补充和延续。两者相结合就能够完整覆盖微服务的全生命周期管理，如图 1.30 所示。在实际应用中，由于部署构件及制品需要基于开发代码版本库进行构建，所以现在很多 DevOps Pipeline 产品往往也会覆盖开发阶段。

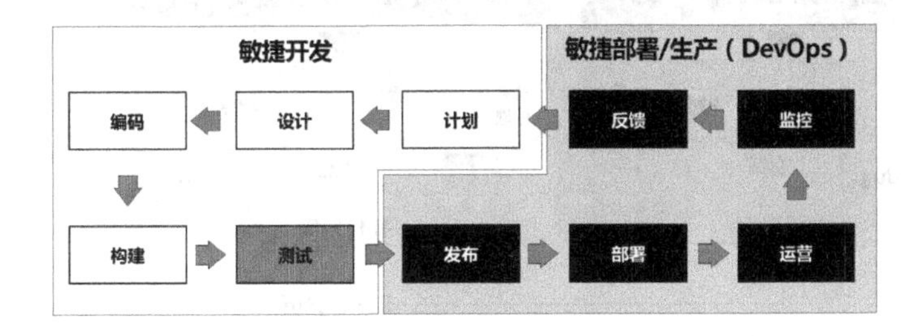

图 1.30　基于敏捷及 DevOps 的微服务全生命周期管理

1.3.6.3 痛点及治理对策

敏捷流程中的迭代回顾会议会总结迭代中的不足并提出优化建议，这本身就是对敏捷管理的不断治理。但还存在如下不足：

- 由于敏捷周期较短，一次敏捷迭代看到的往往只是一个短周期内的问题和风险。对一些长期问题，包括代码腐化趋势和团队产出效能变化的监督无法及时到位。
- 迭代回顾会议更多的还是基于人的感觉来做判定，主观性因素比较多，缺乏科学的数据分析支持，而能够支撑决策的数据是需要长期积累的，一个迭代周期观察的数据显然不够。

在微服务架构下采用敏捷过程管理，传统的树形管理模式被打破，大量的权利被下沉到一线团队，设计由开发人员直接负责，监督管理变成了自管理。但这并不意味着没有管理，只要企业存在，对团队和员工的监督考核就一定不会消失。管理变得更“轻”的同时也变得更离散化了，这时候自动化的辅助管理支撑手段显得尤为重要。

所以，需要构建对敏捷管理的过程监控体系，包括对人（开发、测试）、事（User Story）、物（代码、可发布软件包）的监控，通过横跨多个敏捷迭代周期的数据的横比和纵比来进行更客观的度量和评估，如图 1.31 所示。

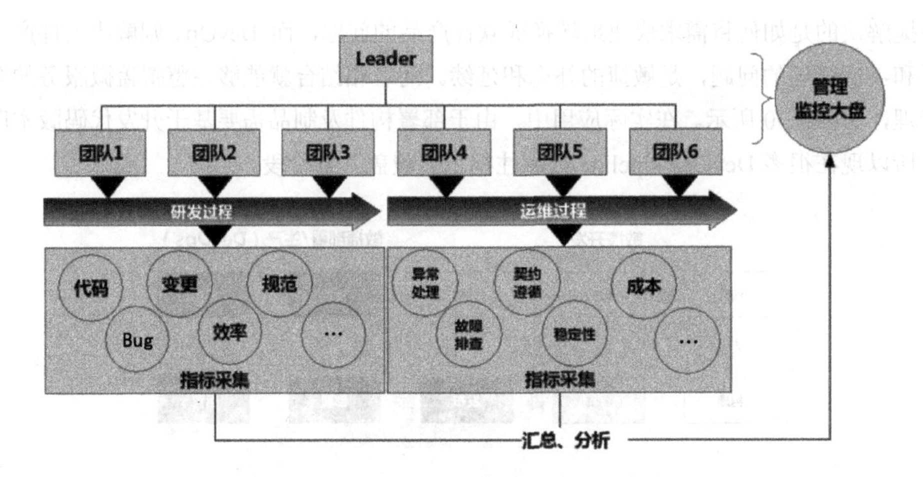

图 1.31　敏捷系统过程的指标度量及效率监控

DevOps 本身就包含了很多的治理思想和具体措施，包括应用系统监控、反馈管理等。一些 DevOps 产品还会集成团队协同管理能力，这些能力和在此基础上所做的持续改进等都是典型的治理动作。

我们将在后续的章节中详细介绍如何通过对开发过程、测试过程及线上服务的自动化监控及分析，并结合精益看板来进行开发人员和开发团队的开发质量、协同管理效率的综合立体化评估及治理。

第 2 章 微服务治理技术概述

2

2.1 微服务架构

在微服务应用中，服务实例的运行环境和实例的网络地址都是动态变化的。因此，客户端为了访问服务必须使用服务发现机制。

服务发现的核心部分是服务注册表，也就是可用服务实例的“数据库”。服务注册表提供一种注册管理 API 和服务发现请求 API。服务实例使用注册管理 API 来完成注册和注销，通过心跳检测来实现对服务实例有效性的监控，及时将失效服务实例从服务注册表中移除。

服务发现请求 API 用于发现可用的服务实例。根据进行发现操作的主体来区分，有三种服务发现模式：

- 服务端发现（代理模式）；
- 客户端发现（直连模式）；
- 服务网格发现（边车模式）。

2.1.1　代理模式

代理模式又称服务端发现模式（server-side discovery pattern），采用 Façade 门面架构模式。服务提供方和服务调用方的交互流程，即代理模式的服务框架，如图 2.1 所示。

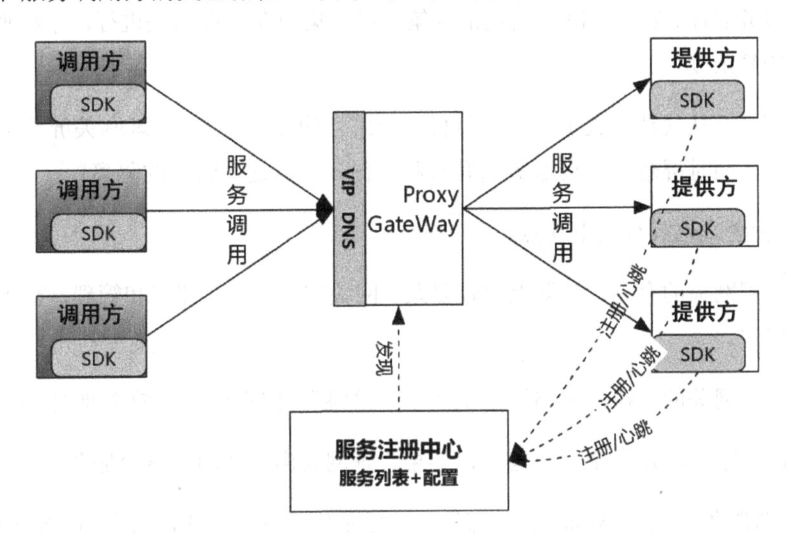

图 2.1　代理模式的服务框架

1）启动时，服务提供方将自己注册到服务注册中心，并通过心跳保持和服务注册中心的连接。

2）代理网关通过服务注册中心获取服务的可用节点列表。

3）服务调用方（客户端）通过指定的域名或者 IP 向代理网关请求指定的服务。

4）代理网关接到请求后，从相应服务的可用节点列表中，根据指定的路由及负载均衡策略，选择一个最终访问节点，这个服务节点建立连接并发起请求，获得结果。

5）代理网关将结果返回给服务调用方，完成请求。

从图 2.1 中可以看出，代理网关实际上起到了请求转发（分发）的作用。这种架构具有如下优点。

- 服务路由及负载均衡的策略均在代理网关处实现，服务调用方（客户端）无须关注发现的细节，只需要简单地向负载均衡器发送请求，因此其上的SDK可以做得比较“轻”。
- 代理网关可以根据实际需要，选择效率更高的连接通道，也就是说，同一个请求可以在“调用方→代理网关”“代理网关→提供方”之间采用不同的网络协议。
- 相关服务监控、安全控制及其他治理策略可以集中在代理网关进行，有效地降低监控及治理的复杂度。
- 服务调用方从代理网关上看到的就像一个统一的完整服务，代理网关屏蔽了后台服务的复杂性，同时屏蔽了后台服务的升级和变化，可以提供较好的隔离。

同时，这种模式也具有如下缺点。

- 由于代理网关的存在，部署上比较复杂。网关需要开发、部署和管理，有额外的部署和管理成本。
- 由于代理网关的存在，网络请求上多了一“跳”，比直连模式效率要差一些。
- 代理网关本身就是一个单点隐患，如果代理网关出现故障，这个服务网络将不可用。

最早采用微服务模式的Amazon内部使用的就是代理网关模式，其在AWS上提供的ELB服务是典型的代理网关产品。基于代理网关模式最著名的开源微服务框架非Spring Cloud莫属。准确地说，Spring Cloud利用Netflix开源的Zuul组件来实现代理网关，特色体现在动态可热部署的过滤器（filter）机制上。Spring Cloud是一系列产品和框架的集合，它以Spring Boot的风格将目前市面上各家公司开发得比较成熟、经得起实际考验的服务框架进行了深度整合，屏蔽掉复杂的配置和实现原理，最终给开发者构建了一套简单易懂、易部署且易维护的分布式系统开发工具包。

其他开源的，如我们熟悉的HAproxy、Nginx等负载均衡器产品都可以扩展作为代理模式的网关组件。

2.1.2 直连模式

直连模式又称客户端发现模式，其具体服务框架如图2.2所示。

1）服务提供方在启动时，通过服务框架提供的 SDK 到服务注册中心注册，并通过心跳或者长连接保持和服务注册中心的联系。

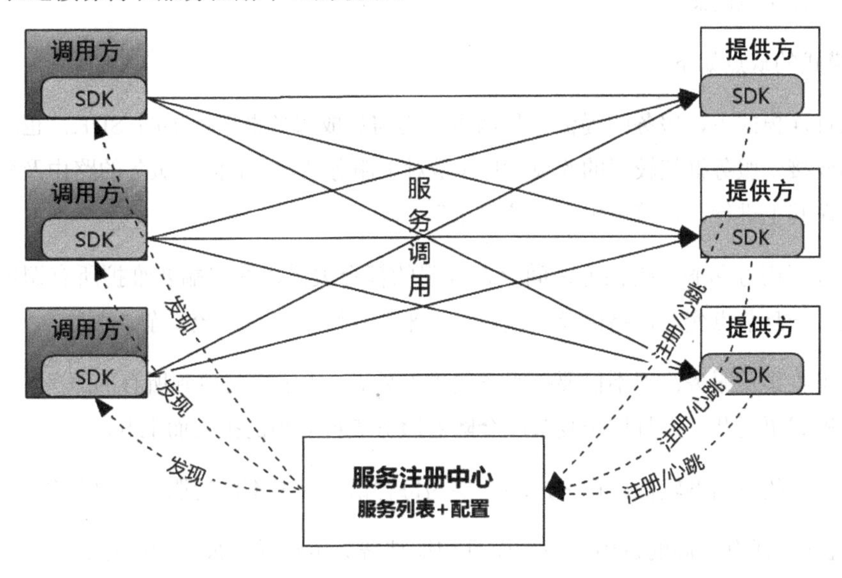

图 2.2　直连模式的服务框架

2）服务调用方（即客户端）首先通过服务框架提供的 SDK 到服务注册中心获取要调用服务的所有已注册的可用节点列表，并对服务注册中心进行监听，一旦服务注册中心有服务的新节点注册，服务调用方会及时更新节点列表。

3）服务调用方根据一定的路由及负载均衡策略计算后，选定一个最终的服务提供节点，并直接发起远程服务调用。

4）服务提供方接到调用请求后，进行业务逻辑处理，并把最终结果返回给服务调用方。

直连模式的服务提供方和调用方之间没有中间代理层，与代理模式相比，它的优点如下。

- 由于不存在代理网关，部署架构更加简化。
- 由于直接在客户端进行路由及负载均衡操作，客户端可以根据自身特点采用更适合的路由及负载均衡算法。
- 由于去掉代理网关组件，网络上少了一“跳”，服务调用方和提供方之间可以采用效率更高的直连协议，甚至采用长连接模式，服务调用更高效。

- 不存在单点隐患。

直连模式的缺点如下。

- 在直连模式下，服务的提供方和调用方均需集成服务框架提供的 SDK，也就是说它们都要接受服务框架较强的约束。尤其是对于服务调用方，由于服务的路由及负载均衡均要在其上进行，运算逻辑会比较“重”。
- 服务调用方和服务提供方之间存在较强的耦合关系，客户端要维护所有调用服务的地址，一旦节点变动，路由及负载均衡再平衡算法会相对比较复杂。
- 日志收集及服务治理不仅要在服务提供方处做，也需要覆盖到所有的服务调用方，比代理模式更复杂，而且这个复杂度会随着服务集群规模的扩大而上升。
- 客户端的自由度较低，在客户端需要为每种语言开发不同的服务发现逻辑。

由于直连模式有更高的调用效率，而且初期部署成本较低，很多一线互联网大厂都采用这种模式，包括 Google、阿里等。在这些大厂的示范效应下，绝大部分企业在做服务化选型时会采用直连模式，包括现在很火的 ServiceMesh，本质上也是一种直连模式。

2.1.3 边车模式

上一节介绍了经典的直连模式微服务框架，其网络部署架构可以用图 2.3 描述。从图中可以看到，SDK 也是应用的一部分，应用逻辑和 SDK 之间的调用属于微服务的内部调用，不涉及网络传输，微服务和微服务之间的调用才通过 SDK 进行网络间的传输。

由于微服务和 SDK 的强耦合导致微服务的开发受到一定的限制，包括技术选型和开发语言等都要考虑与微服务框架的 SDK 兼容。另外，服务和 SDK 之间在出现异常时也会相互影响。为了解决这些问题，最近几年出现了一种新的弱耦合 SDK 的微服务框架，业界统称为 ServiceMesh。

ServiceMesh 可以简单理解为将直连模式中的 SDK 拆分出来，以独立进程的模式和微服务应用部署在同一个操作系统中，如图 2.4 所示。ServiceMesh 的服务在部署时会通过修改操作系统的底层网络配置（例如，在 Linux 中通过 iptables 的相关代理配置）的方式，对本地网络的调用链路进行调整。

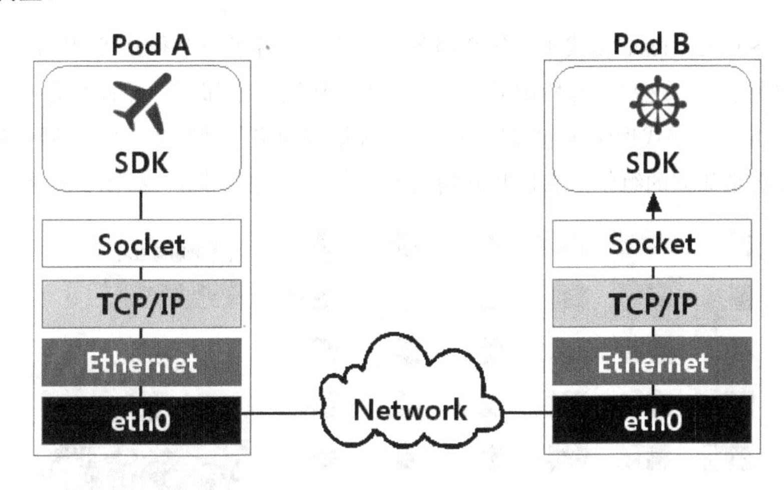

图 2.3　传统直连模式的微服务网络部署架构

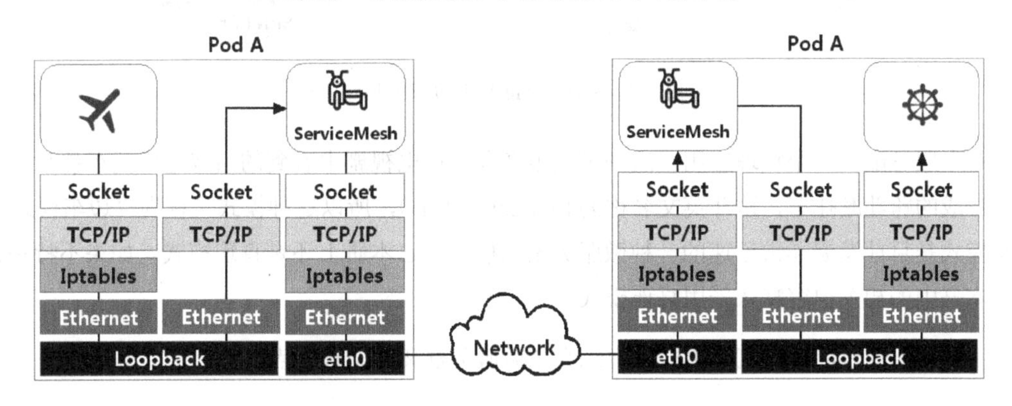

图 2.4　ServiceMesh 的微服务网络部署架构

服务调用方将微服务应用发出的所有网络调用通过**本地环回接口**或地址（**Loopback**，亦称**回送地址**，处于网络层），直接发送到本机的 ServiceMesh（可以理解为 ServiceMesh 成了微服务应用的本地代理程序），ServiceMesh 再根据截获的 URL 的路由、负载均衡等相关参数及配置，最终决定向哪个远程网络节点发起真正的网络请求。

服务提供方的网络请求也首先被底层的网络代理配置（通过类似 iptables 的配置）导向

ServiceMesh 代理应用，进行一系列诸如限流、降级和安全控制等预处理后，再重新构造一个请求，最后通过本地网络的**本地环回接口**或地址来调用最终的微服务应用。

可见，在 ServiceMesh 模式中，每个服务的本地都配备了一个独立代理应用，用于服务之间的通信和服务治理。这些代理应用通常与应用程序代码一起部署，并且不会被应用程序所感知。ServiceMesh 将这些代理组织起来形成了一个轻量级网络代理矩阵，即服务网格。如此一来，这些代理就不再是孤立的组件，它们共同构成了一个有价值的网络，如图 2.5 所示。

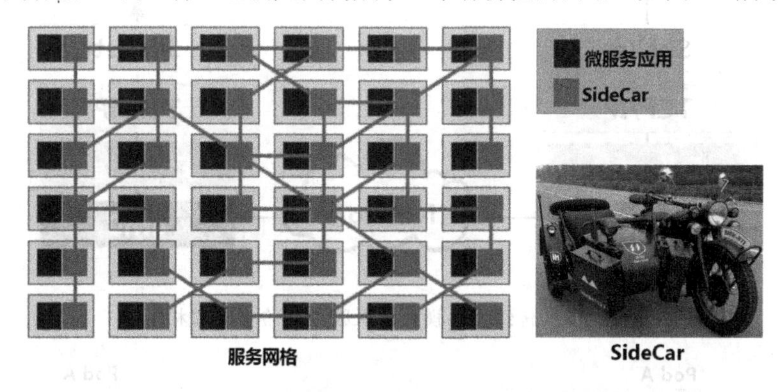

图 2.5　ServiceMesh 中的服务网格

每个服务配置一个代理应用，这种模式很像我们在电视剧中看到的由双轮摩托车挂载一个跨斗形成的跨斗摩托车，跨斗英文名称为 SideCar（边车），所以这种模式又称为“边车模式”。边车模式是目前发展非常迅速的一种微服务架构模式，它本质上还是直连模式。如果不特别说明，本书中的相关内容默认采用直连模式。

下一节将通过经典的直连模式来详细介绍微服务框架的架构特点。

2.1.4　直连模式的架构特点

直连模式的微服务框架为服务的提供方和调用方都提供了相应的 SDK，分别负责服务的封装、协议暴露、注册、查找、路由、负载均衡及治理等框架级的能力。图 2.6 是直连模式微服务框架的整体架构。

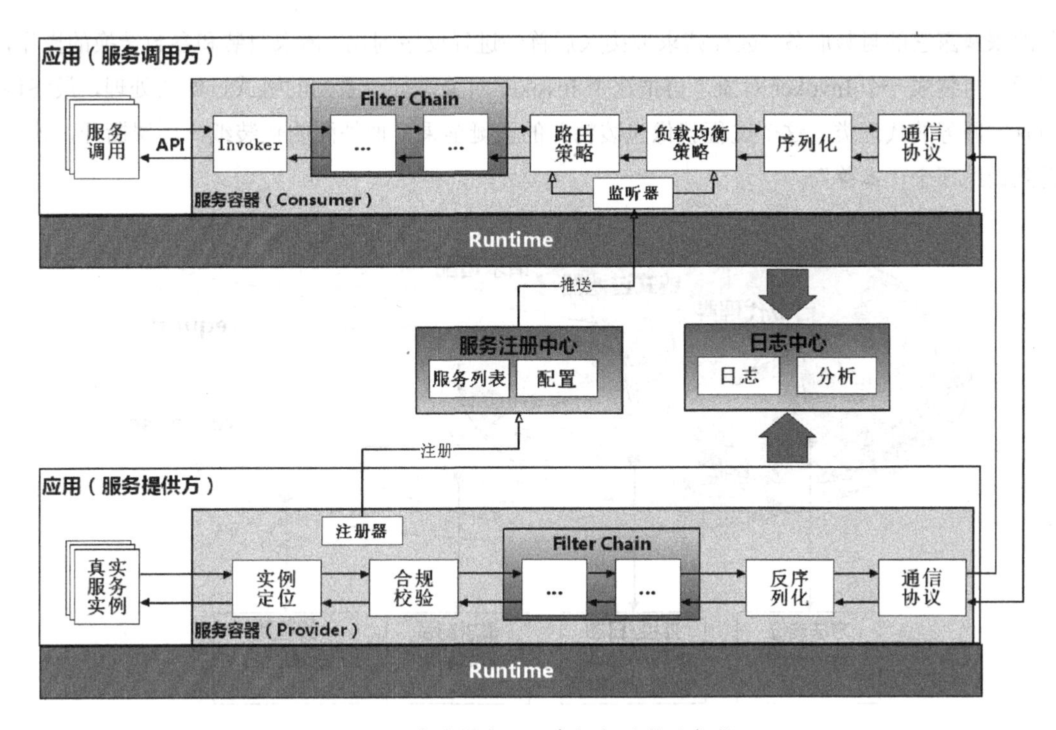

图 2.6　直连模式微服务框架的整体架构

1. 服务提供方

在服务提供方，微服务框架的 SDK 都做了哪些工作？

服务提供方提供服务的真实业务逻辑，这个业务逻辑可能只是程序代码中的某一个类，甚至只是某一个方法，其本身并不具备被远程客户端直接调用的能力。微服务框架要做的就是通过特定协议把这个业务逻辑封装成一个远程服务，并暴露出去。封装和暴露的手段很多，不同语言的实现也不尽相同，有的会使用 Hook 技术，有的会使用字节码或者动态代理机制等。以 Java 为例，普遍采用 Instrumentation 字节码替换技术或 InvocationHandler 动态代理，为原始业务逻辑生成一个代理类，让这个代理类来负责远程请求的解析匹配和本地真实服务的调用，再把结果返回给远程的调用方。图 2.7 描述的就是一种典型的服务封装及暴露的架构模式。

可以看到，为了提供更好的性能和更强的隔离性及保护，本地服务一旦被定义为以具体的网络协议（RMI、Hessian、HTTP、gRPC 等）对外提供服务，微服务框架通常会采用独立的线程池来暴露它的封装服务。远程请求被接入后首先进行反序列化、请求封装和参数转换的操作，然后被封装成一个 Invoker 对象，再把这个 Invoker 对象进行一系列的链式过滤器处理，最终调用真实服务的代理类。这个过程就像包装精美的圣诞苹果，把外面的包装纸一层层撕开，才能看到最终那个“本尊”。

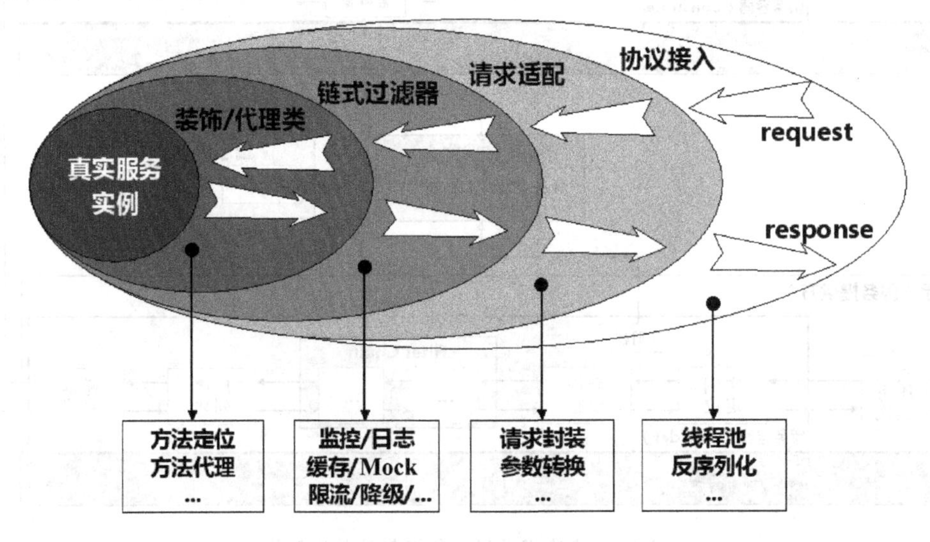

图 2.7　服务的封装及暴露

在请求接入的过程中，链式过滤器是很关键的请求处理组件。在各微服务框架里，通常会把链式过滤器设计成动态的，可以根据用户的定义灵活地往里面增减过滤器组件。由于每个请求都会被链式过滤器组件处理，所以针对请求的限流、降级、熔断、日志采集、监控和 Mock 等操作都可以在这里进行。

2. 服务调用方

服务调用方一般只有一个远程服务的接口或标识，如表 2.1 的第一列所示。为了实现对远程服务的调用，微服务框架在服务调用方启动后，根据这个接口或标识来生成一个代理对象，通过这个代理对象来实现对本地请求的接入，如表 2.1 的第二列所示。由于动态生成代理类是微服务框架 SDK 的运行态行为，并且 SDK 会将代理类通过 hook 或者 IoC 的方式动态注入（替换掉）程序的调用逻辑，所以这个过程服务调用方的开发人员是无感的，开发人员只需要简单地调用对应服务接口即可。

表 2.1　服务接口及在调用方动态生成的代理类（伪代码）

<table>
<tr><th>接口示例（伪代码）</th><th>代理类（伪代码）</th></tr>
<tr><td>01.　interface DemoService {
02.　　String sayHello (String name) ;
03.　}</td><td>01.　class DemoServiceProxyClass {
02.　　Method[] methods;
03.　　InvocationHandler handler;
04.
05.　　String sayHello (String param1) {
06.　　　Object[] args = new Object[1];
07.　　　args[0] = param1;
08.　　　//调用处理
09.　　　Object ret = handler.invoke (this, methods[0], args);
10.　　　return (java.lang.String) ret;
11.　　}
12.　}</td></tr>
</table>

表 2.1 中第二列伪代码的第 09 行，一个名为“handler”的 SDK 提供的操作类负责处理具体的请求。它的典型操作如下。

1）将请求参数统一封装成标准请求对象，例如一个叫 RpcInvocation 的类对象。

2）从服务注册中心获取提供此服务的所有服务节点地址列表，例如 ClusterList。

3）根据预定义的路由策略 RouterConfig，从所有服务节点的地址列表 ClusterList 中，筛选出一个最终可用的服务节点子集 ChildClusterList。

4）根据预定义的负载均衡策略 LoadBalanceConfig，从服务节点子集 ChildClusterList 中筛选出最终要调用的服务节点 targetNode。

5）调用一系列的过滤器对请求进行逐项处理。

6）序列化参数 RpcInvocation，并向目标节点 targetNode 发起远程调用（可能会采取异步调用方式以提高调用效率，并控制调用超时），然后返回调用结果。如果调用失败，根据预先定义的容错机制进行相应的容错处理（重试、忽略、失败转移等）。

以上就是微服务框架在服务调用方的典型处理逻辑，各微服务框架在具体处理逻辑上会有差异，但大体架构是一致的。

2.1.5 微服务全生命周期整体架构

微服务的整个生命周期包含了产品设计（微服务需求定义）、微服务应用开发、微服务应用构建、微服务应用部署、监控与运维五大线下、线上的环节，如图 2.8 所示。

可以看到，整个过程和 DevOps 工具链基本上是重叠的，微服务治理也围绕上述过程来进行。首先采集各个过程的核心度量数据，包括服务属性、人员属性、协同效率指标、性能指标等；然后通过数据的聚合分析，对过程进行客观度量，找出质量、效率及性能缺失的地方；再通过人工或自动化的手段进行过程优化，这些过程优化措施既包括线下优化，也包括线上优化，如表 2.2 所示。

表 2.2 服务治理的过程优化

线上优化	资源编排优化 调度优化 流量/并发策略 异常 ……
线下优化	流程管理优化 团队协同优化 考核策略优化 人员技能定向提升 效率优化 ……

简单来说，微服务的治理包含了微服务的**度量**及**管控/管理**两大方面的能力。**度量为治理决策提供必要依据并制定出相应的治理决策及管控指令，管控/管理负责将治理决策和管控指令落地**。本章后续将围绕微服务的整个生命周期，详细讨论针对各个阶段的度量策略和管控/管理手段。

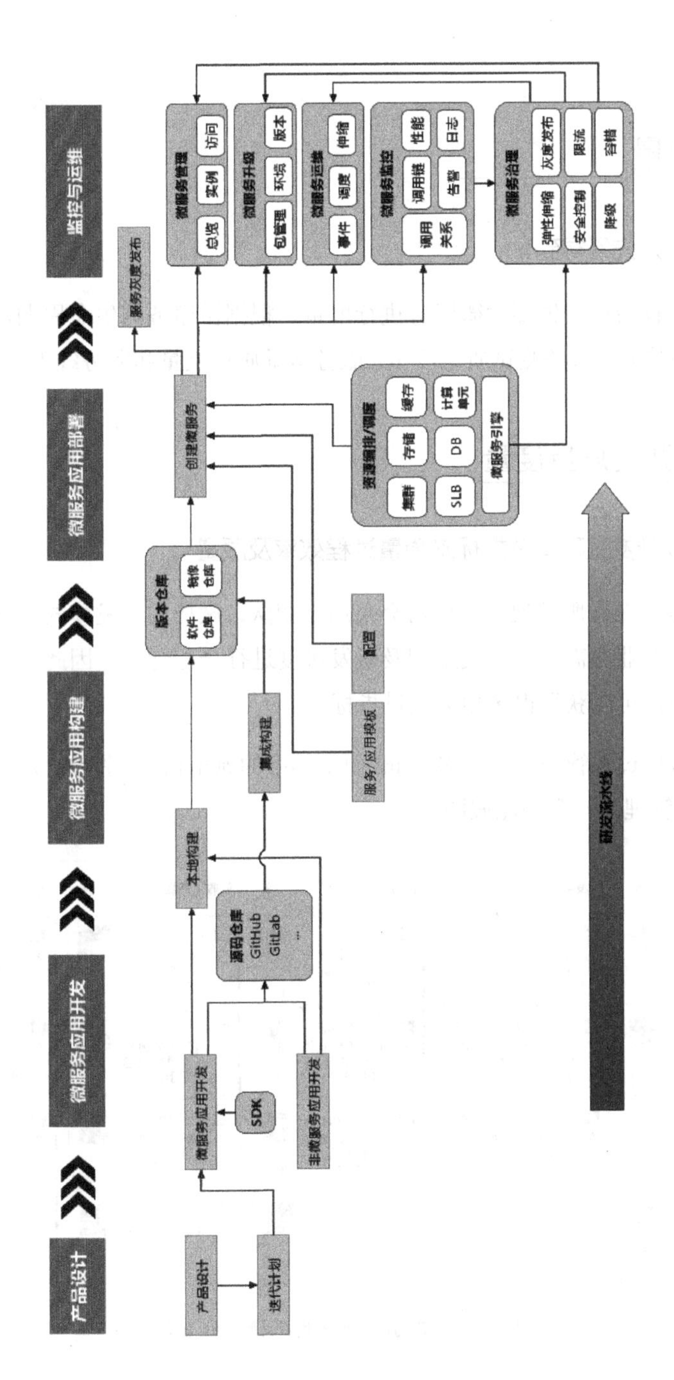

产品设计
微服务应用开发
微服务应用构建
微服务应用部署
监控与运维
产品设计
迭代计划
微服务应用开发
SDK
非微服务应用开发
源码仓库
GitHub
GitLab
...
本地构建
集成构建
服务/应用模板
配置
版本仓库
软件仓库
镜像仓库
创建微服务
资源编排/调度
集群
存储
缓存
SLB
DB
计算单元
微服务引擎
服务灰度发布
微服务管理
总览
实例
访问
微服务升级
包管理
环境
版本
微服务运维
事件
调度
伸缩
微服务监控
调用关系
调用链
告警
性能
日志
微服务治理
弹性伸缩
灰度发布
安全控制
限流
降级
容错
研发流水线

图 2.8　微服务生命周期

2.2 服务度量

要管得到，必须先看得到！

要对微服务进行治理，先要对微服务进行度量。根据微服务的生命周期，可以将服务度量分为服务开发质量度量、服务测试质量度量、服务运维质量度量和服务线上性能度量四大部分。

2.2.1 服务开发质量度量

2.2.1.1 通过开发过程管理指标来衡量过程效率及质量

第 1 章介绍过，在微服务架构下通常会采用小团队、敏捷的开发模式，使用特定的需求和研发过程管理工具对业务需求、研发用例及研发进度进行全程管理。因此，从开发阶段的过程管理和成果管理中，可以获得很多相关度量指标。

目前流行的敏捷过程管理工具很多，Jira 便是其中的典型代表。图 2.9 是笔者所在团队使用 Jira 进行敏捷迭代管理的一个功能截图。

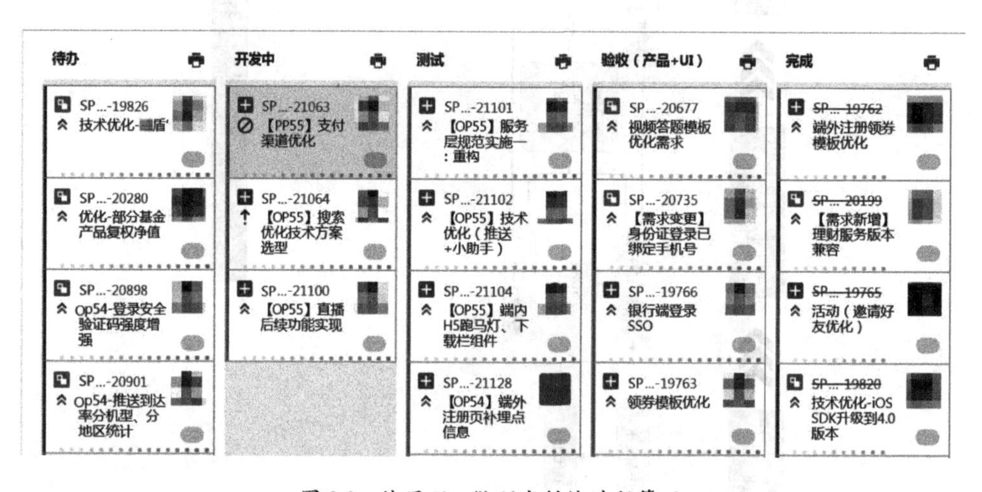

图 2.9　使用 Jira 做研发敏捷过程管理

Jira 提供 API 接口，可以获取非常丰富的研发过程度量指标，包括一个研发团队开发一批业务需求所投入的人力资源和各个环节所耗费的时间等信息。以下是 Jira 提供的一些典型接口。

1. 获取所有项目信息

通过 API 接口 http://jiraserver:port/rest/api/2/project 可以获取 Jira 中的所有项目的详细信息，包括项目 ID、项目 key、项目名称、项目负责人和项目类比/类型等信息。

2. 获取单个项目信息

通过 API 接口 http://jiraserver:port/rest/api/2/project/{projectId}可以获取某个项目 ID 对应项目的详细信息，包括项目组件列表、版本列表及项目相关角色列表等信息。

3. 获取项目某个敏捷迭代（Sprint）中的所有 issue（UserStory、Task、需求、Bug）

```
http://jiraserver:port/rest/api/2/search?jql=project={projectKey} AND sprint=
{sprintKey}
```

通过如上 Jira 提供的针对 issue 的 API 查询接口，利用带 JQL 的查询接口调用，可以查询某个项目下某个迭代周期中的所有 UserStory 及 Task 详情。

4. 获取某个 issue 的详细信息

通过 API 接口 http://jiraserver:port/rest/api/2/issue/{issueId/issueKey}可以获取某个 issue（用户故事、任务、需求、Bug）的详细信息，包括创建时间、状态（及变更）、创建人、负责人、子任务等信息。

通过以上接口，定期收集敏捷过程中每个 UserStory 及对应 Task 的相关状态信息、变更时间信息、负责人员信息（开发人员、测试人员和验收人员）、对应服务信息（可通过自定义字段维护 issue 所关联的微服务）。基于时间轴将这些信息进行横向和纵向的组织及比对，再结合精益看板，即可从不同维度对微服务的开发过程进行全方位审核和把控。整个过程如图 2.10 所示。

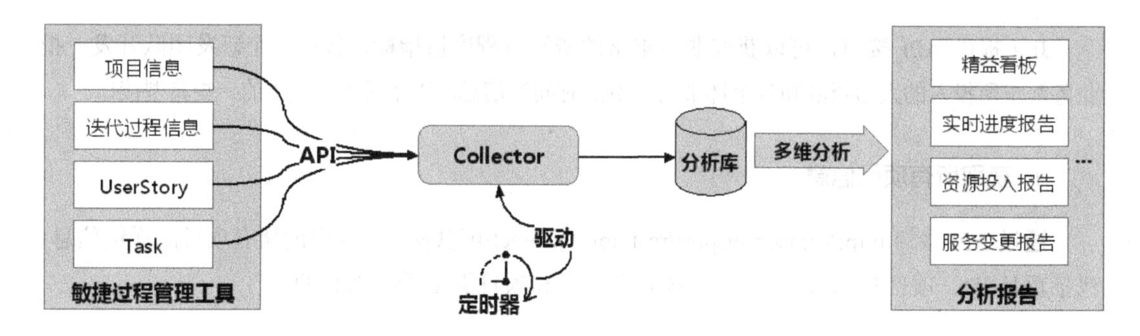

图 2.10 通过研发过程信息采集做微服务研发过程分析

但是，这样就够了吗？

不！我们还有一个庞大的“宝库”没有挖掘，那就是研发成果的最终归档物——源代码。

2.2.1.2 用代码“读懂”代码：衡量开发交付质量

回顾软件开发的流程，从前期的业务需求分析，到产品设计，再到架构设计，通过层层迭代，让所有关于业务及系统的思考、意图和策略最终都通过开发人员的代码表述出来。代码成了这些活动的最终产出物。

可以说，一个系统的源代码就是一本“书”，读懂这本“书”，我们就知道这个系统的“前世今生”。当然，深入（自动化）分析源代码也可以衡量服务的开发和设计质量。

在实际的开发工作中，大都采用面向对象的编程方式。我们把真实世界的业务实体映射成软件中的对象，实体间的关系就演变成了对象间的继承、实现和引用关系。因此通过对源代码的分析，可以知道软件系统的一系列关系逻辑，包括系统的调用入口在哪，以及系统 API 的实现和继承关系、类方法之间的引用关系等。如图 2.11 所示，如果将图左边的**代码关系**用图形化的方式呈现出来，就可以获得图右边的**调用链路关系图**。这类关系图对我们快速梳理和理解系统的逻辑非常有帮助，在此基础上也可以对微服务的调用质量进行优化。

源码是一个宝库，包含了很多的内容。假如有个“超人”能够记住所有的源码并理解透彻，那么很多治理的难题都能迎刃而解。问题一出来，超人就能快速地定位问题所在。奈何现实中没有超人，全盘读懂源码既是脑力活也是体力活，将成千上万个核心类的调用关系梳理出来并画出关系图，没有核心程序员好几周的辛苦努力是搞不定的。

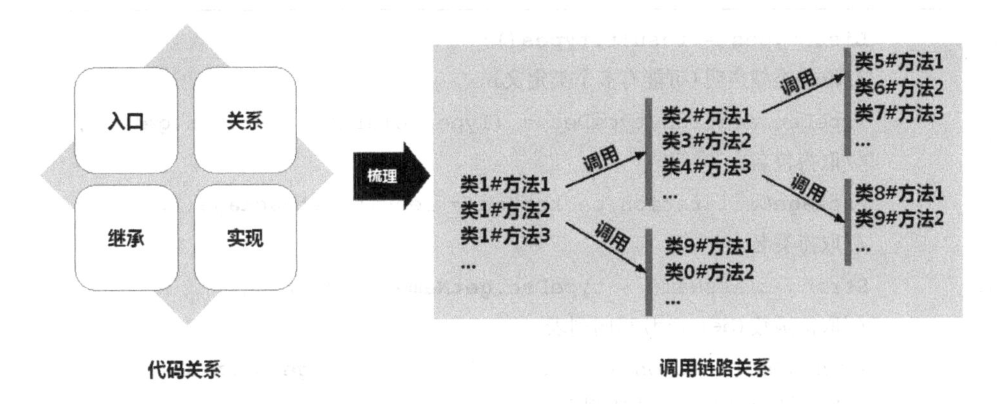

图 2.11　代码逻辑关系的梳理

“人力有穷时”，最好的办法是通过某种自动化手段，自动提取源码中的元素，自动梳理这些元素之间的关系，简言之就是**“通过代码去理解代码”**。

所幸，现在已经有一些能够对源码进行解析的工具和组件，JDT 就是其中的典型代表。JDT 的全称是 Java Development Tools，是 Eclipse 的核心组件，主要用于 Java 程序的组织、编译、调试和运行等。在 Java 源码解析上，JDT 提供了一个 AST 组件（Abstract Syntax Tree，**抽象语法树**）来做 Java 程序分析。通过 AST，编译器会把代码转化成一棵抽象“语法树”，树上的每个节点代表一个代码元素（变量、方法、逻辑块等），同时针对节点的类型和属性解析提供完整的能力。

利用 JDT-AST 解析 Java 源码的基本能力展示如下所示。

```
01.         //获取 Java 源码
02.         String content = read(javaFilePath);
03.         //创建语法解析器
04.         ASTParser parsert = ASTParser.newParser(AST.JLS4);
05.         //设定解析器的源代码字符
06.         parsert.setSource(content.toCharArray());
07.         //使用解析器进行解析并返回 AST 上下文结果(CompilationUnit 为根节点)
08.         CompilationUnit result = (CompilationUnit) parsert.createAST(null);
09.         //获取类型
```

```
10.         List types = result.types();
11.         //取得类型声明(可能有多个类定义)
12.         TypeDeclaration typeDec = (TypeDeclaration) types.get(0);
13.         //取得包名
14.         PackageDeclaration packetDec = result.getPackage();
15.         //取得类名
16.         String className = typeDec.getName().toString();
17.         //取得函数(Method)声明列表
18.         MethodDeclaration methodDec[] = typeDec.getMethods();
19.         //取得函数(Field)声明列表
20.         FieldDeclaration fieldDec[] = typeDec.getFields();
21.         //继承的类或者实现的接口
22.         for (Object obj : typeDec.superInterfaceTypes()) {
23.            System.out.println("interface: " + obj);
24.         }
25.         System.out.println("extends: " + typeDec.getSuperclassType());
26.         //输出包名
27.         System.out.println("包名: " + packetDec.getName());
28.         //输出类名
29.         System.out.println("类名: " + className);
30.         //输出引用 import
31.         System.out.println("引用 import: ");
32.         for (Object obj : result.imports()) {
33.            ImportDeclaration importDec = (ImportDeclaration) obj;
34.            System.out.println("    " + importDec.getName());
35.         }
36.
37.         //循环输出变量
38.         for (FieldDeclaration fieldDecEle : fieldDec) {
39.            for (Object obj : fieldDecEle.fragments()) {
40.               System.out.println("类变量: "+fieldDecEle.getType()+"    " +
                      ((VariableDeclarationFragment) obj).getName());
```

```
41.           }
42.       }
43.       for (MethodDeclaration method : methodDec) {
44.           System.out.println("方法: " + method.getName());
45.           //遍历方法内变量
46.           List<SingleVariableDeclaration> mParams = method.parameters();
47.           if (mParams != null) {
48.               for (int i = 0; i < mParams.size(); i++) {
49.                   SingleVariableDeclaration sVar = mParams.get(i);
50.                   System.out.println("    方法变量: " + sVar. getType().
                        toString() + " " + sVar.getName().toString());
51.               }
52.           }
53.           //遍历方法内逻辑块
54.           Block body = method.getBody();
55.           if (body == null) {
56.               continue;
57.           }
58.           List statements = body.statements();
59.           Iterator iter = statements.iterator();
60.           while (iter.hasNext()) {
61.               Statement stmt = (Statement) iter.next();
62.               System.out.println("     逻辑块类型: " + stmt.getClass().
                    getSimpleName());
63.           }
64.       }
```

通过 JDT-AST 可以解析出某个类所有引用的其他类（import）列表、类变量列表、类函数列表、函数内变量列表和函数内逻辑块。有了这些基础信息之后，再遍历每个方法中的每一行，通过正则表达式可以获取此代码行所调用的变量及其方法。比如，针对下面的代码：

```
params.put ("isAdded", remind.getIsAdded());
```

通过正则表达式：

```
[a-zA-Z0-9_\\$]+[ |\r|\n]*\.[ |\r|\n]*[a-zA-Z0-9_\\$]+\(
```

可以识别出如下两个子串：

```
1. params.put(
2. remind.getIsAdded(
```

对上面的结果稍加处理，可知上述代码分别调用了变量 params 的 put 方法和变量 remind 的 getIsAdded 方法。基于这个结论，再根据类变量列表及函数内变量列表匹配到对应的类上，即可获得某个类方法调用其他类方法的情况。微服务本身即以类方法（或接口）的形式存在，因此，通过这种方式可以获得微服务之间的调用关系，具体解析过程如图 2.12 所示。

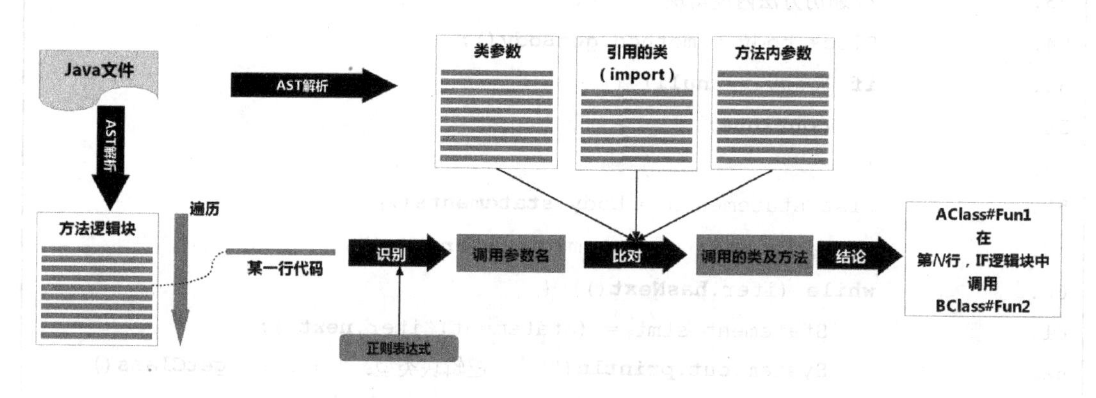

图 2.12　通过 JDT-AST 解析 Java 文件获取方法间的调用关系

有了这些信息，就可以逐个遍历方法，扫描方法的每一行代码，通过前面识别出的类变量及方法变量，找出这些变量的对外调用，从而构建出某个类方法对其他类方法的调用关系。如果把源码库中所有微服务工程的源码都进行扫描，可以获得一个 **Map<String，List<String>>** 对象集合，Map 的 key 是某个类方法，Value 是其调用的其他类方法的集合（为了程序处理方便，可能还需要构建一个类似的**被调用**关系集合 Map）。在此基础上对这个 Map 进行递归遍历，就可以找出所有这些类方法的调用链路关系，如图 2.13 所示。图中的 **F#Func1** 和 **K#Func1** 是微服务的调用入口，一般都作为调用契约以接口的形式存在。在进行代码扫描时，要注意将其与

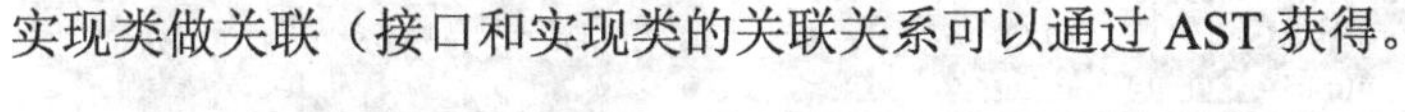
实现类做关联（接口和实现类的关联关系可以通过 AST 获得。

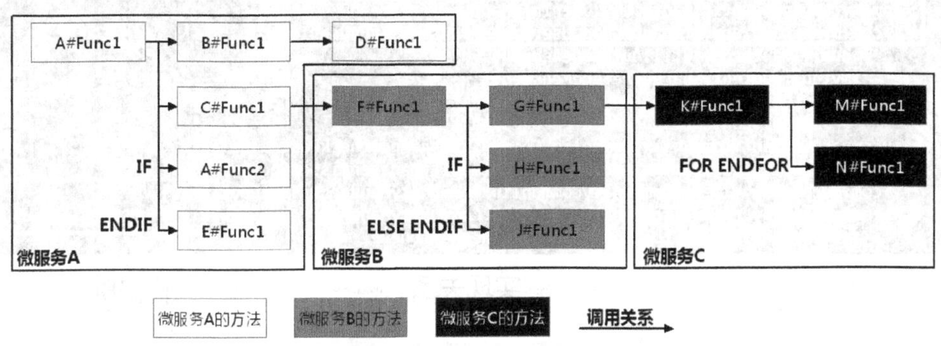

图 2.13　微服务内部及微服务间的方法级别的调用链路关系

把如图 2.13 所示的这些调用链路关系合并，可以构建一个如图 2.11 右边所示的完整的方法级别的调用矩阵，微服务间的调用是这个调用矩阵的一个子集。

图 2.14 是一个真实静态调用链的示例，以一个类方法为起点，找到它调用的所有其他方法，逐层遍历后，就能得到图中所显示的调用层级关系。图 2.14-①是这种调用关系的文本描述，从图中可以清晰地看到方法间调用的先后和层级关系。

要注意的是类的实现和继承关系。接口类方法或者抽象类方法是没有具体实现逻辑的，所以在程序扫描时，还需维护类直接的继承和实现关系。接口方法往往用具体的实现类方法来代替，这样就能顺利地找到它的下一层引用关系。

如果引入诸如 mxGraph 这类图形化展示组件，可以将图 2.14-①中类方法间的调用关系用一棵从上至下、从左至右的调用树图来展示，如图 2.14-②所示。调用树上每一个节点就是一个类方法，节点间的箭头连线就是一个调用关系。通过 JDT 能够识别出方法注释，还可以将方法注释在每一个类方法节点的右边列出。如果系统注释完整，那么通过一张图就可以基本读清楚一个微服务入口方法的完整实现细节。

如果一个方法类的结构比较复杂，例如它有 IF…ELSE 关系或者 FOR 循环等嵌套调用关系，也可以用 JDT 识别，将这种关系在调用线条上列出。这样就能清楚地知道这是一种分支调用关系还是一种循环调用关系。

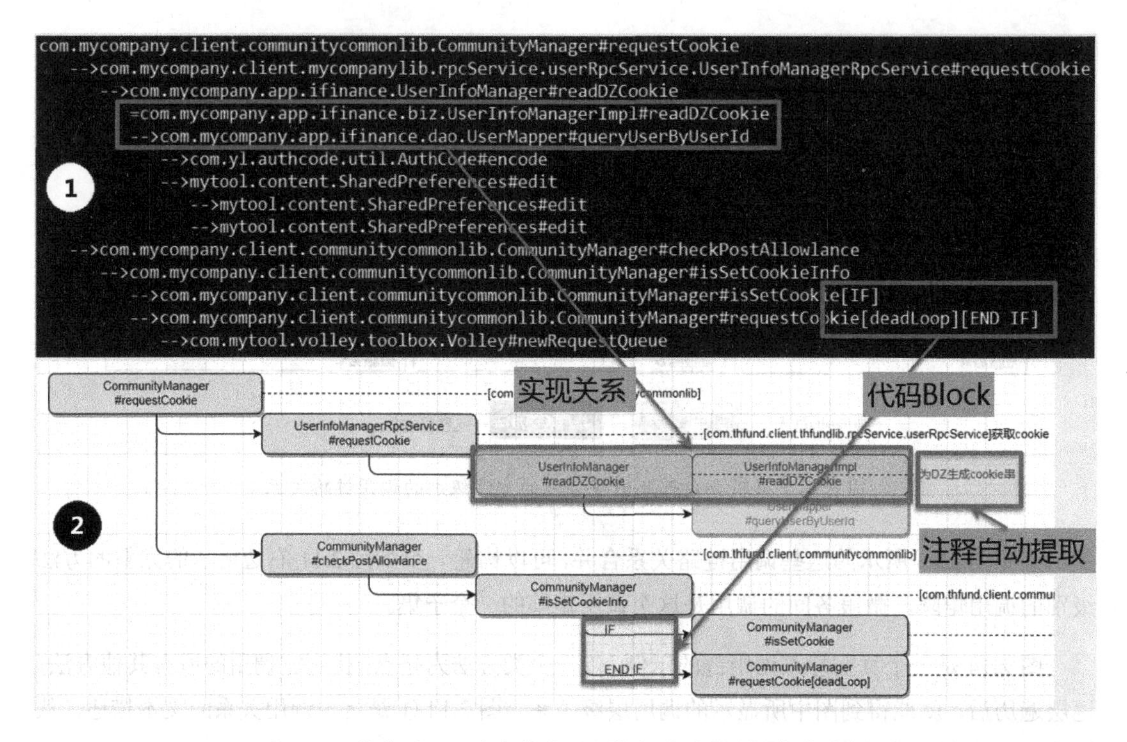

图 2.14　静态调用链的文本展示形式和图形展示形式的对照

由于扫描的是所有相关工程的代码，一张图上就包含了所有层级的服务或系统之间的 RPC 调用关系。通过包名来对不同的业务层级（前台、中台、后台）进行识别，并为不同包名的图形单元赋予不同的颜色，通过颜色的区分可以清楚地知道一个方法的调用究竟涉及多少个系统，在每个系统中的入口是什么、出口又是什么等。

这里存在一个问题，就是如何将源码扫描获取到的类方法（微服务的 API）与需求/开发任务管理系统中的 UserStory 和 Task 关联上？可以强制要求在微服务 API 入口方法（或者微服务类声明）的注解（例如 JavaDoc）上标注 UserStory 和 Task 的 ID，扫描源码时通过对注解的解析即可将方法和需求或任务进行关联。不用担心开发人员不标注或者忘了标注，因为我们可以通过比对需求列表和源码的映射关系来监控开发人员是否贯彻了注解标注规范，如果有需求没有找到对应的方法或 API 入口，即可自动通知相应的开发人员及时修改。

有了以上信息，通过对最终构建出来的大调用矩阵不同维度的分析，可以获得很多微服务的开发及设计质量方面的度量信息，包括请求的调用链深度、服务间的依赖程度、服务的粒度等。这些度量信息将会作为微服务治理的度量及判定依据。

> 小贴士　笔者另外准备了一个更完整的 JDT-AST 源码解析示例，能够详细展示如何通过对一个 Java 类文件的解析来获得类的相关调用关系，限于篇幅，就不在本书中贴出其详细源码了，请读者自行从本书的 GitHub 源码下载站点中下载并运行，体验解析过程。

2.2.2　服务测试质量度量

软件系统的发布质量在很大程度上依赖于测试的质量，微服务也不能免俗。微服务开发会涉及大量的测试工作，包括开发过程中的单元测试、调测、集成测试、自动化（接口）测试、契约测试及功能测试等。图 2.15 是目前业界针对微服务应用常用的测试架构。可以看到，构成这个测试架构体系最基础也是数量最多的是单元测试，随着开发过程逐步推进，其他涉及的测试工作还包括业务服务（组件）测试、契约测试和端到端的自动化测试等。

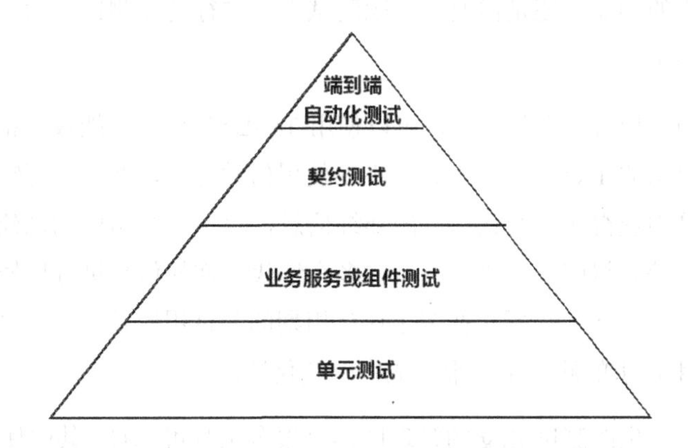

图 2.15　微服务应用架构的测试金字塔

2.2.2.1　单元测试（调测）

单元测试是由开发人员主导的测试行为，它是功能（代码）提交的“准出证”。由于单元测试都以自动化的方式执行，在大量回归测试的场景下能有效提高测试效率。因此在敏捷开发中，鼓励多用单元测试用例来验证功能逻辑，这样更符合持续集成的基本要求——“能自动化尽量自动化”，从而形成良性高效的工作循环。

如图 2.15 所示，从完备性的角度来说，单元测试的数量应该是最多的。因此要获得较高的微服务开发质量，就必须保证有足够数量的单元测试用例。

如何做到这一点呢？可以使用 2.2.1.2 节中介绍的诸如 JDT-AST 的代码扫描技术，在扫描微服务的工程源码时同步扫描测试目录的源码，如果没有专门的测试目录也可以根据源码是否包含测试特征字符（比如，使用 JUnit 时，在测试方法上会使用@Test 等注解声明）来识别测试类。通过对测试类所引用服务方法的自动化分析，获取每个微服务所对应单元测试的归集。这样可以对每个微服务的单元测试用例有一个量上的细化度量。在多个连续的迭代周期下，对每个微服务所对应的单元测试用例的数量进行时间的纵比，可得到微服务单元测试的覆盖率等质量属性的变化趋势。

2.2.2.2 功能测试

常规功能测试主要由测试人员完成，虽然在敏捷流程中提倡由开发人员相互测试，但对于一些涉及交易及合规的功能，还是需要由专职测试人员进行功能测试。功能测试覆盖集成测试和验收测试等相关测试领域。

功能测试用例的管理有很多种方式，可以使用 TestLink 这类功能较完备的测试用例管理系统，也可以使用更原始的 Excel 这类工具。不论使用何种方式，通过编写特定的扫描程序均可从这些系统或者工具中获得相关测试用例的详细信息，包括测试用例的创建者、审核者、用例执行状况及执行时间等。将同一个测试用例在多个迭代周期的信息进行比较可以获得这个测试用例的变化趋势；将同一个项目/需求在多个迭代周期的测试用例数量（个数/代码量）拉通进行比较，可以获得项目/需求的测试用例维护成本的变化情况。

测试用例执行后产生的测试 Bug 的管理同样有很多工具可选择，其中使用较普遍的是 Jira。Jira 不仅能管理需求，还能以 issue 的格式对测试 Bug 进行管理（issueType 为“bug”），可以使用 2.2.1.1 节中介绍的方法从 Jira 系统中抽取 Bug 的相关处理流程信息。

通过从各系统或工具中抽取的测试用例信息、测试 Bug 信息、汇总的千行代码 Bug 率、服务用例数、服务测试 Bug 数、服务 Bug 处理效率及服务 Bug 重开率等，可以对微服务的开发质量进行客观评估。将同一个微服务多个迭代期间的测试数据进行纵向比较，可以进一步获取服务开发质量的变化趋势情况。换个维度，以测试人员和测试团队为基点进行汇总，则可获得测试工作的生产效率等信息。

2.2.2.3　契约测试

在微服务架构下，不同的微服务由不同的开发团队和开发人员负责，相互之间遵循一定的接口契约。一旦某个微服务的对外接口或接口逻辑发生变化，一定要将变更信息提前通知到依赖此服务的相关服务开发团队和人员，通过团队的沟通协调来保证接口的一致性，这是最常规的做法。在实际工作中，如果团队规模较大，人与人的沟通协调不一定可靠，经常会出现服务新版上线后调用出问题了才发现接口被改了的情况。因此需要一种可靠的机制来保证分布式调用下的接口一致性。“契约测试”可以有效地解决这个问题。

图 2.16 是“契约测试”的典型描述。所谓契约测试就是把服务调用分成两步走：第一步录制服务消费端的请求及它的预期返回结果，并将录制报告保存下来；第二步将这个报告在服务提供方进行回放，用录制的请求去调用服务提供方的服务，并将结果与之前录制的结果进行比对，一旦结果不一致，则说明接口发生了变化。

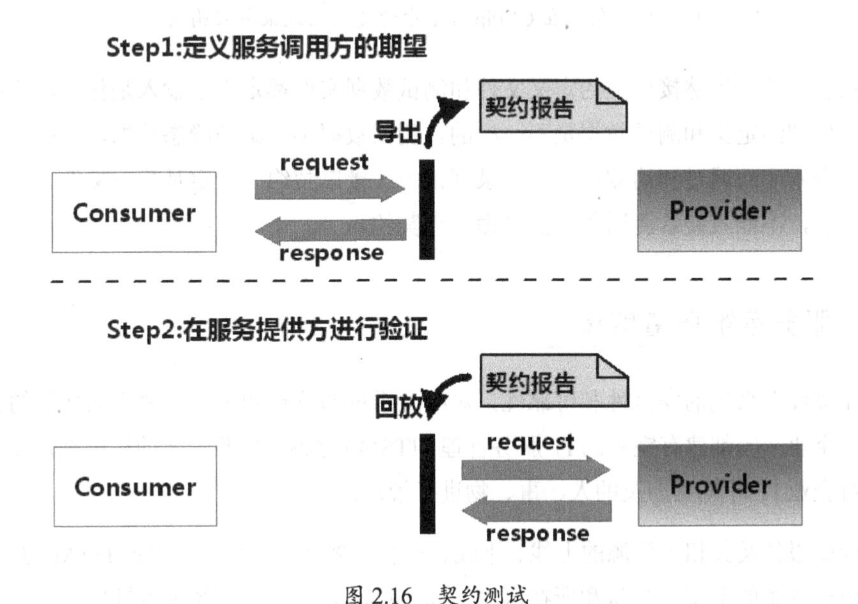

图 2.16　契约测试

笔者之前所在的某个团队就是基于这个原理来实施契约测试的。它实际上是一个独立的应用程序，你可以把它看成一个放大版的单元测试套件被集成在了 CI 流程中。在 CI 的每日构建中，这个程序首先会调用服务的本地 Mock 服务（通过 Mock 构建微服务的测试能力将在第 6

章中详细介绍），把请求和结果都录制下来，这就是服务消费者预期的契约结果；然后用录制的请求去调用实际的服务提供者，并将结果和之前录制的契约结果比对，生成契约测试报告。这样，根据报告可以及时获知实际的接口是否发生了变化。整个系统架构如图 2.17 所示。

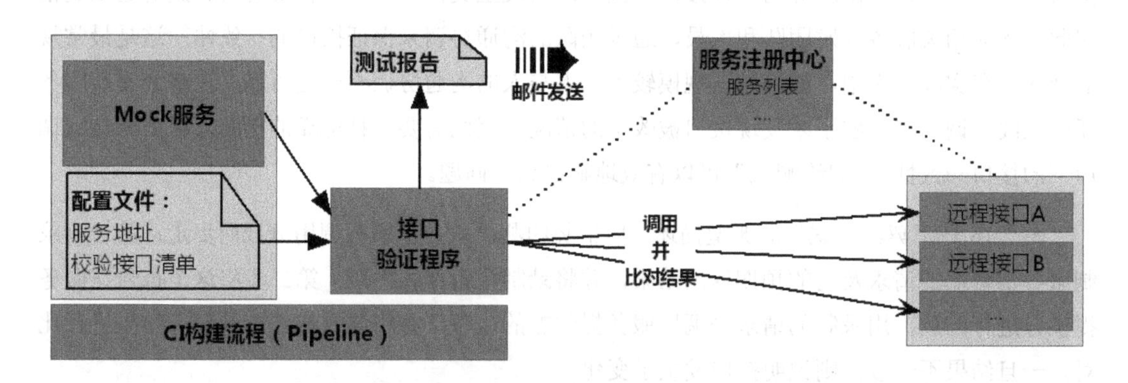

图 2.17　集成在 CI Pipeline 中的契约测试服务架构图

需要强调的是，虽然接口契约定义文件和测试数据文件都定义了输入是什么，输出应该是什么，但接口契约定义和测试数据是不一样的。测试数据不一定是静态数据，它的入参和出参定义可能是脚本，而通过契约测试获取的录制报告（接口契约）一定是静态文件。**所以录制的工作必不可少，不能直接拿测试数据文件做接口契约。**

2.2.3　服务运维质量度量

为了保障线上系统的安全性和可靠性，对线上系统的管理和维护需要遵循严格的管理及审核机制。IT 企业一般都建有完善的 IT 服务管理（ITSM）系统，按照一定的标准规范（例如 ITIL 标准）来对企业 IT 环境所涉及的人、事、物进行管理。

在进行微服务及其相关资源的上线、下线、扩容、缩容等操作时，先走 ITSM 的审批流程，指定需要使用资源的类型、容量和所在区域（DataZone）等信息。经过审批后，再由自动化运维平台进行资源的调配部署或由运维人员手工进行部署。如图 2.18 所示，是应用服务上线部署的自助申请流程中资源申请的表单示例。

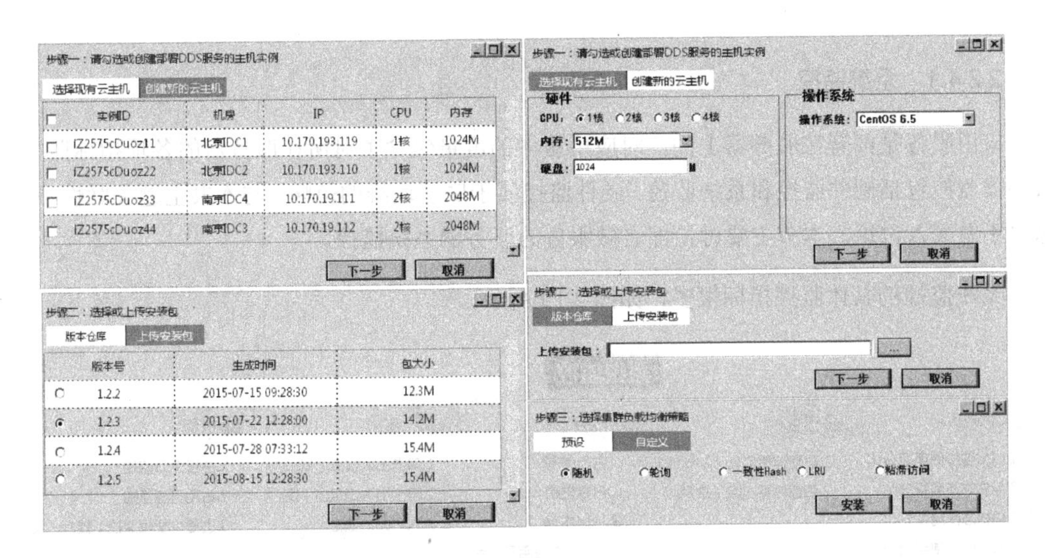

图 2.18　应用服务部署的 ITSM 申请单示例

通过程序或者脚本定期对 ITSM 中的申请流程实例进行增量抽取和汇总，汇总维度可以按应用/服务维度，也可以按组织（研发团队、事业部）维度。将汇总后的数据进行横向比较得到服务对线上资源的调度及占用情况分析。如果将同一服务在不同时间点的版本、资源占用和维护人员做成趋势图，可以直观地了解服务的变迁历史和演变轨迹。这些信息都可以为服务的未来规划提供依据。

通过对运维流程的流转状况分析获得运维的效率瓶颈并做出相应优化，可对一些占用人力资源过多的运维流程进行改进，或者增大自动化处理的比重。

2.2.4　服务线上性能度量

对微服务线上指标的监控本质上是对日志数据的监控。要对服务的性能和异常等线上运行状态进行全面客观的度量，需要完善的数据支撑。原始的度量数据来源于生产系统中的监控及日志采集，包含服务自身的度量数据和服务所在服务器及网络的度量数据。并通过 IT 运营分析（IT Operations Analytics），对采集到的海量运维数据进行多维度的有效推理与归纳，最终得出所需线上指标的分析结论。

2.2.4.1 系统监控

应用服务是部署在服务器上的，对应用服务的度量包含了对所在服务器的各项指标监控。服务器监控包括硬件监控和系统监控。硬件监控属于底层运维的范畴，与本书主题关联性不大，这里不做深入讨论，本节主要讨论部署微服务的服务器系统监控。

系统监控的具体监控指标很多，如图 2.19 所示。

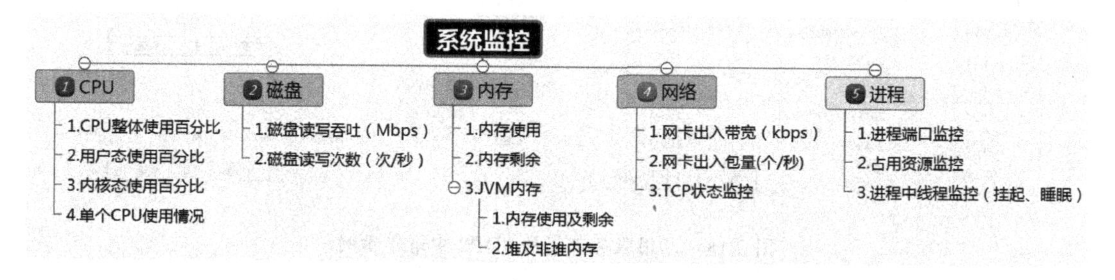

图 2.19 系统监控指标

在目前的服务器市场中，Linux 占据了绝对的霸主地位。Linux 系统自身提供了丰富的工具，可以对系统状况及性能进行监控。表 2.3 列举了 Linux 系统用于系统监控的部分命令和工具。

表 2.3 Linux 系统监控命令及工具集

监控目标	命令和工具	功能说明
CPU	pidstat	pidstat 是 sysstat 工具的一个命令，用于监控全部或指定进程的 CPU、内存、线程、设备 I/O 等系统资源的占用情况
	mpstat	mpstat 是实时监控工具，报告与 CPU 有关的一些统计信息。这些信息都存在/proc/stat 文件中，在多 CPU 系统里，其不但能查看所有 CPU 的平均状况信息，而且能查看特定 CPU 的信息。mpstat 最大的特点是可以查看多核心的 CPU 中每个计算核心的统计数据
	slabtop	实时显示内核 slab 缓存信息，Linux 系统通过/proc/slabinfo 来向用户暴露 slab 的使用情况
内存	vmstat	对操作系统的虚拟内存、进程、CPU 活动进行监控。bi+bo 参考值为 1000，如果超过 1000，wa 值较大表示系统磁盘 I/O 有问题，应该排查系统的读写性能。wa 参考值超过 20%，说明 I/O 等待严重
	free	显示 Linux 系统中物理内存的空闲数及已用数、swap 内存及被内核使用的 buffer

续表

监控目标	命令和工具	功能说明
网络	sar	可以实时查看各网络接口的接收传输数据包的数量、网络带宽及丢包等错误信息，通过18 种不同的语法选项显示 IP、TCP 等多种网络信息。除此之外，它还是一个较全面的系统性能分析工具
	tcpdump	用于对网络数据包进行截获及分析的工具，支持对截取信息进行逻辑过滤，是异常情况下进行数据中断原因分析的利器
	netstat	最常使用的网络命令之一，通过内核态获取网络及相关信息，可用于探测各端口的网络连通状况
	nicstat	是一款针对网卡的实用的网络流量统计工具，需要独立安装
	lsof	在 Linux 下，任何事务都以文件的形式存在，包括网络连接及硬件，通过本命令可以列出当前系统打开的文件，可以对网络连接的端口命令、进程 pid 用户、文件句柄数、文件名等进行追踪
磁盘	iozone	是一个测试操作系统中文件系统的读写性能的 benchmark 工具，可以测试不同读写模式下的硬盘性能
	iotop	是一个用来监控磁盘 I/O 使用状况的 top 类工具。它的输出和 top 命令类似，简单直观，最大特点是可以监控进程级的 I/O 使用状况
磁盘	blktrace	可以显示 block 的 I/O 详细信息，用于查看 CPU、网卡、tty 设备、磁盘及其他挂载设备的活动情况、负载信息
进程	ps	显示当前运行中进程的相关快照信息，是最基本也是非常强大的进程查看命令。使用该命令可以确定哪些进程正在运行、运行的状态、进程是否结束、进程有没有僵死、哪些进程占用了过多的资源等
	pstree	在 ps 命令的基础上，以树状图显示进程间的关系
综合	iostat	查看 CPU、网卡、tty 设备、磁盘、其他挂载设备的活动情况、负载信息，可以从整体上反映系统的 I/O 使用情况
	strace	是 Linux 下一个功能丰富的调试分析及诊断工具，它通过内核态跟踪程序执行时的系统调用和所接收的信号，包括系统调用的参数、返回值和执行所消耗的时间
	top	此命令提供了实时、动态刷新的对系统处理器的状态监控，提供丰富的命令参数，可以对 CPU 执行任务列表进行不同维度的排序
	dstat	动态显示 CPU、硬盘、网络、内存管理页、系统等的负载情况
	oprofile	是 Linux 平台上的一个功能强大的性能分析工具，支持两种采样（sampling）方式：基于事件（event based）的采样和基于时间（time based）的采样

通过 Agent 可定期调用表 2.3 中的命令或工具来采集系统的各项信息，直接或间接（通过诸如 Kafka 这类消息服务来缓冲）汇总到统一的监控中心做进一步的分析处理。

目前有很多优秀的开源监控平台可选择，Zabbix 就是其中的典型代表。它是一个分布式监控系统，将采集到的数据存放到数据库，然后对其进行分析整理，达到预先设定的阈值条件则触发告警。Zabbix 支持多种采集方式和采集客户端，有专用的 Agent 代理，也支持 SNMP、IPMI、JMX、Telnet、SSH 等多种协议，具有丰富的功能、极强的可扩展性、完备的二次开发能力和简单易用等特点。读者只要稍加学习，即可利用 Zabbix 快速构建自己的系统级监控功能。

2.2.4.2 应用服务监控

对应用服务的监控主要通过采集应用系统的日志，进行实时和离线分析来综合获取应用服务的线上运行状态。图 2.20 是针对应用服务监控的典型架构图。可以看到，从日志的埋点、采集、传输、落地到分析涉及的组件很多，链路较长。

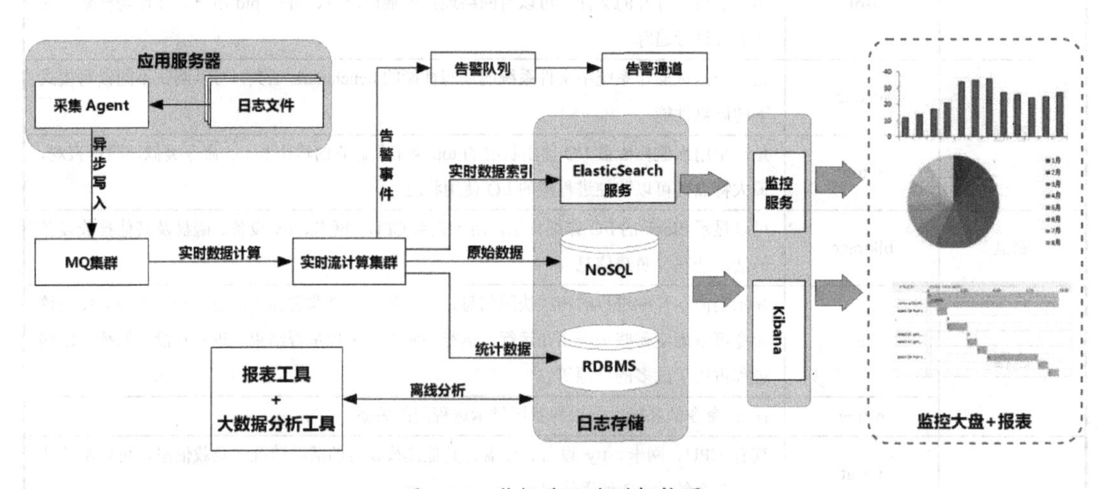

图 2.20　监控系统典型架构图

1. 日志埋点

要监控应用服务的详细运行状态，首先要在应用系统内部进行完善的日志埋点。当应用逻辑执行到埋点处时，埋点逻辑会收集上下文中的相关指标，并以日志文件的形式落盘记录。常规的日志埋点组件非常多，以 Java 为例，有 Log4J、Logback、JDK 自带的 JUL、Apache 开源的 JCL 及日志框架 SEL4J 等著名的开源日志组件。开发人员在必要的逻辑处插入日志记录，可以以灵活的格式记录所需的任何信息。以下是采用 SEL4J 记录日志的代码示例。

```
1.    //添加 SLF4J 日志实例对象
2.    final static Logger logger = LoggerFactory.getLogger (ApplyServerImpl.class) ;
3.    ...
4.    //输出日志
5.    logger.info("用户 ID:{},申购金额:{}元,订单号:{}", applyInfo.getUserId(),
applyMoney, applyId) ;
```

对于一些线上应用监控的基础指标，如调用耗时、异常采集、调用量汇总等，如果采用手动埋点的方式会非常麻烦。例如采集一个具体服务请求的调用耗时，需要开发人员在对应的微服务调用入口方法中加入如下所示的采集代码。

```
1.        //记录请求调用的开始时间
2.        long t1=System.currentTimeMillis();
3.        //业务逻辑处理
4.        ...
5.        //在请求调用结束时，计算调用耗时
6.        long t2=System.currentTimeMillis()-t1;
7.        //将调用耗时落盘记录
8.        logger.info ("apiCallDuration={}", t2) ;
```

可以想象，如果在每个微服务的调用方法入口都添加这样一段采集埋点代码，是多么烦琐枯燥的事啊！有更简洁高效的埋点采集方式吗？参考 2.1.2 节中的微服务框架的架构设计，链式过滤器（Filter Chain）是微服务框架中的一个基础组件，每个请求都要被这条链上的每一个过滤器处理。因此可以开发一个专门记录调用请求耗时的过滤器，将其加入调用链中，通过这种 AOP 方式即可在微服务框架层面实现调用耗时的自动采集埋点。这种埋点方式不仅省时省力，还能有效避免人为处理不完善导致的错误。

除了调用耗时，业务异常和通用及自定义指标采集都可以采用专门定制的链式过滤器来处理。这种基于框架级的日志埋点可以有效降低指标采集的成本和风险，提高指标采集的一致性和稳定性。

针对微服务内部的方法调用，尤其是一些核心方法调用，例如存储资源（数据库、缓存、

MQ）操作和核心业务服务处理等方法调用，也需要采集它们的调用耗时、调用状态及异常信息等。这类指标的采集可以借助一些 APM 产品的能力。APM 产品对微服务内部方法的性能和异常监控一般通过一些字节码技术或者动态代理技术来实现。以 Java 为例，可以通过 JDK 自带的 Instrumentation 类加载代理组件或者 InvocationHandler 动态代理，使用 ASM 这类字节码框架在字节码层面“Hook”Java 常用框架的相关方法。它们的原理有所不同。

- Instrumentation 类加载代理组件通过 Java Agent 被引用。Instrumentation 代理指定 premain 作为入口方法，实现了在 main 方法之前执行 Java Agent。它通过 addTransformer 方法来加载 ClassFileTransformer 实现类，实现了在 Class 被装载到 JVM 堆栈之前将 Class 的字节码按预定规则进行转换。利用这种动态注入代码的策略，在调用入口增加方法的调用性能及异常指标的采集能力。
- InvocationHandler 代理通过 AgentWrapper 触发 invoke 方法，在 invoke 方法中实现对被调用方法的拦截监控。由于是运行态时的动态拦截，运行效率要比字节码“织入”的实现方式差。

通过以上手工或自动化埋点方式，可以针对微服务应用的运行性能及运行状态进行指标抓取并以日志的形式落地。以下是一个典型的性能日志的格式，记录了一分钟内针对某台主机节点上某一服务接口的调用汇总信息。

```
2019-06-18 20：07，com.mycompany.uc.service.UserInfoOptService.queryUser，
success=1724，failure=0，bizFailure=26，avgElapsed=56，maxElapsed=79，
minElapsed=31
```

这些信息包括了监控时间片（分钟）、服务名称、调用成功总量、失败总量、成功调用中被标识为业务失败的调用总量、平均调用延时、最大调用延时和最小调用延时等，各项信息之间采用逗号分隔。

2. 日志采集

有效收集日志数据是线上服务监控的基础，因此对应用服务监控还需要一个灵活、完善、高效的日志采集工具。此类工具中开源的非常多，典型的有 Flume、Filebeat、Logstash、Scribe 等。这些工具都可以监听日志文件的变化，基于配置来增量采集日志数据，并发送给日志消费

端做实时日志分析处理。表 2.4 展示了一些常用日志采集组件的特性比较。

表 2.4　常用日志采集组件的特性比较

	Flume	Filebeat	Logstash	Scribe
语言	Java	Go	Ruby	C++
占用系统资源	一般	少	多	一般
扩展性	好	好	好	差
日志过滤	支持	支持	支持	不支持
日志解析	不支持	不支持	支持	不支持

3. 日志缓存

在微服务架构下，线上需要采集日志的节点数量庞大，如果每个节点上的采集 Agent 都直接将数据发送给日志分析处理服务，日志分析处理服务可能会被“压死”。参考图 2.20，为了提高监控系统的抗压性，一般会在日志分析处理服务的前置步骤中增加一个由分布式消息服务（MQ）构建的“日志缓冲层”。当日志量太大，日志分析处理服务处理不过来时，可以先通过 MQ 将日志数据暂时缓存下来，后面再慢慢消化，起到“削峰填谷”的作用。MQ 服务器的选择有很多，Kafka、RabbitMQ、ActiveMQ 及 Apache 新近推出的 Pulsar 都是不错的选择。

4. 日志实时分析

日志实时分析处理服务从消息队列获取最新采集的日志数据后，会根据预定义策略进行数据的各维度分析及汇总计算。具体有如下三大类操作：

- 根据阈值比较，进行指标告警操作；
- 将原始日志数据持久化；
- 对数据进行分钟级（或其他周期）的汇总统计，并将统计数据入库存储。

实时日志分析处理会源源不断地输入数据，就像流水一样，因此这种处理方式又称为“流式处理”。能进行流式处理的开源工具有 Storm、Spark Streaming、Flink 等。当然，也可以自主开发相应的实时分析工具。

5. 日志存储

日志和分析数据的存储是监控平台面临的另一个挑战。原始日志数据一般是半结构化的，分析数据一般是结构化的，原始日志数据的量要远远大于分析汇总数据，因此它们的存储也各不相同。原始日志数据通常会采用分布式表格系统（例如 Hbase、Cassandra 等）或者分布式 KV 数据库（例如 BigTable、Dynamo 等）来存储。由于分析汇总数据有良好的结构并且总量比较确定，通常会采用关系型数据库（例如 MySQL、PostgreSQL 等）来存储。不过这也不是绝对的，一些结构化比较良好的原始日志数据也可以存储到关系型数据库或者时序数据库中。

6. 日志离线分析

除了对原始日志进行实时流式处理，对存储后的数据还会进行大量的离线计算，以期深度挖掘日志（及其他运维）数据的内在关系和趋势。随着智能运维的兴起，很多算法模型都需要利用海量的运维数据进行大量离线计算来获取。大量离线运算对数据进行聚合或关联，会获得不同维度、不同汇总程度的中间数据，这就构成了一个庞大的数据集市。

对服务治理而言，线上监控数据是非常重要的度量指标。在监控平台相关数据的基础上，辅以一定的推导模型及算法，就能获取线上服务的相关健康度。

2.2.4.3 动态调用链跟踪

以上讨论的常规日志监控能力是以主机节点为视角的。对于一个跨网络、关联多个微服务的完整请求，每个微服务节点上的日志只能描述它的一部分状态，就算将其跨越的所有节点的日志收集完整，要进行关联也很困难。我们只能通过日志中请求业务相关的一些参数（比如用户 ID 或交易订单号等）找到关联的日志，聚合后才能看到这个请求的全貌。

1. 微服务之间的动态调用链

为了解决服务节点之间日志割裂的问题，动态调用链跟踪技术应运而生。所谓的调用链是指完成一个业务过程，从前端到后端把所有参与执行的应用和服务根据先后顺序连接起来形成的一个树状结构的链。从动态调用链的角度看，每个节点上的请求过程都是其生命周期的一部分。同理，每个节点上的日志也都是整体日志的一部分。在请求发起时，会生成一个 traceId（跟踪 ID），这个 traceId 随着远程请求的调用被透传到不同的服务节点，并在相应的日志中落地。

traceId 的透传和落地通常由微服务框架或者 APM 组件负责，步骤如下。

1）在请求发起时，生成一个 traceId，在服务消费方发起远程调用时，把此 traceId 附带上。

2）服务调用方会在处理业务请求之前，截取 traceId，并写入日志组件的上下文中（比如，如果采用 Log4J 组件，只要开启其 MDC 功能，即可通过语句 **MDC.put（"traceId", traceID**）在线程上下文中写入这个 traceId。如果遇到需要跨线程传递 traceId 的场景，可以考虑采用诸如阿里巴巴开源的 Transmittable ThreadLocal 这类组件。

3）在业务逻辑中，可以通过线程上下文找到此 traceId，在记录日志时将其带上。还是以 Log4J 举例，只要通过类似如下所示的定义，即可在日志中自动带上 traceId。

```
<appender name="MY-APPENDER" class="org.apache.log4j.DailyRollingFileAppender">
      <param name="File" value="${loggingRoot}/myservice/front.log"/>
      <param name="append" value="true"/>
      <param name="encoding" value="UTF-8"/>
      <layout class="org.apache.log4j.PatternLayout">
             <param name="ConversionPattern" value="%d %p [%t] [%c{2}]
[%X{traceId}] - %m%n"/>
      </layout>
</appender>
```

2. 微服务内部的动态调用链

基于 traceId 可以串联起各个微服务节点之间的日志，并聚合出跨网络的调用链。虽然基于线程上下文的 traceId 也可以找到单个微服务内部的方法级的调用关系，但由于要在所有方法上进行埋点监控，所以成本非常高。因此很多 APM 产品在抓取服务应用的内部调用链时，除了使用动态插码技术，还会采用线程的堆栈跟踪技术。如下所示是一个简单的基于堆栈跟踪技术动态抓取内部调用链的示例。

```
01.    package com.storm.test;
02.    public class InnerCallChainDemo {
03.       public static void calc1() {
```

```
04.             calc2();
05.         }
06.         public static void calc2() {
07.             calc3();
08.         }
09.         public static void calc3() {
10.             calc4();
11.         }
12.         public static void calc4() {
13.             StackTraceElement[] eles = Thread.currentThread().getStackTrace();
14.             String prefixStr = "";
15.             for (int i = eles.length - 1; i > 0; i--) {
16.                 StackTraceElement ele = eles[i];
17.                 System.out.println(("".equals(prefixStr) ? "" : (prefixStr
                      + "|--->")) + ele.toString());
18.                 prefixStr += "    ";
19.             }
20.         }
21.         public static void main(String[] args) {
22.             calc1();
23.         }
24.     }
```

以上程序的运行效果如下所示。从结果可见，通过线程的堆栈跟踪技术（代码行 13）能够获取详细的方法调用链路信息，包括调用的方法名称及调用的代码行位置。再结合基于字节码的动态埋点，能够较完善地梳理服务内部方法间的调用关系。

```
com.storm.test.InnerCallChainDemo.main(InnerCallChainDemo.java:22)
    |--->com.storm.test.InnerCallChainDemo.calc1(InnerCallChainDemo.java:4)
        |--->com.storm.test.InnerCallChainDemo.calc2(InnerCallChainDemo.java:7)
          |--->com.storm.test.InnerCallChainDemo.calc3(InnerCallChainDemo.java:10)
                |--->com.storm.test.InnerCallChainDemo.calc4(InnerCallChainDemo.
                    java:13)
```

这种方式只能抓取实际发生的调用关系，无法感知未被触发的调用关系。因此通过动态调用链跟踪获得的调用关系往往只是代码中所描述的所有调用关系的一部分。要获得更全面的调用关系需要使用通过代码扫描获得的静态调用链（见 2.2.1.2 节）。

关于调用链更深入的实现细节和使用场景，我们将在第 5 章中深入探讨。

2.3　服务管控

基于 2.2.4 节所述的微服务线上各项性能及异常指标的采集及度量，可以对微服务的线上运行状态进行梳理和勾画，做到“心里有数”，并据此对微服务的线上运行进行相应管控。服务管控分两大类，一类是服务的内部管控，包括服务负载策略调整、服务限流、服务降级、服务熔断和服务授权等；另一类是服务生命周期管理，包括服务的部署、服务扩缩容及服务下线等。

2.3.1　微服务的内部管控

2.3.1.1　使用服务注册中心作为管控指令下发通道

微服务的内部管控是线上微服务治理落地的主要手段。所谓服务的内部管控，本质上是命令下发及执行的过程。任何治理手段，都必须通过管控渠道作用到具体的服务节点上。从这点来看，服务管控指令下发和分布式配置中心的配置下发行为是非常类似的，那么是否可以使用分布式配置中心来进行管控指令的下发呢？

要回答这个问题，我们首先要了解分布式配置中心的基础能力。分布式配置中心的配置信息基本以简单的键值对（KV）格式存在，而服务管控的命令参数构成则比较复杂，大都由多个键值对构成一个管控指令。另外，配置中心往往只支持对同一应用/服务集群进行批量配置下发，而服务管控策略则要求能够对服务集群中的节点进行灵活筛选，这让配置中心“力有不逮”。因此，分布式配置中心并不适合作为服务管控指令下发通道。

微服务天然就是分布式的，这是其基本属性。对于任何一个微服务，都存在或支持多个服务提供者（Provider），并随时支持新的提供者的上线或者下线，也就是说微服务的提供者的数量及分布是动态变化的。因此需要引入额外的组件来管理微服务提供者的注册和发现，这个组件就是服务注册中心。**服务注册中心是微服务架构的基础核心部件之一**，它的出现将“服务提供者与服务调用者”的强耦合关系拆分成了“服务提供者与注册中心”+“服务调用者与注册中心”的弱耦合关系，客观上实现了服务提供者和服务调用者之间的解耦。

服务提供者和服务调用者都需要在注册中心进行注册，服务注册中心包含了相对完整的服务的注册及调用关系信息。在整个服务框架中，服务注册中心的地址是相对静态的，并具有事件通知机制。因此，可以让服务注册中心完成分布式环境下配置中心的部分职能，将服务管控和路由调整信息写入服务注册中心，再利用事件推送机制将此类配置分发到各个相关服务中。这样管理控制台就不用与各服务节点直接通信，从而降低了整个服务框架的耦合度。基于服务注册中心的服务管控架构图如图 2.21 所示。

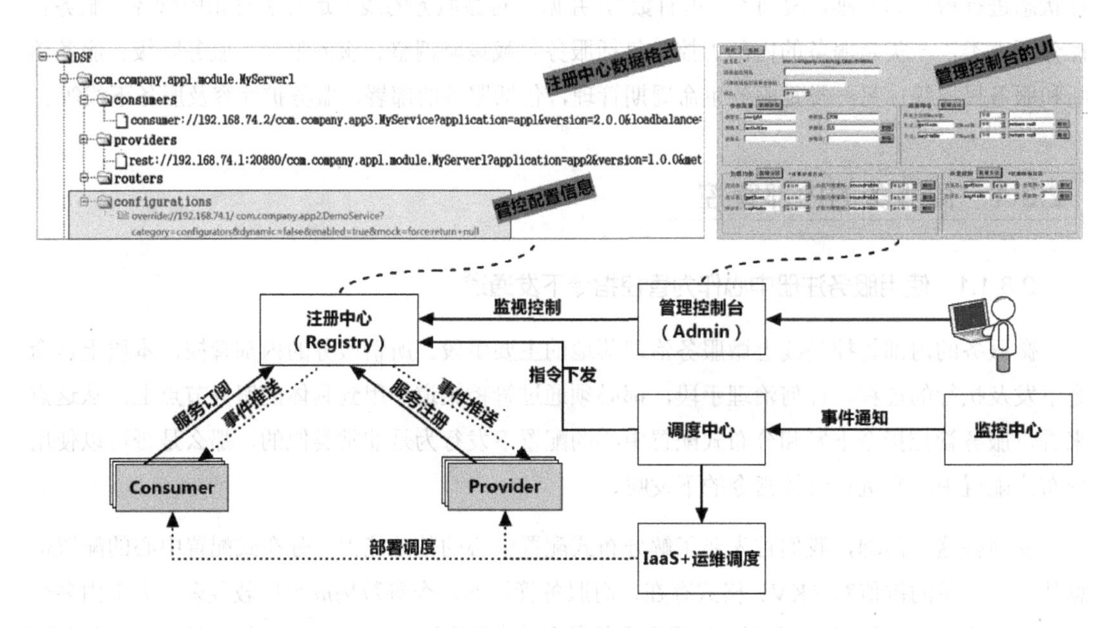

图 2.21　服务管控架构图

从图 2.21 中可以看出，可以在服务注册中心的每个微服务下设置一个配置项大类 configurations，将针对该服务的所有管控配置都写到此类下。服务注册中心实际上扮演了“数据库”的角色，管理控制台从服务注册中心查询获取相应服务的配置，将其通过管理 UI 展示给服务管理员，服务管理员将服务的相关管控信息修改并保存后，管理控制系统会将新的管控配置信息重新写回服务注册中心的 configurations 类下。

以上是常规的服务管控模式，即相关管控指令由人来下发。而现实的线上场景中存在大量的自动化行为，监控中心根据对各类监控指标（最核心的数据是调用量、调用延时和异常）的综合分析，基于 SLA 和其他预定义规则，将大量的管控指令由调度中心自动下发到服务注册中心。

2.3.1.2　ZooKeeper 作为服务注册中心的优劣

微服务注册中心最有名的就是 ZooKeeper 了。由于微服务框架 Dubbo 在国内应用很广泛，而 Dubbo 默认推荐的生产级服务注册中心就是 ZooKeeper，Dubbo + ZooKeeper 的典型服务化方案成就了 ZooKeeper 作为注册中心的“声名”。当微服务还处于中小规模应用的时候，ZooKeeper 可以工作得很好，可一旦微服务的数量及节点数急剧“膨胀”，ZooKeeper 作为注册中心将出现各种问题。ZooKeeper 采用 ZAB 协议（一个变种的 Paxos 协议）来保证各个节点数据的强一致性，一旦微服务及其节点数量急增，服务上下线及服务管控指令的增多会导致 ZooKeeper 各个节点之间频繁地进行数据同步，将严重影响 Zookeeper 作为注册中心的性能。另一方面，服务节点的任何状态变更都会通过 ZooKeeper 实时同步到有调用关系的其他服务节点上，瞬间产生的大量推送通知将造成“网络风暴”，严重时甚至会导致网络阻塞，服务节点无法及时收到任何服务集群的变更信息。ZooKeeper 所使用的长连接不仅在管理上不可控，还难以实现跨大网段、跨机房和跨 IDC 中心的应用，甚至会因为某些 IP 地址安全策略（隔离）的影响而变得不可用。

由于 ZooKeeper 在自身架构方面存在难以逾越的问题，很多使用它作为服务注册中心的企业，一旦内部微服务数量达到较大量级，就不得不摒弃它，走上自研服务注册中心之路。

2.3.2　微服务生命周期管理

狭义的服务生命周期管理包含服务的上线部署、运行态调度管理和服务下线等线上运维行为。广义的服务生命周期管理还包括服务需求定义、服务开发、服务测试及服务验收等线下行为。这里主要讨论服务线上管控，特指狭义的服务生命周期管理。

2.3.2.1 微服务的操作系统（底层计算单元）

在微服务架构下，一般很少采用虚拟机作为底层承载服务的计算单元，因为微服务自身的大小可能只有几十 MB 甚至几 MB，而一个虚拟机镜像的操作系统的大小就要以 GB 论，这样的体量承载如此小的服务有种“杀鸡用牛刀”的感觉，失去了“微”的意义。因此，容器技术成了承载微服务架构底层计算单元的最佳选择。

小贴士 早在 2006 年，Google 就提出了在进程隔离基础上实现计算资源限制的设想，并在同年推出了相应技术实现——Process Containers，后来改名叫 Cgroups（Control Groups），并被整合进 Linux 内核，以实现限制、记录和隔离进程组（Process Groups）所使用的物理资源（如 CPU、Memory、I/O 等）的机制。2008 年，以 Cgroups 作为资源管理手段的 Linux 内核虚拟化手段（工具集）LXC 推出，容器技术真正进入了发展的快车道。2013 年后，Docker 及 Kubernetes 的横空出世，让容器技术开始成为虚拟化技术的主流手段。

容器与虚拟机的主要差别在于资源隔离级别不同。容器共享同一个操作系统内核，将应用进程与系统其他部分隔离开；虚拟机共享操作系统。它们之间原理上的比较如图 2.22 所示。虚拟机技术比容器技术拥有更好的隔离性，但容器技术比虚拟机技术占用的计算资源更少，一个容器最小只有几 MB，启动更迅速。容器的轻量化使它具备了更好的快速扩展能力，这在微服务架构中十分重要，非常适合做大批量的服务调度变更。

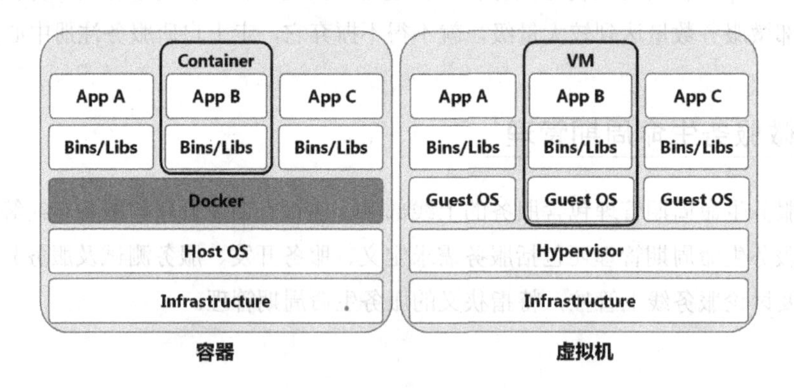

图 2.22 容器与虚拟机的比较

使用容器技术，开发者可以通过公有或者私有容器仓库中成千上万的基础镜像来快速构建自己的环境，尝试新技术。运维人员通过容器技术将操作系统、运行环境和应用打包，基于容器定义文件（例如 Dockerfile）构建的镜像，可以实现“一次构建、到处运行”，真正达成运维标准化和自动化。

仅有容器还不够，现实的微服务架构中，一次扩容可能涉及多台物理主机上数百套容器的大规模调度，单靠 API 逐个调度容器显然不现实。这时需要使用 Kubernetes（简称 K8S）这类完善的容器管理调度工具。Kubernetes 为容器集群管理提供了一站式服务，包括容器编排、统一资源调度、容器化应用程序部署、扩展等，确保严格按照用户的意愿运行。Kubernetes 又是一个开放的开发平台，不仅提供各种机制和接口保证应用的快速发布和健康运行，还提供丰富的命令行工具（CLI），便于与集群交互。Kubernetes 的架构图如图 2.23 所示。

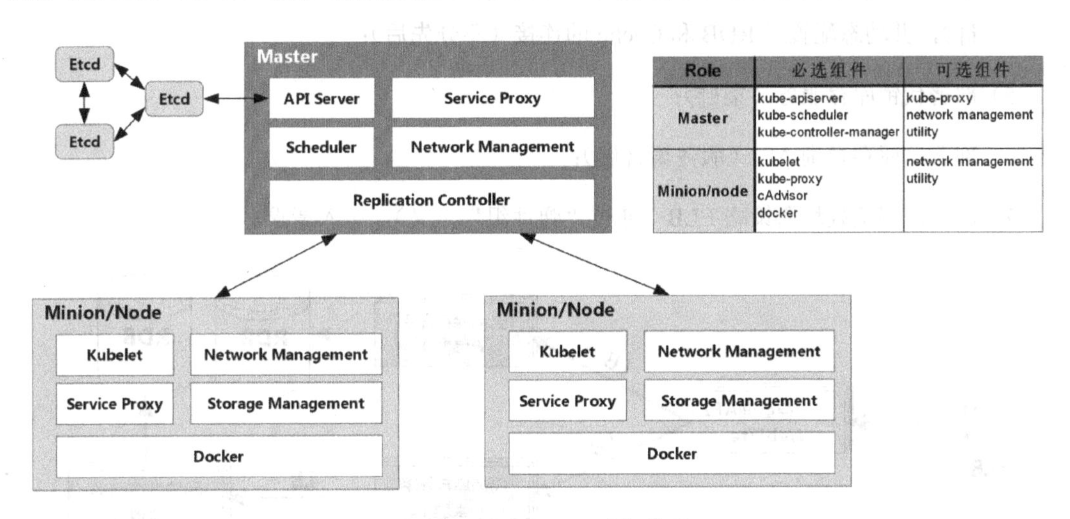

Role	必选组件	可选组件
Master	kube-apiserver kube-scheduler kube-controller-manager	kube-proxy network management utility
Minion/node	kubelet kube-proxy cAdvisor docker	network management utility

图 2.23　Kubernetes 的架构图

Kubernetes 属于主从分布式架构，主要由 Master 节点、Worker（Minion/Node）节点、客户端命令行工具 Kubectl 和其他附加项组成。Master 节点作为控制节点由 API Server、Scheduler、Controller-Manager 和 Etcd 组成，负责集群调度、对外接口、访问控制及对象的生命周期维护等。Worker 节点包含 Kubelet、Kube-Proxy 和 Container Runtime。作为真正的工作节点，Worker 节点负责容器的生命周期管理（如创建、删除和停止 Docker），以及容器的服务抽象和负载均衡等。Kubectl 通过命令行与 API Server 交互，实现对 Kubernetes 的操作和对集群中各种资源的增、删、改、查等。

2.3.2.2 基础设施即代码：资源编排及调度

在实际生产环境中，要将基于微服务架构的应用完整部署到线上并正常运行或对已有架构进行扩容，涉及的资源编排工作非常复杂烦琐。如图 2.24 所示是一个后端挂接多个微服务的库存 API 查询的业务示例。如果要把这个功能完整运行起来，需要按如下步骤来进行：

1）基于 SDN 构建新的网络域；

2）申请 RDB（数据库）资源并配置；

3）申请分布式 Cache（例如 Redis）资源并配置；

4）部署调用链末梢的商城库存服务（集群）、活动库存服务（集群）和直销库存服务（集群），并动态配置对 RDB 和 Cache 的连接（不分先后）；

5）部署代销库存服务（集群）；

6）部署总库存查询 API（服务聚合层）；

7）部署前端负载均衡策略 ELB（通过“弹性组”定义），接入请求。

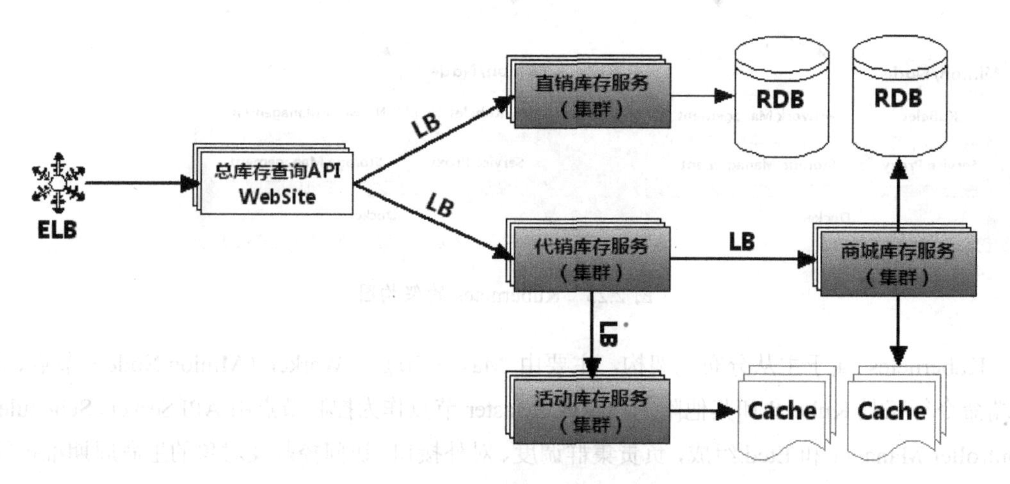

图 2.24 基于微服务架构的 API 应用

可以看到，在整个部署过程中，不仅涉及应用及服务资源的编排和调度，还涉及网络资源和存储资源等基础设施的构建及申请。以 K8S 为代表的 PaaS 层**容器编排系统**可以很好地完成步骤 4）、5）、6）甚至 7）的部署及配置工作。但由于网络域的构建涉及 SDN，数据库及分布式缓存涉及存储挂载，因此步骤 1）、2）、3）还涉及 IaaS 层基础资源的编排。所以实际部署工作往往要结合基础资源编排及容器编排来共同完成针对微服务及相关资源的编排调度。

在私有云环境中，如果只关注微服务及其聚合应用的相关部署及负载均衡配置，K8S 已经够用了。如果关注应用及服务相关资源的全自动化一键部署能力，则需要通过 Ansible（或者 Puppet、Chef）这类编排及配置工具结合 K8S 来构建。通过精心编制的 Playbook 脚本，Ansible 可以很好地与 Jekins 这类 DevOps 工具相结合，构建出打通云下开发环境和（私有）云上生产环境的研发部署 Pipeline（流水线）。如图 2.25 所示是一款典型的私有云环境中基于 Agent 的用户自助部署系统的交互架构图。

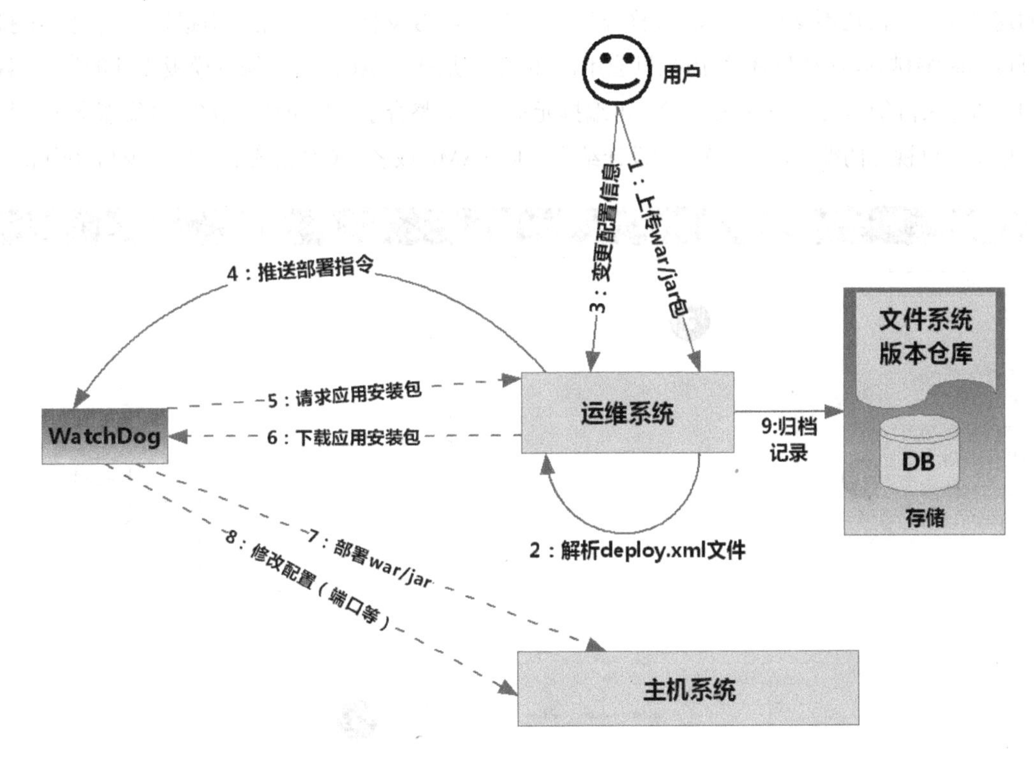

图 2.25　私有云上自助部署平台交互架构图

在公有云上，云服务提供商已经构建了一系列随需申请的云服务，包括云数据库服务、云对象存储服务、CDN 和分布式消息服务等。为了将这些服务整合，为应用及服务提供更便利的使用体验，云服务提供商还会构建专有的编排服务，甚至会提供专门的图形化设计器，让用户可以直观便捷地进行云资源开通和应用部署，将复杂的云资源和应用部署配置通过模板描述，实现一键式开通与复制。此外，模板市场还提供丰富的应用模板，覆盖热点应用场景，用户可以通过模板来描述和编排应用及相关云服务，实现自动化部署应用、创建云服务。公有云环境能够提供安装、升级、回退、删除、弹性伸缩等 E2E 应用全生命周期的运维管控能力。

公有云编排服务的典型代表包括 AWS 的 Cloudformation（CFN）、Google 的 Cloud Deployment Manager（CDM）、华为云的 AOS、阿里云的 ROS 等。其中 AWS 的 Cloudformation 是这个领域的领头羊，功能完备，支持的自动化场景丰富，在整体生态上的打造很成功，从 Cloudformation 模板到 ServiceCatalog 服务目录，再到 Marketplace 应用市场，全线打通。唯一的遗憾是，目前还不支持和 K8S 做整合。华为云的 AOS 支持容器应用与虚拟机应用混合编排，可以同时编排容器应用和传统虚拟机应用。图 2.26 是基于 AOS 进行编排模板设计的设计器截图（图片来自华为云）。图中窗格①是可编排元素列表，整合了容器引擎（K8S）及微服务云应用，窗格②是可视化的编排区域，最终的设计结果会以 YAML 或者 JSON 格式的文件在窗格③中展示。

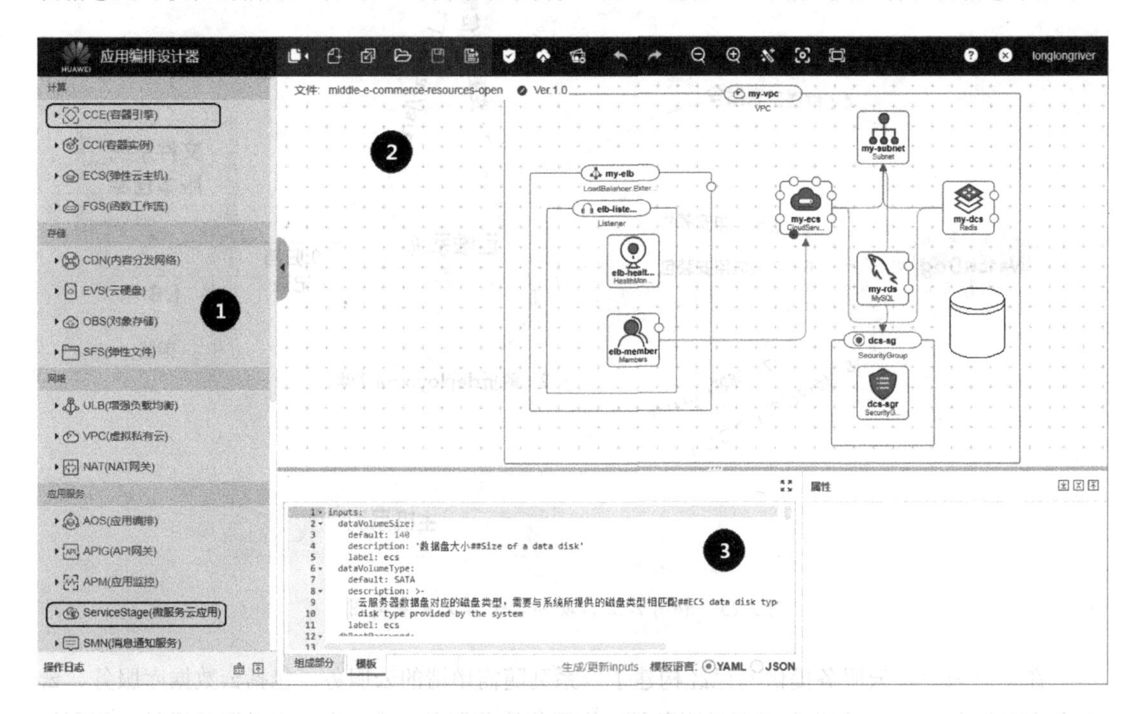

图 2.26　华为云的 AOS 设计器

图 2.27 是通过 AOS 对应用、服务及云资源进行综合调度的示意图（图片来自华为云）。可以看到，AOS 编排产生的最终产品是“模板”，也就是图 2.26 窗格③中所示的文本格式的文件，这个“模板”定义了微服务应用所需的各项资源、资源之间的相互关系及安装先后顺序。资源调度引擎读取“模板”，根据“模板”的逻辑定义进行相应的线上功能构建。至此，图 2.21 服务管控架构图所描述的整体功能就完整了。

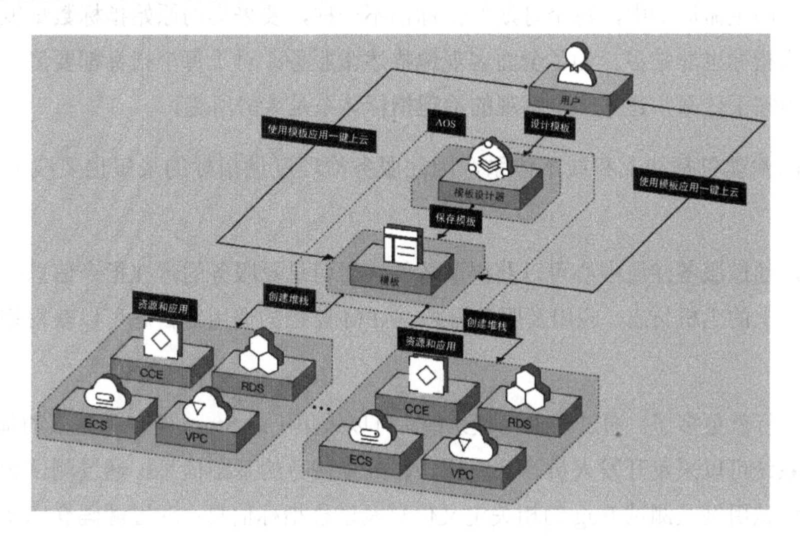

图 2.27　华为云 AOS 应用及资源编排

通过以上私有云上诸如 Ansible 的 Playbook 脚本或公有云上诸如 AOS 的 YAML 脚本这类资源编排模板或文件来构建一键部署及运维能力，是构建微服务自动化生命周期管理的前提和基础，也是运维自动化的基础。业界专门为此定义了两个名词：资源编排即服务（Orchestration-as-a-Service，OaaS）、基础设施即代码（Infrastructure as Code），可见其重要性。

2.4　三位一体：通过度量、管控、管理实现微服务治理闭环

2.4.1　治理指标体系

很多企业在其内部 IT 发展初期，经常会忽略数据收集问题，更谈不上有意识地构建完整的

数据指标体系。没有数据指标体系的支撑，就会导致对线上的实时业务及系统状况一无所知。

在微服务生命周期的各环节中采集必要的指标数据并进行各种度量，就能获得微服务各个环节的健康度状态（开发健康度、设计健康度、测试健康度、线上健康度等），据此可以决定是否对服务进行管控，及采用何种管控举措。

在微服务的生命周期中，每个时期的指标都不一样，要采集的原始指标数量庞杂，汇总和加工后的二次指标也非常多。为了全面客观地描述微服务，对于每个指标都要清楚它是什么、从哪获取、用它干什么，建立一个客观的治理指标体系是大势所趋。

微服务的治理包括线上和线下体系，因此服务治理度量指标的采集也要线上和线下同步进行。

在线上，通过服务注册中心可以获得服务的注册信息及服务的管控指令信息；通过各个微服务主机节点上的主机日志、应用及服务日志、APM 监控的调用链日志可以获得相关的性能及异常指标信息。

线下的指标就更多了。通过需求管理系统，可以采集 UserStory 及各类需求的基本信息；通过项目管理系统可以采集开发人员、开发团队、开发任务的基础信息；通过测试相关的管理系统可以采集测试用例及测试 Bug 的相关定义信息及过程指标信息；通过源码仓库及软件版本仓库可以采集最终研发产出物的基本信息。

软件研发是一个强调协同的群体行为，产品、开发、测试和运维需要紧密合作。为了更高效地配合，研发团队经常会采用一些协作模式，比如针对开发和测试之间的配合，会采用持续集成（CI）；针对产品、开发、测试的协作，会采用敏捷协作模式。另外，可能还会使用一些 DevOps 的 Pipeline。不管采用何种协作模式，都可以从相关的过程管理系统中抽取出过程指标事件，比如一个任务什么时候完成设计、什么时候开始进入开发、什么时候完成开发等，这也是一大类很重要的治理度量指标。

通过线上环境、线下环境及过程管理体系，可以获得大量的治理度量指标，如图 2.28 所示。根据这些指标的客观性、可变性及变更频度，可将微服务的治理指标分成 3 大类，如表 2.5 所示。可将采集的三大类指标数据统一汇总到数据仓库，以备进一步的深度度量和分析。

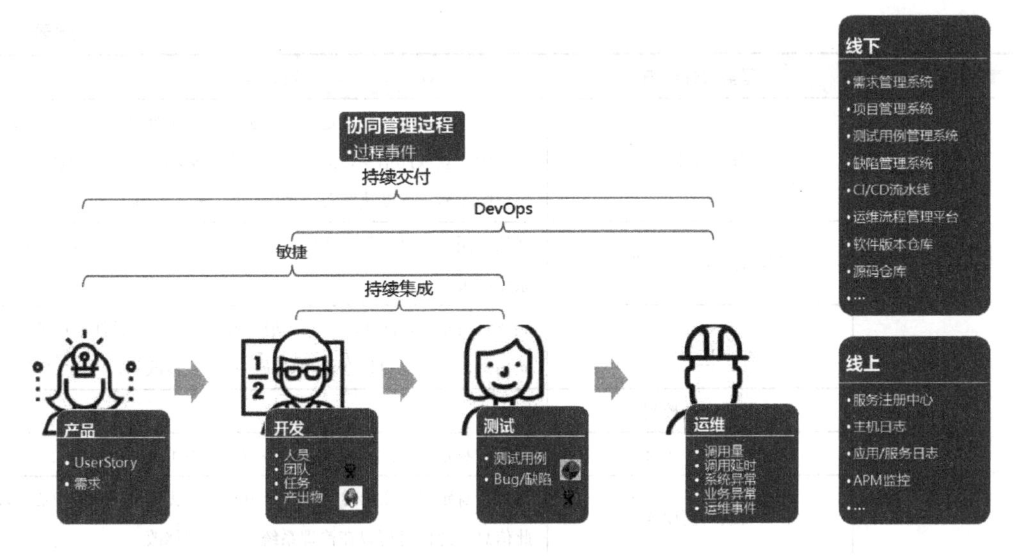

图 2.28　治理指标采集来源

表 2.5　微服务治理指标体系

度量指标分类	服务属性明细	获取渠道
静态属性	服务名称	服务自身定义，注册时写入注册中心，可以从服务注册中心获取此信息，此信息属于服务契约，不可被修改
	服务接口	同上
	所属应用（产品线、模块）	同上
	所属组织、负责人（含联系方式）	服务自身定义，注册时写入注册中心，可以从服务注册中心获取此信息，此信息可以在治理系统中被二次修改。另外，在重度运维流程企业中，也可以在 ITIL 流程系统中获取
	服务级别	服务自身定义，注册时写入注册中心，可以从服务注册中心获取此信息，此信息可以在治理系统中被二次修改
	服务分组（多租模式）	服务自身定义，注册时写入注册中心，可以从服务注册中心获取此信息，此信息属于服务契约，不可被修改

续表

度量指标分类	服务属性明细	获取渠道
静态属性	服务版本号	当前版本号：服务自身定义，注册时写入注册中心，可以从服务注册中心获取此信息，此信息属于服务契约，不可被修改 历史版本号：可以从发布记录中获取，也可以从软件仓库中获取
	服务状态（是否过期）	默认可用，可以从服务注册中心获取此信息，此信息可以在治理系统中被二次修改
	服务密级	服务自身定义，注册时写入注册中心，可以从服务注册中心获取此信息，此信息可以在治理系统中被二次修改
	服务安全控制	同上
	注册中心（集合）	服务自身定义，此信息属于服务契约，不可被修改
	负载均衡模式	服务自身定义，注册时写入注册中心，可以从服务注册中心获取此信息，此信息可以在治理系统中被二次修改
	最大容量	运维配置
	预警水位（扩容水位）	运维配置
	低位阈值（缩容水位）	运维配置
	开发人员	从项目管理系统（例如 Jira）中获取
	测试人员	同上
	开发团队	同上
	开发任务	同上
	代码量	通过对代码仓库的扫描，获取工程扫描结果
	测试 Bug 数	从测试 Bug 管理系统（例如 Jira）获取
	测试用例	从测试管理系统（例如 TestLink）获取
	直接调用的微服务	一种方法是通过 APM 的调用链技术获取，但动态调用链智能采集实际发生过的调用，未被触发的微服务无法被发现，因此可能存在缺失；另一种方法是对代码仓库的静态代码扫描，获取代码调用关系后，通过分析获取
	调用深度	同上
	调用链路	同上

续表

度量指标分类	服务属性明细	获取渠道
动态属性	服务的节点数	服务注册中心
	服务的消费服务	调用链
	服务的消费应用	服务注册中心或者调用链
	服务接入长连接数	如果有的话，从代码配置或者服务注册中心获取
	服务的最大并发数	同上
	服务调用量	应用监控或者 APM
	服务的调用错误	同上，或日志
	服务的调用延时	同上
	集群负载状态	对日志进行统计汇总后获取
	动态路由（脚本）	服务注册中心
	动态调用链	通过 APM 获取
管理属性	发布情况	通过运维管理系统的申请审批流程数据获取
	升级情况	同上
	下线情况	同上
	服务承诺	同上
	调用黑白名单	同上

2.4.2　治理度量与分析

2.4.2.1　治理度量与分析的整体架构

在上述指标体系下，对采集的度量指标进行深度处理是微服务治理的重要工作。深度处理不同于日志及监控指标的实时处理，实时处理只能对原始指标进行一些简单的基于预定义阈值的告警判断和汇总处理，比如将数据进行分钟级汇总统计。深度处理则可以将不同维度的数据进行聚合和关联，比如将线上故障事件指标数据通过服务名称和从代码库中获取的对应开发人员或团队关联，以评估开发人员或团队的开发质量等。

从微服务全生命周期各环节采集的数据以 ODS（操作型数据）汇总到数据仓库中，再根据预先定义的数据模型，抽取出相应的主数据：服务、开发人员、团队、项目、应用等。在此基础上，基于线上的异常、性能、资源、事件等主题和线下的开发、测试、运维等主题来构建多层次的数据集市。有了这个数据集市，就可以进行各个维度的数据聚合和关联，制作出各种报告及报表，包括如下几大类：

1）各维度分钟、小时、日、周、月**汇总报表**；

2）架构分析、性能分析、容量分析、健康度分析等相关**聚合分析报表**；

3）故障定界定位指标（**调用链**）；

4）将指标按时间维度进行比较，可以获得**趋势报告**；

5）将指标与线下的开发团队和开发个人挂钩，可以获得**开发质量及生产效率分析报告**。

治理委员会根据这些分析报告进行深度的分析并制定出各类治理决策，或者通过人为或自动化的机制发出各类管控指令。

治理决策和管控指令就是微服务度量及分析体系的最终产出物。

图 2.29 是整个治理数据的分析架构。图中数据源层的数据采集技术在 2.2.1 中有详细的介绍，这里就不再赘述。下面将重点介绍数据仓库、数据集市、数据应用及展示。

2.4.2.2 构建指标数据仓库

数据仓库这个概念是由数据仓库之父比尔·恩门（Bill Inmon）于 1990 年提出的。在他的著作 *Building the Data Warehouse* 中是这样定义数据仓库的：**数据仓库（Data Warehouse）是一个面向主题的、集成的、相对稳定的、反映历史变化的数据集合，用于支持管理决策。**

这里的数据仓库是泛指的，它由一系列存储服务混合构成。原始日志数据存储在分布式 NoSQL 数据库中，如 Cassandra 或笔者团队在使用的 HBase，索引信息存储在 ElasticSearch 中，另外一些轻度汇总过的数据（包括分钟、小时、天、周、月汇总数据）和一些较小的、结构化比较好的原始数据（包括服务基本信息快照、项目信息快照、测试 Bug 快照、源码解析结果——调用关系）存放在关系型数据库（RDBMS）中，比如 MySQL 或者 Oracle 中。以上数据一旦在数据仓库中落盘，基本就不会再被修改，所以数据仓库中的主要操作更多是新增及查询。

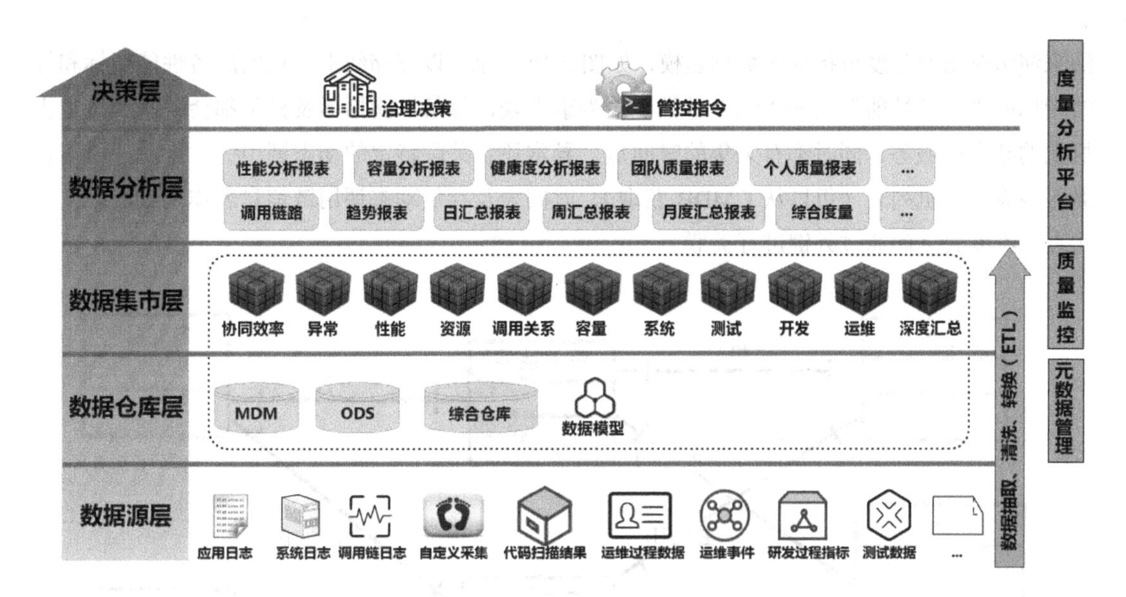

图 2.29　治理数据的分析架构

数据仓库中有一些基础的相对静态的数据会被全局使用，包括微服务基础信息、开发人员基础信息、团队基础信息、项目基础信息等。这类信息作为治理的基础维度数据，往往被划分到主数据（MDM）范畴。这些数据的数据量相对固定并且可控，一般都在关系型数据库中以独立表的形式存储。

通过 NoSQL+RDBMS 的混合模式来构建分层的数据仓库有很多好处，主要体现有如下几点。

- 原始日志数据量大，用 NoSQL 存储可以满足海量存储及快速扩容的需求。汇总后的数据量较小，用关系型数据库存储可以提升查询的灵活性。
- 分工更加明确，满足不同层次的查询需求，大跨度时间范围的查询直接查询汇总表，不仅避免了直接查询原始数据的低效，也降低了构造查询语句的复杂性。
- 可以定期清理原始数据，由于有多层汇总表的存在，不用担心历史数据的缺失。
- 主数据的存在，提高了数据的复用率，减少了重复查询和计算，节省了计算资源。

数据仓库存储模型的设计可以参考业界通用的 Kimball 和 Inmon 模型。这两种模型的详细描述不是本书的重点，感兴趣的读者可以自行查阅相关书籍。这里以 Kimball 提出的维度建模法来演示对微服务度量指标的数据建模，如图 2.30 所示。以存储线上采集的服务性能指标和异常指标的“服务性能”表和“线上异常”表为**事实表**，每条性能指标及异常都会关联到特定主机上的某个微服务，同时都有采集的时间点，异常还会关联特定的动态调用链。因此，可以把微服务表、主机列表（可以从 CMDB 获取）、时间表及存储动态调用链信息表作为**维度表**，事实表和维度表之间通过外键进行关联。

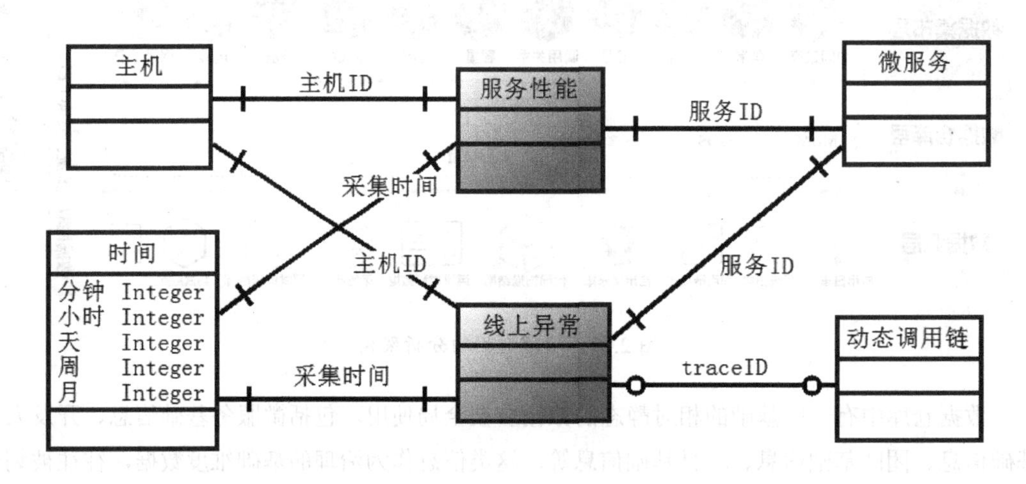

图 2.30　微服务治理指标的维度建模（星型架构）

图 2.30 是维度建模中非常经典的星型架构，这种建模方式的好处是简单、直观。为了提高检索性能，需要对各个维度做一些预处理，包括预先的统计、分类、排序等。比如根据原始的线上异常事件指标，可以按时间维度从小到大分别汇总出小时异常汇总表、天异常汇总表、周异常汇总表等；还可以将异常事件按服务维度进行汇总或者按主机维度进行汇总。这些不同维度的大大小小的汇总表可以为更复杂、更深入的度量分析提供高效完善的数据查询支持。

2.4.2.3　按数据集市对指标进行汇总

数据集市并不是物理上真实存在的，它的底层存储其实和数据仓库是一样的，甚至共享同样的存储服务，对它的划分更多基于逻辑方面的考量。数据集市更关注领域数据，它以主题来组织数据表，每个主题下都有若干张汇总或者清洗后的数据表。举个例子，比如“异常”这个主题，可以按应用域做二级分类，再在每个应用域下按系统异常和应用（服务）异常来存储三级的异常数据明细。因此，如果把数据仓库比作原料仓库，那么数据集市就是半成品仓库，它为最终的治理分析提供准确、清晰、分门别类的素材。

2.4.2.4　ETL

对于数据仓库和数据集市而言，所使用的数据处理手段是一模一样的，无非是数据的抽取、清洗和转换，也就是我们常说的 ETL。ETL 工具很多，包括开源的 Kettle、云上的 DTS 等。笔者曾经在 2013 年左右，因一个数据集成项目的需要做过 Kettle 的设计器 Spoon 的 Web 化改造，也就是设计一个 Web 版本的 Spoon 设计器，并做 Kettle 引擎和项目的深度整合，因此对 Kettle 比较熟悉，这里就以 Kettle 为例，简单介绍一下 ETL 工具。

Kettle 现在已经改名叫 Data Integration。笔者个人更愿意称呼它的原名，这个名称和它的各组件更匹配一些。Kettle 的中文名称叫水壶，该项目的主程序员 Matt 希望把各种数据放到一个“壶”里，然后以一种指定的格式流出。Kettle 主要包括三部分，分别为 Spoon、Kitchen 和 Pan。Kettle 提供一个图形用户界面设计器 Spoon，用来设计数据转换过程（Transaction）及作业（Job）。设计结果本质上是两种 XML 格式的脚本文件，可以通过定时调度引擎 Chief 组件来定期调度 Job，再通过 Job 来调用 Transaction，Transaction 的执行由解析执行引擎 Pan 负责。整个过程如图 2.31 所示。

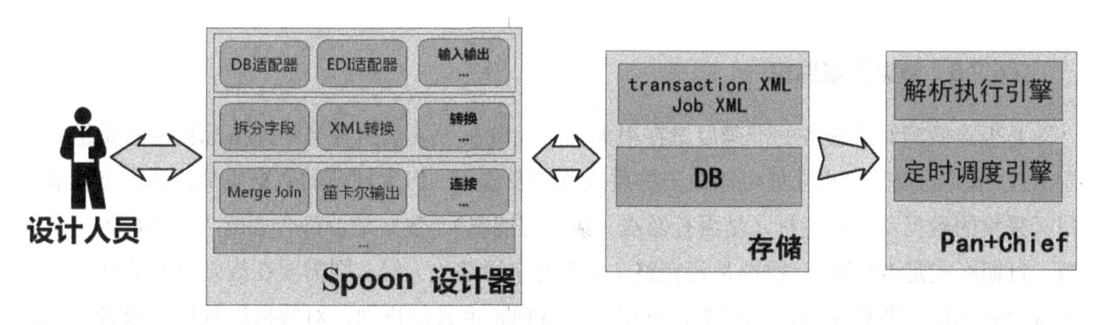

图 2.31　Kettle 设计器原理图

图 2.32 是 Kettle 的 Spoon 设计器的一个界面截图。窗格①是其提供的各种功能部件，包括数据源接入、数据转换、数据连接、数据监测、数据查询等近 300 个，能够满足绝大部分应用场景，而且还可以通过脚本来扩展其能力。窗格②是一个微服务治理的数据聚合用例：抽取数据仓库中的异常数据指标（存储在 Cassandra 中），去重并添加索引 ID 后，将其与主数据（MDM）中的开发人员表（存储在 MySQL 中）做聚合（利用共同的服务名称作为关联字

段）。聚合后的数据集经过必要的校验并增加校验标识后，写入数据集市中的“质量”专题下的某张明细表中。

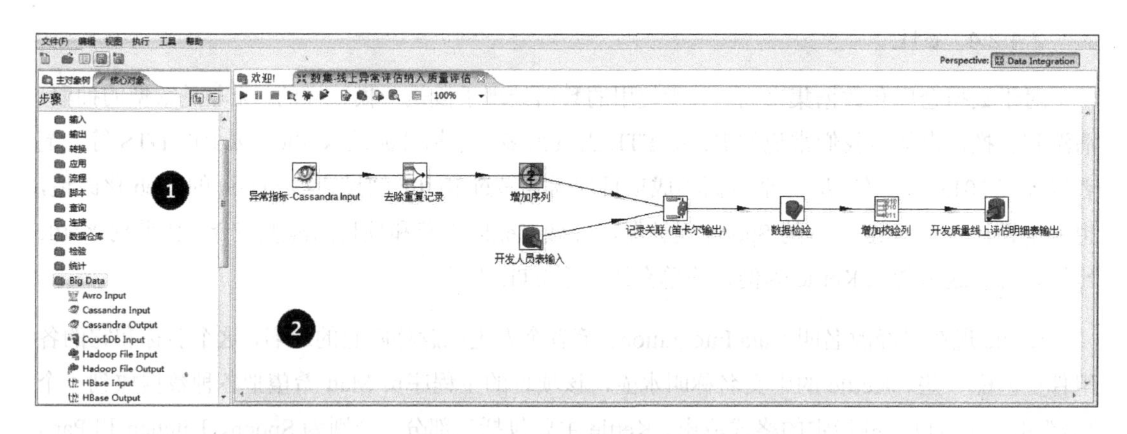

图 2.32　Kettle 的 Spoon 设计器

配置好的 ETL 规则可以通过定时调度机制定期执行。虽然 Kettle 这类 ETL 工具自身会提供 Job 任务调度的配置能力，但考虑到和数仓系统的集成，一般建议由数仓系统的定时调度任务来托管 ETL 的任务执行工作。

2.4.2.5　数据质量监控

是否能做到对微服务的准确度量在很大程度上取决于采集的各类治理指标数据的质量。利用 ETL 相关的校验节点功能可以做一些质量监测及修正，但大规模的数据质量监测，比如监测每天采集的数据量是否达标（是否有暴涨、暴跌的情况）、数据是否符合规范（编码是否符合规范、日期格式是否标准）、数据是否完整（是否有字段缺失）等，则需要在规则引擎的基础上构建综合数据质量监控平台。利用数百甚至上千条预先定义的规则，对数据进行抽样或者全量的检测，一旦检测到异常，就会自动触发自动化数据订正任务或者给管理员发送告警信息。

在企业的数据仓库系统中，一般都集成了针对数据质量进行监控的管理模块，图 2.33 是针对数据质量监控规则进行配置的一个实例界面。可以看到，可通过多条简单规则的组合来构建复杂检测逻辑，组合逻辑可以采用“与”“或”“非”3 种不同策略。

图 2.33 中的规则配置在保存时会被规则引擎自动解析为 SQL 语句，如图 2.34 所示。图里的每条记录都是一条质量过滤（查询）SQL，通过运行这些 SQL，可以找出特定质量缺陷的数

据记录。

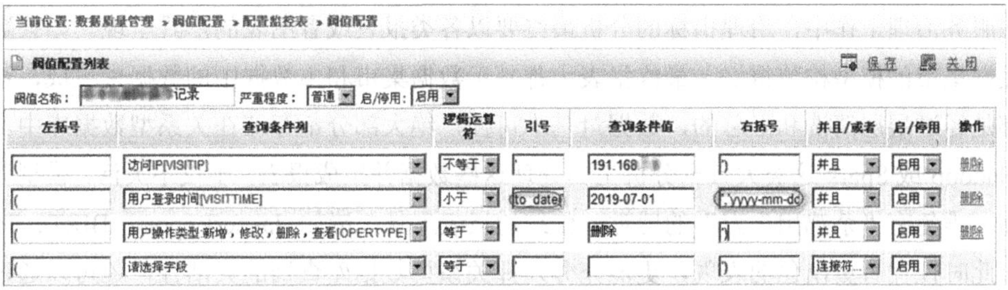

当前位置：数据质量管理 › 阈值配置 › 配置监控表 › 阈值配置

阈值配置列表　　保存　关闭

阈值名称：记录　严重程度：普通　启/停用：启用

左括号	查询条件列	逻辑运算符	引号	查询条件值	右括号	并且/或者	启/停用	操作
(	访问IP[VISITIP]	不等于	'	191.168	')	并且	启用	删除
(	用户登录时间[VISITTIME]	小于	to_date('	2019-07-01	','yyyy-mm-dd	并且	启用	删除
(	用户操作类型:新增，修改，删除，查看[OPERTYPE]	等于	'	删除	')	并且	启用	删除
(	请选择字段	等于	'		')	连接符...	启用	

图 2.33　基于规则配置针对数据质量的监控

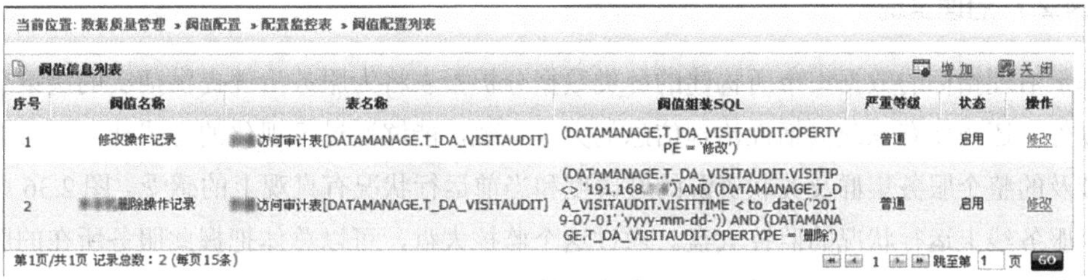

当前位置：数据质量管理 › 阈值配置 › 配置监控表 › 阈值配置列表

阈值信息列表　　增加　关闭

序号	阈值名称	表名称	阈值组装SQL	严重等级	状态	操作
1	修改操作记录	访问审计表[DATAMANAGE.T_DA_VISITAUDIT]	(DATAMANAGE.T_DA_VISITAUDIT.OPERTYPE = '修改')	普通	启用	修改
2	删除操作记录	访问审计表[DATAMANAGE.T_DA_VISITAUDIT]	(DATAMANAGE.T_DA_VISITAUDIT.VISITIP <> '191.168') AND (DATAMANAGE.T_DA_VISITAUDIT.VISITTIME < to_date('2019-07-01','yyyy-mm-dd-')) AND (DATAMANAGE.T_DA_VISITAUDIT.OPERTYPE = '删除')	普通	启用	修改

第1页/共1页 记录总数：2（每页15条）　1　跳至第 1 页 GO

图 2.34　通过规则引擎解析后的可运行 SQL

配置出来的质量监控规则单靠人来运行是不现实的，需要系统能够定时调度这些规则并自动执行。可以通过如图 2.35 所示的定时策略管理模块来配置一系列的定时执行规则，一旦监测到异常数据，立即调用预定义策略进行自动干预，或者通知质量管控人员进行人为评判和修订。

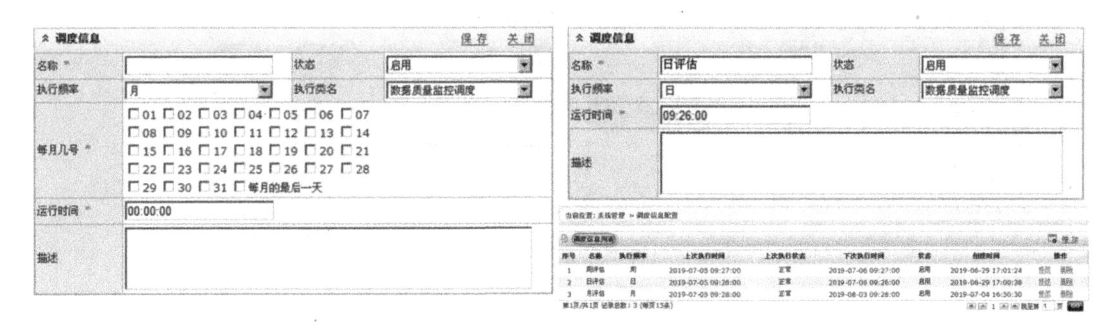

图 2.35　质量检测规则的定时调度配置及调度历史列表

2.4.2.6 数据报表

在服务治理工作中，治理指标的分析最终要以各类报表或者图表的形式呈现。如果数据仓库和数据集市的模型构建得好，最终报表大都基于数据集市和主数据中的数据来生成，这两类数据都是经过层层清洗和汇总的，数据量基本可控，绝大部分都存储在关系型数据库中。如果利用 Hadoop 或 Spark 这类大数据分析工具处理这些数据并生成报表，不仅不灵活，模型设计难度也高，难免有“杀鸡用牛刀”的感觉。传统的报表工具，诸如 JasperReport、BIRT、Tableau 等，在此时往往有更出色的表现，更能充分发挥关系型数据库查询的灵活性，还可以通过较低的成本来构建主从报表、分组报表、交叉报表等多维度的复杂报表，以提供更好的分析体验。

2.4.2.7 治理呈现

基于治理指标的数据集市所构建的各类数据分析报表将为服务治理提供翔实的决策支持。除此以外，还需要有承载概括性治理信息的大盘呈现，能够通过可视化的方式让人们对服务治理所涉及的整个服务集群及关联资源的健康度和当前运行状况有直观上的感受。图 2.36 就是针对单个服务线上运行状况的监控大盘。通过这个监控大盘，可以总体把握此服务所在的服务器性能、服务性能、服务调用、异常、健康趋势等。

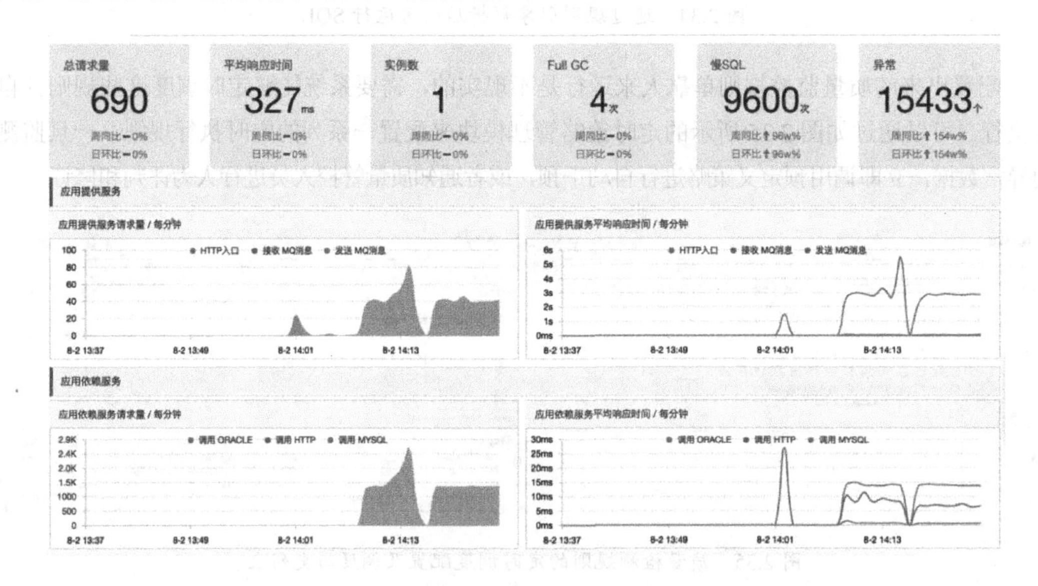

图 2.36　服务线上监控大盘

除了这种综合性的监控大盘，还有一些针对某一类特定指标的监控大盘。这些大盘需要通过专门的系统开发来实现，开发语言不一而论。前端的大盘展示图表控件的选择也很多，流行的 HighCharts、eCharts 等都是不错的。

2.4.3　通过管理将治理举措落地

治理和管理属于两个不同的行为范畴，COMBIT 5.0 对两者的差异做了清晰的阐述。

1. 治理

治理（Governance）是指评估利益相关者的需求、条件和选择以达成平衡一致的企业目标，通过优先排序和决策机制来设定方向，然后根据方向和目标来监督绩效和合规。基于此定义，治理包含评估、指导和监督三个关键活动，并确保输出结果与设定的方向和预期目标一致。

2. 管理

管理（Management）是指按照治理机构设定的方向开展计划、建设、运营和监控活动，以实现企业目标。根据定义，管理包含计划、建设、运营和监控四个关键活动，并确保活动符合治理机构所设定的方向和目标。

小贴士

COMBIT（Control Objectives for Infomation and related Technology）是目前国际上通用的 IT 治理标准，由信息系统审计与控制协会在 1996 年公布。它是一个国际上公认的、权威的 IT 治理标准，目前已经更新至 5.0 版。它在商业风险、控制需求和技术问题之间架起了一座桥梁，满足管理的多方面需要。

根据定义，治理和管理具有不同的责任主体、不同的活动和流程，治理指导管理的方向，管理确保治理的落实。服务治理和服务管理的关系与治理和管理的关系基本类似。服务治理的责任主体是治理委员会，它包含技术专家（架构师）及研发、测试（QA）、运维等各团队的负责人；服务管理的责任主体是团队的执行管理层。服务的线下治理对服务开发管理和过程管理等线下活动进行评估、指导和监督，服务管理根据服务治理所做的治理决策来具体计划、建设和运营，保证服务治理决策的落地。

综上所述，服务治理对服务管理具有指导职能。它专注于通过何种机制才能确保做出正确的决策。换句话说，它负责找出当前组织架构及研发、测试（QA）、运维等团队组织结构和组织协同中存在哪些问题并给出改进建议，但不涉及具体的管理活动。而服务管理负责采取恰当的管理行为来实现这些改进举措。微服务治理与微服务管理的关系可以用图 2.37 来表示。

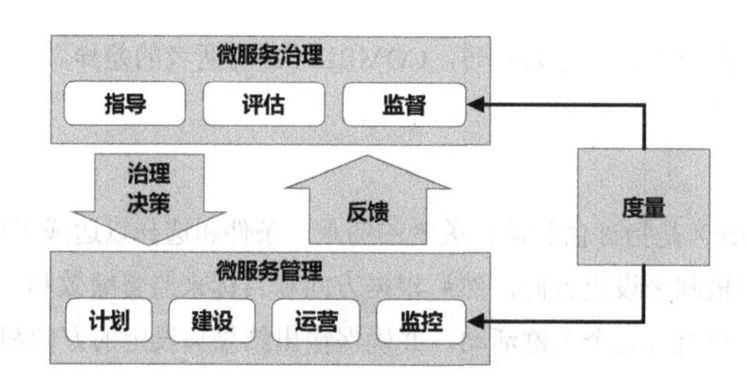

图 2.37　微服务治理与微服务管理的关系

2.4.4　微服务治理整体架构

综合前面的介绍，我们在本章的最后一节给出微服务治理的整体架构图，如图 2.38 所示。

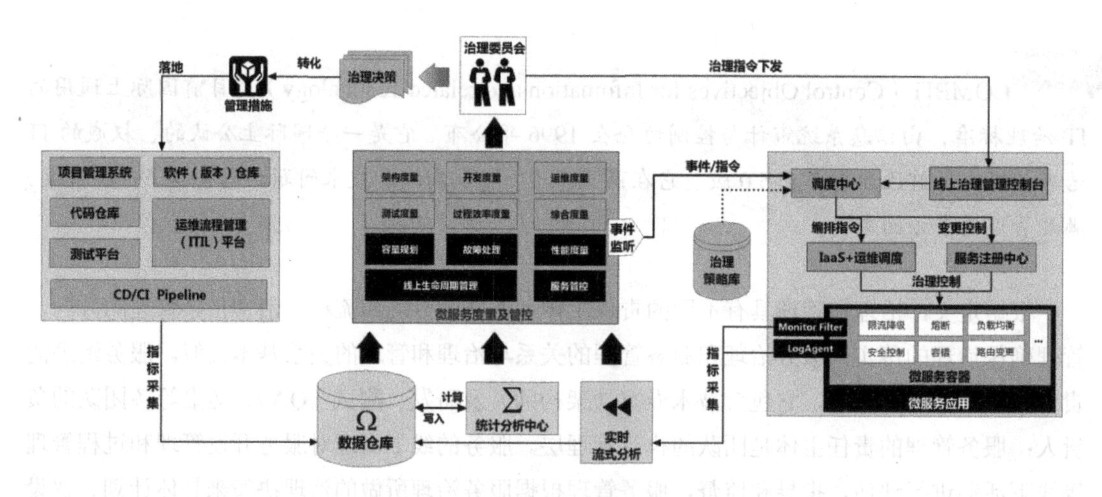

图 2.38　微服务治理整体架构图

微服务的治理既有线上治理，也有线下治理，将线上和线下采集的治理指标存储到数据仓库中，进行综合的汇总、聚合、分析，最终形成包含多种主题的数据集市，完成对微服务各维度的客观度量。

在这些度量指标中，有相当一部分线上的性能及异常指标会被转化为运维事件，一旦触发我们预先设置的阈值，就会更进一步转化成“管控指令”，并通过调度中心下发，进行服务的弹性伸缩、扩容缩容等资源调度操作，或者进行服务的限流、降级、容错、路由调整等管控操作。

另外一部分度量指标，包括架构、开发、测试、运维、过程协作效率等，会通过治理委员会（泛指治理成员的集合）进行人为的深入分析，并制定出治理决策。这些治理决策会通过相关的过程优化管理措施进行落地。

这样，通过服务的度量、管控、管理三大举措，构建起一个三位一体、围绕服务治理的闭环体系。后续章节，我们将围绕这个整体架构，对微服务治理的度量和管控策略展开详细的讨论。

第 3 章 通过服务度量提供治理依据

如果你不能度量它，你就无法改进它。

——彼得·德鲁克

本章和第 4 章将重点讨论微服务治理的基础部分：微服务线上生命周期治理。这是微服务治理最基础、最重要的部分，也是目前业界流行的主要治理形式。本章主要讨论线上微服务度量能力的构建，重点介绍线上服务度量的核心指标及相关的采集、聚合、分析方法，并从不同维度对微服务线上状态进行全面的分析和评估。

3.1 线上微服务度量核心指标及分析手段

指标的定义及汇总要尽量保持简单，过于复杂可能会掩盖某种系统性能的变化，也更难以理解。针对线上微服务治理行为，最基础的度量指标共三个：调用量、调用延时和异常。

3.1.1　点：单次请求指标采集

图 3.1-①是微服务架构下的典型请求调用，request 首先调用前置的 A 服务，再通过 A 服务调用实际负责业务逻辑处理的 B 服务，B 服务先后调用了业务数据持久化的 C 服务和 D 服务，C 服务的业务逻辑涉及数据库的读写操作，D 服务的业务逻辑涉及消息队列和缓存的读写操作。

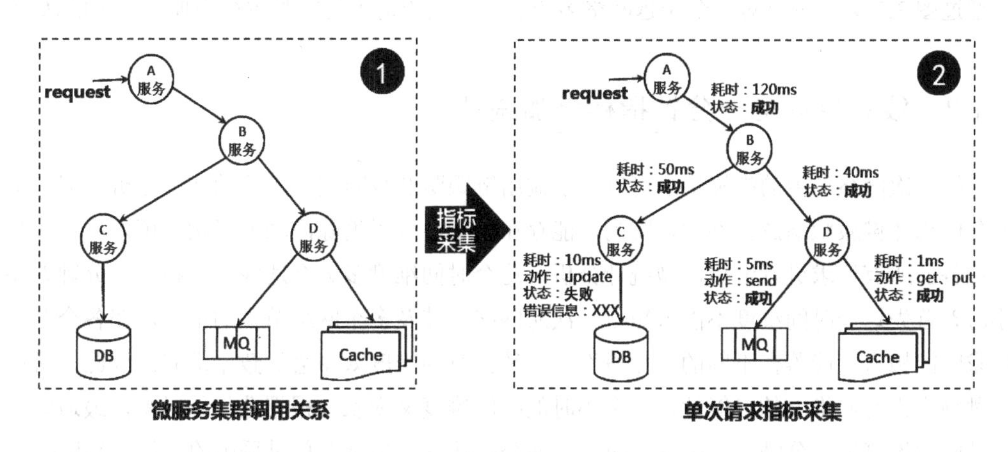

图 3.1　线上服务调用基础指标

利用 2.2.4.2 节介绍的应用系统监控技术及 2.2.4.3 节介绍的调用链跟踪技术，可以获得此次跨网络请求的完整监控指标集合，如图 3.1-②所示。这个集合包含如下几项分段（原子）请求：

- A 服务调用 B 服务的请求耗时及状态；
- B 服务调用 C 服务的请求耗时及状态；
- B 服务调用 D 服务的请求耗时及状态；
- C 服务进行数据库操作（update）的耗时及状态，如果失败了则同步记录失败信息；
- D 服务进行 MQ 操作（send，发送消息）的耗时及状态；
- D 服务进行分布式缓存操作（get、put）的耗时及状态。

以上每一个步骤都可以描述为：调用者是谁，被调用者是谁，在什么时间，调用动作是什么，结果如何。调用者和被调用者涉及请求主体；时间包括时间戳与时间跨度两个重要信息，时间戳表示请求的发生点，时间跨度标识了请求的持续时间；调用动作决定了请求的分类，对于治理的度量至关重要；结果涉及请求的稳定性和质量方面的分析。微服务和微服务之间只有一个动作，就是远程调用（标识为 remoteCall），所以在图上我们不需要标注动作。微服务对资源的调用操作有很多种，比如对数据库可能会有 select、insert、update、delete 等操作，所以必须显式地把它标注出来。

通过图 3.1-②，可以对一个跨越网络多个服务节点的请求的完整生命周期有直观的认识。

3.1.2 线：单服务一分钟指标叠加统计

单纯一次网络调用的指标记录可以用于调用链跟踪及故障定界定位的详细分析，但对于衡量服务的总体健康状态意义不大，因为可能存在波动。为了消除波动的影响，可以将一段时间内对服务的所有请求进行汇总，做统计分析。这个时间维度多大合适呢？一秒？一分钟？还是一小时？首先这个时间维度不能太短，一次跨网络、涉及多个网络节点的请求，在各个节点上的请求时间极有可能落在不同的“秒段”上，统计时间维度太短会导致不准确。因此，可以排除一秒钟作为时间维度的可能性。一个小时的时间维度又太长，根据业界的经验，最适宜的指标统计时间维度为一分钟，这也是目前绝大部分团队进行指标汇总时采用的单位时间标准。

将一分钟内所有请求对每个服务和资源的调用进行专项合计，分别计算出总耗时、总调用次数、成功调用次数、失败调用次数等统计指标，如图 3.2 所示。

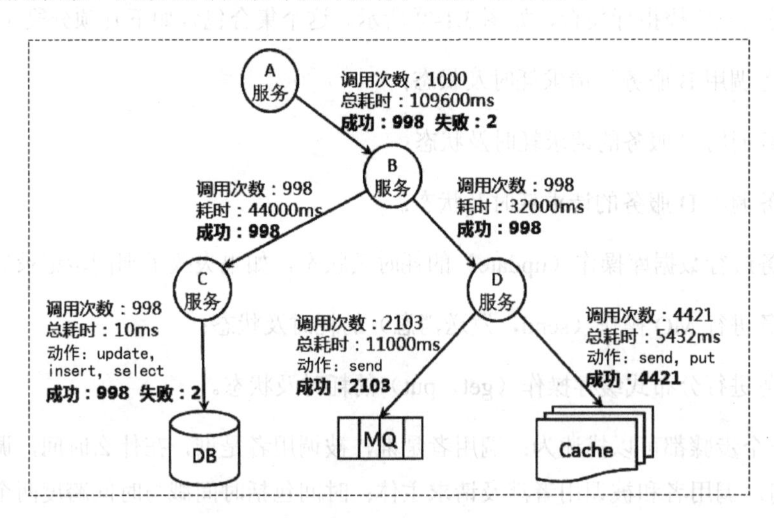

图 3.2 一分钟指标叠加统计

有了基础汇总数据后，将总耗时（总耗时是对成功请求的耗时进行累加所得的，针对失败请求计算耗时没有意义）除以成功调用次数，即可得到这一分钟内的算术平均耗时。但算术平均耗时很难准确描述一分钟内的所有请求的分布状况，因此，还可以基于汇总数据计算 95 分位耗时和 99 分位耗时。95 分位和 99 分位是正态（高斯）分布中的常用说法，可以简单地认为比 95%和 99%的请求调用延时大的两个耗时值，它们体现了正态的全面性，可以更加客观地描述调用耗时的分布情况。具体汇总数据展示如表 3.1 所示。

表 3.1　微服务调用一分钟指标汇总及计算数据展示（单节点和集群均用此表）

服务名称	调用量			总耗时（ms）	平均耗时（ms）	95 分位耗时（ms）	99 分位耗时（ms）
	成功	失败	合计				
服务 A	1000	0	1000	123000	123	145	149
服务 B	1000	0	1000	23400	23	25	26
服务 C	1498	2	1500	56373	37	45	47
服务 D	2930	70	3000	35677	12	16	18

计算一分钟汇总数据时有个技巧，由于服务都以集群的形式存在，每个服务都有多个节点，可以以服务节点（单 IP）为最小统计单元，通过汇总所有服务节点的分钟统计数据获得整个服务集群的分钟统计数据。当然，为了将单个服务节点的统计数据再次汇总出全集群统计数据，在单条分钟汇总数据记录中要额外存储一些中间计算数据，因此汇总记录中的字段数要比表 3.1 中的字段多。

对监控指标数据进行分钟级统计具有重要的意义。就单个服务而言，冷门服务也许一分钟内没有一个调用请求，而热门服务一分钟内可能会有上百万次请求，这种不确定性经常迫使我们采用 NoSQL 数据库来存储原始指标数据。如果没有分钟级汇总数据，纯粹基于原始指标数据做实时大时间跨度的平均值或 95/99 分位值的计算会极其消耗系统计算资源，效率非常低。有了分钟级的汇总统计，一个服务实例一分钟只有一条统计数据，一天最多有 60×24=1440 条。相对于原始数据，数据总量大幅下降且可预估。这种确定性对运维有很大的好处，可以提前规划统计分析平台的数据库容量。数据总量的减少让我们可以放心地将统计数据存储在关系型数据库中，以充分发挥关系型数据库在数据关联、排序、统计方面的综合优势，这是 NoSQL 数据库无法比拟的。有了分钟级汇总数据后，还可以定期清理历史原始数据（例如，可以只保留最近 3 个月的原始请求指标数据），因为历史指标更多用于同比和环比，分钟级汇总数据就完全能满足需求。

3.1.3 面：单服务时间维度汇总统计

在分钟级统计记录的基础上，可以做更长时间周期的汇总统计报表。举个例子，如果要做一年内系统负载及性能指标（调用耗时）的月度环比统计图表，分钟级的统计记录还是过于细小。因此需要在分钟级统计记录的基础上，再汇总小时统计记录、天统计记录、月度统计记录。根据笔者的经验，汇总到月度一级的报表粒度已经差不多了，可以在效率和灵活性上达到较好的平衡。需要注意的是，这些多级汇总记录还是以单节点、单服务为维度的。

以上讨论的分钟、小时、天、月度汇总统计数据就是 2.4.2.3 节中讨论的数据集市中数据分层存储的典型例子。在此基础上，可以做更多的数据分析，包括典型的"同比"和"环比"的聚合操作，如图 3.3 所示。

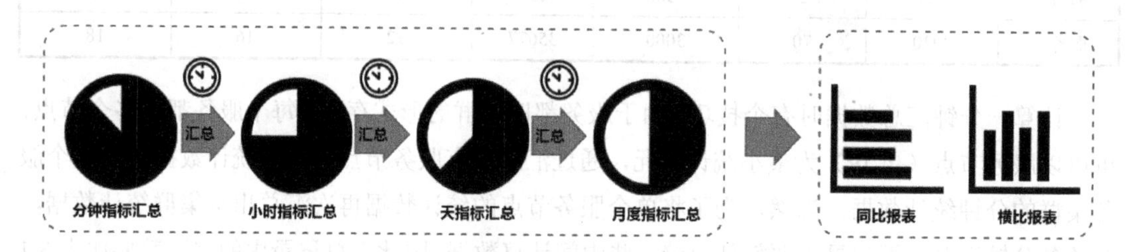

图 3.3　指标数据基于不同时间维度的分级汇总及应用

3.1.4 体：服务及资源指标聚合分析

在请求的整个生命周期中，不仅有服务间的调用，还有服务对资源的调用，这类调用也可以被记录并汇总统计，可以参考服务调用请求的做法。将图 3.2 中针对数据库、消息队列、分布式缓存的调用汇总数据进一步整理，可以得到关于资源的指标汇总表，表 3.2 和表 3.3 分别为数据库和分布式缓存调用日志的分钟级汇总统计表格，两者之间有些小的差异，根据资源类型不同，数据库的汇总统计增加了 DAO 方法及对所操作表名称的记录。

表 3.2　数据库调用一分钟指标汇总及计算

服务名称	DAO 方法	操作类型	涉及表	调用量			总耗时（ms）	平均耗时（ms）	95 分位耗时（ms）	99 分位耗时（ms）
				成功	失败	合计				
服务 C	方法 A	select	T1	1000	0	1000	123000	123	145	145
服务 C	方法 B	select	T1，T2	1000	0	1000	23400	23	22	21
服务 C	方法 C	insert	T1	1498	2	1500	56373	37	37	37
服务 C	方法 D	update	T1	2930	70	3000	35677	12	10	9
服务 C	方法 E	delete	T1	2930	70	3000	35677	12	10	9

表 3.3　分布式缓存调用一分钟指标汇总及计算

服务名称	操作类型	调用量			总耗时（ms）	平均耗时（ms）	95 分位耗时（ms）	99 分位耗时（ms）
		成功	失败	合计				
服务 D	get	10000	0	1000	123000	12	11	10
服务 D	setnx	1000	0	1000	23400	23	22	21
服务 D	setnx	1498	2	1500	56373	37	37	37
服务 D	del	2947	53	3000	35677	12	10	9

有了**服务与资源**之间的调用指标，就可以站在服务应用的角度来看待资源服务的线上性能及质量了。基于此角度获得的资源评估和资源自身的评估是不同的，不仅涵盖资源服务自身的性能质量评估，还涵盖对资源服务所处网络环境的性能质量的一体化度量，更广义、更客观！

服务、服务与服务、资源的线上指标相结合，构成了线上服务治理的完整指标体系。在此基础上，可以在指标度量的数据模型中添加更细粒度的时间维度、节点维度、服务维度、应用维度、异常维度和业务维度等（具体体现在数据集市上），最终构建出服务治理的指标数据立方体（Cube）。通过该立方体各个维度的数据钻取，实现对线上服务质量的全面综合度量。下面将分节对微服务不同维度的度量方法和体系展开介绍。

3.2 服务关系维度

3.2.1 治理目标

服务化的本质就是一个“拆”字，原来的单体应用被拆成了大大小小的应用集群和服务集群，并分散到网络的各个节点，由不同团队负责。这时传统意义上的架构师的职责实际上弱化了，对应用及服务的规划、架构、设计能力更多下沉到一线团队，由开发人员直接承担。但每个团队的整体能力和开发风格各不相同，服务拆分及设计的尺度很难做到完全统一。在这种情况下，对架构完全放任不管会导致随意创建服务、服务滥用及服务能力冗余等一系列问题。

因此，在分布式环境下做服务拆分，更要加强对服务集群整体架构的掌控，防止架构“劣化”。要做到这一点，最重要的就是对线上服务进行有效的梳理。在服务数量比较少的时候，架构师还勉强能将服务之间的调用关系梳理清楚，一旦服务数量膨胀，服务之间的调用将构成一张非常庞大和密集的“网”。这时候，依靠人工来梳理服务调用关系是不现实的，需要借助一些自动化的手段从总体上对服务的整体调用关系进行定期梳理和优化，并达到如下治理目标：

- 避免循环调用；
- 梳理集中调用；
- 避免深度调用；
- 梳理冗余服务；
- 优化资源配置；
- 根据服务的重要性，进行分级运维。

3.2.2 服务基础视图

服务提供者和服务消费者都会在服务注册中心注册，因此在服务注册中心中可以获得完整的服务注册信息及被调用信息，图 3.4 是其数据结构的典型示例。需要注意的是，图中的 consumers

节点列表不一定等同于单个微服务，也可能是应用 ID，这取决于服务消费者的部署模式，可以采用一个节点（容器或虚拟机）部署一个微服务，也可以将若干个微服务合设部署在同一个节点。如果是后者，服务注册中心中的 consumers 子节点下挂载的就是这个合设应用的 ID 了。

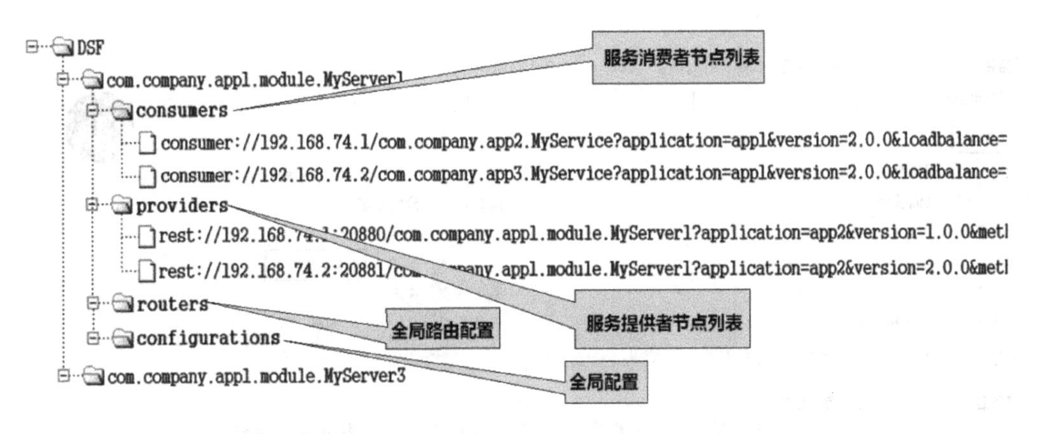

图 3.4　服务注册中心的数据结构

由于服务注册中心还承担管控指令下发通道的职责，除了服务的注册及调用信息，服务注册中心还包含服务管控配置信息。将这些信息综合起来，可以在服务治理平台中用友好的表单界面展示出来，图 3.5 是一个微服务在服务注册中心中注册的所有服务信息的分页列表展示视图。

服务名称：　服务接口：　所属应用：　负责人：　查询　重置

部署服务

服务名	服务接口	版本	所属应用	负责人	提供者(12)	消费者(7)	监控
订单入库	com.company.webshop.OrderInWms	1.0	web-shop	zhangsan	Providers(1)	No consumer	状态　健康度
购物车	com.company.webshop.ShopCar	1.0	web-shop	wangsan1	Providers(3)	Consumer(2)	状态　健康度
订单分拣	com.company.wms.OrderSelectGood	1.0	wms	lisi	Providers(2)	Consumer(1)	状态　健康度
分单服务	com.company.wms.OrderSplit	1.0	wms	wangwu	Providers(2)	Consumer(1)	状态　健康度
分单服务	com.company.wms.OrderSplit	2.0	wms	wangwu	Providers(4)	Consumer(3)	状态　健康度

Page 1 of 12

图 3.5　微服务列表展示视图

列表展示视图列出了服务最核心的一些指标信息，包括服务 ID、接口、负责人、服务提供者及消费者的统计量、服务所属应用等。这个视图就是微服务管理的入口，通过单击每一条服务记录，可以进入单个服务的详细信息展示页，如图 3.6 所示。

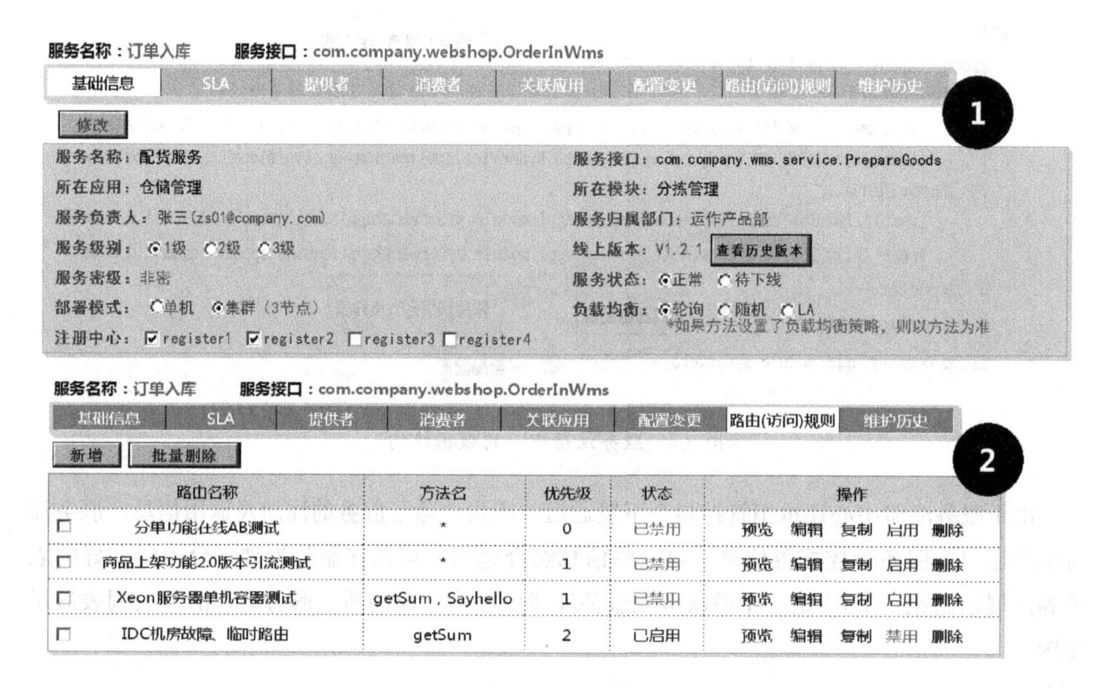

图 3.6　以页卡表单的形式展示的服务信息

图中展示了“基础信息”（图 3.6-①）和“路由（访问）规则”（图 3.6-②）两个页卡的内容。除此之外，还有 SLA、提供者、消费者、关联应用等其他页卡信息。另外，还可通过信息聚合的方式，将来自运维流程管理系统的服务运维历史信息以“维护历史”页卡展示，如图 3.7 所示。

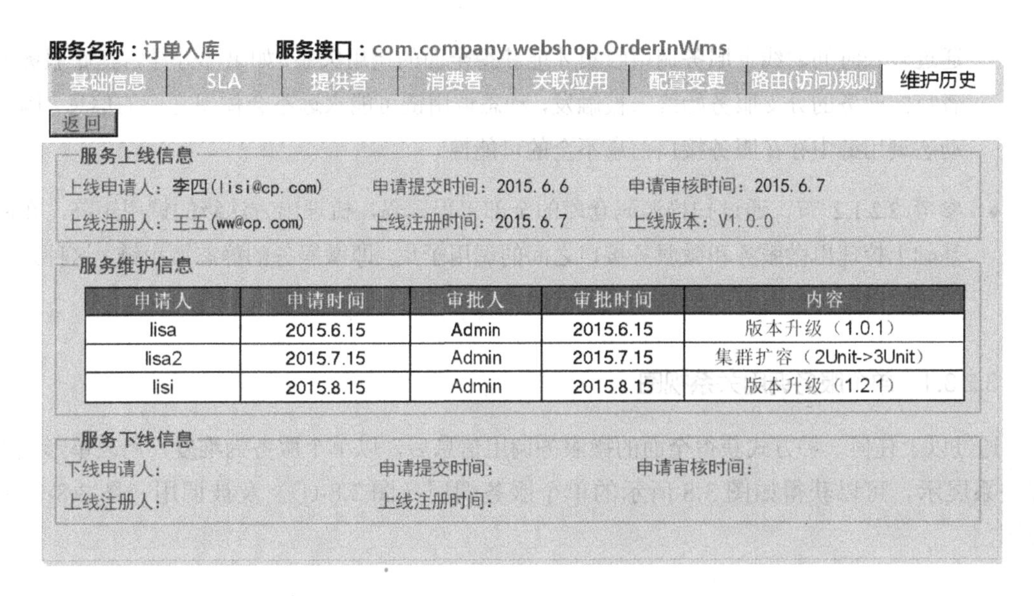

图 3.7　服务运维历史信息聚合展示视图

3.2.3　服务调用关系视图

业界普遍采用微服务接口定义来标识微服务，可通过如下 3 种方式获取微服务之间的调用关系。

- 通过服务注册中心中的服务注册信息获取微服务的调用关系。服务提供者基本都以接口为单位进行注册，服务注册中心也以服务提供者的接口（例如图 3.4 中的 com.company.app1. module.MyServer1）为单元来组织服务的相关信息。一些团队会坚持微服务架构的严格限定，尤其是在采用容器化部署时，一个容器或实例只运行一个微服务，这时候从服务注册中心获取的服务消费者节点信息基本（简单换算后）等同于服务接口。但如果采用合设部署模式，多个微服务被合并到一个应用中部署，服务注册中心是无法获得微服务接口一级的服务消费者信息的，只能获得应用的 ID 信息。因此，虽然通过服务注册中心获取微服务调用关系是最经济的途径，但获取完整的接口级信息是有前提条件和限制的。
- 通过 APM 的动态调用链分析获取微服务的调用关系。动态调用链可以精确地抓取服务调用双方的详细接口信息，但微服务需要被显式调用才能被动态调用链捕获，因此需要通过较长时间的线上服务调用收集才能获得全面的调用关系。如果部分异常托底服务或者特定业务的分支服务始终未被触发，动态调用链可能永远不会体现它们的信息。因此动态调用链中存在服务接口信息不全的可能性。

- 参考 2.2.1.2 节，通过扫描源码仓库的全部工程源码，梳理出方法级的调用矩阵，在此基础上梳理出微服务和微服务接口之间的调用子集，即微服务的静态调用链。这种方式的技术难度高，但获取信息全面、准确。

3.2.3.1 单个服务调用关系视图

通过以上任何一种方式获得全面的微服务调用信息后，以单个服务为维度，用表单形式进行关系展示，可以获得如图 3.8 所示的单个服务调用（图 3.8-①）及被调用（图 3.8-②）视图。

商品下单(sku-apply)

服务名称	服务提供者	总调用量	失败调用量	错误率(%)	并发连接数
|--->账户查询（ua-query）	Providers(1)	82,768,223	12	0.003	15
|--->商品信息查询（sku-query）	Providers(1)	79,233,934	220	0.02	12
|--->库存锁定（wms-sku-storelock）	Providers(2)	133,245	2	0.0001	8
|--->订单生成（order-create）	Providers(2)	678,233	3	0.03	15

1

账户查询(ua-query)

服务名称	服务消费者	总调用量	失败调用量	错误率(%)	并发连接数
|<---商品下单（sku-apply）	Consumers(1)	82,768,223	12	0.003	15
|<---账户注销（ua-cancel）	Consumers(1)	2,114	0	0	4
|<---客服辅助A类接口（cs-a-api）	Consumers(2)	6,173,551	221	0.0035	9
|<---用户登录（user-login）	Consumers(10)	1223,678,233	2713	0.0003	30

2

图 3.8　单个服务调用关系视图

3.2.3.2 整体服务调用拓扑视图

单个服务调用关系视图可以让我们了解服务的周边信息。更多的时候，我们需要掌握整个微服务集群的全局调用关系。这时，通过聚合所有服务的调用关系可获取服务集群整体的调用拓扑关系视图，如图 3.9 所示。

图 3.9 中的左图是线上微服务集群中服务的调用关系总图，一些拥有大量线上业务的企业，

微服务数量巨大，它们之间的调用关系就构成了一个密集立方球体。目前大部分公司都通过动态调用链汇总来勾画这个图，此外还可以基于静态调用链（调用矩阵）来获得。由于静态调用链描述的是代码层面的所有调用关系，比起依赖实际触发的动态调用链获取的调用关系更全面，这个图只是静态调用矩阵的一个子集。有了微服务的整体调用关系，就可以对微服务的调用质量进行深入的分析了。

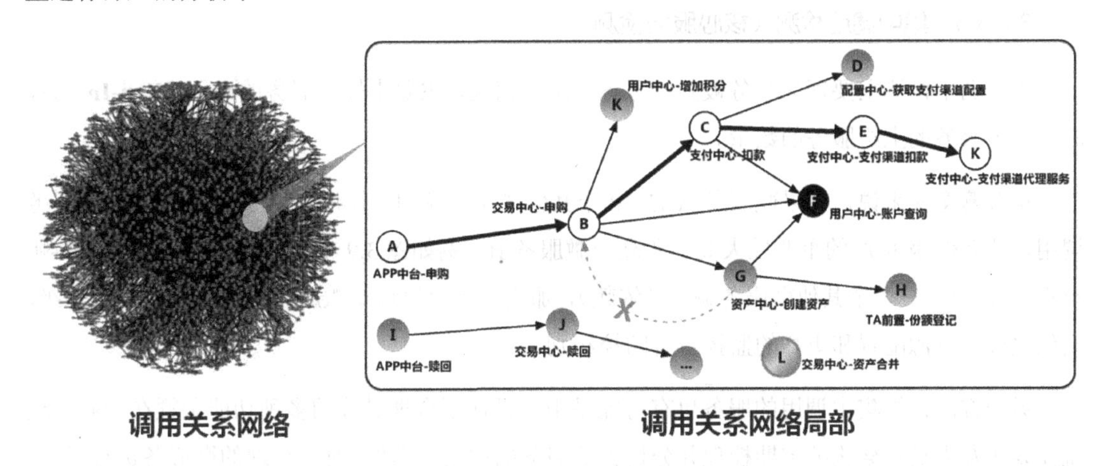

图 3.9　整体服务调用拓扑关系视图

3.2.3.3　闭环检测

虽然微服务集群的服务数量众多，但服务是根据业务分层的（参考图 1.15），因此理想的服务调用拓扑关系应该也是分层的，并且层层推进最终形成一个有向无环图（DAG）。如果出现图 3.9 中 G 服务调用 B 服务的情况，说明调用关系中存在反向依赖，需要进行优化。微服务数量少时，可以基于人眼来识别这些闭环，但现实中微服务的数量往往很多，需要借助自动化的手段。这实际上是一个有向图的闭环路径查找问题，可以使用图论中的深度优先搜索算法（DFS）或者广度优先搜索算法（BFS）来实现。在本书的 GitHub 站点中，有一个 DFS 算法的演示案例，读者可以自行前往下载体验。

3.2.3.4　最长调用深度检测

我们知道对跨网络的调用访问，整体稳定性是各网络节点稳定性的乘积，因此涉及的网络节点越多，稳定性越差。通过对整个调用网络进行遍历计算，找出所有调用深度最深的调用链，如图 3.9 上标注出来的调用链路 A→B→C→E→K。找到这些最长调用链后，按调用深度进行 Top*N* 排序，重点分析排在头部的调用链的必要性及合理性，看是否能对调用深度进行缩减和优化。最长调用路径的查找同样可以采用深度优先搜索算法（DFS）、广度优先搜索算法（BFS）或者单源/全源最短路径算法来实现。

3.2.3.5 集中调用检测（核心服务检测）

集中调用检测主要评估服务被其他服务调用的情况，主要指标是服务的**扇入（Fan-In）数**，即调用该服务的上级服务的数量。

从普遍意义来说，如果微服务 A 被 10 个其他微服务调用，微服务 B 只被 1 个其他微服务调用，那么微服务 A 的重要性大概率要高于微服务 B。例如图 3.9 中的微服务 F（用户中心-账户查询），一共被 3 个其他微服务调用（依赖），那么就需要给这个微服务定义更高的运维等级，提供更好的资源配置和更高的监控告警防控级别。

另一方面，被集中调用的服务也有可能是由于设计不合理导致的多种功能杂糅在一起，这就需要研发人员及架构师定期梳理并分析评估服务的调用合理性。对不合理的微服务进行拆分，拆成粒度更细的多个微服务。这也是服务治理的日常工作范畴。

通过有向图的 PageRank 算法可以获得图上每个服务的进入线的数量排行，排行越前面的就是被依赖度越高的微服务。当然，单凭进入线的数量决定微服务的依赖度不够严谨。在实际应用中，可结合服务调用量及服务标签（在设计阶段对服务重要等级的人为定义，存在主观性）这两个指标共同评估服务的重要性等级。在 3.7.1 节中将对服务重要性的判定做更深入的探讨。

3.2.3.6 清除冗余服务（或版本）

随着架构的变迁，服务之间的调用关系也在不断变化，有些微服务不再存在调用关系，在微服务整体调用关系图上，这些微服务不再有与其他服务的连线，例如图 3.9 中的 L 服务。这些再不会去调用别的服务，别的服务也不会来调用它。通过定期关系扫描可找出这类“孤点”，对它进行下线处理，以释放资源。

调用关系网络本质上属于图计算的范畴，以上各种针对调用关系的分析还有一种更便捷的做法，采用诸如 NEO4J 这类图数据库来存储微服务及调用关系，并基于图数据库的计算引擎做各类关系分析。图数据库的图计算引擎包含丰富的算法工具集合，上述的 DFS、BFS 及 PageRank 算法都作为基本算法被其集成，可以提供一站式的分析体验。

3.3　应用关系维度

展示全部服务之间的整体调用链图，由于太过密集，人眼根本无法分辨（如图 3.9 所示），失去了图形展示的价值。因此需要对微服务调用关系做一些自动化的过滤及梳理，避免一次性展示全部服务节点。先在更高层面上对微服务做一次聚合，进一步对微服务的调用关系进行分层级展示，以保证准确清晰地呈现微服务调用关系。

我们知道服务是从更大的应用中拆分出来的，比如账户查询、身份验证这些微服务都归属于“用户中心”这个大的逻辑应用。因此可以基于“应用”这个逻辑范畴，对图 3.9 中的密集调用关系进行聚合展示。

除了微服务之间的调用关系，微服务对资源的调用及依赖关系也需要一种合适的组织和视图展示。因此，可以基于“应用”来关联各种与业务无直接关系、相对独立的基础设施和组件，比如机器资源、域名、DB、缓存、消息队列等，勾画以应用为中心的运维统一视图。

3.3.1　治理目标

通过“应用”这个概念对微服务及其相关的基础设施和组件进行组织和关联，可以实现服务治理工作和运维工作的统一，达到如下治理目标：

- 梳理应用调用关系；
- 梳理应用重要性，运维分级保障；
- 清理冗余应用；
- 勾画微服务架构下以应用为中心的运维统一视图。

3.3.2 应用调用关系视图

基于“应用”这个概念对微服务进行聚合展示，为人对微服务的解读提供简洁直观的展示视图，让人可以从应用层面入手来理解服务之间的调用关系。它解决了人对密集服务调用关系图的理解问题，本质上解决的是“生物性”问题而不是“技术性”问题。

既然每个微服务在逻辑上都归属于某个“应用”（也可能是一个纯逻辑上的“应用”），那么可以在服务定义时，显式地给它指定一个 appId 属性，或者给微服务所在的应用部署包统一配置一个 appId 属性。这个 appId 属性会在应用启动时，随着服务注册被写入服务注册中心。通过微服务的调用关系自然能间接地获得应用之间的调用关系，如图 3.10 所示。

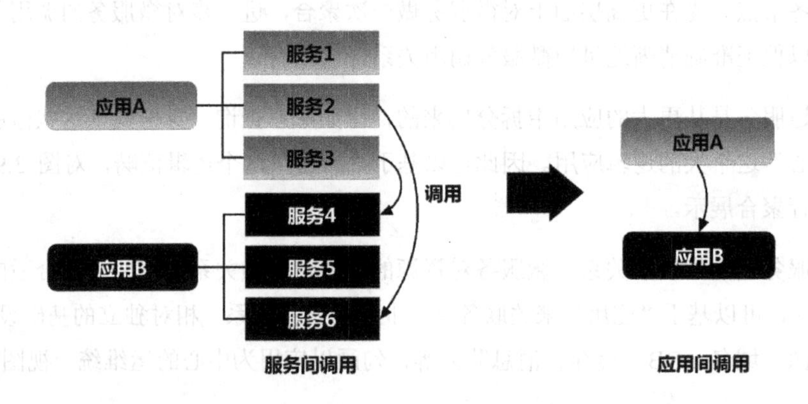

图 3.10 基于微服务之间的调用关系推导出应用之间的调用关系

将 3.2.3 节中的服务调用关系进行应用级的汇总，可以获得应用层面的各类视图关系。

3.3.2.1 单应用调用视图

将图 3.5 的微服务列表展示视图按应用再做汇总，可获得微服务所归属应用的列表视图，如图 3.11 所示。视图展示的信息与微服务列表展示视图类似，就不再赘述了。

应用名称：　　应用ID：　　负责人：　　查询　重置

应用名称	应用ID	服务提供者(8)	服务消费者(4)	"它"调用的应用	调用"它"的应用
订单管理系统	order-mgr	Providers(1)	No consumer		被调用（3）
卖场系统	web-shop	Providers(3)	Consumer(2)	调用（3）	
秒杀系统	fast-shop	Providers(2)	Consumer(1)	调用（3）	
仓储系统	wms	Providers(2)	Consumer(1)		被调用（1）

Page 1 of 2

图 3.11　微服务所归属应用的列表视图

从单个应用的视角可以获得如图 3.12 所示的应用调用和被调用关系视图。图 3.12-①是本应用调用的所有其他应用的相关信息，图 3.12-②是本应用被其他应用调用的相关信息，总调用量指标是一个聚合指标，不是来自于服务注册中心的，而是来自于日志统计中心的。

<table>
<tr><th colspan="6">卖场系统(web-shop)</th></tr>
<tr><th>应用名称</th><th>服务提供者</th><th>总调用量</th><th>失败调用量</th><th>错误率(%)</th><th>并发连接数</th></tr>
<tr><td>|--->结算系统（Pay-mgr）</td><td>Providers(1)</td><td>82,768,223</td><td>12</td><td>0.003</td><td>15</td></tr>
<tr><td>|--->SKU系统（Sku-mgr）</td><td>Providers(1)</td><td>79,233,934</td><td>220</td><td>0.02</td><td>12</td></tr>
<tr><td>|--->订单管理（order-mgr）</td><td>Providers(2)</td><td>133,245</td><td>2</td><td>0.0001</td><td>8</td></tr>
<tr><td>|--->仓储系统（wms）</td><td>Providers(2)</td><td>678,233</td><td>3</td><td>0.03</td><td>15</td></tr>
</table>

①

<table>
<tr><th colspan="6">结算系统(pay-shop)</th></tr>
<tr><th>应用名称</th><th>服务消费者</th><th>总调用量</th><th>失败调用量</th><th>错误率(%)</th><th>并发连接数</th></tr>
<tr><td>|<---订单系统（Order-mgr）</td><td>Consumers(1)</td><td>1,651,307</td><td>7</td><td>0.004</td><td>5</td></tr>
<tr><td>|<---物流系统（TMS）</td><td>Consumers(1)</td><td>68,991</td><td>3</td><td>0.04</td><td>5</td></tr>
<tr><td>|<---订单管理（order-mgr）</td><td>Consumers(2)</td><td>76,403</td><td>21</td><td>0.02</td><td>2</td></tr>
<tr><td>|<---仓储系统（WMS）</td><td>Consumers(2)</td><td>43,629</td><td>2</td><td>0.04</td><td>2</td></tr>
</table>

②

图 3.12　单个应用调用和被调用关系视图

3.3.2.2　整体应用调用拓扑图

给微服务增加“应用”属性，可以解决微服务归类及数量收敛的问题。基于应用之间的调用关系得到的调用拓扑图如图 3.13 的左图所示，与图 3.9 比较，拓扑图的可读性明显提高了。如果可以通过鼠标的单击控制只展示单个应用的调用关系图，并提供在线 Tip 信息展示（如图 3.13 的右图所示），会获得更好的用户使用体验。

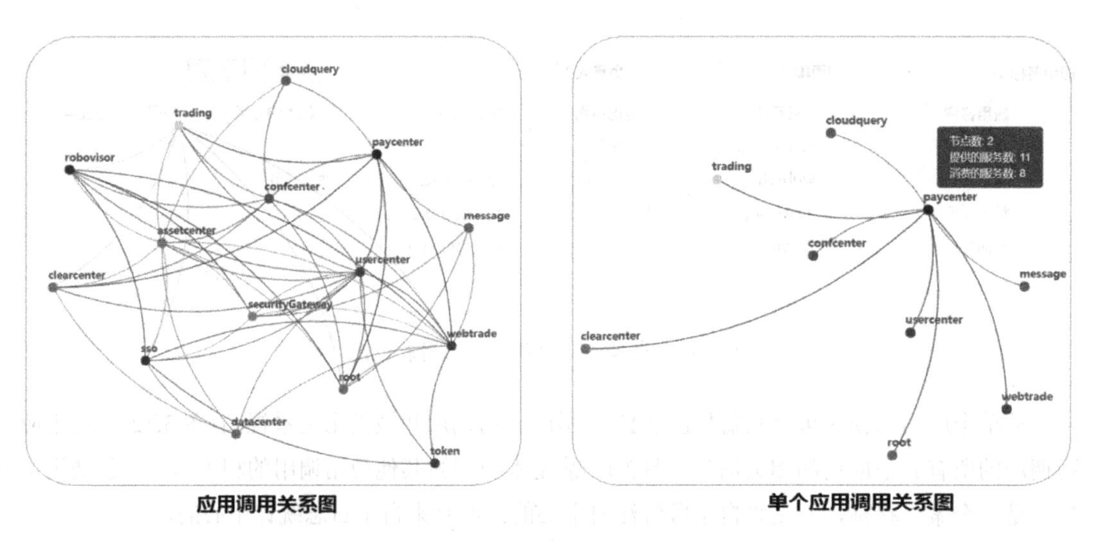

图 3.13　应用调用拓扑图

在实际治理大盘上，可以将应用调用关系图和微服务调用关系图联动使用。用户首先在应用调用关系图上选择一个或者若干个应用，再进入微服务调用关系图，图上显示的只是被选择的应用所包含的微服务，从而避免了如图 3.9 所示的“一团乱麻”的效果。

3.3.3　以应用为中心的运维统一视图

微服务本质上还是应用，准确来说应该称为“微服务应用”。从开发便利性、可运维性及经济性等角度考虑，很多时候会将同一类业务领域的微服务合设部署。比如账户查询和身份校验这两个微服务就共同存在于“用户中心”微服务应用中，统一部署并运维管理。此时，逻辑上的“应用”和物理上的“应用”就实现了统一。从基础运维的视角来看，微服务应用除了具有分布式应用通用的特性，还具备一些特有的能力和属性。比如微服务应用集群的相互调用遵循服务框架提供的统一规范，包括协议、路由、负载均衡、限流、容错、降级等，并接受统一的调度和管控。

运维工作更关注的是运维资源的整体模型及关系，任何基础设施和组件最终都为上层的一个个业务应用提供服务，因此需要一个能够串联起所有信息的统一模型。应用除了必需的主机和 IP 等部署资源，在正常运行过程中还会和其他诸如数据库、消息队列、分布式缓存等基础资源创建各种连接关系。因此，应用非常适合作为运维整体模型及关系的承载体。以应用为纽带可以将各种运维资源有序地关联在一起，构建运维统一视图，如图 3.14 所示。

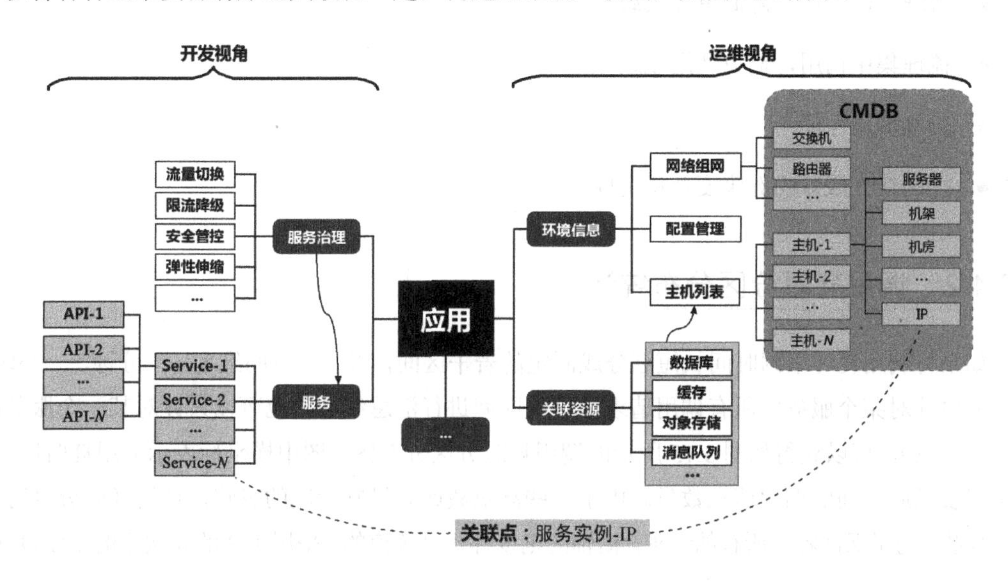

图 3.14　以应用为中心的运维统一视图

从图 3.14 可见，运维的 CMDB、服务应用的治理、服务调用的资源等原本杂乱无章的信息都通过以应用为核心的模型被串联起来了，常规运维和服务治理工作通过这个模型实现了融合。这个模型不仅可以为运维自动化、持续交付及治理工作提供良好的基础，还可以演化出后面要介绍的故障传导关系模型、故障根因分析模型和其他深度治理关系模型。

3.4　服务性能维度

3.4.1　治理目标

对线上微服务的性能进行度量，是微服务度量工作中最基础、也是最重要的工作。通过 3.1 节介绍的手段，可以获得服务的调用延时、调用异常等基本指标数据，以及这些指标的分钟、小时、天、月等的汇总报表数据。在此基础上做进一步的服务线上性能和健康度度量及分析，并制定相应的管控策略，最终实现如下治理目标：

- 梳理资源占用，降低单点负载；
- 梳理集中调用，避免调用瓶颈；
- 优化调用性能；
- 提高线上服务的健康度及稳定性。

3.4.2 调用耗时分区分布统计

如果将调用耗时根据时间长短划分成固定的若干区间，将一个时间维度（一分钟、一小时、一天）内针对某个服务的所有调用请求按这些区间进行汇总统计（也可以只针对某一个服务的某一个节点），可以获得如图 3.15 所示的调用耗时分区分布图，图中横坐标表示调用耗时区间，纵坐标表示此区间的调用请求数量。由于一些高负载或者异常状况的影响，调用耗时分区可能会很分散，为了保证容纳所有的请求，横轴的刻度并不是等值的，采用了 2 的 *n* 次方的刻度设计。

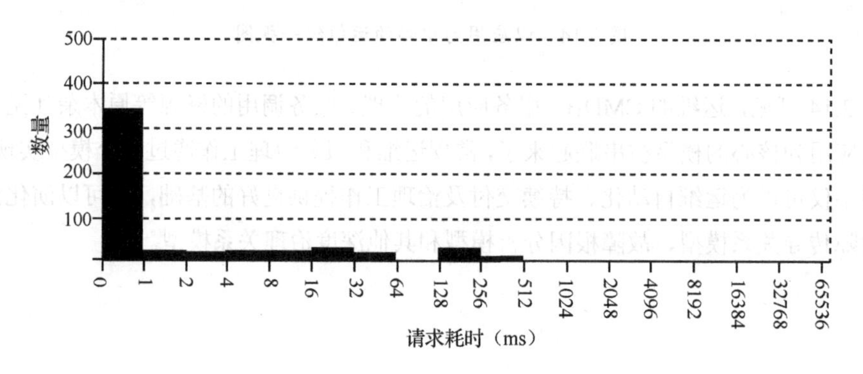

图 3.15　微服务调用耗时分区分布图

分析调用耗时分布图可见，最多的调用耗时集中在了 0～1ms 之间，其他极少部分请求围绕这个区间散列分布，基本符合正态分布，总体上是正常的。但仍有极少部分请求落到了远离中心的 256～512ms 这个长尾区间中，这就意味着系统中存在异常的延时“毛刺”。延时“毛刺”是一种潜在隐患，尤其是周期性出现的“毛刺”，它本质上和系统的“脆弱性”有关，在高并发、大负载等极限情况下，这种“脆弱性”将被放大，给系统造成严重影响。通过分析调用耗时分区分布图，可以很容易地发现这类异常指标。

小贴士

"毛刺"是运维上的一种常见说法，特指指标的异常高状况。存在毛刺说明系统在设计或者资源利用上存在缺陷或隐患。在负载升高的时候，可能会使在线业务出现部分请求超时，造成服务质量下降，导致故障放大和蔓延，严重时，甚至会造成系统瘫痪，也就是常说的系统被"击穿"。

调用耗时分区分布图可以有效揭示系统的长尾及波动问题，长尾效应明显的系统在负载过高的情况下出现排队问题的概率较大。在运维领域，会经常使用这类分布图来进行系统稳定性及健康度分析。

3.4.3 调用耗时分时分布统计

服务的延时"毛刺"是什么时候产生的？它有什么规律？要进一步研究这些问题，可以使用调用耗时分时分布图。在图 3.16 所对应时间周期内，以分钟为横坐标，以每分钟所有调用请求的平均延时（或 95、99 百分位延时）为纵坐标，就得到了调用耗时分时分布图。从图中可以很明显地看到，在这个小时的 6min 内，对应的平均延时（或百分位延时）异常大，基本可以确定这就是"毛刺"发生的时间点。时间点确定之后，通过分析对应时间点详细的应用日志，可以确定"毛刺"的根因。

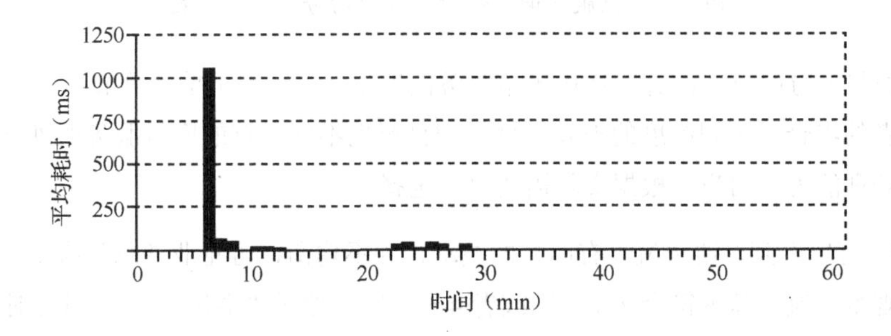

图 3.16　微服务调用耗时分时分布统计图表

在本示例中，笔者采用了一个自定义的例子，"毛刺"是由于应用启动时初始请求要做一些初始化的工作，导致请求耗时过长，这种情况一般不可重复，在运维上可以忽略。真正要重视的是会重复出现的"毛刺"，它通常涉及设计缺陷或者资源交叉占用等，需要深入分析。

其实，排查“毛刺”仅仅只是调用耗时分时分布图的一个附属功能，它的“主业”还是直观地展示线上服务调用性能的时间波动状况，也是服务治理大盘上常用的监控图表，使用频率很高。

3.4.4 调用量/并发量分时分布统计

考察线上服务的性能，既需要关注处理效率，还需要关注处理能力，也就是它的吞吐量。服务的处理能力可以通过调用量/并发量分时分布统计图来展示，如图 3.17 所示。图中横坐标表示时间，每个刻度都是一个时间单位，为了统计方便，整个时间轴会以一个时间周期填充，比如一小时（天、月）。以小时周期为例，横轴上的每个刻度就是 1min，纵轴则是这 1min 内单个服务的所有调用的总数。

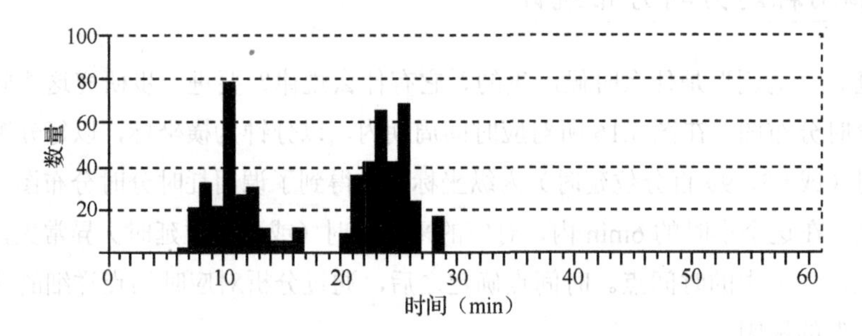

图 3.17 微服务调用量/并发量分时分布统计图表

这种并发量的分时分布统计既适用于单服务的度量，也适用于单计算节点（主机）的度量，还可用于二者的组合。不同维度的报表，度量的目标也不同，有的度量服务的处理能力、有的度量主机的处理能力，用户可根据实际需要灵活选择。

从图 3.17 可以看到，请求流量有明显的波动，并不均衡，可见业务总是有忙有闲的，以一天为周期来观察，流量基本符合 2-8 原则或者 4-6 原则。通过“调用量/并发量分时分布统计”，可以直观地掌握线上服务的调用频繁状况：什么时候是业务处理高峰，什么时候是业务低谷。如果业务低谷时还维持业务高峰时的服务节点数量，那是对资源的浪费。根据 Gartner 和麦肯锡前几年的调研数据，全球的服务器利用率只有 6%～12%，即使通过虚拟化技术优化，利用率还是只有 7%～17%，可见资源利用效率有多低。

为了解决线上计算资源利用率低的问题，对于自动化（云计算）资源调度能力很强的企业，可以在业务低谷时（就是线上服务调用流量低于一定阈值时），自动回收一部分服务节点资源；当业务明显增长时（线上服务流量高于一定阈值时），自动对服务节点数量进行扩容。通过这种潮汐式的资源伸缩，既能保证线上服务性能稳定，又能够有效降低运维成本。

另外一种优化方法是采用资源“混部”的模式。对于在线业务来说，延迟现象的增加往往会立刻导致用户的流失和收入的下降，这是不可接受的！但对于离线批处理任务，由于不涉及用户交互，对延迟并不敏感。因此，可以将对延迟不敏感的批量离线计算任务和对延迟敏感的在线服务部署到同一批机器上。当在线服务流量处于低谷时，通过自动调度让在线服务用不完的资源充分被离线计算任务使用，以提高机器的整体利用率。

3.4.5　性能横比

前面讨论的都是基于单个服务维度的各种分布统计，但服务集群总的服务数量成千上万，究竟哪些服务需要被重点关注和治理呢？这就需要“比较”。这里所谓的“比较”，是设定一个指标或一组指标的加权值，所有服务以此指标进行排序，排名 Top*N* 的就是我们要重点治理的服务对象。

建议　在服务治理中，我们经常遇到的问题是，不知道要治理什么？解决这个问题最有效的办法就是找一个指标，并基于这个指标做 Top*N* 排序，排在头部的 10 个或者 20 个服务就是我们要重点关注的。通过这种简单的 Top*N* 方式，可以帮助我们不断探索治理的具体维度。

依然采用调用耗时和调用量两个指标，根据一分钟内的调用耗时平均值和调用量对服务集群中的所有服务进行降序排序，可以获得分钟级性能指标排序 Top*N* 图表（如图 3.18 所示）和调用量/并发量排序 Top*N* 图表（如图 3.19 所示）。

【服务】性能最差Top20				
	接口	总调用量	平均延时(ms)	最大延时(ms)
1	[appcenter]UserInfoManagerService.addBankCardRec	27719	4412	8525
2	[appcenter]UserInfoManagerService.unbundBankCard	357135	2051	4093
3	[usercenter]UserCheckService.checkCardChange	316	2024	4066
4	[usercenter]UserQueryService.queryBankCardByCardNo	26908	1677	3706
5	[appcenter]TransactionService.resetTransPwd	147	1214	3214

图 3.18　分钟级性能指标排序 Top*N* 图表

【服务】调用次数最多Top20			
	接口	成功量	失败量
1	[assetcenter]AssetFacadeService.findUserChannelAsset	76258	1
2	[usercenter]UserQueryService.queryUserBaseInfo	54474	0
3	[confcenter]ProductFinderService.findProductByProductId	39183	0
4	[usercenter]UserInfoOptService.queryUserBase	36502	268
5	[cloudquery]UserQueryService.queryUserAccountInfos	30024	0

图 3.19　分钟级调用量/并发量排序 Top*N* 图表

1. 性能排序 Top*N* 横比图表

图 3.18 是一个分钟级的服务调用平均延时降序排行 Top20 的报表，为了便于分析，还将服务的最大延时和总调用量也一并展示在上面。此图展示的是整个微服务集群中性能最差的服务的集合，要重点关注这个列表中的服务，尤其是平均延时长、调用量又高的服务，它们就是整个服务集群中最大的性能瓶颈，是潜在的“阿喀琉斯之踵”。在线上服务治理中，持续地对报表上的服务进行优化，是短期内收到最大治理收益的有效策略之一。

分钟级的图表波动较大，而且可能会遗漏一些调用频率较低的服务。因此，小时和天级别的报表对于高频调用的服务的性能排查会比较有效，它会滤掉一些低频调用的服务的影响。对于长期治理来说，天以上级别的 Top*N* 报表会更客观一些。

2. 调用量排序 Top*N* 横比图表

图 3.19 是一个分钟级的服务调用总量降序排行 Top20 的报表，上面同时列出了调用成功总

量和调用失败率，调用总量是这两者之和。通过此图表，可以对服务集群中的服务热度分布有直观认识。同性能排序 Top*N* 图表类似，我们对调用量排序 Top*N* 图表上的服务列表也要持续关注和分析。以下是两个分析重点：

- 对排名靠前的高热度服务要提高运维等级，重点保障和关注。
- 从业务及技术上分析高热度服务的调用合理性，研究是否集成了太多的功能处理逻辑，是否有必要在技术及业务上进行拆分。比如，如果一个用户服务同时处理登录和注销操作，导致其调用热度高，就可以把它拆分成两个独立的服务。

3. 计算资源消耗排序 Top*N* 横比图表

调用延时和单位调用量分别描述了服务的线上处理效率和处理能力，将这两者结合，计算单位时间内的所有调用的总调用延时，可获得服务对计算资源（CPU 占用）的消耗情况。对所有服务的总调用延时进行排序，可得到如图 3.20 所示的计算资源消耗排序 Top*N* 图表，图表上的服务均是资源消耗大户。

【服务】总资源占用最多Top5

	接口	成功量	平均延时(ms)
1	[assetcenter]AssetViewFacadeService.findUserAllChannelAsset	76258	136
2	[appcenter]IndexPageManagerService.queryMainPageInfo	6295	785
3	[usercenter]UserQueryService.queryUserBaseInfo	54474	75
4	[appcenter]AssetsService.listAssetsHold	2454	1586
5	[appcenter]MobilePagesService.personPageInfo	4262	889

图 3.20　计算资源消耗排序 Top*N* 图表

“计算资源消耗指标”是一个汇总指标，它是服务健康度评估的主要指标之一。在笔者目前所负责的产品线，经过测算，占总量不到 3%的 Top20 的服务调用所消耗的计算资源占据了服务集群总计算资源的 50%以上，这就是典型的“头部效应”。相应地，对服务的治理也要符合此原则，将治理重点聚焦在“头部”的服务，这样可以事半功倍，如果聚焦在“长尾”服务，结果往往投入高、产出低。此类图表可以有效地帮助我们找出治理的重点，围绕此类图表数据持续性地对相关服务进行治理优化，是线上服务最有效的治理策略之一。

小贴士

“头”（head）和“尾”（tail）是两个统计学名词。正态曲线中间的突起部分叫“头”，两边相对平缓的部分叫“尾”。从需求的角度看，大多数需求会集中在头部，这部分称为流行；集中了少数但主要的需求，称为“头部效应”；分布在尾部的需求是个性化的、零散的少量需求。差异化的、少量的需求会在需求曲线上形成一条长长的“尾巴”，而所谓长尾效应就在于它的数量上，要获得明显的收益，就必须覆盖大量的点，这就是“长尾效应”。

以上所有的横比图表都采用指标的绝对值进行比较排序，很难直观地给出相对占比。换用饼图类的容积图对上述指标进行展示，如图 3.21 所示，可以得到相对占比图表，以便更直观地对头部服务进行评估。

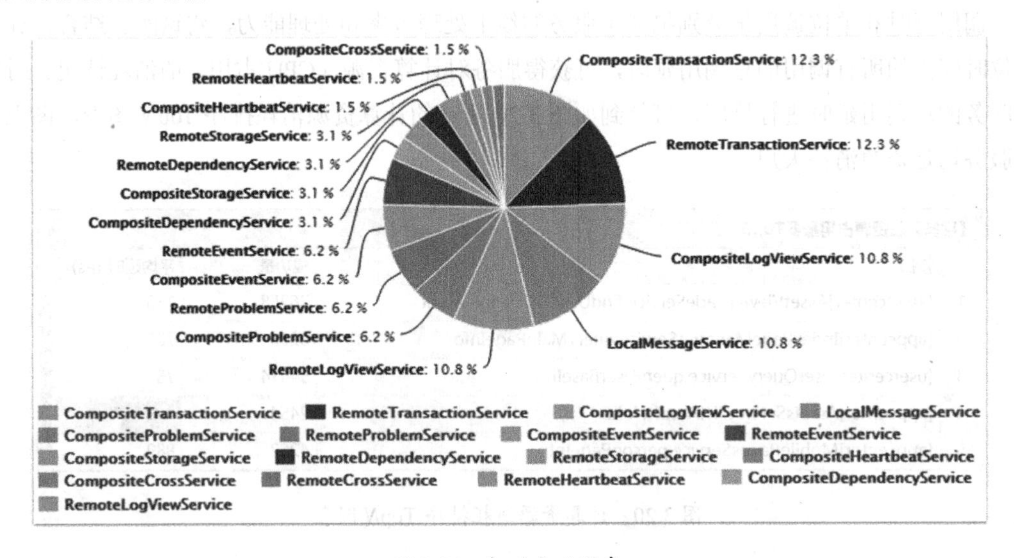

图 3.21 相对占比图表

笔者在实际的治理工作中，偏好于结合排序 Top*N* 表格和对应的占比容积图进行相互印证和相互补充，以对服务的线上性能进行更好、更全面的度量。

3.4.6 性能纵比

线上性能指标均具有明显的时间特性，不管是原始调用指标，还是汇总后的指标。每个原始指标都有采集的时间点信息，汇总后的指标也都会归集到某个单位时间刻度（某一分钟、小时、天、周等）中。将这些指标基于时间序列串联在一起进行比较，可以有效地反映出服务的效率、线上水位、质量的发展演变过程、方向及变化趋势等。在此基础上，基于特定算法进行类推或者延伸计算，还可以预测未来某个时点服务的可能状态。这有助于我们提前规划线上的资源配置及风险防控，做到心中有数。

1. 基于时间序列的串联比较

基于时间序列的串联比较也要遵循一定的方法和策略，不能太随意，这和时间序列指标的特征有关。典型的时间序列指标的特征如下。

- 趋势性：数据滤除扰动及随机因素后，整体呈现升高或者下降的趋势。
- 季节性：应用服务承载业务，业务被人使用，因此人的生活习惯也决定了服务的特征，具体表现在应用服务的指标会在一年内某一特定时期出现同样规律或者说以一年为周期做周期性变化。
- 周期性：也称循环波动性或者周期波动现象。
- 不定随机性：伴随混沌状的不规则波动。

基于时间序列的指标纵比的基本原则就是根据上述特征，尽量消除随机性，找出指标的变化规律和趋势。

图 3.22 是一个典型的微服务的线上性能纵比图表，这是笔者之前负责的某条产品线中某个核心微服务在 2017 年和 2018 两年的月度调用量的变化趋势图，图中颜色较深的曲线是 2018 年的，颜色较浅的曲线是 2017 年的。

从图上可以看到，两条曲线的走势大体上一致，包括曲线形状、波峰、波谷等。每年 2 月份过春节，是相关产品交易的淡季，整体业务量下降，服务被调用的次数减少，出现低谷；春节后，运营会来一波冲量，因此在 3 月份会出现一个调用小高峰；每年最大的运营活动是 6 • 18 和双 11，因此这两个月份会出现全年最高的调用高峰。这实际上就是时序数据季节性和周期性的体现。

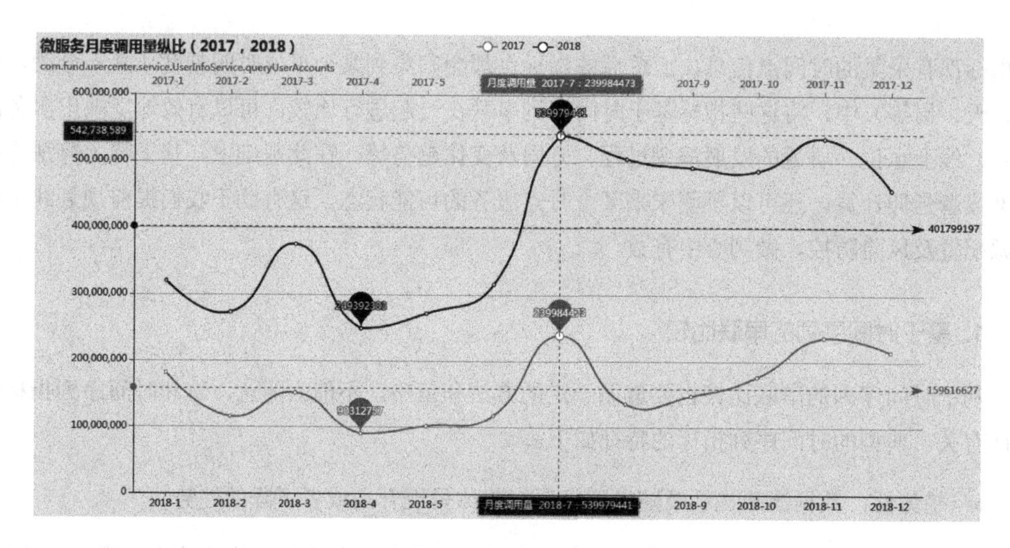

图 3.22　微服务两年的月度调用量纵比图表

从两年的月度调用平均数（图上的两条虚线）可以明显看出，2018 年的微服务接口调用量明显高于 2017 年，这也间接说明业务呈现明显的增长趋势（实际业务也确实如此）。图上只体现了两年的数据，如果我们能够积累更多年度的数据，那么基于每年的月度平均值指标，在业绩没有出现质变的前提下，通过诸如 ARIMA 的趋势预测算法，可以大概预估 2020 年和 2021 年线上调用量会达到什么样的量级。再结合单机水位（容量）指标，我们就能未雨绸缪，提前规划相应的软硬件资源投入。

注意　为了突出重点，以上分析基于比较理想的情况，忽略了一系列波动因素的干扰，比如同样的市场环境、稳定的运营策略等，如果在牛熊市场转换期间，指标波动会比较大，这时就需要做细致的扰动消除工作。

2. 连续时段的指标突变分析

除了图 3.22 这类不同时期同个时段的纵比图表，还可以通过如图 3.23 所示的连续时段的指标比较来洞察一些特定的线上风险。连续时段的指标比较前提是：**对于一个正常运行的线上系统或者服务，其相关指标数据的变化应该是连续的、一致的**。这点和之前“毛刺”的排查很类似，但范围更广。它不仅关注指标暴涨的情况，还关注指标断崖式下跌的情况。图 3.23 的算法很简单，就是把前后两个单位时段的指标用除法进行比较（大的值做被除数，小的值做除数，除数如果为 0，则当成 1 处理）。除法算出来的即指标的变化率，把所有服务的变化率进行排序，这里同时使用了 Top*N* 分析方法，变化率最大并且超过阈值指标（这里设定为 7 倍）的前 5 个服务需要我们重点关注并分析其变化原因。

图 3.23-①是基于调用量的指标分析，除了如图所示分钟级的 Top5 图表，还有一个小时级的 Top 图表。这两个图表已经多次帮助笔者所在团队在第一时间发现有预谋的灰产行动的前置行为（账户及鉴权指标突变），并提前做出防范。

除了调用量，很多其他指标也可以做连续时段的突变分析。比如基于服务调用耗时做分钟级的连续时段的突变分析，如图 3.23-②所示。我们可以在第一时间捕获性能“毛刺”的产生或者服务性能开始“腐化”的征兆。图 3.23-②是笔者团队及时发现线上服务性能问题的利器，系统会自动根据多个连续时间窗口的变化率指标、结合阈值进行自动判断，并发出告警信息。

【服务】每分钟调用次数变化最多Top5

	接口	现值(次)	旧值(次)	变化率
1	[assetcenter]AssetFacadeService.findUserPeriod	116	10	10
2	[appcenter]AssetsService.findUserPeriodAssetsInfo	5073	501	9
3	[appcenter]AssetsService.listHistoryRegionAssets	10	1	9
4	[equitycenter]LotteryCardManagerService.queryUserLotteryCard	73	9	7
5	[assetscenter]FundManagerService.getFundCurveGraphData	8	1	7

【服务】每分钟调用耗时变化最多Top5

	接口	现值(ms)	旧值(ms)	变化率
1	[cmscenter]CmsManagerService.getForwardInfoById	6812	56	120
2	[assetcenter]AssetFacadeService.findUserPeriod	943	10	94
3	[usercenter]AccountManagerService.bindWeChatAccount	10476	185	55
4	[usercenter]UserInfoOptService.queryUserTaAccounts	217	5	43
5	[appcenter]AssetsService.isExportAssets	7755	179	42

图 3.23　滑动时间窗口指标纵比图表

这里再次强调，所有治理大盘上的图表都是给人看的，以便于做深入的根因分析。在实际应用中，及时告警和预警信息不能依靠人眼识别，需要借助自动化的手段，毕竟人不可能 24 小时盯着屏幕，且容易产生疏漏。图 3.23 所体现的分析方法必须同步集成到线上的自动化流式分析器中，由系统基于算法自动进行判别，并第一时间发出告警信息。分析器不需要设计漂亮的图表，它只需要数据和算法，就能稳定可靠地进行持续监控。

3.4.7 综合性能分析

线上服务的性能一旦出现问题，往往直接体现在服务的请求耗时变长、系统堆积的等待请求量变大上，故障传导到系统，会导致系统 CPU 的利用率及 load 升高、内存持续高水位占用、网络或磁盘 I/O 被占满等。同样，如果系统出现问题，或者系统资源被其他因素占用，也会导致应用服务出现性能下降。应用服务和系统之间总相互影响，任何一方都无法"独善其身"。因此，我们在做服务的性能分析时，也不能将应用服务和操作系统割裂开，如图 3.24 所示，我们应该综合左边的应用服务度量指标和右边的系统度量指标来进行统一的分析。

举个例子，如果通过图 3.24 的应用服务度量指标发现：当并发调用量升高时，应用服务的调用耗时也随之快速上升，这说明应用服务的性能存在问题。此时，可以先查看图右边罗列的各项系统度量指标，如果发现 JVM 的内存占用特别高，可检查 JVM 中的线程堆栈数量是否配置得过多，或是否有不必要的大量对象创建操作；如果发现 CPU 的占用率和 load 居高不下，则优先考虑优化程序的计算逻辑，比如排查程序中是否存在多层嵌套循环这种低效操作；如果检测到存在大量 waiting 线程，则排查是否存在资源锁，是否需要将同步阻塞操作改成异步非阻塞操作；如果同步伴随着网络 I/O 数量特别高，可以考虑是否将远程调用数据进行缓存，以减少远程调用的等待耗时并减小网络流量；等等。

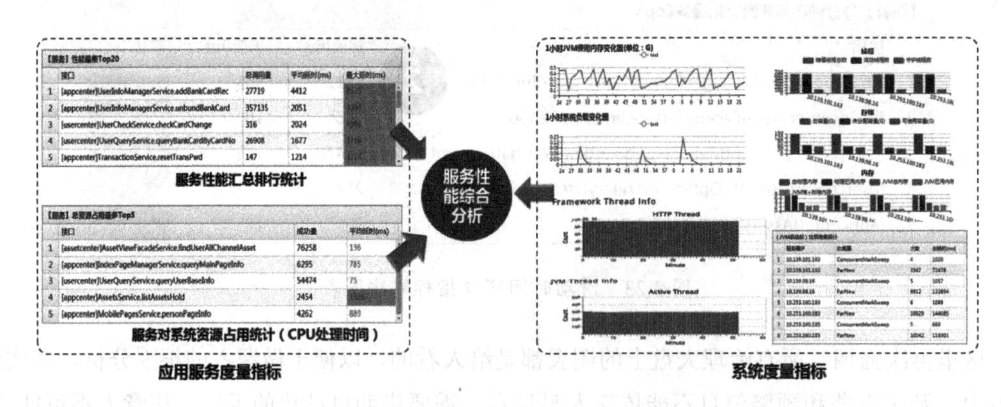

图 3.24 综合性能分析

3.4.8 容量规划

业务系统一旦上线，稳定就是第一要务！但我们面对的是一个复杂的互联网环境，微博的一个热点事件或者电商的一场大促都会导致系统的流量暴涨。这时，要么限流、要么扩容。限流意味着业务的损失和客户的流失，因此，在资源允许的前提下，扩容就成了最佳选择。但是，线上系统的扩容是一个非常复杂的系统化的决策。在特定场景下哪些应用和部件需要扩容、扩容多少、扩容顺序如何都不是随便拍脑门决定的，都要基于系统的有效容量来客观评估。因此，我们要时刻对系统的有效容量做到心中有数，特别是核心交易链路上各级节点的系统容量。只有如此，才能制定出科学客观的扩容方案，防止无限制的扩容导致下游服务或资源被流量“洪峰”冲垮。

3.4.8.1 容量预估

系统上线之初，业务方基于往年的访问量和经验，以及对业务前景及推广力度的评估给出访问量的合理预期指标。技术方在此基础上可以将指标进一步细化并落到每个独立的子系统和服务上。同时，这个指标也会影响相关的技术设计方案。比如，高端理财服务面向的都是高净值客户，一般只有几千的用户规模，并发量极低，设计上往往都是直接进行查库操作；而普惠金融服务则直面成千万上亿的普罗大众，这就需要基于缓存来缓解数据库的压力。技术方案一旦确定，我们就能知道，如图 3.25 所示，1 次购物车页面的展示会对商品中心的多个微服务各调用 1 次、会进行 2 次数据库操作和 4 次缓存操作。这样，通过上级的调用指标及调用关系，就能计算出下级中每个子系统和服务的访问量，进一步计算出所需的服务器数量、存储容量、带宽等。通过这种逐级分解的机制，可以从左往右计算出整个体系的性能分布及资源配置。

图 3.25 就是基于系统流量指标估算系统资源的换算图，运维团队一般都有数据库、缓存等资源的基准容量指标，这些指标通常利用 JMeter、Gatling 这类工具在独立环境下对资源进行单机压测获得。基于这些指标，我们能比较精准地换算出每个应用或服务所需要的资源数量。

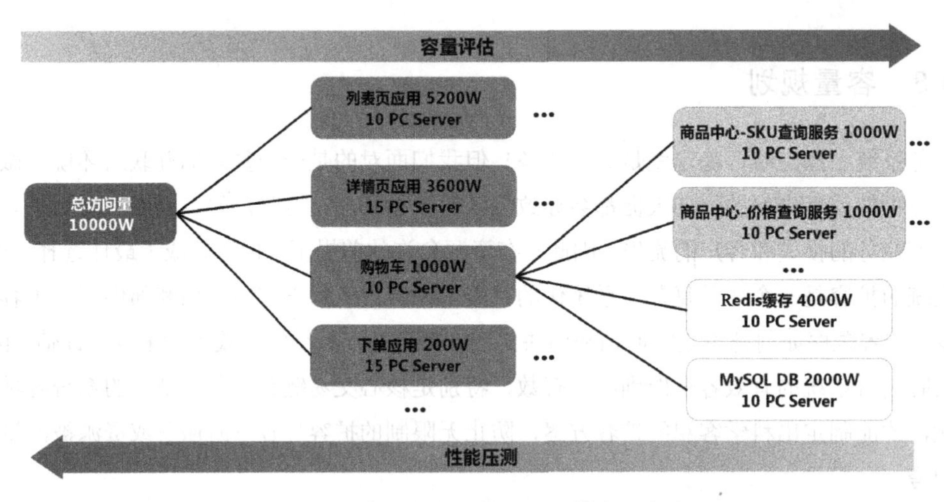

图 3.25　基于系统流量指标估算系统资源

3.4.8.2　基于依赖关系逐层推进的性能压测

线上的很多资源往往在运行一段时间后，会出现性能退化的现象，尤其是数据库这类存储密集型的资源。一个有 10 万条数据量的表，当它的数据量增长到 1000 万条时，综合性能指标一定是下降的；一个服务节点，当它的并发量超过一定阈值时，调用延时就会开始急剧升高。这种性能退化会直接影响调用它的应用或服务，并沿着调用链逐级传导到更上层的应用或服务。当应用体系中多条链路上的性能退化都叠加在一起时，有些关键服务或资源节点受到的影响会尤为突出，它们就会成为整个体系中的瓶颈，提前爆发性能问题。系统上线初期的容量预估就不再适用于此时的状态，需要通过线上压测来获取“新形势”下体系中各个节点的单点容量及集群的整体容量。

性能压测要秉持由点及线、再及面的策略。不能一上来就做全链路压测，应该梳理调用链，从依赖关系的末梢处开始。从图 3.25 的调用链上可以看到，右边的服务或资源总是被左边的服务或应用所依赖，所以优先对右边的资源或者服务进行压测，一旦其性能不达标，就要对其进行扩容或优化，以确保其不会成为左边服务或应用的瓶颈，这样逐级从右至左推进，最终覆盖全链路。

因此，每轮线上的性能压测都要进行很多次，规模及涉及应用或服务的数量也由小及大，各不相同。由于这些压测只能在线上进行，而且一般挑选在晚上这样的业务低谷时期进行，各相关业务系统都必须有人员在现场监测和待命。所以性能压测是一项极具挑战性的工作，同时具有智力密集型、资源密集型和人力密集型的特征。

以下是线上性能压测的典型流程步骤，各公司在细节上或有出入，但总体流程基本上是一致的。

1. 制定压测计划

1）确定线上压测版本，锁定版本；

2）通过动态调用链跟踪或者静态代码分析技术获取线上应用或服务版本的完整调用链；

3）圈定压测的链路范围，并把此范围内的应用或服务全部做标注，对需要做 Mock 的服务也要提前设置 Mock 策略，比如，对给用户发短信的服务就不能真的发短信，需要针对压测数据单独处理；

4）指定压测入口，可能是某个应用或者服务，也可能是一组应用或者服务的组合；

5）确定压测相关单位和相关责任人。

2. 压测前准备

1）确定压测数据结构；

2）在测试环境中构造少量压测数据进行业务模拟，观察业务系统是否完全兼容压测数据，如果发现异常，就要对业务系统进行改造，以保证能够完全兼容压测数据，不会出现业务异常；

3）配置染色数据存储，包括数据库、缓存、消息队列，并根据实际业务状况构建同量级、同比例的基础数据，为压测提供接近真实的数据状态，同时设置染色数据的分片读写策略，将染色数据和正常业务数据的处理策略分开并做有效隔离；

4）根据压测特性构造压测流量，这是线上压测的核心，压测流量的构造质量直接决定了压测质量，后面会重点展开讨论；

5）明确压测时的监控指标，并根据需要构建针对压测的监控大盘，将核心监控指标聚合在大盘上；

6）压测期间，由于负载升高，线上系统的很多指标会逼近甚至超过阈值，从而触发一些运维预案或者服务治理预案，为了防止混乱，可以提前关闭总的预案开关，只开放一些需要在压测期间进行演练的预案；

7）压测不能无限制地进行下去，需提前确定终止压测的条件，一般都是在获得某项或者若干项容量指标时终止压测；

8）对线上流量和待压测的服务做必要的校验，防止出现超预期状况；

9）基于压测计划提供小流量预压测，尽早发现业务迭代变更带来的压测安全风险；

10）发布压测公告，告知相关单位和人员。

3. 压测

1）相关责任人员就位；

2）提供小流量预压测，再次校验业务迭代变更带来的压测安全风险，如果有异常，及时终止压测；

3）逐步增加压测流量，通过监控大盘观察指标的变化情况；

4）一旦监控的指标达到预先设定的阈值，开始进入“劣化”趋势时，就保持压测流量的稳定，并保持一段时间，以排除扰动，趋近真正的容量阈值，此时记录相关各项指标；

5）如果触发了预先设置的预案，则进行预案演练；

6）如果出现一些预先没有预估到的紧急状况，则进行紧急问题处理并记录。

4. 压测后复盘

1）清理压测数据及染色数据；

2）编写压测报告；

3）从业务覆盖度、流量覆盖度、数据覆盖度、系统链路覆盖度、技术指标等维度，结合压测报告综合进行压测效果评估，即与真实流量情况下各评估维度的相似度与指标可信度；

4）综合压测过程及结果的指标数据，进行单机及集群整体容量评估；

5）基于压测效果及容量评估结果，提出改进措施及建议。

3.4.8.3　性能压测数据的准备及区隔

构造性能压测数据有很多种方法，但不管使用哪种方法构造的数据，都要尽可能真实地模拟实际环境的流量特征。目前业界主流的压测数据构造方法主要有如下两种。

1. 基于过往真实流量数据来构造压测数据

我们可以采用网关或其他 API Gateway 的历史访问日志文件，比如 Nginx 的 access.log 等文件来构建压测数据。访问频度及访问分布也可以基于此来构建，比如 access.log 中有 30%的访问落在商品列表页上，可将压测数据总量的 30%指向商品列表页以模拟真实环境。

构建的压测数据由于不是真实的，所以必须有明确的标识和真实流量进行区隔。一般会在压测请求包（HTTP、RPC）的头部增加特定的标识特征值，所以压测数据又被形象地称为“染色”数据。对“染色”数据的处理和真实数据是不同的，如果是读请求还好，如果是写请求，一般会把它和真实数据分开存储。比如可以统一在真实数据库表后面加上"_onlinetest"标识来标记“染色”数据的存储表，建议形成统一的命名规范，毕竟要处理的“染色”表会非常多，统一命名规范可以提高运维批量创建和维护及压测监控的效率。另外要注意的是，压测开始时，“染色”表的初始数据量必须和原始表是一致的，这样才能真实模拟实际表的性能。同样的处理策略适用于缓存压测数据和消息压测数据的构建，也需要为它们构建专门存储“染色”数据的 Namespace 和 Topic。

为了把压测数据写到专门存储“染色”数据的表、Namespace 和 Topic 中，需要在各类数据读写中间件中增加相应的读写策略，以将“染色”数据独立处理。另外，由于压测是全自动化进行的，对于一些有状态的 session 处理，也需要做一些自动化的兼容。比如，如果前端有图片验证码，那么在后台处理逻辑中需要根据数据是否“染色”做一些规避性的处理。这些都需要中间件团队的配合，必须在设计中间件功能组件时，就把对压测能力的支持纳入 DFX（Design for X，面向产品非功能性属性的设计）设计中。这也再次体现了构建完善的全链路压测体系是一个长期持续，涉及运维、业务、技术的多方协同的体系性工作，很难一蹴而就。

2. 线上引流压测

要实现基于线上回放的压测能力构建还是很麻烦的。在很多特定条件下，比如无状态的纯计算服务，尤其是很多线上微服务集群，由于没有本地 session 的限制，流量走哪个节点是随机的。这种情况可以不用构建压测数据，直接使用线上流量来进行压测。通过修改服务集群的负载均衡策略，逐步升高集群中某个节点的权重，将更多的线上真实流量直接打到这个节点上，过程中不断观察这个节点主机的 CPU、Load 或者 QPS、调用延时（RT）等实时指标，一旦任何一个指标达到临界点并开始出现劣化现象，就意味着我们已经找到这个木桶（节点）最短的那块“板”了，此时的流量就是单个节点的容量阈值。这种方式的好处是不需要额外的流量模拟，直接使用最真实的线上流量，操作方便，更加真实。

进行线上引流压测的前提是线上必须有足够的流量，如果线上整体流量很低，所有流量集中起来也达不到一个节点的容量上限，则这种方式就达不到预期效果，只能使用模拟流量来做压测。

3.4.9 动态阈值

细心的读者在阅读前面章节的时候，会发现很多微服务治理活动都依赖预先设置的阈值进行度量指标告警或者自动化运维。因此，设置一个合适的阈值非常重要，阈值设置不合理，不仅会导致频繁地告警，甚至会驱动系统做出一些错误的自动化运维操作。但什么是合适的阈值？即使是微服务开发者，都很难一开始就确定什么样的阈值合适，需要通过一个较长的时间周期，根据线上系统的运行状况，并结合容量规划、业务增量来不断调整。

同一个系统，在不同时期的阈值也可能不同。大促期间的电商系统由于访问量较大，单位时间日志增量要远高于平时，因此大促期间的磁盘容量监控阈值就要设置得比平时低，否则极容易导致磁盘被日志文件占满。所以，针对时间序列的治理监控指标，在长跨度时间周期的治理中，静态阈值往往存在调节滞后的问题，根据生产系统运行状况不断调整的动态阈值比静态阈值的资源利用效率及告警准确性都更高。

动态阈值有多种实现方式，第一种方式采用传统的阶梯函数。可以根据一个或多个监控指标的实时监控（计算）值，来决定采用哪个阈值。阶梯函数法简单可靠，但本质上只是由一个静态阈值变成有限多个静态阈值，优化空间有限。

第二种实现动态阈值的常用方法是采用包含反馈机制的增强学习法。它的实现原理如图 3.26 所示，初始阈值作为系统的全局配置信息，当监控指标达到阈值时进行告警或者自动化运维调度操作。定期统计对应时间段内的告警频率/调度频率（FQ）、记录当前的阈值上限（T_u）和阈值下限（T_d），并基于阈值上、下限来汇总计算指标的超阈值比例，利用这些反馈信息对阈值进行动态调节。当告警频率/调度频率偏高时，需要将阈值范围扩大，即同时提高阈值上限和降低阈值下限。当超出阈值上限的指标比例（PR_u）过高时，说明阈值上限偏低，需要调高；同样，当低于阈值下限的指标比例（PR_d）过高时，要将阈值下限降低。同时存在阈值上、下限的指标的例子是并发量，一旦并发量超过阈值上限，就要触发告警或者扩容操作，一旦并发量低于阈值下限，则要回收部分服务节点。有些指标只有阈值上限或者阈值下限，比如磁盘空间使用率，阈值下限对它没有意义，可以不用考虑。

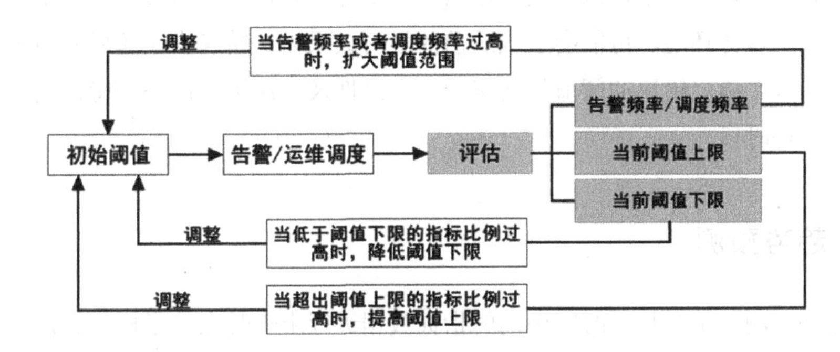

图 3.26　基于反馈机制的动态阈值调整

反馈增强算法的相关计算公式如下：

$$\mathrm{FQ}=\frac{1}{t}\sum S_i$$

其中：

- FQ：表示告警/调度频率；
- t：表示指定的一段时间长度；
- S_i：表示发生在第 i 个服务节点上的告警次数/调度次数。

将告警/调度频率（FQ）、超出阈值上限的指标比例（PR_u）、低于阈值下限的指标比例（PR_d）通过反馈对阈值的调节按如下计算式进行：

反馈更新后的阈值上限：$\widetilde{\mathrm{T_u}}=\left\{1+\left[\tau_{\mathrm{u}}\frac{\mathrm{FQ}}{\overline{\mathrm{FQ}}}-\left(1-\tau_{\mathrm{u}}\right)\mathrm{PR_u}\right]\right\}\times\mathrm{T_u}$

反馈更新后的阈值下限：$\widetilde{\mathrm{T_d}}=\left\{1+\left[-\tau_{\mathrm{d}}\frac{\mathrm{FQ}}{\overline{\mathrm{FQ}}}+\left(1-\tau_{\mathrm{d}}\right)(\mathrm{PRu}-\mathrm{PR_d})\right]\right\}\times\mathrm{T_d}$

其中，τ_u、τ_d：表示用于调节的比例常数。

还有一种方式采用机器学习算法结合人工标注结果，实现对监控指标的自动学习，自动发现指标的变化规律，从而实现自动调整阈值参数。这是目前 AIOps 研究比较火热的一个方向，可以大幅降低运维的人工成本，但这类方法为了达到较高精度往往需要收集足够长时间内的、大量的线上指标作为训练数据，同时指标数据的人工标注和训练也需要耗费大量时间。对于快速动态变化的线上服务环境，可能会造成之前的学习成果无法精确描述随后应用中线上服务的客观使用状况，甚至给出错误的阈值的情况。其准确性及算法可靠性还有待提高，在生产中的大面积普及仍有待时日。

3.4.10 趋势预测

所谓的趋势预测，是指基于时间序列的指标数据进行未来时点的指标估算，它是进行预警的前提。趋势预测有短期预测和中长期预测之分。考虑到预测的精确性，目前运维上对指标变化趋势进行预警一般采用短期预测。图 3.27 就是在平稳时间序列分析时，利用最小二乘法拟合曲线算法进行分钟级的短期趋势预测的示意图。

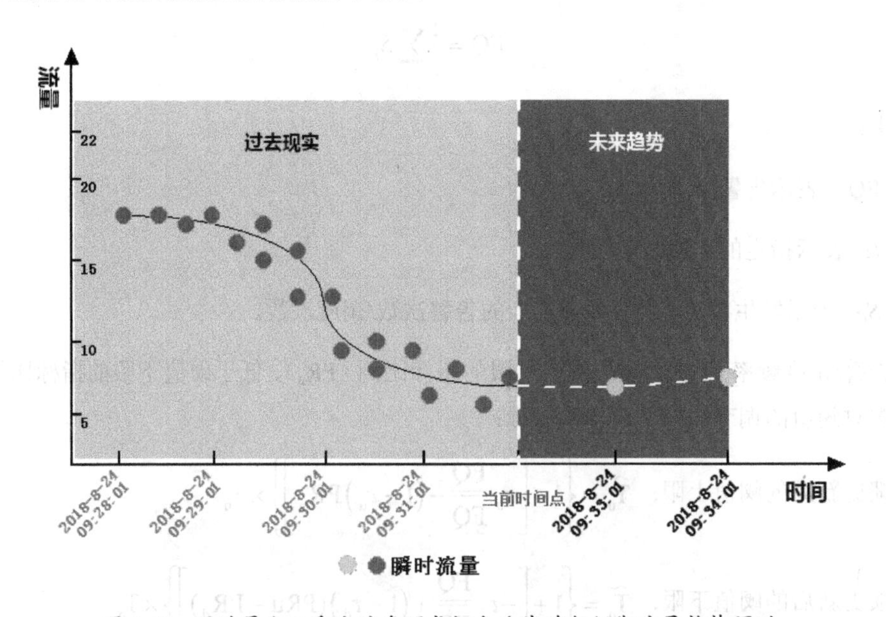

图 3.27　通过最小二乘法的多项式拟合曲线进行短期流量趋势预测

并不是所有环境都能进行指标的趋势预测，应用时间序列进行指标趋势预测的前提是：

- 假设系统的性能或者负载指标的发展总存在一个过程；
- 假设系统的性能或者负载指标只发生量变而不发生质变；
- 假设时间是影响预测指标的唯一变量。

一个时间序列是如下四种因素综合作用的结果：

- **长期趋势因素（Trend）**：又称倾向变动，它是持续时间内，数据单方向的上升、下降或水平变动的因素；
- **季节因素（Seasonality）**：数据取值呈现季节性重复现象；
- **循环因素（Cyclical）**：围绕于长期趋势变动周围的具有一定周期和振幅的变动；
- **随机因素（Random）**：由各种偶然因素引起的随机性变动。

以上四种因素组合的形式有多种，但最基本的形式是加法型和乘法型两种。

- **加法型**：$Y = T + C + S + R$；
- **乘法型**：$Y = T \times C \times S \times R$。

基于时间序列进行趋势预测一般遵循如下步骤：

- 绘制观察期指标数据的散点图，确定其变化趋势的类型；
- 对观察期指标数据加以处理；
- 建立数学模型；
- 修正预测模型；
- 进行预测。

下面将简单介绍一些常用的预测算法。

3.4.10.1　基于最小二乘法的二次曲线拟合法

二次曲线拟合法是研究时间序列观察值随时间变动呈现一种由高到低再升高（或由低到高

再降低）的趋势变化的曲线外推预测方法。由于时间序列观察值的散点图呈抛物线形状，故也被称为二次抛物线预测模型。其公式如下：

$$\hat{Y}_i = a + bt + ct^2$$

其中：

- $\hat{Y}$：表示预测值；
- t：表示时间变量；
- a、b、c：表示待定参数。

上式是一个典型的一元二次曲线，通过近期监控获取的任意三个指标值就能计算出 a、b、c 三个参数。但近期指标值很多，任意三个指标值组合就能获得一组（a、b、c）值，如何获得最优的那组（a、b、c）值呢？这时就要用最小二乘法来对二次曲线进行拟合，以获取最优的（a、b、c）值。

最小二乘法可以简便地求得未知的数据，并使这些求得的数据与实际数据之间误差的平方和最小。计算公式如下：

$$\sum e_i^2 = \sum\left(Y_i - \hat{Y}_i\right)^2 = \sum\left(Y_i - a - bt_i - ct_i^2\right)^2$$

为使误差的平方和 $\sum e_i^2$ 最小，可分别为 a、b、c 求偏导数，并令其为零。最终推导结果如下：

$$a = \frac{\sum t^4 \sum Y_i \sum t_i^2 \sum t_i^2 Y_i}{n\sum t^4 - \left(\sum t^2\right)^2},\quad b = \frac{\sum t_i Y_i}{\sum t_i^2},\quad c = \frac{n\sum t_i^2 Y_i - \sum t_i^2 \sum Y_i}{n\sum t_i^4 - \left(\sum t^2\right)^2}$$

3.4.10.2 移动平均法

移动平均法是指将观察期的数据，按时间先后顺序排列，然后由远及近、以一定的跨越期进行移动平均，求得平均值。每次移动平均总是在上次移动平均的基础上，去掉一个最远期的数据、增加一个紧挨跨越期后面的新数据，保持跨越期不变，每次只向前移动一步，逐项移动，滚动前移。正是具有这种不断“吐故纳新”的特性，所以称为移动平均法。

移动平均法包含多种细分算法，各细分算法的关系如图 3.28 所示。

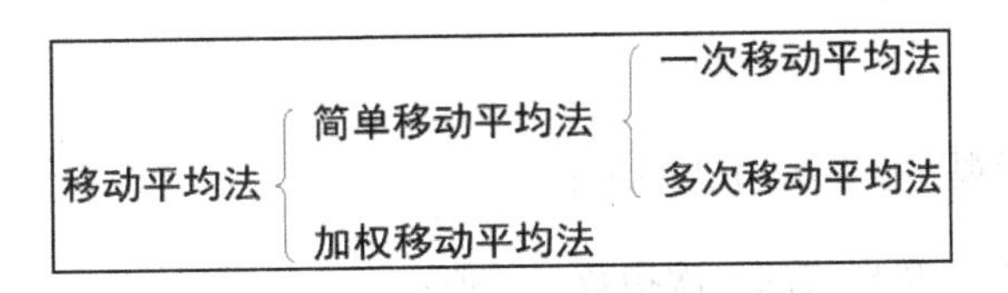

图 3.28　移动平均法各细分算法的关系

下面重点介绍一次移动平均法。一次移动平均法的简便递推公式如下：

$$M_t^{(1)} = M_{t-1}^{(1)} + \frac{x_t - x_{t-n}}{n}$$

当 n=5 时：

$$M_5^{(1)} = \frac{x_5 + x_4 + x_3 + x_2 + x_1}{5}$$

$$M_6^{(1)} = \frac{x_6 + x_5 + x_4 + x_3 + x_2}{5} = M_5^{(1)} + \frac{x_6 - x_1}{5}$$

从上式可见，在时间间隔一定时，n 越大，即选取的时间跨度越大，修匀的程度也越高，波动也越小，有利于消除系统偶发性波动的影响，但同时周期变动也难以反映出来。反之，n 越小，修匀性越差，系统偶发性波动的影响不易消除，趋势变动不明显。

但 n 取多大，应根据具体情况做出决定。在实践中，通常选用几个 n 值进行试算，通过比较在不同 n 值条件下的预测误差，从中选择使预测误差最小的 n 值作为移动平均的项数，并定期对 n 值进行重算或者校验。

3.4.10.3　指数平滑法

指数平滑法是在移动平均法的基础上发展起来的一种特殊加权移动平均预测方法。它分为一次指数平滑法和多次指数平滑法，常用于诸如线上电商业务这类时间序列数据既有长期趋势变动又有季节波动的场合。

一次指数平滑法常用于水平型数据，其计算公式为：

$$S_t^{(1)} = \alpha x_t + (1-\alpha) S_{t-1}^{(1)}$$

$$F_{t+1} = S_t^{(1)} = \alpha x_t + (1-\alpha) F_t$$

其中：

- x_t：表示实际观察值，$t=1,2,\cdots,n$；
- $S_t^{(1)}$：表示时间 t 观察值的一次指数平滑值；
- α：表示时间序列的平滑指数，$0\leqslant\alpha\leqslant1$；
- F_{t+1}：表示 $t+1$ 期预测值。

上式是以首项系数为 α、公比为（$1-\alpha$）的等比数列作为权数的加权平均法，体现了“近重远轻”的赋权原则。α 的选择很关键，一般通过经验判断。当数据波动不大时，选择较小的 α 值；当数据波动较大时，选择较大的 α 值。

二次指数平滑法是在一次指数平滑法的基础上再进行一次指数平滑，根据一次、二次的最后一项的指数平滑值，建立直线趋势预测模型进行预测的方法。它的计算公式如下：

$$S_t^{(2)}=\alpha S_t^{(1)}+(1-\alpha)S_{t-1}^{(2)}$$

其中：

- $S_t^{(2)}$：表示第 t 期的二次指数平滑值；
- $S_t^{(1)}$：表示第 t 期的一次指数平滑值；
- $S_{t-1}^{(2)}$：表示第 $t-1$ 期的二次指数平滑值；
- α：表示平滑指数，$0\leqslant\alpha\leqslant1$。

基于二次指数平滑法的预测模型如下：

$$\hat{y}_{t+T}=a_t+b_tT$$

$$a_t=2S_t^{(1)}-S_t^{(2)}$$

$$b_t=\frac{\alpha}{1-\alpha}\left(S_t^{(1)}-S_t^{(2)}\right)$$

其中：

- $\hat{y}_{t+T}$：表示第 $t+T$ 期的预测值；

- t：表示预测模型所处的当前时期；
- T：表示预测模型所处的当前期与预测期之间的间隔期；
- a_t、b_t：表示预测模型的待定系数。

3.4.10.4　ARIMA 模型

如果监控指标呈现出很强的季节性或周期性的趋势规律，如图 3.29 所示，则可以考虑采用 ARIMA 模型算法进行趋势预测。

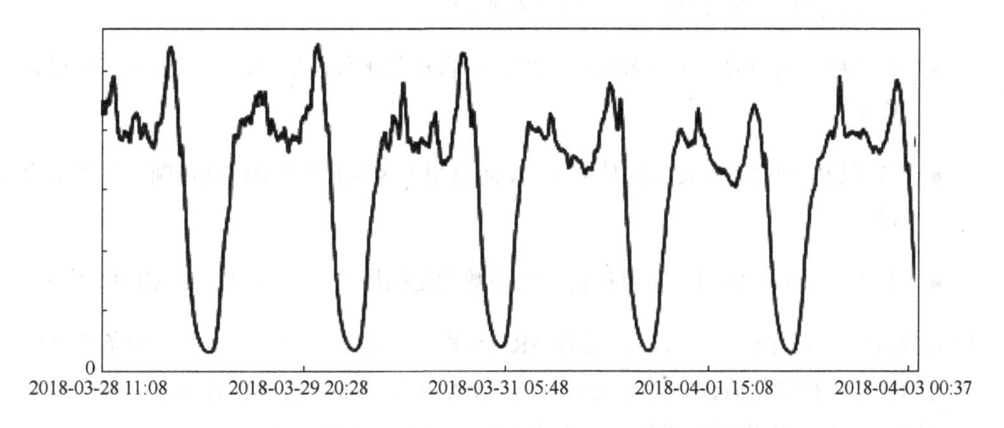

图 3.29　ARIMA 模型适用的季节性或周期性指标趋势

ARIMA 模型的实质是差分运算与 ARMA 模型的组合，任何非平稳序列的指标如果能通过适当的阶数的差分实现平稳化而呈现出季节性或周期性的趋势，就可以对差分后的序列进行 ARMA 模型的拟合。它的常用表述式是 ARIMA（p，d，q）。其中，AR 是“自回归”，p 为自回归项数，MA 为“滑动平均”，q 为滑动平均项数，d 为使之成为平稳序列所做的差分次数（阶数）。ARIMA（p，d，q）可以展开为：

$$\left(1-\sum_{i=1}^{p}\phi_i L^i\right)(1-L)^d X_t=\left(1+\sum_{i=1}^{p}\theta_i L^i\right)\varepsilon_t$$

其中，L 是滞后算子（LagOperator），$d\in \mathrm{Z}$，$d>0$。

ARIMA 模型的使用步骤如下。

1）**数据平稳化处理**：利用时间序列的散点图或折线图对序列进行平稳性判断，采用对数或者差分处理非平稳数据，直至成为平稳序列。差分的次数即 ARIMA（p，d，q）模型中的阶数 d，模型也相应转化为 ARMA（p，q）模型。

2）**模型定阶**：引入自相关系数和偏自相关系数这两个统计量来初步识别 ARMA（p，q）模型的系数特点和模型阶数 p、q，然后利用 AIC 准则及 SBC 准则进行定阶。AIC 准则是最小信息准则，它同时给出 ARMA 模型阶数和参数的最佳估计，适用于样本数据较少的问题。SBC 准则改进了 AIC 准则，将未知参数个数的惩罚权重由常数 2 变成了样本容量的对数。定阶评估可参考以下原则：

- 若平稳序列的偏相关函数是截尾的，而自相关函数是拖尾的，可断定序列适合 AR 模型；
- 若平稳序列的偏相关函数是拖尾的，而自相关函数是截尾的，则可断定序列适合 MA 模型；
- 若平稳序列的偏相关函数和自相关函数均是拖尾的，则序列适合 ARMA 模型。

3）**参数估计**：确定模型阶数后，需对 ARMA 模型进行参数估计。可以采用条件最小二乘法 CLS 进行参数估计。需要注意的是，MA 模型的参数估计相对困难，应尽量避免使用高阶的移动平均模型或包含高阶移动平均项的 ARMA 模型。

4）**模型检验**：完成模型的识别与参数估计后，应对估计结果进行诊断与检验，主要检验拟合的模型是否合理。一是检验模型参数的估计值是否具有显著性；二是检验模型的残差序列是否为白噪声。如果检验结果是模型不合适，则需要对模型进行修改。

5）利用已通过检验的模型进行预测。

关于 ARIMA 模型更详细的信息请读者参考专业文档，这里不详细展开论述。

3.5 服务异常维度

在云化和微服务化架构下，企业业务快速向前滚动和迭代，多元化的业务场景和日益复杂的技术架构分层会让我们遇到各式各样的故障。如果从 IaaS、PaaS、SaaS 这样的架构分层角度来给异常整体做画像，每一层都有很多异常类型及相应表现。图 3.30 中罗列了各层可能产生的异常，可见不仅故障种类繁多，更复杂的是，异常还存在向上传导和向外蔓延的特征。因此，在微服务架构下，异常的检测、度量、定位、解决注定不是一件容易的事情，它需要我们越过微服务架构本身，从更广阔的角度来看待异常的挑战。

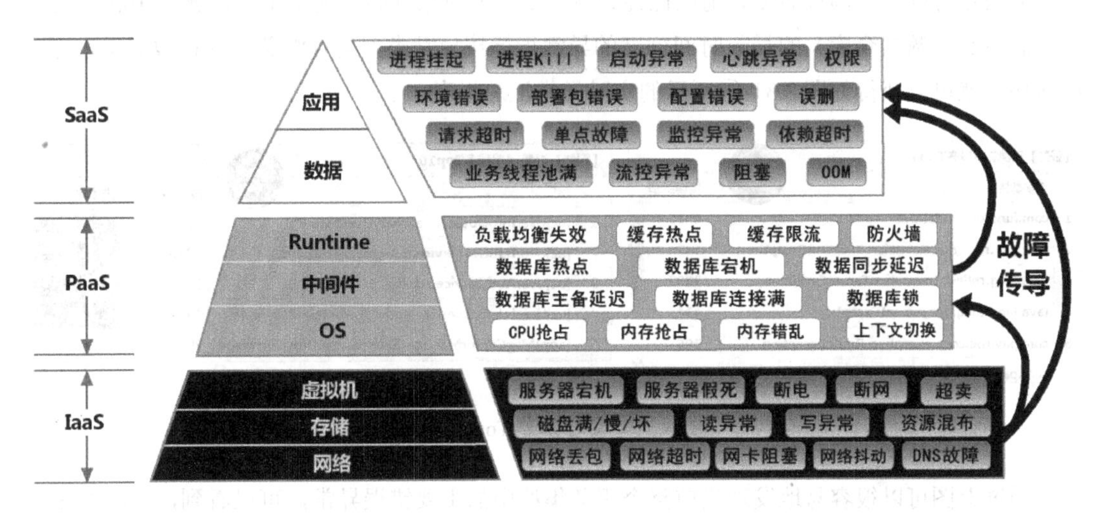

图 3.30 异常画像

3.5.1 治理目标

异常是服务的基础度量指标之一，也是服务健康度分析的重要指标，基于异常指标进行线上故障的定界定位及健康度评估是服务治理的核心工作，对线上服务异常的多维度量，主要围绕如下治理目标进行：

- 故障定界定位，解决线上问题；
- 故障根因分析，消除系统隐患；
- 通过业务异常排查用户痛点，改进业务设计质量；
- 通过业务异常排查系统业务漏洞，防范灰产攻击。

3.5.2 实时异常报表

由于服务数量及节点数量庞大，加上软硬件资源故障及网络故障的影响，对整个微服务集群来说，完全避免故障是不可能的，出现故障是常态。但在故障列表中，哪些故障需要重点关注，哪些是可以暂时搁置的呢？前面已经说过，如果面对指标感觉无从下手，就用 Top*N* 方法。将日志中心（数据仓库）的最新时间刻度的异常指标按异常类型进行汇总，并按数据量进行降序排序，就可以获得如图 3.31-①所示的实时异常汇总报表。

【服务】错误总量最多Top10 ①

	错误类名	错误总量
1	com.fund.uc.model.UcException	6415
2	com.pay.rpc.core.exception.TimeOutException	3373
3	java.lang.reflect.InvocationTargetException	2207
4	java.lang.IllegalArgumentException	431
5	com.pay.rpc.core.exception.RouteException	396
6	com.pay.rpc.core.exception.RpcRuntimeException	113

【服务】系统错误最多Top10 ②

	接口	成功量	失败量
1	[uc]UserInfoOptService.queryUserBase	126006	5989
2	[uc]UserInfoOptService.queryUserAccounts	477200	495
3	[uc]UserAuthService.addPay	17	129
4	[uc]UserInfoOptService.updateLoginPwdByMobile	45	10
5	[app]MsgCenterManagerService.insertPushMessage	29	3

图 3.31 实时异常 Top*N* 报表

通过上图可以很容易地发现当前整个服务集群中的主要错误异常，可以看到，头部的 3 个异常总量占据了整个服务集群异常的大部分，因此，要提高整个服务集群的稳定性，需重点关注并解决这些头部异常。

换个维度，按服务名来统计获得 Top*N* 报表，如图 3.31-②所示。从图中可以知道哪些是当前整个集群中的主要异常服务，这些服务就是重点治理对象。有些开发者习惯将业务异常包装成一个系统异常 Exception 抛出，这样会在异常监控上造成假象，我们不推荐这种做法。还是推荐把业务异常封装成统一的业务码或业务对象，除了考虑监控的准确性，从设计合理性上来说，系统级异常和业务异常也最好分开展示和处理。

3.5.3 异常分布报表

3.5.3.1 整体错误分布

基于表格的 Top*N* 报表可以看到绝对数值的大小，但相对占比还需要通过更直观的图表来标识。图 3.32 就是图 3.31-①的 Top10 异常与其他异常的相对占比饼图，它可以很好地展示异常的分布状况。

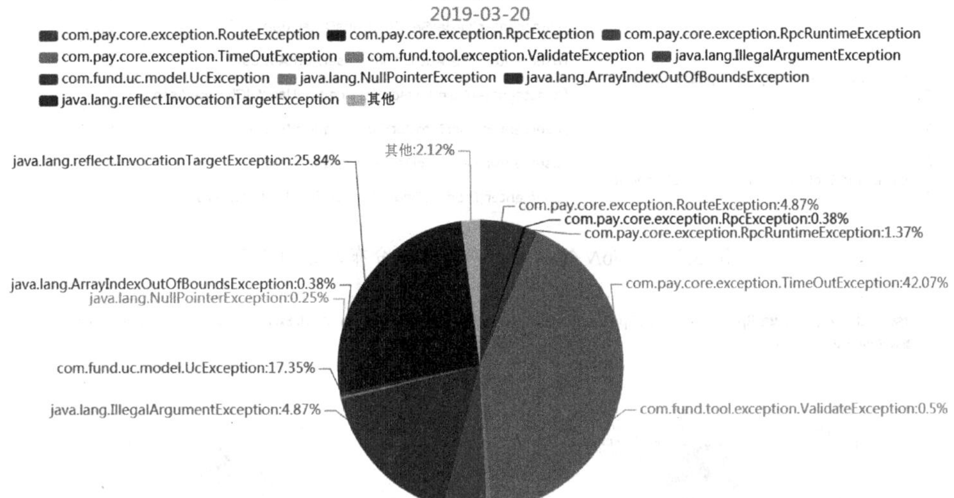

图 3.32　错误分布饼图

除了以上两个维度的实时异常 Top$N$ 报表，我们还可以综合这两种维度，做出更精细的实时错误分组报表，如图 3.33 所示，它表示系统中当前占比最多的异常在各个服务中的分布情况。在一个分组报表中可以看到比单纯排序报表更丰富的信息，图中的报表展示了错误及服务这两个维度的汇总统计。在实际应用时，推荐最多不超过 4 个维度的汇总，这样能在信息丰富度和可读性之间获得较好的平衡。

维度的组合很灵活，只要有必要，都可以尝试，有时候灵感往往就在不断尝试中迸发出来。同样可以通过图表对分组报表做更直观的展示。图 3.34 就是对 Top$N$ 异常在不同主机节点上的分布做的二维饼图展示。

【服务】总量最多Top10错误在服务中的分布报表

	错误类名	服务名	错误总量
1	com.storm.rpc.exception.RouteException	[transcenter]OrderService.userOrderQuery	251
2		[transcenter]CombineQueryService.combineOrderQuery	124
3		[transcenter]AssetFacadeService.findUserAllChannelAssets	18
4		[transcenter]OrderService.transDateQuery	13
5	com.storm.rpc.exception.RpcException	[usercenter]UserAuthService.userAuthAddCard	2
6		[assetcenter]AssetFacadeService.findUserAllChannelAsset	1
7	com.fund.tool.exception.ValidateException	[usercenter]UserInfoOptService.queryMobileStatus	6
8		[usercenter]UserInfoOptService.queryUser	3
9		[confcenter]ProductFinderService.findProductByProductId	1

图 3.33　Top*N* 错误在不同服务中分布的分组报表

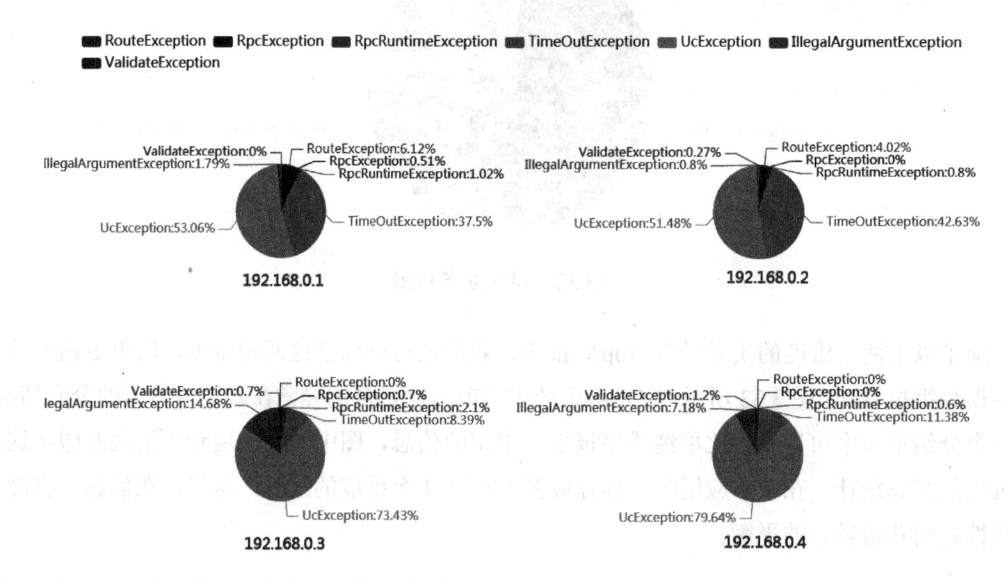

图 3.34　Top*N* 异常在主机节点上分布的二维饼图

多维数据分析是高级统计分析方法之一，也是 OLAP 的核心分析手段，3.1 节介绍的指标逐层汇聚的做法本质上就是在构建一个数据立方体（Cube，数据模型），并将其存储在第 2 章中所提及的数据仓库和数据集市中。在这个模型和存储的基础上，很容易做不同维度及维度组合的统计分析。因此，笔者在这里再次强调，**数据模型很重要**，一定要慎重地规划和设计服务治理的整体数据模型。

3.5.3.2　单错误分布

监控分析时一般都在大盘上展示整体信息，再通过大盘上的具体错误链接进入单个错误的详细分析视图，视图里可对单个错误进行详细的空间分布（横比）和时间分布（纵比）分析。图 3.35-①及图 3.33 分别表示单个异常基于主机 IP 的分布和单个异常基于不同服务的分布，描述的是异常在主机和服务这两个维度上的空间分布状况。图 3.35-②是单个异常基于时间序列的分布状况。通过这几个图表，可以对特定异常的影响范围及发生规律有明确的认知，在此基础上再做故障的根因分析就能事半功倍。

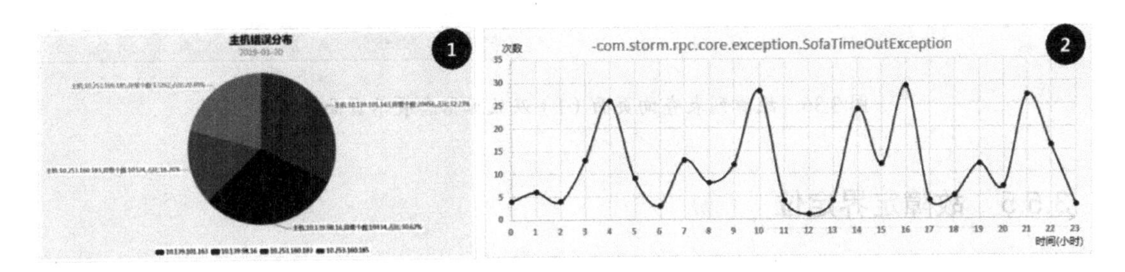

图 3.35　单个异常分布图表（空间横比、时间纵比）

3.5.4　异常列表及查询

除了以上的异常分布分析图表，我们还需要常规的详细故障列表查询功能及故障详细信息展示页面，以便分析人员能够基于多种条件进行详细故障的筛选和查看。这个功能是很多日志系统的基础能力，功能上大同小异，这里不准备展开叙述，笔者直接给出故障列表查询页面（如图 3.36-①所示）及故障信息页面（如图 3.36-②所示）的示例。

细心的读者可以发现，查询区域上有“用户标识”的字段。由于大部分故障都和用户使用相关联，因此在采集故障信息时，在可能的情况下，尽量同步记录上下文中的用户标识，有助于进行快速的问题关联及分析，这也是业务和治理工作的一个结合点，本书后面有更多关于这方面内容的介绍。

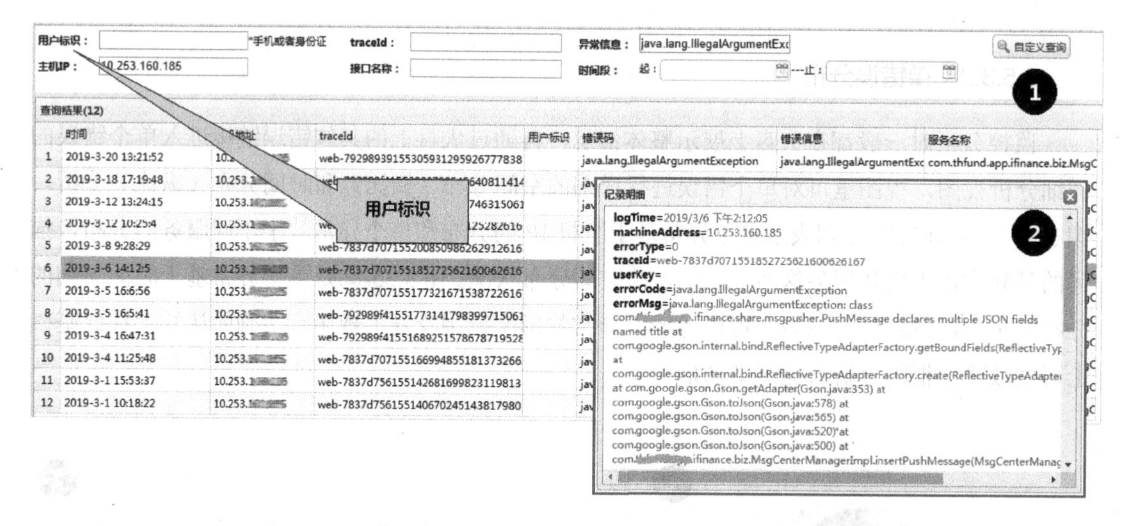

图 3.36　故障列表查询页面（1）及故障信息展示页面（2）

3.5.5　故障定界定位

3.5.5.1　基于调用关系的故障定界定位

前面介绍了很多对线上异常的组织及分析方法，接下来，结合笔者曾经处理过的实际案例来讨论如何在实际场景中进行快速的故障定界定位。案例中，线上的接口监控报警，服务集群中的一个叫 ThUserInfoOptService.queryUserBase 的服务（简称 A 服务）周期性地出现操作异常率偏高的现象，监控数据显示大量的异常都是由于请求耗时延长、超出了 API 预定的最大延时阈值而被服务框架主动终止请求导致的，如图 3.37-①所示。

这时候，笔者将正常时段的监控数据和异常时段的监控数据分别叠加在这个 A 服务的静态调用链路图上，如图 3.37-②所示。可以看到，在异常时段，A 服务对大后台的一个 PeriodicService.calNextPayDate 服务（简称 B 服务）接口的调用比例异常高，而且调用延时也由正常的几十毫秒飙升到 1400 多毫秒。因此，笔者高度怀疑可能是其他业务对 B 服务的调用挤占了资源，从而造成了调用堵塞。

基于以上假设，再以 B 服务为起点，查看它的“被调用关系图”，也就是图 3.37-③，果然，除了 A 服务，还有一个定时批处理任务也调用了 B 服务，而且在异常时段对 B 服务的调用量非常大，查看处理逻辑，原来这个批处理任务是用来遍历所有用户并进行用户积分变更操作的，在这个过程中会调用 B 服务。由于用户数量特别大，它在并行分片处理时没有限流，短时间内会发起大量的针对 B 服务的调用从而导致资源被挤占，B 服务的调用延时虽然增长，却没有超出预设的最大延时，所以 B 服务不会报错。但性能瓶颈传导到 A 服务后，就直接导致 A 服务的调用延时超长，超过微服务框架预设的最大阈值，最终导致请求被终止，从而引发请求失败故障，如图 3.37-④所示。

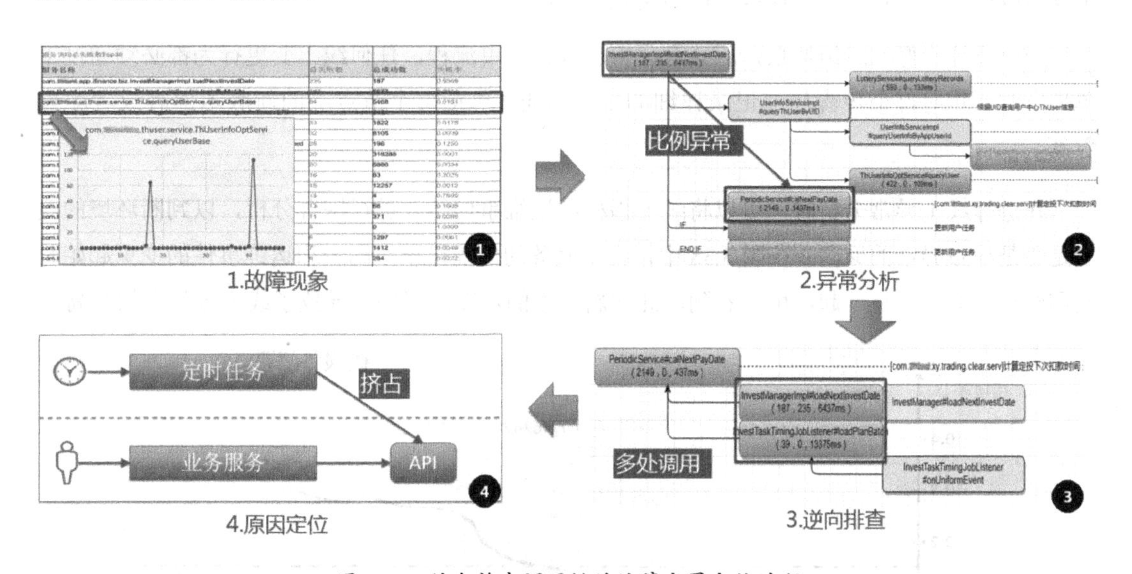

图 3.37　结合静态调用链的故障定界定位过程

故障查明后，对这个批处理进行限流操作，同时对其调用做了缓存处理，问题解决。

如果不是将静态调用链路图和监控相结合，我们很难在短时间内发现这个异常的根源，因为这是典型的由一个问题导致的另一个问题的“传导故障”。在传统监控中，监控数据在呈现模式上是“散”的，很难发现相互之间直接的联系，而在本例中，由于引入了静态调用链路图，通过调用关系来关联监控数据，监控数据就从“无序”变成了“有序”，从而为我们提供了快速定位问题根源的途径。

从根本上来说，治理度量的过程就是寻找数据关系的过程。在实际治理工作中，要通过各种手段来获取数据之间的关系，包括时间、空间、业务等各个维度，静态调用链路仅仅是其中的一种手段而已。只有获得了数据的关系，才能够在应用中顺藤摸瓜，找到问题症结及治理策略。本书后面还有很多深入讨论指标关联的内容。

3.5.5.2 基于运维变更事件的故障定界定位

根据统计，70%以上的生产故障都是由线上变更行为导致的，可能是发布新版本、修改配置，甚至只是改变了用户的某些行为造成负载流量的配比调整而导致的。因此，在进行线上异常分析时，可以结合运维的行为事件来做综合分析。

一个设计良好的运维体系，应该有完善的运维工单流程，任何线上变更行为都必须通过工单来发起，并对每个步骤环节记录详细的生产日志，包括每个节点上的新版本部署或者配置更新。

在进行线上异常分析时，可以将线上指标和运维事件结合进行综合分析，以判断环境的改变是否是导致异常的原因。在图 3.38 中，将微服务的监控错误率图表和运维事件的变更起始时间和结束时间标记在一起，可以看到，此次新版本的灰度部署确实导致了线上故障率的升高。

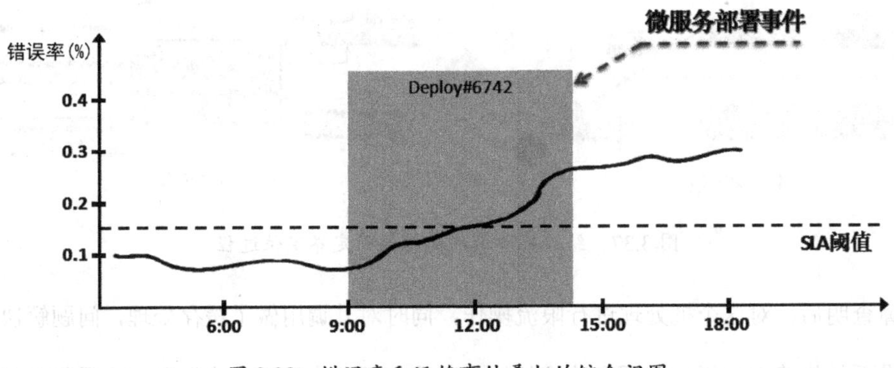

图 3.38 错误率和运维事件叠加的综合视图

线上的故障定界定位还有另外一项利器——APM 中的动态调用链跟踪，我们将在第 5 章中详细介绍如何基于动态调用链跟踪来进行故障的定界定位。

3.5.6 智能根因分析

上一节，我们分析了一个线上故障定界定位的例子，从分析排查过程可见，问题的排查本质上就是查找日志数据的关联性。上一节我们只使用了服务的调用关联性，这一节，将从更多维度的关联性来推导故障发生的根本原因及故障原点。

如果将服务和服务之间的调用关系、服务对资源的调用关系、服务及资源所依赖环境之间的关系都画在一张图上，就会得到如图 3.39 所示的立体关系网络图。结合 3.3.3 节的统一运维视图，将这个图上的调用及依赖关系进行抽象，可以总结为更加直观的平面关系拓扑图，如图 3.40 所示。从图中可以看到，服务和服务之间除了存在直接的调用关系，还可以通过所调用的资源或所依赖的主机、网络环境或配置信息发生关联。比如两个服务共同调用某一个数据库表，或者两个不同服务的实例共享同一台物理服务器、受同一个降级开关的控制等。通过**服务调用关系、资源调用关系、环境依赖关系**这三种关联关系可以构建起一个围绕服务的**立体关系网络**。

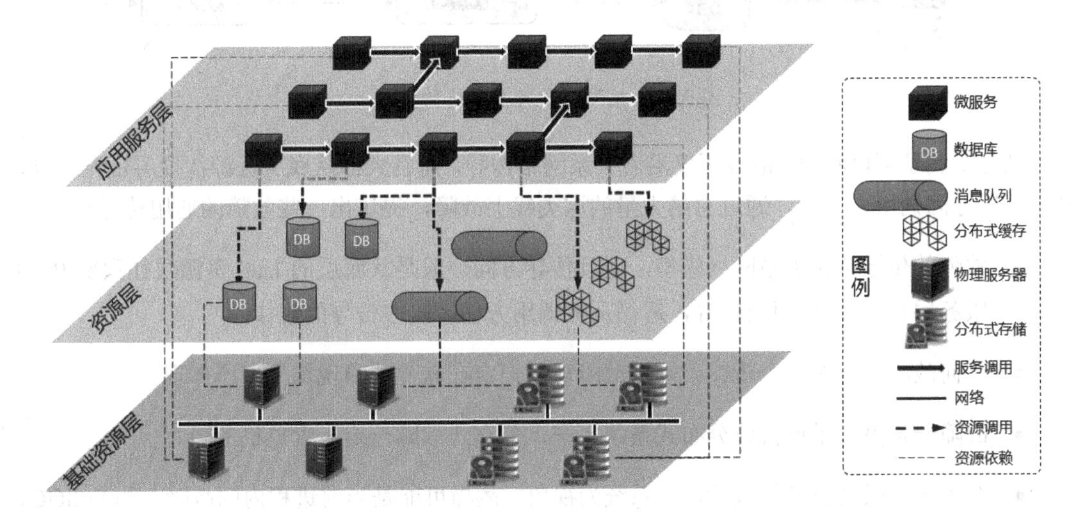

图 3.39　服务和资源之间的关系网络拓扑（立体）

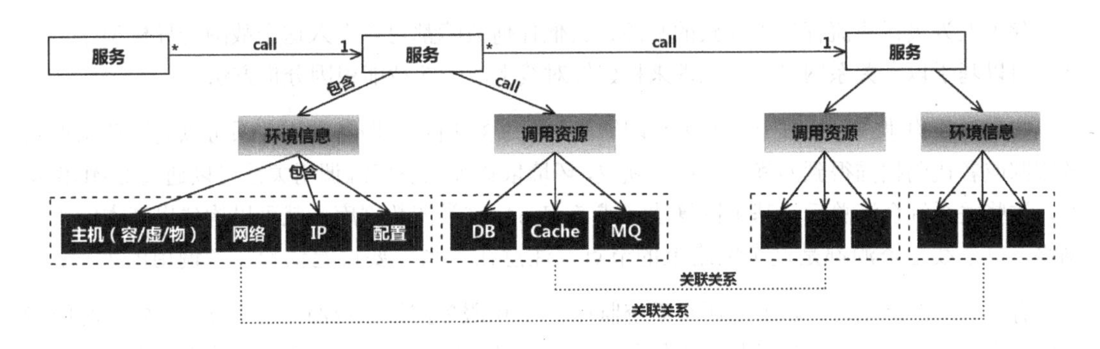

图 3.40　服务和资源之间的关系网络拓扑（平面）

故障往往沿着这个关系网络进行传导。比如服务器的磁盘 I/O 异常会影响安装在其上的数据库服务，导致查询变慢；数据库服务的“劣化”又导致调用它的服务 A 的调用耗时变长，故障继续向上传导，最终使得大量的来自服务 B 的调用操作被阻塞，如图 3.41 所示。

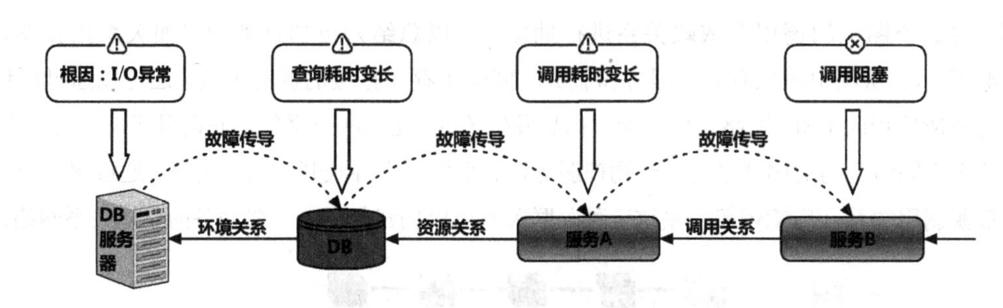

图 3.41　故障基于关系网络的传导

从这个例子可以看出，故障不仅沿着关系网络传导，而且大都从底层资源往顶层资源传导，从被调用方向调用方传导。通过总结大量的这类线上故障，提炼出一些故障的通用传导规律：

- 故障的传导符合关系网络模型，而且传导方向一般是从底层的 IaaS 资源层往顶层 PaaS 服务层及 SaaS 应用层传导，遵循从被调用方往调用方传导的规律。
- 任何故障都遵循一个规律：硬件故障现象一定在软件故障现象上有所体现。
- 故障一定隶属于单机或分布式系统之一，分布式故障一定包含单机故障。
- 对于单机或同机型的故障，以系统为视角，故障可能是当前进程内的故障，如 FullGC、CPU 飙高；也可能是进程外的故障，如其他进程突然抢占了内存导致当前系统异常等。

除了人为失误或流程失当导致的故障，其他任何故障都可以套入这个故障传导模型中。因此，可以基于以上关系网络传导原理来构建针对线上故障的智能根因分析方法。

首先，要构建完善的线上资源关系网络，如图 3.39 所示。服务调用关系可以通过动态调用链跟踪或者代码扫描得到的静态调用链获取，环境依赖关系及资源调用关系可以通过 CMDB 获取，这些关系综合汇总后，基于图算法（或者 Neo4j 这类图数据库）就可以构建出基本的关系网络，每个线上资源都是这个网络上的节点，注意在关系上要设定依赖或者调用的方向。

有了关系网络之后，再汇总所有系统监控、应用/服务监控、资源监控中某个（短）时间段内的所有异常指标。这些异常指标不仅包含错误信息，还包含明显偏离正常范围的指标数据，例如突然暴增的调用量、超出阈值的调用延时等。将这些异常指标排重、收敛后附加到各个对应的资源节点上。

以某个包含异常的节点为起点，顺着调用方向或者依赖方向进行逐级查找，一直找到无异常的正常节点为止，或者找到只有进入线没有出去线的节点为止。这样就可以找出连续包含异常指标的子网络，这个子网络的末梢节点，大概率就是故障传导链条的起点，该起点上的异常指标也就是所谓的故障“根因”。如果这个“根因”是一个应用异常，还要看它有没有记录异常堆栈，如果有，则查找最后一个异常（通常为真正的故障原因）。当然，这只是最基本的算法，在实际应用中，往往还要结合故障的种类、故障严重等级权重、故障发生的时间顺序来提高查找的精度或做最终根因判定。

3.5.7　业务异常分析

对于很多服务化架构成熟的企业或者团队，其开发框架中都会统一处理业务异常，对其进行统一封装。业务异常不同于应用系统异常，它不会抛出 Exception，只会在调用返回结果中通过特定的返回码和返回消息来标识异常的类型和内容。笔者目前所在团队，所有远程调用请求的返回对象都会继承如下基类：

```
public class Response {
    private String retCode;           //返回代码，正常 000000，其他均为异常
    private String retMsg;            //返回消息
        ...
}
```

因此，只要在微服务框架上增加一个调用拦截器，就可以很容易地对所有的远程调用结果进行解析，如果结果非正常（如上所示，返回结果不为“000000”），则记录一条业务异常。通过这种方式，可以像分析应用服务的系统错误一样分析业务错误。前面章节介绍的所有系统异常分析手段都可以在业务异常分析中采用。除此之外，业务异常在业务监控及线上风险防控上还有一些独特的作用。

3.5.7.1 业务质量监控

首先，我们可以梳理出核心业务模块所对应的服务接口，将这些接口产生的业务异常以列表的形式在监控大盘上醒目地展示，定时刷新，如图 3.42 所示。另外，还可以设定自动监控阈值，一旦核心业务的总异常数量超出阈值，或者单位时间内产生的业务异常数量超出阈值，则自动报警。这样，我们就可以对线上核心业务质量进行实时监控，做到第一时间发现风险。

24小时内核心交易异常(651)

自定义查询

	时间	用户标识	接口	错误信息	错误码
1	2019-3-20 9:30:24	1 78 5C_3 5	com. .fu d.,.trac g.busi.service.Fu dR e mService.f stRedeem	处理中	10(J4
2	2019-3-20 9:24:40	1 T 75) 33	com. fur ., .tra ng.busi.service.Fu dRe lor Service.(stRedeem	处理中	10)4
3	2019-3-20 9:24:31	1(8C 6S 34	com.t' ur l., .trac ng.busi.service.Fu dR do Service.: stRedeem	处理中	10( )4
4	2019-3-20 9:24:27	1 8 22 22	com.t' fu d., .trac g.busi.service.Fu dR dor Service.(stRedeem	处理中	10C 4
5	2019-3-20 9:22:24	1 7: 55S 33	com.t' fur l., .trac g.busi.service.Fur !Re dor Service.f stRedeem	密码错误，请重新输入	10C _4
6	2019-3-20 9:19:56	13 18(6 33	com.t fu d., trac g.busi.service.Fu dRe don ervice.(stRedeem	处理中	10C)4
7	2019-3-20 9:18:9		com. fu..d., .trad g.busi.service.Fu dRe lom ervice.f stRedeem	处理中	10C)4
8	2019-3-20 9:14:13	1: 24 3:)16	com. ft d., .trad. g.busi.service.Fu dR. . om. ervice.f stRedeem	处理中	10C `4
9	2019-3-20 9:12:57	18 07 51(2	com.t .ft d., .trad g.busi.service.Fu dRe. lon ervice.f stRedeem	处理中	10 _4
10	2019-3-20 9:10:48	1 82 24 50	com.t fu d., .trad .g.busi.service.Fur !Re dom ervice.f. stRedeem	处理中	10C _4
11	2019-3-20 9:10:19	1: 05 12)6	com. ft d., .trad g.busi.service.Fu dR dom. ice.f stRedeem	处理中	10)4

图 3.42 核心交易接口业务异常列表监控

此外，如果某个微服务接口返回的业务异常数量持续偏高，说明此微服务接口对应的业务功能在设计上存在不合理性。毕竟如果线上业务持续给用户返回诸如“登录失败”“您的输入有误”“您无权访问本功能”等业务异常，用户体验一定不好，说明业务设计之初没有把握好用户的真实需求和操作习惯。因此，持续对线上微服务基于业务异常梳理出产生业务异常最多的 Top*N* 服务列表（类似于图 3.31-②），并对这些服务对应的业务进行优化，就可以有效改善用户体验。

3.5.7.2 异常行为防控

除了改善业务质量，业务异常对识别线上异常用户行为并进行风险防控也有不错的效果。

“灰产”是目前线上互联网业务普遍遇到的一大威胁，它像蝗虫一样，四处嗅探机会，一旦发现业务或者系统漏洞，就会蜂拥而至，瞬间“薅”干一家企业。如果“灰产”盯上一家企业，一般会注册若干用户，通过手动或者自动的方式，不断对企业的 Web 端或移动端的产品进行全方位使用和试探，由于使用频度极高，加上在寻找业务或系统漏洞的过程中，必然会对各种业务边界状况进行极限探测，比如不断提交一些极值，以探测系统的防护性能，这个过程会产生不少迥异于常规用户的业务异常错误。前面提到过，记录异常的时候，尽可能记录用户标识，这样，只要基于用户维度汇总用户在最新时间段内（比如一天内）产生的业务异常数量，并做 Top*N* 排序，如图 3.43 所示，那么列表中的头部用户极大可能都是“薅羊毛”的高危用户。正常使用的用户很难在短时间内产生如此之多的业务异常。

最新高危用户列表

	异常数	用户标识	最新码	最新异常信息	最新异常触发时间
85	510	158[illegible]70	15[illegible]2	[illegible]协议不存在	2020-2-13 7:41:39
86	510	186[illegible]67	jav[illegible]ang.E	[illegible]lang.Exception: java.lang.Ru	2020-2-13 6:29:2
87	507	138[illegible]40	15[illegible]2	[illegible]协议不存在	2020-2-12 19:47:53
88	506	187[illegible]65	20[illegible]03	[illegible]已领完	2020-2-12 19:38:4
89	501	153[illegible]96	20[illegible]03	[illegible]已领完	2020-2-13 7:58:4
90	495	138[illegible]51	15[illegible]2	[illegible]协议不存在	2020-2-13 8:3:32
91	492	133[illegible]39	15[illegible]2	[illegible]协议不存在	2020-2-13 7:32:8
92	490	189[illegible]02	15[illegible]2	[illegible]协议不存在	2020-2-12 22:9:28

图 3.43　基于业务异常的 Top*N* 排序筛查高危用户

笔者目前所在团队采用这种方式已经识别出了大量“灰产”用户，通过和某公有云安全产品的识别结果比对，一致性在 85%以上。这种方式简单易行，不需要分析用户的大量历史行为数据，只要基于单一的“业务异常”数量这个指标就能达到较高的识别准确率。

对识别出来的“灰产”用户，可以反向分析其行为（这需要结合前端产品的用户行为埋点数据做共同分析），及时修正系统和业务漏洞，不断提高产品的线上安全性。

另外，风控领域往往“拔出萝卜带出泥”，突破一点就能攻破一片，一旦一个“灰产”用户被识别出来，就能通过综合使用关系网络的标签传播算法（SLPA）或者成团算法（FraudSet）等进行团伙识别和防控。

3.6　资源维度

线上运维工作的一大难点是对数据库、缓存、消息队列这类线上资源的有效梳理及回收利用。很多应用方会超额申请资源，也有很多资源被申请之后，由于业务的变迁、架构的调整，甚至人员的离职，慢慢就闲置了。久而久之，线上就会存在一堆无用的 Schema、NameSpace 和 Topic，这些资源没人能讲清楚来龙去脉，也没人敢清理，随着时间的推移会越来越难维护。

本节将探讨通过应用服务的调用日志来分析应用服务及其调用资源的对应关系，以及这些资源的使用状况，并在此基础上，对资源的使用进行优化，最终提高资源的利用率。

3.6.1 治理目标

线上的任何资源，如果只有应用服务对它进行调用，那么完全能够基于应用服务对资源的调用日志来分析资源的使用状况和性能状况。从应用服务的视角对资源（网络、DB、Cache、MQ）调用情况进行深入的指标收集和分析，可以达成如下治理目标：

- 基于应用视角的网络性能度量；
- 基于应用视角的资源性能及容量优化。

3.6.2 网络资源

如果微服务不是合设部署在同一个应用中的，那么服务和服务之间的调用总是要“穿越”网络，随之会产生请求的网络损耗。网络距离近、质量好、带宽大，损耗就少，反之损耗就大。对一些组网模式比较复杂、跨越多个机房甚至数据中心的大规模微服务应用，往往要定期评估网络质量对微服务调用质量的影响。

如图 3.44-①所示，考察一个跨网络的远程服务调用请求，在请求的发起端（A 服务的节点 X）测得的调用耗时为 T，在请求的提供方（B 服务的节点 Y）测得的调用耗时为 T'，会发现 T 大于 T'，它们的差值主要是网络传输耗时，网络耗时公式如下：

$$N_t = T - T'$$

在此基础上，结合请求的数据包大小 $S_t=S_{\text{request}}+S_{\text{response}}$（请注意，数据包要同时计算包头和包体的大小），就可以大概评估出两个服务节点之间的网络传输速度。请求的网络传输速度公式如下：

$$V_t = S_t / N_t$$

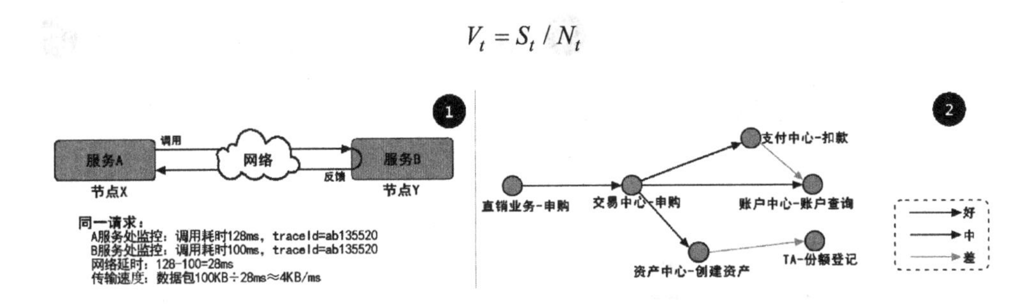

图 3.44　服务调用请求网络损耗计算模型

以上公式不是一个非常精确的公式，毕竟从网络七层模型来看，微服务能够直接获取到的数据包是第 7 层应用层的协议包，和实际第 4 层网络传输层的数据包并不完全一致，但作为大概评估已经足够了。

为了降低网络波动的干扰，可以汇总一个时间段内所有请求的网络传输速度，求取平均值或者中位值，最终结果既可以用 Top*N* 排序，也可以用如图 3.44-②所示的调用传输质量图来形象展示。

通过这些指标及指标的时间纵比，可以衡量内网的质量及拥堵情况，梳理出调用链路的网络性能瓶颈或一些周期性的拥堵状况，再有针对性地进行分析和解决。比如，对于一些由于跨机房调用导致的比较严重的网络延时问题，可以在本地部署服务节点，再通过调整路由策略，将服务调用控制在同一机房内。

3.6.3　数据库资源

汇总对某个数据库访问的所有服务的调用日志，进行多维统计后，可以得到数据库整体被调用状况及数据库中表的调用分布情况。将每个表的被调用情况（包括被写入了多少数据、被删除了多少数据、被修改了多少数据、每次查询的调用延时等）统一汇总，推算出每个表查询操作的整体表现及相关的慢查询等。图 3.45 是利用 MyBatis 的 Intercept 插件对 Executor 操作进行拦截，获取所有 SQL 操作后分类统计的图表展现，分别展示了每类操作的总操作量及平均响应延时随时间序列的变化趋势。

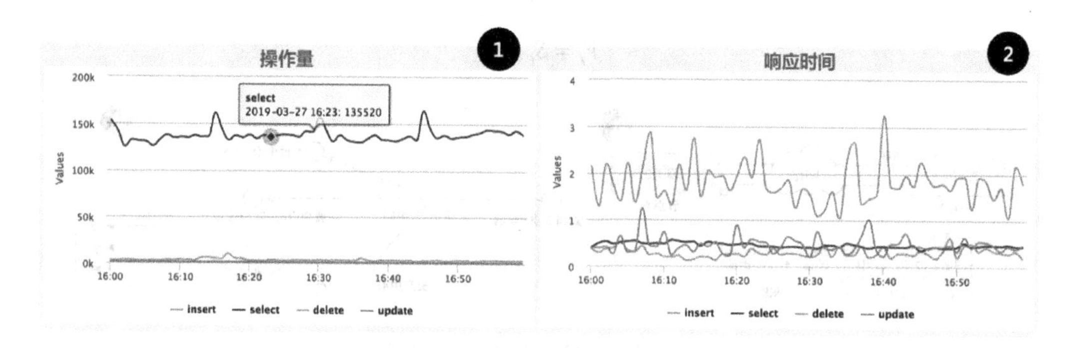

图 3.45　数据库 SQL 分类统计

图 3.45 是总量的统计，还可以针对慢 SQL 设计专门的展示图表，将慢 SQL 以专门的散点图展示出来。如图 3.46 所示，分别展示了慢 SQL 分布统计和散点分布明细情况，通过这两个图表可以方便地对慢 SQL 进行定位和分析。

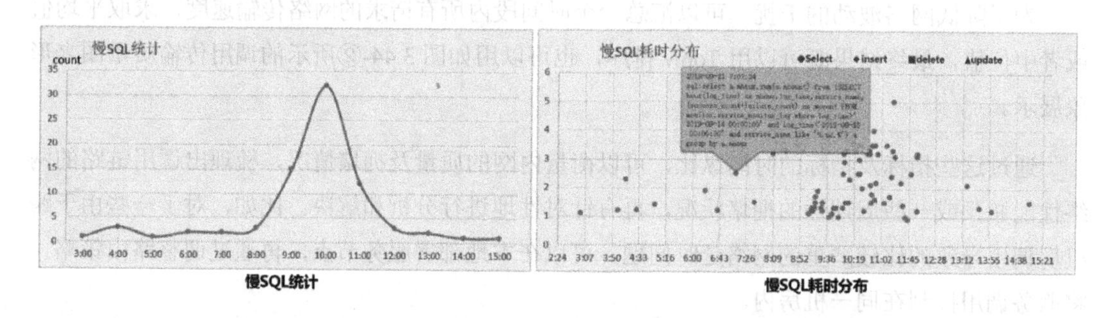

图 3.46　数据库慢 SQL 分布统计及明细散点

除了 SQL 分类统计，还可以将数据库连接池纳入监控中，包括连接池的总连接数、活动连接数、空闲连接数的变化情况。

很多数据库中间件并不像 MyBatis 这样提供比较完整的拦截器机制，这时候要实现对数据库操作的指标采集就需要使用 JVM 的 Instrumentation 机制，通过 Java Agent 在服务启动时拦截和转换数据库中间件核心类的字节码流，并在转换过程中使用 ASM 或者 Javaassist 这类字节码操作工具进行解析和修改，在类生命周期的关键位置注入切点，动态实现对数据库连接操作及 SQL 操作的拦截监控。

3.6.4 其他资源

对分布式缓存，可以汇总所有的读和写操作，计算出读写比例，也可以基于每次调用结果（是否为 null、是否异常）汇总出命中率。正常的缓存表现应该是“读多写少”，如果基于调用日志推算出的读写比例是“读少写多”，或者命中率偏低，说明缓存的使用策略有问题，需要进行改进。

对消息队列也类似，通过调用日志计算出单位时间内写入的消息量，以及被消费的消息量，据此推算出消息队列当前的堆积情况。

通过调用日志获取的资源使用及性能状况，比通过资源自身的监控获取的相关指标更客观，毕竟它代表了应用/服务的真实感受。比如对于数据库的访问，请求需要先通过服务的数据库连接池，再“穿越”网络，最后才到达数据库，这中间任何一个环节出现问题，都会影响最终的调用效果。

此外，将微服务对资源的调用日志做一个长时间周期的汇总，可以从微服务的角度来观察资源的使用率。将资源侧的申请清单和服务侧的调用统计报表拉通比较，梳理出时间周期内调用量为 0 的资源集合，并让资源申请方对这些资源进行确认，如果确实不再使用，可以考虑回收。通过这种方式，也可以对低使用率资源进行盘点，长期坚持下去，可以有效降低成本，提高资源的使用率。

3.7 服务综合度量

前面我们介绍了各个维度的指标及度量手段，本节将引入一些综合性的指标对线上服务进行更简化的全局评估。

综合性指标由于是汇总指标，本身就是对系统的一种概要度量，直观性是其第一要素，所以在设计上要尽量保持简单，不追求高精确性，过于复杂不仅让人难以理解，也会额外损耗大量算力，影响指标的生成效率。

3.7.1 服务重要性度量

企业微服务体系中的服务成千上万，但真正的核心服务并不多。所谓核心服务就是涉及企业核心业务及收益的服务，这些服务一旦出现问题就会让企业蒙受巨大的损失。核心服务在运维及治理上也要重点保障，我们在后续章节中介绍的限流、降级、容错等服务管控手段也重点围绕核心服务来构建。如何识别核心服务呢？这就要用到服务的重要性度量指标了。

服务重不重要，在进行业务设计和技术开发的时候已经有一个大致的评估。这时可以给服务设置一个标签，比如“普通服务”“重要服务”等。当然，也可以按业务线来划分服务，将某个业务线的服务统统划归为“重要服务”，这种给服务打属性标签的做法由于是人为判定的，主观性比较强。

在 3.2.3.5 节中介绍了可以根据服务的扇入数来判断服务的被依赖程度，一个服务被外部的服务依赖越多，可以判定它越重要。根据这个指标判定出来的服务重要性往往与人为主观判断的有所差异。根据笔者的实践验证，某些用户服务和配置服务的被依赖程度要高于交易、支付等我们主观判定的重要服务。

实际上一个高扇入数服务也许只是备用服务，虽然被很多外部服务调用，但平时一般不触发，体现在指标上就是调用量很低。这类服务由于没有实际调用，平时就算“挂”了，也不会对业务产生实质影响。所以，除了扇入数这个指标，还需要结合调用量（QPS/TPS）这个指标来共同衡量服务的重要性。

一个核心服务由于涉及企业的收益，在可用率上一定要有所保障。计算可用率一般采用如下公式：

可用率 = 系统正常运行时间 /（系统正常运行时间 + 停机时间）

这个计算规则不太适合大型的、全球化的系统。这类系统由于在各个数据中心都有部署，极度分散，总是存在一定的可用性，不会全部“挂”，在故障时间上不太好统计。因此 Google 这类公司对其核心系统的可用性一般采用请求成功率这个指标来衡量，计算公式如下：

可用率 = 请求成功率 = 成功请求数 / 处理请求数

综上所述，要衡量服务的重要性，需要综合考虑服务属性标注（TAG）、服务扇入数（FANIN）、服务调用量（CPS）和可用率（SA）这 4 个指标，它们对应的影响因子分别为 α、β、γ、φ，则重要性的计算公式为：

$$重要性 = \alpha \times \mathrm{TAG} + \beta \times \mathrm{FANIN} + \gamma \times \mathrm{CPS} + \varphi \times \mathrm{SA}$$

上述公式中的 4 个影响因子 α、β、γ、φ 可以采用逆向推导的方式来获取。我们首先需要确定一个重要性的取值模型，比如定义最重要的微服务的重要性取值为 100，最不重要的取值为 10。由于每个微服务都有一组（TAG、FANIN、CPS、SA）值，所以根据 4 个微服务的重要性估值就可以计算出一组（α、β、γ、φ）。选取一批典型的微服务，根据取值模型为每个微服务的重要性估值，代入重要性公式计算出多组（α、β、γ、φ）值。采用 3.4.10.1 节介绍的最小二乘法进行拟合，最终得到优化的（α、β、γ、φ）值。这种推导方式能够极大地消除主观估值带来的偏差，经多轮调优后，可获得相对满意的结果。

3.7.2　服务健康度度量

很多人会将服务的存活性检测和健康度度量混为一谈，其实它们之间存在很大的区别。存活性检测的实施主体是服务注册中心，它通过定时心跳机制检测服务是否可以访问，一旦服务连续多次不可访问就认为服务已经“挂”了，会将其从服务注册登记表上移除，并通知服务消费者将此服务下架。所以，在存活性检测中，服务只有“生”与“死”两个状态，它关心的是结果。而服务的健康度度量则重在观察服务从“生”到“死”的演变过程。

准确度量服务的健康度是非常困难的，难点在于涉及面太广，关联因素太多。从 3.5.6 节介绍的故障传导机制上可以看到，除了服务自身的故障会影响服务的健康度，服务所在服务器的异常、服务所调用的下游服务及资源的异常，以及服务所在网络的异常，都会对服务的健康度产生影响。下面将对这些健康度的影响因素逐项进行分析，并在最后推导出健康度度量公式。

1. 性能监控指标

一旦服务的健康度出现问题，在服务的性能及稳定性监控上就会出现各种异常指标，包括请求成功率下降、调用延时增长、异常告警增多等。因此，可以通过服务和服务所调用资源的性能及故障监控指标来对服务健康度进行客观评估。由于服务所调用资源的异常也会传导到服务，为了简化分析，可以只采用服务自身的性能及故障监控指标。

2. 基础资源监控指标

服务所处软、硬件环境也会对服务的健康度产生重大影响。在性能表现上一模一样的两个服务节点，如果一个节点的CPU负载是30%，另一个节点的CPU负载是80%，那么负载为30%的服务节点的健康度要优于负载为80%的节点。这是因为负载为30%的服务的容量饱和度更高，应对流量暴涨的能力更强。除了CPU，内存、磁盘容量和网卡流量也可以使用这个原则。

3. 治理事件指标

当针对某一服务启动流控或者降级策略时，虽然服务的性能指标和正常态是一样的，也不抛出异常，但由于此时服务提供的并非正常的全量功能，所以此时的服务算"带病工作"，其健康度肯定要比正常服务状态时低。因此对健康度的评估，要将限流、降级和熔断这类治理事件也纳入考量之中。

4. 架构合理性指标

以上都是服务的时效性指标，就像人"头疼脑热"一样，衡量的都是服务的当前显性状态。我们知道，人的体质会影响日常健康表现，一个体质弱的人大概率会经常感冒发烧。服务也一样，内在的设计和架构是否合理也会对服务的健康度产生影响。一个架构设计不合理的微服务，在频繁的迭代修改中，出现故障的概率会更高，所以在衡量服务的健康度时，需要将架构合理性也纳入考量范围。架构合理性包含服务对外的依赖度和内部代码的冗余度，我们将在第6章详细介绍这两个指标。

综上所述，评估服务的健康度要综合性能监控指标、基础资源监控指标、治理事件和架构合理性，如图3.47所示。

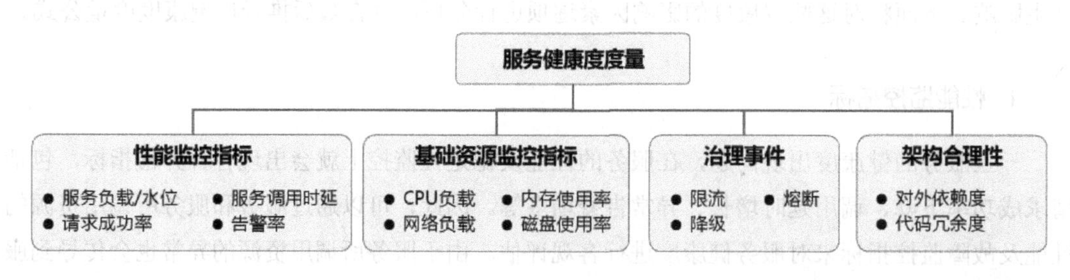

图3.47 服务健康度度量指标

确定了度量指标，再来看看如何计算。

为了保证微服务的高可用，通常集群中的每个微服务都有多个节点同时对外提供服务，微服务的整体健康度应该是各个微服务节点的健康度的总和，计算公式如下：

$$H_{\text{total}}=\Sigma_j(\beta_j\times H_{\text{node}}),\quad \Sigma_j\beta_j=1\text{（}\beta_j\text{：各服务节点的权重）}$$

单个节点的健康度计算公式如下：

$$H_{\text{node}}=\begin{cases}(1-\Sigma_m(\varphi_m\times E_m))\times(\Sigma_i(\alpha_i\times P_i)+\Sigma_k(\gamma_k\times S_k)+\Sigma_n(\omega_n\times A_n)) & \text{，当节点可用时}\\ 0 & \text{，当节点不可用时}\end{cases}$$

其中：

- P_i、α_i：各性能指标及权重；
- S_k、γ_k：各基础资源监控指标及权重；
- E_m、φ_m：各治理事件影响指标及权重；
- A_n、ω_n：各架构项指标及权重。

在以上计算公式中，当节点不可用时，自然没有什么健康度可言，此时健康度为 0；只有节点可用，计算公式才发挥作用，其中治理事件起到了“减分”的作用。公式中各个权重值需要根据各服务形态的不同进行调整，实时服务的权重和提供离线计算服务的权重是不一样的。

第 4 章 通过服务管控实现治理闭环

第 3 章介绍了微服务的度量手段，解决了“看”的问题。本章在掌握线上微服务集群及所关联资源的负载、性能、健康度等运行状况的基础上，介绍如何有针对性地进行服务的管控。

4.1 分布式服务鲁棒性的架构保障

对线上微服务进行管控的根本目的是提高服务整体的鲁棒性（鲁棒是 Robust 的音译，也就是健壮和强壮的意思）。微服务架构本质上是分布式架构的一种，业界针对分布式服务整体鲁棒性保障有一些通用的架构设计原则，包括冗余、弹性伸缩、单点无状态、不可变基础设施、故障传导阻断、基础设施即代码等，对微服务架构同样适用。

4.1.1　冗余

通过增加软、硬件的冗余性来提高系统的可用性是架构设计中历史悠久的一项传统，不管是主备模式，还是服务弹性组设计，都是通过冗余来分散风险从而获得高可用性的。系统的整体可用性可以通过如下公式来计算：

$$A = 1-(1-ax)^2$$

其中，A 表示整体可用性，a 表示单个组件的可用性，x 表示组件数量。

从公式可见，要增加整体可用性（A），在单个组件的可用性（a）不变的前提下，只能增加组件数量（x）。

如果只有一个服务节点对外提供服务，那么服务的整体可用性就是单个服务节点的可用性（两个 9），这意味着一年中系统可能存在 3 天左右的故障时长，这是非常糟糕的。如果再增加一个服务节点，一下子就能将系统的可用性提高到“4 个 9”；如果服务节点增加到 3 个，可以提高到“6 个 9”，全年故障时长不到 1 分钟，这是非常惊人的飞跃。这也是为什么现在大型服务都要采用多节点集群的部署模式，而且这些节点还会尽量分散到不同的机房或数据中心的原因，毕竟对于机房和数据中心来说，也需要遵循冗余设计原则。并行组件数量和可用性的关系如表 4-1 所示。

表 4.1　并行组件数量和可用性的关系

组件数量（x）	可用性（A）	故障时长（按年）
1 个服务节点	99%	3 天 15 小时
2 个服务节点（并行）	99.99%	52 分钟
3 个服务节点（并行）	99.9999%	31 秒

4.1.2　弹性伸缩

笔者刚参加工作时从事的是传统企业 IT 开发工作，当时很多项目都采用单体设计。随着业务发展，这些系统一旦达到设计容量上限就很难扩展，只能通过增强硬件性能来变相扩容，经常是 PC Server 换小型机，小型机换中型机，中型机再换大型机，直到最后换无可换，只好重新设计开发，这就是架构缺少弹性的表现。在分布式设计已为大家普遍接受的今天，我们会通过对计算进行弹性设计及数据的分片设计，再辅以负载均衡策略和数据再平衡策略来应对业务规模的不断变化。

在大型应用中，由于服务单元数量特别多，所示往往将弹性伸缩和自动化运维结合在一起，基于预先定义的策略，根据监控指标的变化来自动扩展资源，而不是通过手动执行的方式。

4.1.3 单点无状态

单点无状态设计原则主要针对计算型的单点组件。对于计算单元，弹性伸缩往往通过负载均衡调度算法来实现流量的动态分配计算。节点数量的变化通常会导致同一个用户的访问调度从一个服务节点被切换到另一个服务节点，如果将业务状态，如用户的访问 session 信息，缓存在节点本地，那么切换后用户的 session 信息就会丢失，这将对服务的弹性伸缩能力造成极为不利的影响。因此，在分布式设计中，往往要将状态信息从服务节点本地剥离出来，使用独立的存储服务（比如数据库或诸如 Redis 这类缓存服务）来集中存储。在节点处理用户请求时，从这些存储服务中获取状态信息，处理完再写回存储服务中。这样，每个节点的地位都是对等的，不缓存任何中间状态，进行节点的扩充或回收也就不会导致状态信息的丢失。

因此，单点无状态设计是实现弹性伸缩的先决条件。

4.1.4 不可变基础设施

不可变基础设施的英文名为 Immutable Infrastructure，它是由 Chad Fowler 于 2013 年提出的一个很有前瞻性的构想。其核心思想是：基础设施中每一层的每一个组件都可以自动安装、部署，每个组件在完成部署后不会再发生更改，如果要更改，则丢弃老的组件并部署一个新的组件。这里所说的每一层，指的是从 OS（虚拟机、云主机、容器）到集群节点管理和单个节点的安装软件配置。

不可变基础设施相对于传统的可变基础设施最明显的进步在于，将运维工作从传统的手工作坊进化到工业化时代。它可以有效消除服务器差异及配置偏差的影响，让运维对象通过归一化和标准化，尽量减少或消除常见的痛点和故障点，实现运维工作简单化，进而实现自动化。

这让大规模、批量化地进行线上部署和弹性变更成为可能，减小了部署新版本应用时出现故障的风险。使用这种技术，可以在真实的生产环境中进行灰度测试，并在需要时进行快速回滚。

4.1.5　故障传导阻断

在 3.5.6 节中我们分析过线上故障的传导模型，一个健壮的系统，如果要实现很好的自持性，就必须具备阻断故障传导的能力，以实现自动故障隔离，防止故障的“雪崩效应”将整个系统压垮。通用的故障传导阻断设计有如下几种：

- **切换流量**：当一个机房或数据中心不可访问或发生异常时，将流量整体切换到另一个机房或者数据中心。
- **服务降级**：当线上压力过载时，通过放弃非核心业务，集中资源以保障核心业务的稳定运行。
- **服务限流**：当请求过载，超出系统能承载的最大容量时，按优先级开始丢弃相应的请求。
- **服务熔断**：若某个目标服务的请求成功率低于阈值，则直接进入熔断状态，以备用策略代替正常服务，待一定周期后请求成功率好转再恢复调用。
- **超时控制**：排队请求过多会造成连接池耗尽，导致服务阻塞。通过引入超时控制，将等待时间过长的请求强制终止并回收连接，可以有效防止系统宕机。
- **重试阻尼**：为重试请求增加一个和重试次数关联的阻尼系数，实际上就是变相降低重试操作的优先级，防止重试操作导致的过载。
- **幂等操作**：微服务的高可用基本上都通过重试机制来保障，这就不可避免会带来重试操作的风险，因此必须让服务的提供方支持幂等以消除业务隐患。

4.1.6　基础设施即代码

在 2.3.2.2 节中已经详细讨论过“基础设施即代码”，这里不再重述该概念。本节重点讨论为什么基础设施即代码是支撑现代分布式应用的基础架构能力。

使用过 CFN、CDM、AOS、ROS 这些典型“基础设施即代码”产品的人一定会惊叹于它们对基础资源调度的强大管控能力及灵活性。它们提供一个“虚拟层”，屏蔽了底层服务器、网络、配置、DNS、CDN、防火墙、日志、监控等资源或服务对于用户的差异，并将其抽象成一个个虚拟世界的对象。通过编程的方式，可以对这些对象进行随心所欲的整合、编排及调度。用户通过这个“虚拟层”可以将大规模的部署指令化、程序化，从而让基础设施更快地响应快速迭代的产品需求，为研发团队更高效地持续交付和 DevOps 的推行提供可能。可以说，做不到“基础设施即代码”，快速部署、弹性伸缩这些顶层能力也就无从谈起。

本章接下来的内容将围绕以上架构设计原则，重点介绍常用的服务管控手段，包括负载、限流、容错、降级、授权等。

4.2 服务负载

提到服务负载就要讲负载均衡。负载均衡（Load Balance）是对分布式系统中集群处理能力进行集中管控的基础能力，它可以有效地根据预定义策略，将访问分散到集群中的所有节点，让每个节点的处理能力都得到充分的利用。同时，它也是做服务灰度发布及在线压测的基础，可以利用权重动态调整将访问流量集中到一个或若干个节点上。常用的负载均衡策略有随机策略、轮询策略、最近最少访问策略、黏滞策略、一致性 Hash 策略及组合策略。

4.2.1 随机策略

假设某个服务有 A、B、C、D 四个节点，这四个节点的软、硬件性能状态完全一样，这时，当为某一个请求选择最终的处理节点时，可以简单地从中随机选取任意一个节点提供服务，下面是伪代码：

```
random.nextInt (4);        //随机选择一个
```

以上是理想情况，在实际线上服务集群中，由于给不同节点分配的服务器（计算单元）存在资源配置上的差异，各节点的处理能力可能各不相同，如果均匀地分配流量往往会导致处理性能弱的节点被流量“打趴”。因此，通常会给节点加上不同的权重，按权重来随机分配流量。

假设节点权重是这样的：

```
collection={A：5, B：2, C：2, D：1}
```

由于权重的存在，所以不能再使用简单随机的方式来选取最终节点。可采用如下几种计算策略。

1. 策略 1

采用枚举的方式将集合 collection 按权重扩展为{A，A，A，A，A，B，B，C，C，D}，集合总长变为 length=5+2+2+1=10，再使用简单的随机方式：

```
random.nextInt(10);
```

这种策略的优点是，整个计算的时间复杂度为 O（1），算法简单。但这种策略也存在致命的问题，如果权重特别大，那么 collection 集合的总长度会很长，内存占用极大，会产生巨大的空间浪费。

2. 策略 2

策略 1 采用枚举的方式。现在，可以换种思路，把权重换算成长度，如图 4.1 所示，先算出总长度，再在这个总长度之间计算一个随机的偏移量（offset），看这个偏移量落到哪个区间，这个区间所对应的节点就是最终节点。

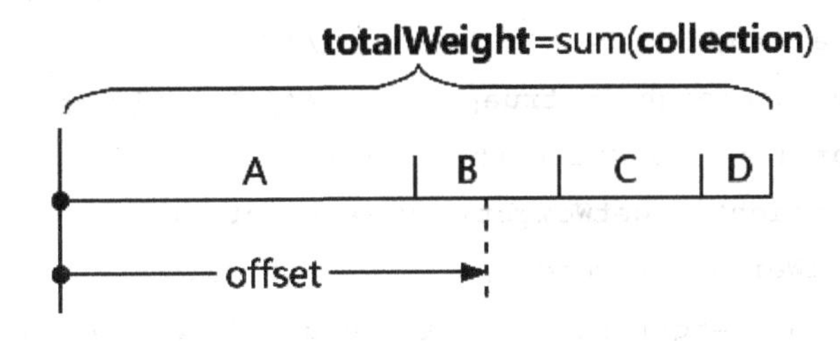

图 4.1　基于偏移量的随机权重策略

下面是伪代码：

```
totalWeight=sum (collection)
offset = random.nextInt (totalWeight) ;
```

本策略的优点是没有额外的空间占用，算法也比较简单；缺点是选取时要遍历集合，时间复杂度是 $O(n)$。

3. 策略 3

仔细观察图 4.1，可以发现，在 offset 一定时，如果权重大的区间在前面，则 offset 所跨的区间会减少，也就意味着遍历次数减少。因此，可以将策略 2 进一步优化，对节点集合按照权重排序，遍历时概率高的节点可以很快遇到。

比较{A：5，B：2，C：2，D：1}和{B：2，C：2，A：5，D：1}，前者遍历步数的期望是 5/10×1+2/10×2+2/10×3+1/10×4=1.9，而后者是 2/10×1+2/10×2+5/10×3+1/10×4=2.5，可见，排序过的集合遍历次数的确较少。

本策略的优点是提高了平均选取速度。但由于需要排序，有额外的排序计算消耗，而且节点的变动会导致重新排序，因此效率不高。

接下来，看一个基于加权随机的实际负载均衡的例子，以下是 Dubbo 2.5.3 版本中的随机策略的实现代码。

```
01    protected <T> Invoker<T> doSelect(List<Invoker<T>> invokers,  URL url,
                                            Invocation invocation) {
02        int length = invokers.size();       //invokers 是调用节点集合
03        int totalWeight = 0;                //总权重
04        boolean sameWeight = true;          //权重是否都一样
05        for (int i = 0; i < length; i++) {
06            int weight = getWeight(invokers.get(i),  invocation);
07            totalWeight += weight;          //累计总权重
08            if (sameWeight && i > 0 && weight != getWeight(invokers.get
                 (i - 1),  invocation)) {
09                sameWeight = false;         //计算所有权重是否一样
10            }
```

```
11        }
12
13        //如果权重不相同且权重大于 0，则按总权重数随机
14        if (totalWeight > 0 && ! sameWeight) {
15            int offset = random.nextInt(totalWeight);
16            //确定随机值落在哪个片断上
17            for (int i = 0; i < length; i++) {
18                offset -= getWeight(invokers.get(i),  invocation);
19                if (offset < 0) {
20                    return invokers.get(i);
21                }
22            }
23        }
24        //如果权重相同或权重为 0，则均等随机
25        return invokers.get(random.nextInt(length));
26    }
```

代码中先对节点进行一次遍历，计算出总权重并判断各节点的权重是否一致；如果一致，则随即退化成简单随机模式，直接通过随机数获取结果节点；如果权重不一致，则采用策略 2 的算法获取结果节点。可见，在实际应用中，各算法并非是完全割裂、非此即彼的。为了提高计算效率，往往会将多种算法综合使用，以获得最佳的执行效率。

随机分配的负载均衡在请求量很大的时候，请求分散的均衡性最好。但如果请求量不大，则可能会出现某些节点请求集中的情况，尤其是在失败重试时，容易出现瞬间压力不均的现象。

4.2.2　轮询策略

轮询（Round-Robin，RR）是另一种使用较广泛的负载均衡策略。它的原理是顺序遍历可用服务节点集合中的每一个节点，以获得更精确的平均访问控制。由于每次决策都需要知道上次访问的具体位置，才能在其基础上偏移量增 1，因此，轮询策略需要记载每次被调用的实例的位置。因为是顺序访问，所以这个问题可以被简化为求余操作，将每次记录实例位置改为记录调用的总次数，基于总次数对服务节点的总数求余就可以知道当前要访问的节点的位置。

以上是各节点权重一致时的计算方式。如果各个节点的权重不同，那么算法就要复杂一些了。还是以上一节的集合 collection={A：5，B：2，C：2，D：1}为例，最高的权重 maxWeight=5，通过：

$$[调用总次数+1] \% maxWeight = currentWeight$$

得到[currentWeight，maxWeight]的可用权重范围，从上面的公式可以看到，随着“调用总次数”的不断增长，每次被纳入[currentWeight，maxWeight]权重范围内的节点数量慢慢减少，{A，B，C，D} → {A，B，C} → {A} → {A} → { }，当可选节点为空后，又开始新的循环，周而复始，权重高的节点在每一轮的可选节点中出现的概率最高，这样就保证了权重高的节点被选中的概率大。例如，权重最高的 A 节点，在每一轮的可选节点中都有可能被选中；而权重最低的 D 节点，在第二轮可选节点中就被淘汰了，被选择概率为 0。

这个算法可以用图 4.2 中的圆环来形象地表示，第一轮的时候 A、B、C、D 四个节点都在圆环上；第二轮，圆环上可用节点只剩 A、B、C 三个；到第三轮及第四轮，环上只有 A 一个可用节点，第五轮，又恢复为外面的大圆环，“大圆环→小圆环→大圆环”循环不断。

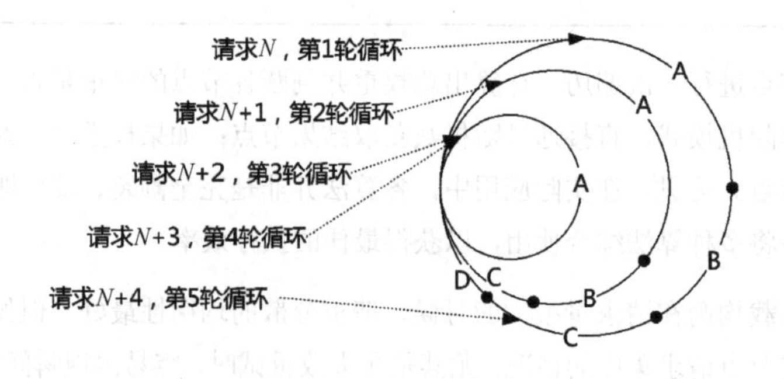

图 4.2　基于权重的轮询算法示意图

以下是 Dubbo 2.5.3 中的轮询策略的实现代码，基本按上述算法原理实现，相关细节请读者参考代码中的注释。

```
01      protected <T> Invoker<T> doSelect (List<Invoker<T>> invokers,  URL url,
        Invocation invocation)  {
02        //微服务 API 的 ID
```

```
03        String apiKey = invokers.get (0) .getUrl().getServiceKey() + "." +
            invocation.getMethodName();
04        int length = invokers.size();                       //总个数
05        int maxWeight = 0;                                  //最高权重
06        int minWeight = Integer.MAX_VALUE;                  //最低权重
07        for (int i = 0; i < length; i++) {
08            int weight = getWeight (invokers.get (i), invocation);
                                                              //某一个节点的权重
09            maxWeight = Math.max (maxWeight, weight); //累计最高权重
10            minWeight = Math.min (minWeight, weight); //累计最低权重
11        }
12        //如果权重不一样，则可根据前面的算法，基于权重筛选出可用节点列表，构建子圆环
13        if (maxWeight > 0 && minWeight < maxWeight) {
14            //微服务接口的调用计数器，weightSequences 包含所有的微服务接口的调用计
              数器集合
15            AtomicPositiveInteger weightSequence = weightSequences.get(apiKey);
16            ... //处理逻辑
17            int currentWeight = weightSequence.getAndIncrement() % maxWeight;
18            //这一轮可用节点列表，也就是子圆环上的点
19            List<Invoker<T>> weightInvokers = new ArrayList<Invoker<T>>();
20            for (Invoker<T> invoker : invokers) {
              //筛选权重大于当前权重基数的 Invoker
21                if (getWeight (invoker, invocation) > currentWeight) {
22                    weightInvokers.add (invoker) ;
23                }
24            }
25            int weightLength = weightInvokers.size(); //子圆环长度
26            if (weightLength == 1) {
27                return weightInvokers.get (0) ;
28            } else if (weightLength > 1) {
29                invokers = weightInvokers;
39                length = invokers.size();
```

```
40            }
41        }
42        //微服务接口的调用计数器
43        AtomicPositiveInteger sequence = sequences.get (apiKey) ;
44        ... //处理逻辑
45        //对子圆环取模轮循
46        return invokers.get (sequence.getAndIncrement() % length) ;
47    }
```

由于轮询策略不考虑节点的实际处理状况，存在慢的服务提供者会累积请求的问题。例如，第二台机器很慢，但没“挂”，当请求调到第二台机器时就卡在那里，时间一长所有请求都卡在第二台机器上。在极端情况下甚至会发生“雪崩”，这就需要考虑采用最近最少访问策略。

4.2.3 最近最少访问策略

由于受软、硬件资源的影响，线上某一服务的各节点的处理能力和吞吐量也各不相同。因此，在做流量调度时，我们更希望基于每一个节点的实际负载来分配流量，对处理得快的节点，可以适当多分配一些请求。最理想的情况是，每个节点的请求流入数和请求流出数一致，这样既可以充分利用每个节点的处理能力，又不至于让节点处理过载，导致节点被流量“压趴”。这种基于各个节点的处理能力进行流量实时调整的策略，就叫作最近最少访问（Least-Recently-Used）策略，即 LRU 策略，又称最小活跃调度策略。还是以 collection={A，B，C，D}为例，如果 A 节点有 4 个请求在处理中，B、C 节点各有 2 个请求在处理中，D 节点有 1 个请求在处理中，那么基于 LRU 策略，新进的请求将被调度给 D 节点处理，因为 D 节点当前正在处理的请求数最少。

从意思上看，LRU 策略需要记录每个节点的当前处理数。这个当前处理数可以根据每个节点的请求流入数和流出数来统计。我们知道对请求流量进行处理的最佳手段是使用请求过滤器。可以开发一个专门用于统计当前处理请求实例数的过滤器，内置一组计数器，每个计数器对应一个服务节点，当一个请求开始调用远程方法时，对应计数器值+1，调用方法完成后计数器值-1。这样，请求过来的时候，请求调度器可以简单地根据这组计数器中的最小值来选择最终要访问的节点。图 4.3 是 LRU 策略的实现原理图。

在采用 LRU 负载均衡策略时，如果有多个最小活跃实例，则还可以根据每个实例的权重做二次筛选。权重相同，通过随机策略选择其中的任意一个实例；权重不同，使用随机策略的策略 2 来选择最终的调用实例。

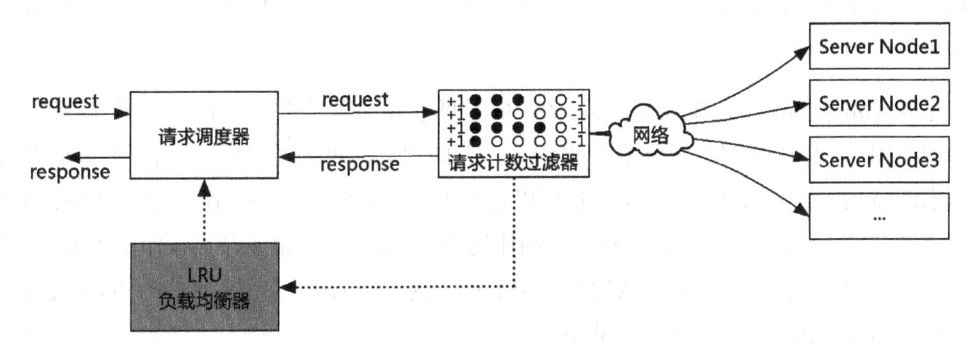

图 4.3　LRU 策略的实现原理图

4.2.4　黏滞策略

理想的负载均衡策略会尽量把请求均匀分散到不同的节点上，或者让每个节点的处理能力都能得到充分利用。但在一些单体系统的服务化改造中，很难一蹴而就地直接把系统改成无状态，而是需要提供一个过渡状态，让服务也支持 session，同时让同一个客户端的请求集中调用特定的服务节点，以使用这个节点上保存的 session。这时候，就需要使用黏滞策略。

黏滞策略的实现非常简单：直接选用客户端第一次请求时所调用的节点作为后续所有请求的默认调用节点，除非这个节点宕机或无法访问，才重新选择另一个节点。

使用黏滞策略会存在访问不均的情况，尤其是在一个节点宕机后，连接这个节点的所有客户端都会寻找新的连接节点，并在新的节点上重建 session，这个过程会导致新节点的瞬时负载飙升，极端情况会导致服务“雪崩”。

为了保证线上集群的健壮性，需要一种策略能将同一个客户端的请求尽量均匀地分散到不同的服务节点上，并在远程节点发生波动（新增节点、节点退出）时，重新分布的 session 能尽可能少，这就需要用到一致性 Hash 策略。

4.2.5 一致性 Hash 策略

一致性 Hash 策略最主要的作用是让相同参数的请求总是发给同一提供者，当某一提供者节点宕机时，原本发往该节点的请求可以基于虚拟节点平摊到其他提供者节点上，不会引起整体流量分布的剧烈变动。

还是以 collection={A，B，C，D}为例，由于每个节点都有唯一的 URL，所以可以基于每个节点的 URL 来求 Hash 值，并将其配置到 0～2^{32} 的圆上，如图 4.4 所示。当一个请求进来时，计算请求的特定参数（如第一个参数，也可以是若干个参数的组合）的 Hash 值，如果该值刚好落在节点 A 和节点 B 之间，那么选择临近的比这个 Hash 值大的最小节点，即节点 B。假如请求参数的 Hash 值在节点 D 和节点 A 之间，由于找不到比此 Hash 值大的最小节点，则选择所有节点实例中最小的那一个，也就是节点 A。

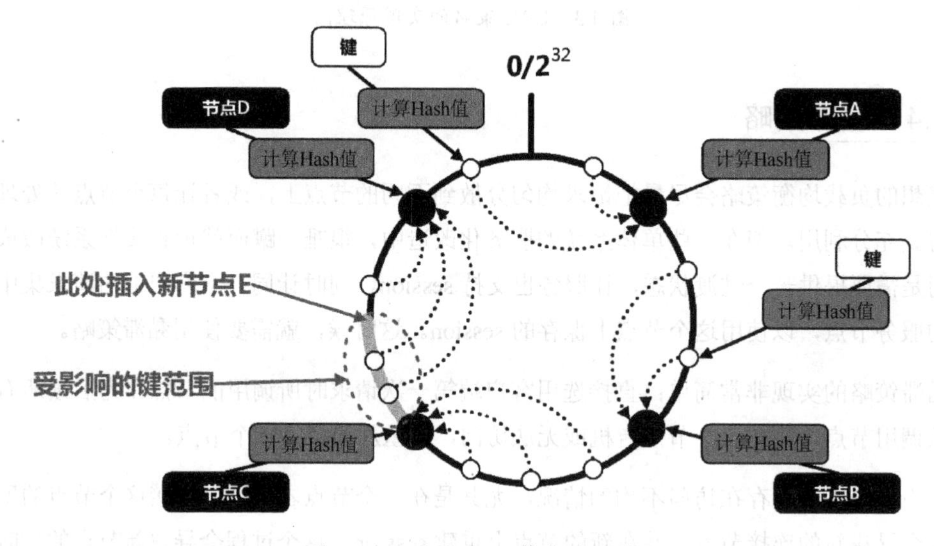

图 4.4　一致性 Hash 策略原理图

如果在图上新增一个节点 E，则根据一致性 Hash 策略的原理，只有在新增加服务节点 E 的逆时针方向到另一个节点 C 之间的键会受到影响。这段圆弧上的键不再落在节点 D 上，而是落到了新加入的节点 E 上。

基于一致性 Hash 策略，在节点发生变动的时候，只有变动节点周围的节点会受影响。因此在节点数很多时，圆弧区间很窄，受影响的键很少，但当节点数很少时，会导致大量键的分布发生波动，从而造成数据倾斜问题。

因此，为了在节点数量发生波动时实现更均匀的键重分配，会在具体实现中引入“虚拟节点”机制，即对每一个服务节点计算多个 Hash 值，每个计算结果的位置都放置一个此服务的节点，称为“虚拟节点”，具体操作时可以在节点的 URL 后面增加编号来实现。例如，图 4.4 的情况，可以为每台服务器计算 160 个虚拟节点，分别计算 URL_A#1、URL_A#2…URL_A#160…URL_D#1、URL_D#2…URL_D#160 的 Hash 值，得到 4×160=640 个虚拟节点。这样，当实际节点变更时，有更多的 Hash 环上的节点可供分配，键会更均匀地重分布到其他节点上。

4.2.6　组合策略

实际的线上业务往往会比较复杂，单纯采用任何一种负载均衡策略都无法满足要求。比如，微博业务为了应对热点新闻或名人效应，往往会采用多种负载均衡策略的组合（自定义），将名人的自媒体流量全部路由到服务的核心池中，而将普通用户的流量路由到另外一个服务池中，有效隔离了普通用户和重要用户的负载，再在不同服务池中采用随机或轮询策略做进一步的流量分发。

4.3　服务限流

线上系统遇到的一大风险就是流量的暴涨暴跌，尤其是现在这个全民上网时代，一个明星的结婚新闻带来的访问流量暴涨可以把微博给“压趴”。对企业而言，会优先通过扩容来尽量容纳所有的流量，以保障业务不受损失。但通过资源扩容来提升系统容量也不是无限的，不仅技术实现上不现实，而且从成本投入角度看也不划算。所以，更经济可行的方式是限流或降级。这就像一些城市的上班高峰期，一旦车流量增大，就可以临时增调对行车道以增加通行容量；如果车流量再继续增大，就只能限行，控制进入车道的车辆数。本节重点介绍服务限流的实现。

服务限流是在高流量下保证服务集群整体稳定并提供一定可用性的有效办法。比起系统整体被“压趴”，所有用户都无法获得服务的状况，拒绝一部分用户，对另一部分用户提供正常服务总是要好一些。

4.3.1 概念

所谓限流，是根据某个应用或基础部件的某些核心指标，如总并发数、QPS或并发线程数，甚至IP地址白名单，来决定是否对后续的请求进行拦截。比如，我们设定1秒的QPS阈值为1000，如果某1秒的QPS为1100，那么超出的100个请求就会被拦截，直接返回约定的错误码或提示页面。

限流操作一定要前置，对于已经明确要被拒绝处理的流量，尽量不要放到后续环节。一方面可以避免不必要的资源浪费，另一方面也可以减少调用方无谓的等待。如图4.5所示，如果在服务调用方限流，则在接口调用发起时就可以进行限流控制；如果在服务提供方限流，则在请求接入后、解码前就可以进行限流控制（流控）。

图4.5 服务流控架构

流控的模式也不仅局限于一种，可以采用多种流控模式的组合来应对复杂业务场景下的限流需求。比如，当发生热点事件时，可以先基于IP地址白名单，只允许联通用户的请求接入，在此基础上再基于QPS进行限流。

对服务集群而言，单个服务节点的限流是基础，它是实现集群整体限流的前提，下面我们首先介绍单服务节点的限流实现。

4.3.2 限流模式

4.3.2.1 单点限流

限流的目的不仅是控制访问的总并发量，而且还要尽量让访问的流量来得更均衡，这样才不会让系统的负载大起大落，因此又称“流量整形”。在单点模式下有多种手段能达到“流量整形”的目的，也有很多组件可选择，如 Java 自带的信号量组件 Semaphore、Google Guava 的 RateLimiter 组件等。那么，这些组件的限流模式有什么不同呢？

1. 漏桶算法

很多受欢迎的餐厅在就餐高峰期都需要排队，餐厅为客满后再来的顾客排号，当有顾客用餐完毕离开时，就按排号顺序让最早来排队的顾客进入餐厅就餐。这实际上就是一种限流措施，严格控制客流量使其稳定在餐厅的招待能力范围内。这种限流方式保证在餐厅内就餐的顾客总数（并发数）是一致的，只有出去一个顾客，才能放进来一个顾客。新来的顾客能不能吃上饭，完全取决于已就餐顾客是否“翻牌”。

餐厅排号就餐的方式非常像一个漏桶，桶的容量是固定的，桶底的水不断流出，桶顶的水不断流入，如果流入的水量（请求量）超出了流出的水量（最大并发量），桶满后新流入的水会直接溢出，这就是限流应用中常用的漏桶算法，如图 4.6-①所示。漏桶算法可以很好地控制流量的访问速度，一旦超过该速度就拒绝服务。Java 中自带的信号量组件 Semaphore 就是典型的基于漏桶算法的组件，它可以有效控制服务的最大并发总数，防止服务过载。以下是 Semaphore 的典型用法。

```
01        private Semaphore smp = new Semaphore(30);        //非公平策略
02        ...
03        if(smp.getQueueLength()>0){               //如果有排队现象，则立刻拒绝服务
04            return;
05        }
06        try{
07            smp.acquire();                        //获取一个信号量
```

```
08              //处理具体的业务逻辑
09          }catch (InterruptedException ex) {
10              ex.printStackTrace();
11          }finally{
12              smp.release();                       //释放信号量
13          }
```

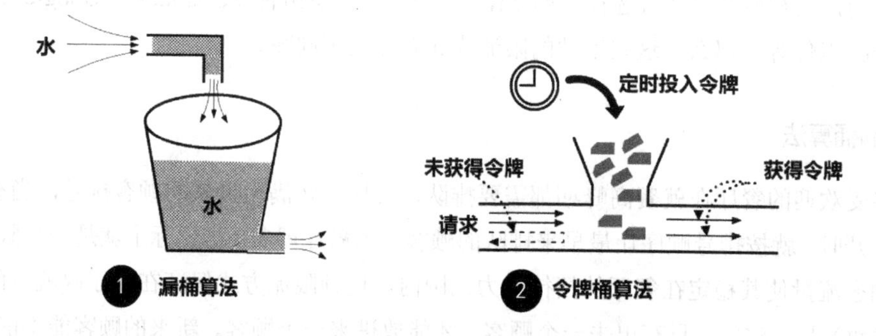

图 4.6　漏桶算法和令牌桶算法

研究漏桶算法可以发现，它主要关注当前的并发总量（信号总量），只有某个资源被释放的信号发出（release 操作），等待进入的请求才能获得“通行证”，有“出”才有“进”，通过这种方式可以保证系统的负载可控。

2. 令牌桶算法

限流的另一种常用算法是令牌桶算法，它的原理如图 4.6-②所示，系统以恒定的速度往桶里放令牌，请求需要从桶里获得令牌才能被处理，一旦桶里无令牌可取，则拒绝服务。Google Guava 的 RateLimiter 组件采用的就是令牌桶算法。以下是基于 RateLimiter 实现的简单限流示例。

```
01      RateLimiter limiter = RateLimiter.create(5);
02      System.out.println(limiter.acquire());
03      System.out.println(limiter.acquire());
04      System.out.println(limiter.acquire());
05      System.out.println(limiter.acquire());
```

```
06        System.out.println(limiter.acquire());
```

以上代码运行之后，可以获得如下结果。

```
0.0
0.199013
0.195662
0.199781
0.200103
```

在示例代码中，01 行代码创建了一个容量为 5 的“桶”，并且每秒投入 5 个令牌。第一次申请一个令牌时（02 行），当前桶中有足够的令牌，因此可以马上获得，此时打印出来的等待时间是 0。后面再申请令牌时，由于要达到“流量整形”的目标，RateLimiter 会以固定周期间歇性地往“桶”里投入令牌，平均时间间隔是 1000ms/5=200ms 左右，因此 03～07 行的代码运行就被阻塞了。从运行结果上看，基本符合理论计算的预期。可见，RateLimiter 通过这种策略将突发请求速度平均为（整形成）固定请求速度。

在实际应用中，对无法获取令牌注定要被拒绝的请求可以快速抛弃，以减少请求的等待时间，降低阻塞带来的资源损耗。因此，实际使用中会更多地使用无阻塞的 tryAcquire 方法，尽量少用阻塞的 acquire 方法。以下代码是常用的基于 RateLimiter 令牌桶的限流模式。

```
01          RateLimiter rateLimiter = RateLimiter.create (100);
                  //控制每秒只能有 100 个请求进来
02          if (!rateLimiter.tryAcquire()) {
                  //判断是否能马上获取令牌，如果不能获取，则直接给客户端返回错误信息
03             //给客户端返回异常或拒绝信息
04             return;
05          }
06          //下面是正常业务逻辑
07          ...
```

比较 RateLimiter 和 Semaphore 可以发现，RateLimiter 并没有一个后置的、类似 Semaphore 的 release 这样显式的信号释放动作，其通过 acquire 和 tryAcquire 动作是否能够获取令牌完全取

决于时间，限流控制是在请求流入端进行的。

4.3.2.2 集群限流

在单机限流下，各个服务节点负责各自机器的限流，不关注其他节点，更不关注集群的总调用量。因为后台总资源是有限的，有时虽然各个单节点的流量都没有超，但总流量会超过后台资源的总承受量，所以必须控制服务在所有节点上的总流量，这就是集群限流。

总流量控制可以在前台通过网关来实施。但 P2P 直连模式的服务集群没有网关一说。所以要控制总流量，就必须先汇总集群各个服务节点的流量，并将这个总流量与预设的 SLA 阈值相比较，如果超过了总流量就要进行限流。比如，SLA 设置为 1000，总流量算出来是 1200，那就超了 200，这时就必须将总流量降到（1-（200/1200）），即限流比例在 0.83 左右。每个服务节点都要将当前流量降到这个比例。由于流量的倾斜，每台机器的流量都不一样，需要将 0.83 这个限流比例“推到”各个服务节点，让每个节点基于自己之前统计的流量，并结合 0.83 这个限流比例算出各自的限流阈值。再根据各自的限流阈值去调用 Semaphore 或 RateLimiter 做单机限流。因此集群环境下的限流也要以单点的限流为基础，但在流量判定上有所不同，集群环境下需要采集所有服务节点的流量信息进行统一判定，图 4.7 是典型的集群限流架构图。

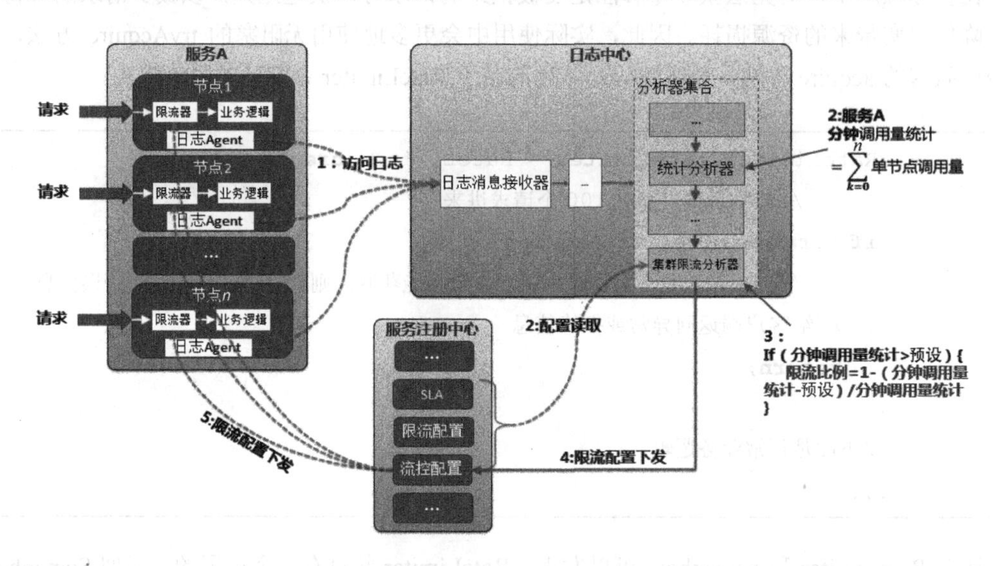

图 4.7 典型的集群限流架构图

服务集群限流基本遵循如下步骤。

1）将时间分片，可以是 1min，也可以是 30s、10s，具体时间长度依据业务实际需求，也与线上日志的采集及处理能力相关。每个服务节点记录本节点的每次实际调用及调用延时，并统计本时间片内的总调用量及平均调用延时。

2）一个时间片结束后，这个时间片内的调用计数会以日志的形式被采集并汇总到日志中心（见图 4.7 中的步骤 1），对日志的流式分析中会有专门的统计分析器对这些调用计数日志进行分析。当统计分析器确定所有的日志都已到位时，会进行集群调用量的汇总，并基于时间片算出这个时间片对应的此服务集群的 QPS（见图 4.7 中的步骤 2）。

3）分析器集合中的集群限流分析器根据统计分析器的结果，并结合服务注册中心中定义的限流配置来判断是否需要进行限流控制。对于一些自动化程度高的系统，可能还要综合平均调用延时及服务等级协议（SLA）来做综合评判，如果实际流量超过了限流阈值（或者综合评判满足限流条件），则计算出一个限流比例（见图 4.7 中的步骤 3）。不考虑其他因素的限流比例计算公式如下：

限流比例 =1 -（实际 QPS - 限流 QPS）/ 实际 QPS

4）集群限流分析器将“限流比例”指标写入服务注册中心（见图 4.7 中的步骤 4），并通过服务注册中心的事件推送机制将此配置下发到各服务节点（见图 4.7 中的步骤 5）。服务节点基于获取到的限流比例，根据对应时间片的调用量换算出限流调用量，再采用“单点限流”的限流策略进行限流。

从上述步骤可见，服务集群的限流机制比较复杂，需要依赖监控、计数、分析、配置下发、节点流控等，缺一不可。为了实现高效的集群限流控制，必须实现各个环节的高效处理，要注意以下几个方面。

1）时间片太长，会导致限流操作滞后，可能限流指令还未下发，服务集群就被压垮了，因此要尽量缩短时间片的长度。但时间片也不是越短越好，由于流量的波动，太短的时间片计算出来的 QPS 可能会有较大偏差。所以，需要根据线上流量的特点来评估时间片的长度设置。

2）日志采集一定要及时，时间片一结束，就要尽快将计数日志发出，可以让计数日志采用单独的日志文件，并配置独立的采集器，优先保障其信息采集。如果采用消息队列对日志数据进行缓冲，则可以给访问计数日志设置独立的Topic，以提高其处理优先级。

3）对计数日志的分析一定要采用实时分析，不能采用离线分析，否则不具有时效性。

4.3.3 限流的难点及注意事项

如果只是单纯地单点限流其实并不难，有很多现成的组件可以选择，但是如果要构建系统的限流体系是一件极“难”的事情。它的难点在于，由于涉及服务节点的调用监控、日志采集发送、日志接收聚合、计算分析、限流决策判断、指令下发、节点限流等许多环节，所以要实现各环节的高效衔接和紧密协作配合，就需要整个技术栈的统一及协同调度。

所以，要构建一套行之有效的限流体系，就必须统一微服务框架、日志采集规范、日志分析规范、SLA的定义及节点限流的技术策略，这些都要有很明确的要求。如果某些环节使用的框架不同，那么这套统一的技术体系就无法推广落地。试想，如果企业内部同时存在基于Java和Go两种语言构建的微服务框架，那么针对它们就必须创建两套不同语言的节点限流及对应计数、日志采集的系统，相应的开发及维护成本也会升高。

技术栈的统一依赖于技术体系的标准化建设。如果在IT建设的初期就注重技术选型及构建的标准化，那么在后续构建新功能时，就可以有效减少业务代码的改变和调整。不仅是限流体系，还有治理工作甚至运维自动化遇到的大部分困难，往往都是标准化缺失导致的。“没有规矩，不成方圆”，这里的规矩就是我们从各式各样的IT运维对象及流程中提取出来的标准和规范，也是构建自动化及智能化运维系统的前提。所以，一定要重视标准的建设，具体到限流体系的构建上也是如此，要“标准先行”。限流的标准涉及如下几点：

1）节点限流策略的选择及集成；

2）节点调用度量时间片的设定策略；

3）计数日志采集规范及度量规范；

4）限流配置规范；

5）限流指令规范。

4.4　服务集群容错

4.4.1　服务集群容错的概念

要完全避免线上的分布式服务的错误是不可能的。错误可能来源于如下场景。

1）网络通信链路故障：网络闪断、通信各层编解码失败、线路异常、网络包校验异常都可能导致跨网络的调用链路中断。

2）网络超时：网络 I/O 阻塞、服务端处理时间过长等因素都会导致请求被长时间挂起，最终超过微服务框架设定的调用阈值而强行中止请求操作。

3）服务提供方异常：系统故障、逻辑错误、限流操作等都会导致服务提供方运行失败。

服务调用方根据路由及负载均衡策略从目标服务节点列表中选择一个最终调用节点，发起远程服务调用。如果调用异常，则需要通过微服务框架进行集群容错处理，并根据不同的容错策略进行重试或转移调用等操作。集群容错是微服务框架的重要能力，在框架层面执行容错可以有效地降低复杂度。图 4.8 是微服务框架中集群容错的具体应用模式。

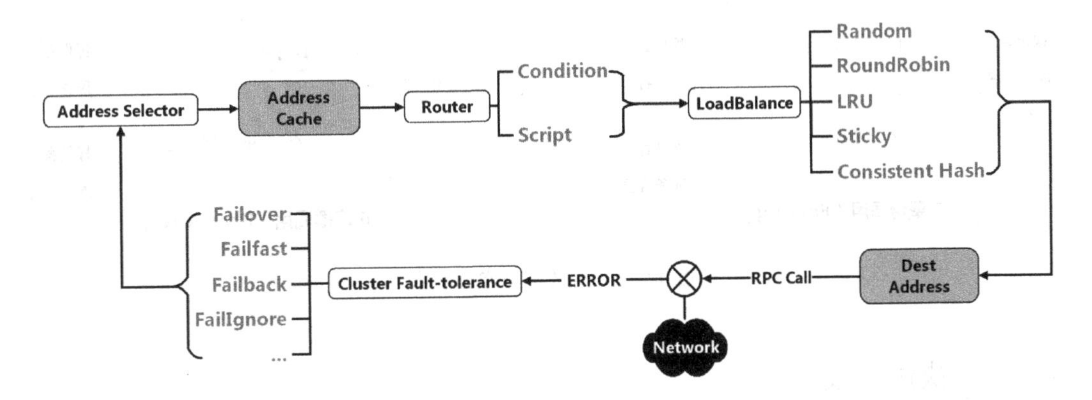

图 4.8　微服务框架中集群容错的具体应用模式

目前业界常用的集群容错模式有如下 6 种，如图 4.9 所示。

- 快速失败（Failfast）。
- 失败安全（Failsafe）。
- 失败转移（Failover）。
- 失败重试（Failback）。
- 聚合调用（Forking）。
- 广播调用（Broadcast）。

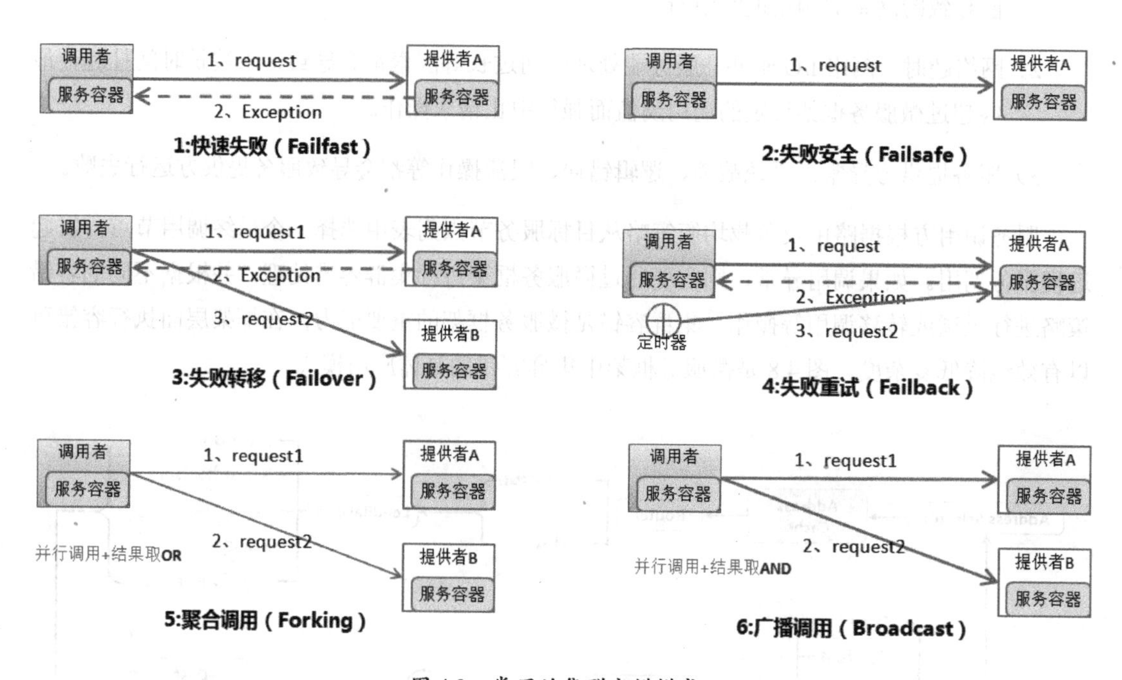

图 4.9 常用的集群容错模式

4.4.2 快速失败

快速失败和常规的程序异常处理机制是一致的，如果对远程服务节点的调用出现异常，则抛出一个统一封装的异常对象。以下是实现快速失败（Failfast）容错模式的伪代码示例。

```
01        //通过负载均衡策略获得某一个远程服务节点
02        RpcInvoker invoker = select (loadbalance,  invocation,  invokers) ;
03        try {
04            //如果调用成功，则返回结果
05            return invoker.invoke (invocation) ;
06        } catch  (Throwable e)  {
07            //如果出错，则抛出一个统一封装的异常对象
08            throw new RpcException (e)  ;
09        }
```

快速失败容错模式正如其字面意思“快速失败”，只对服务提供方发起一次调用，失败立即报错。该模式通常用于非幂等性的写操作场景，比如新增记录等。

4.4.3　失败安全

对于一些诸如记录审计日志或发送一个非重要性通知等操作频繁但重要程度不高的远程调用，如果出现调用失败，则可以直接忽略。失败安全（Failsafe）容错模式提供了这样一种“调用永远正确”的机制，它在出现远程调用异常时，会返回一个新构建的调用结果，如以下代码中的 08 行所示。对服务调用方来说，只会收到一个调用正确的结果（实际上调用方并不关心调用结果）。

```
01        //通过负载均衡策略获得某一个远程服务节点
02        RpcInvoker invoker = select (loadbalance,  invocation,  invokers) ;
03        try {
04            //如果调用成功，则返回结果
05            return invoker.invoke (invocation) ;
06        } catch  (Throwable e)  {
07            //如果出错，则返回一个新构建的结果对象
08            return new RpcResult() ;
09        }
```

4.4.4 失败转移

在一些对远程调用可靠性要求比较高的场景下，尤其是执行一些关键性的读操作时，比如读取账户信息、查询商品库存等，当对某一个服务节点远程调用失败时，需要更换一个服务节点再做重试，一直到调用成功为止，这就是集群容错中的失败转移（Failover）容错模式，以下是其伪代码实现。

```
01        //远程服务调用最大重试次数
02        int maxRetryLen = getMaxRetryLen() ;
03        //最近一个远程调用异常，初始的时候为null
04        RpcException le = null;
05        //已经被调用过的远程节点对象集合，初始的时候集合为空
06        List invoked = new ArrayList();
07        for (int i = 0; i < maxRetryLen; i++) {
08            //根据本次调用条件计算获得符合要求的集群子集(基于路由策略)
09            List candidateInvokers = listByRouterConfig(invokers , invocation);
10            //过滤掉已经调用过的服务节点
11            candidateInvokers=removeUsedInvokers(candidateInvokers, invoked);
12            //基于负载均衡策略选出下一个可用的invoker
13            Invoker invoker = select(loadbalance, invocation, candidateInvokers);
14            //记录已经被调用过的调用点，如果调用出错则进行失败转移的时候就不要再调用这
                个调用点了
15            invoked.add(invoker);
16            try {
17                //发起远程调用，并返回结果
18                Result result = invoker.invoke(invocation);
19                return result;
20           } catch (Throwable e) {
21                le = new RpcException(e);
22           } finally {
23                …;
24           }
```

```
25        } //end for
26        //最大重试次数用完了，只能抛出异常
27        throw le;
```

使用失败转移策略时，由于每次重试都有调用延时，重试次数过多会导致阻塞，因此一般会设置重试的最大次数，如以上代码 02 行所示。如果重试次数达到最大次数还是失败了，就抛出最近一次调用异常，如以上代码 27 行所示。

在每一轮重试操作中，对远程服务节点集合进行路由策略的过滤（代码行 09）后，还需要将之前已经调用过的服务节点移除（代码行 11），以保证重试的节点是未被调用过的。在此基础上再做负载均衡来筛选出最终调用的节点（代码行 13）。另外，每次调用操作都要记录调用的节点（代码行 15），以确保在下一轮重试中将其剔除。

1. 重试阻尼

除了控制重试的最大次数，还可以增加重试阻尼机制，即在每次重试前，增加一个当前重试次数的指数值的线程休眠时间。这样，随着重试次数的增加，重试的间隔时间也会越来越长，这实际上就降低了重试请求的优先级，以保证正常请求的质量。

2. 防止级联重试

此外，还要防止级联重试故障。假设 A 服务调用 B 服务、B 服务又调用 C 服务，即 A→B→C，其中 A、B 服务都有失败转移能力。如果 B 服务调用 C 服务失败，重试后又失败了，这时候，B 服务应该返回给 A 服务一个特殊的异常标识码，明确告诉 A 服务“我已经重试过了，你不要再重试了”。这样，这个级联请求的重试就只集中在了 B 服务处，A 服务无须再做重试，从而避免“重试风暴”的产生。

3. 重试降级

以上策略还不能完全杜绝隐患，虽然我们可以设置重试的最大次数并引入重试阻尼机制，但重试行为在客观上还是会推高服务调用方的负载及并发，导致服务调用方的调用延时增长。双重因素叠加之下，如果恰巧系统负载处于高水位，则极可能导致“服务雪崩”、集群被“击穿”。所以更保险的做法是在进行重试操作之前进行一个是否进行重试行为的判断，可以先判断重试

请求和正常请求的比例，只有当比例低于 10%的时候才进行重试操作。因为这时只有一部分请求处于过载状态，重试数量不至于对正常业务造成影响。一旦比例超过 10%，则可以判断出系统已经进入急剧的“劣化”趋势中，这时就不适合再进行重试了，从而防止将负载推高，火上浇油。这种方法需要在服务调用方增加一个重试计数，对时间窗口内的所有重试行为进行计数。

4.4.5 失败重试

失败转移是出现调用异常就重新换一个远程节点重试，但如果异常是由于网络原因导致的，立即重试可能还是会失败，那么这时候更适合的重试机制是过一段时间后再对原来的远程服务节点做重试，这就是失败重试（Failback）容错模式。这种模式会以固定的时间间隔重新发起远程服务节点调用，适用于重要的消息通知或有状态的调用等操作。以下是这种模式的 Java 实现参考。

```
01      //定时器调度线程池
02      private final ScheduledExecutorService scheduledService =
            Executors.newScheduledThreadPool(2);
03        //定时器
04        private volatile ScheduledFuture retryFuture;
05        //缓存容器
06        private final ConcurrentMap failed = new ConcurrentHashMap();
07        …
08         try {
09             //基于负载均衡策略选择一个可用的远程服务调用节点
10             Invoker<T> invoker = select(loadbalance, invocation, invokers);
11             //发起远程调用并返回结果
12             return invoker.invoke(invocation);
13         } catch (Throwable e) {
14             //如果定时器没有创建，则创建它
15             if (retryFuture == null) {
16                 //防止并发创建，需要加锁
17                 synchronized (this) {
18                     if (retryFuture == null) {
```

```
19          //创建一个定时重试的定时器调度线程池
20          retryFuture = scheduledService.scheduleWithFixedDelay
               (new Runnable() {
21             //异步线程执行
22             @Override
23             public void run() {
24                 //需要做防御性容错
25                 try {
26                     //遍历缓存，重试所有失败的任务
27                     for (Map.Entry entry : failed.entrySet())
{
28                         //获取上下文信息
29                        Invocation invocation = (Invocation)
                              entry.getKey();
30                         //获取原来的远程调用器
31                         Invoker invoker = (Invoker)entry. getValue();
32                         try {
33                             //再次发起远程调用并返回结果
34                             invoker.invoke(invocation);
35                             //调用成功，则从缓存中将此任务移除，调用不
                                 成功，则下次还会再次重试
36                              failed.remove(invocation);
37                         } catch (Throwable e) {
38                             …
39                         }
40                     }
41                 } catch (Throwable t) {
42                     …
43                 }
44             }
45           }, 5000, 5000, TimeUnit.MILLISECONDS);
46       }
```

```
47                  }
48              }
49              //将调用任务放入缓存，以备后续重试
50              failed.put(invocation,  this);
51              //直接返回一个空结果
52              return new RpcResult();
53          }
```

在失败重试容错模式下，当出现远程调用错误时，会创建一个定时调度器（代码行 20，调度器只创建一次，如果已存在，则不再重复创建），并将当前运行的上下文及远程服务调用对象放到缓存中（代码行 50），定时器会定时（上面代码中设置为 5 秒间隔周期）启动一个异步线程（代码行 23～44），进行缓存遍历（代码行 27）。如果有需要重试的任务，则用原来的上下文和远程调用对象重新发起远程服务调用（代码行 34）。如果调用成功，则将此调用任务从缓存中移除（代码行 36）；如果调用不成功，就在下一个定时周期到来后再次执行。

需要注意的是，这里没有进行重试次数的限制。因为在第一次远程调用时，即使出现异常，也会给调用方直接返回一个空结果，并不会导致阻塞，所有重试都是在异步线程中执行的，还是会增加整体的调用负载。如果需要增加重试次数的限制，就可以在上下文对象中增加一个调用计数器，每次调用就增加计数，计数达到阈值后直接将任务从缓存中移除（代码行 36），这里就不再赘述了。除了限制重试次数，上节中介绍的重试阻尼、重试降级等策略也适用。

4.4.6 聚合调用

在一些并发量不大、支持幂等，但又对可靠性及时效性均要求非常高的场景，可以考虑通过冗余来实现调用的可靠性及时效性。并行调用多个服务节点，只要一个成功即立刻返回，这就是聚合调用（Forking）容错模式，它需要浪费更多服务资源。以下是聚合调用容错模式的实现参考代码。

```
01          //被选择进行并发调用的远程服务连接对象，初始为空
02          final List selected = new ArrayList ();
03          //并行调用线程数，在服务定义中配置
```

```
04        final int forks = getForksConfig();
05        //调用超时时间，在服务定义中配置
06        final int timeout = getForkingTimeout();
07        //通过负载均衡策略及最大并发数来选择最终参与调用的远程服务节点
08        if (forks <= 0 || forks >= invokers.size()) {
09            selected = invokers;
10        } else {
11            for (int i = 0; i < forks; i++) {
12                //在 invoker 列表(排除 selected)后，如果没有选够，则存在重复循环问
                    题，见 select 实现
13                Invoker<T> invoker = select(loadbalance, invocation,
                    invokers, selected);
14                //防止重复添加 invoker
15                if(!selected.contains(invoker)){
16                    selected.add(invoker);
17                }
18            }
19        }
20        //调用计数器，初始为 0
21        final AtomicInteger count = new AtomicInteger();
22        //利用内存消息队列对调用结果进行缓存并保证先进先出
23        final BlockingQueue<Object> ref = new LinkedBlockingQueue<Object>();
24        //并行对选定的远程节点进行调用
25        for (final Invoker<T> invoker : selected) {
26            executor.execute(new Runnable() {
27                public void run() {
28                    try {
29                        //发起远程调用，并返回结果
30                        Result result = invoker.invoke(invocation);
31                        //将调用结果放入消息队列中
32                        ref.offer(result);
33                    } catch(Throwable e) {
```

```
34                          //如果全部调用都失败了，则也要在内存消息队列中放置一个异常，表
                              示聚合调用失败了
35                          int value = count.incrementAndGet();
36                          if (value >= selected.size()) {
37                              ref.offer(e);
38                          }
39                      }
40                  }
41              });
42          }
43          //创建完所有并发调用线程后，对调用结果进行监听
44          try {
45              //对内存消息队列进行阻塞监听，直到获得消息
46              Object ret = ref.poll(timeout, TimeUnit.MILLISECONDS);
47              //如果监听到的是异常，就说明全部调用都失败了，此时应抛出异常
48              if (ret instanceof Throwable) {
49                  throw new RpcException((Throwable) ret);
50              }
51              //返回第一个成功的调用结果
52              return (Result) ret;
53          } catch (InterruptedException e) {
54              throw new RpcException(e);
55          }
```

上述代码中，首先根据服务定义中设置的允许并行线程数及负载均衡策略来获得一个将被调用的服务节点子集（代码行 08～19）；接着创建多个调用线程并行地对这些服务节点发起调用（代码行 25～42），调用结果统一压入一个内存消息队列中（代码行 32）；所有调用任务创建完成之后，当前线程会对消息队列进行阻塞监听（代码行 46），并把获得的第一个结果消息作为最终调用结果返回给调用方。

注意，这里的超时控制不是在 RPC 调用上进行控制的，而是在对消息队列的阻塞监听上进行控制（代码行 46）的，如果在规定时间内没有获得结果，则中断等待。

4.4.7　广播调用

在系统运行过程中难免涉及配置的变更，在分布式环境下，如果所使用的数据库服务的地址或账户发生变化，就需要及时将新的地址或账号信息通知到各个节点。这类需求一般都由独立的配置中心来负责，如果没有配置中心，就需要考虑其他的替代方案。另外，在一些对性能要求极高的场景下，为了提高读的性能，往往会把数据缓存在服务节点的本地缓存中（本地缓存的性能要远高于分布式缓存），为了保证数据的一致性，需要某种通知机制能在原始数据发生变化时及时将变化信息通知到各个服务节点，以对本地缓存进行更新。广播调用（Broadcast）容错模式可以很好地满足上述的配置变更通知及事件通知需求。

广播调用容错模式会逐个调用所有的服务节点，只有所有服务节点的调用都成功了，才返回成功信息，只要任意一个节点调用失败，则结果报错。以下是其实现参考。

```
01        //调用失败定义，初始为null
02        RpcException exception = null;
03        //调用结果定义，初始为null
04        Result result = null;
05        //遍历所有服务节点，全量逐个调用，不做路由及负载均衡计算
06        for (Invoker  invoker :  invokers) {
07            try {
08                result = invoker.invoke(invocation);
09            } catch (RpcException e) {
10                exception = e;
11            } catch (Throwable e) {
12                exception = new RpcException(e.getMessage(),  e);
13            }
14        }
15        //只要任意一个节点调用失败，就抛出错误，表示整体调用失败
16        if (exception != null) {
17            throw exception;
18        }
```

```
19        //全部调用成功，才表示结果成功
20        return result;
```

由于是全量调用，所以不用进行路由及负载均衡策略的计算，整体机制比较简单，这里不再进行代码逻辑讲解，请读者自行参考代码注释。

4.5 服务降级

4.5.1 概念

很多电商在一年一度的大促前会大规模地调配内部系统，把一些诸如评价和确认收货这类非核心业务相关的页面或系统关掉，相关软、硬件资源回收后，补充给线上交易、下单等系统，这实际上就是一种典型的线上降级操作。

所谓的服务降级，就是在线上流量暴涨的情况下，根据业务的重要度，对业务等级较低的一些服务或页面进行策略性的屏蔽或降低服务质量，以此释放服务器资源以保证线上高等级的服务正常运行。

除了上述基于经验（大家都知道“双 11”交易量一定会暴增，所以要提前准备）的主动服务降级操作，还有基于预定义阈值的被动式触发服务降级。比如，根据经验，一个服务请求的调用延时正常在 50ms 以内，这时可以正常提供服务，可一旦超过 50ms，可能就会导致依赖它的其他服务报错或超时。这时就可以设定一个自动化策略，在一个度量时间窗口中，如果服务的调用延时超过 50ms 的次数比例大于某个阈值（如 50%），那么就禁止此服务在下一个度量时间窗口中对外提供服务，在静默一定时间（*N* 个度量时间窗口）后，再重新开启服务。当然，除了调用延时，服务调用异常比例也是我们进行降级判断的一个常用指标。

服务降级是一种典型的“丢卒保车”行为，当服务出现故障或在业务高峰时期出现整体性能下降的时候，通过服务降级可以有效保证核心业务的平稳运行。服务降级可以分为屏蔽降级、容错降级、Mock 降级、熔断降级等。

注意　“度量时间窗口”是运维上的一种说法，表示一个单位时间片，通常作为一个计数的周期，当一个度量时间窗口结束后，计数器会被清零，重新开始计数。

4.5.2　屏蔽降级

当服务集群的某个节点由于软、硬件故障导致频繁调用出错时，这些异常信息会被服务调用方的监控捕获。这些调用异常日志（也可能是异常计数的分钟级汇总数据）被汇总到日志中心，被实时线上日志流处理系统中的特定分析器捕获并进行统计分析。当连续若干个（如 2 个）度量时间窗口的节点调用异常日志数量或比例（节点调用异常数量÷总调用量）超过某个阈值的时候，就会触发服务屏蔽事件。线上调度中心捕获服务屏蔽事件后，会在服务注册中心写入一条服务节点屏蔽指令，随后调用此服务的各服务消费方在通知事件的触发机制中，将被屏蔽的服务实例移出可用服务集群列表，即此服务实例将不再参与路由及负载均衡活动。通过以上操作，可以将异常服务节点进行隔离。

被屏蔽服务节点的恢复有多种方式。一种方式是手工解除屏蔽。调度中心在发出服务节点屏蔽指令后，会同步给相关服务治理人员发出告警通知。治理人员对服务节点进行检测并排除故障之后，可以在服务治理管理控制台对被屏蔽的服务进行解除屏蔽操作。另外一种方式是让调度中心在一段静默期后，如 10 个度量时间窗口后，通过服务注册中心发出解除屏蔽指令，随后触发各服务消费方将此服务实例重新加入可用服务集群列表。这种方式相对机械，因为可能在解除屏蔽的时候这个服务节点的故障还存在。

要注意的是，由于屏蔽的是故障节点，因此在实施服务屏蔽或构建服务屏蔽策略时，一定要区分调用异常是否集中在一个服务节点或极少数服务节点上。如果调用异常均匀地分布在所有服务节点上，那么导致异常的就不是节点故障了，此时采用服务屏蔽策略并不合适，因为你不可能把所有节点都屏蔽掉。

4.5.3 容错降级

1. 静态返回值降级

在电商业务中，商品详情页中的推荐服务是很重要的一块广告业务，页面上的广告位往往用来显示和本商品相关联的其他商品。例如手机商品详情页的广告位上可能就会显示蓝牙耳机或手机保护壳的商品链接。广告位展示的商品信息来源于广告实时竞价服务，通过竞价服务让出价最高的广告主的商品显示在广告位上。如果广告实时竞价服务出现异常，就无法提供服务了，那么广告位是否就留空不展示了呢？如果不展示，广告收入会流失，用户体验也会很差。为了降低损失并提供更好的用户体验，可以预先配置几个默认广告主，当竞价服务调用失败时，就只展示这几个广告主的商品，这样至少保证了对广告位的利用。

以上这种在服务调用失败的情况下，通过提供固定静态内容来替代调用结果的方式就是典型的服务容错降级操作。服务容错降级一般在服务调用方进行，它会缓存一些预定义的静态内容，一旦远程服务调用失败，就以这些预定义的静态内容作为托底结果。以下是基于静态内容的容错降级配置参考。

```
01    <dsf: reference id="getUserInfo" interface="com.company.uc.
        UserInfoService" method="getUserInfo"
        mockcontent="json={id: 1, name: '张三', age: 34}">
02      ...
03    </dsf: reference>
```

以上通过 mockcontent 属性定义了一段 JSON 字符串作为降级内容，一旦对服务接口 com.company.uc.UserInfoService.getUserInfo 的调用失败，就会以此 JSON 字符串反序列作为服务接口的返回值类型，并作为调用结果返回。

2. 备用服务降级

还有一些微服务框架会在失败降级这里提供一个备用服务，一旦原服务调用失败（这时候集群容错也挽救不了），随即调用备用服务，以备用服务的调用结果作为返回结果。以下是基于备用服务实现容错降级的配置参考。

```
01  <dsf:reference id="getUserInfo" interface="com.company.uc.UserInfoService"
      method="getUserInfo"
      backupservice="com.company.uc.UserSessionService"
      backupmethod="getUserInfoBySession">
02    ...
03  </dsf:reference>
```

以上服务定义通过 backupservice 和 backupmethod 两个属性指定了备用服务及对应方法。一旦对服务接口 com.company.uc.UserInfoService.getUserInfo 的调用失败，则改为调用 com.company.uc.UserSessionService.getUserInfoBySession 接口。需要注意的是，备用服务接口的入参及返回值必须能够匹配原始服务接口。

很多读者搞不清楚集群容错和容错降级的区别，其实它们的应用场景不一样，**集群容错主要用于保证远程调用的可靠性，容错降级则主要用于保证业务的可用性**。以下代码是失败转移（Failover）容错模式和基于预定义静态内容的容错降级综合使用的伪代码示范。

```
01      try{
02          //采用失败转移(Failover)容错模式
03              Result  result=FailoverClusterInvoker.invoke(invocation,
                invokers,  loadbalance);
04          //返回正常的远程调用结果
05          return result;
06      }catch (Exception ex) {
07          //集群容错也兜不住，最终远程调用还是失败了
08          //这时候，启用容错降级机制，获得微服务定义中预先设定的容错静态内容
09          String mock_content=getMockContent(invocation, this);
10          //基于容错静态内容构建返回结果
11          Result mock_result=buildResult(mock_content);
12          //以本地构建的容错对象作为调用结果
13          return mock_result;
14      }
```

上述代码中，首先基于失败转移容错模式进行远程服务调用（代码行 03），如果成功，则直接返回远程调用结果（代码行 05）；如果失败，则启动容错降级机制（代码行 07～13），基于服务定义中预先设定的容错静态内容构建一个结果对象。由此可见，**容错降级是对集群容错操作失败的一种托底行为。**

基于备用服务的容错降级机制的实现逻辑和上述代码类似，只需要将代码行 07～13 替换成对备用服务的远程调用即可。

4.5.4 Mock 降级

在实际业务中，容错降级往往比较复杂，还是以商品详情页中的推荐服务为例，在容错的时候往往还要根据不同用户等级给予不同的默认广告展示。此时，基于静态内容的容错结果就无法满足要求，需要提供一种能够进行动态计算的降级策略。Mock 降级能够满足这类业务场景需求，它通过提供一个计算接口来动态生成调用结果。以下是 Mock 降级的配置参考。

```
01   <dsf：reference id="getUserInfo" interface="com.company.uc.
        UserInfoService" method="getUserInfo"
        mockclass="com.company.uc.UserInfoServiceMock">
02       ...
03    </dsf：reference>
```

以上配置定义了服务接口 com.company.uc.UserInfoService 有一个 Mock 类 com.company.uc.UserInfoServiceMock。为了实现配置及调用的简化，可以强制规定这个 Mock 类必须实现服务接口 com.company.uc.UserInfoService。因此，Mock 类的具体实现形式类似如下代码。

```
01   package com.company.uc;
02   public class UserInfoServiceMock implements UserInfoService {
03
04       public UserInfo getUserInfo(String userId) {
05           UserInfo user = new UserInfo();
06           user.setUserId(userId);
```

```
07            ...
08            return user;
09        }
10    }
```

当对远程服务接口 com.company.uc.UserInfoService.getUserInfo 调用失败之后，会调用服务调用方本地的 com.company.uc.UserInfoServiceMock 类的 getUserInfo 方法来获得一个托底结果。

Mock 降级不仅可以用于远程调用异常情况下的降级操作，对一些设计更灵活的微服务框架，还可以利用 Mock 来实现主动的业务降级操作。比如，要在重大节日时让所有的广告位显示统一的广告标语。这时就没必要再调用广告竞价服务，只需要在服务注册中心通过 mockclass 属性增加一个 Mock 类的配置，通知所有调用广告竞价服务的服务调用方调用本地的替代服务，并在节日过后去掉此配置，恢复正常的远程服务调用。

4.5.5　熔断降级

4.5.5.1　服务雪崩

当山坡某处积雪内部的内聚力抗拒不了它所受到的重力拉引时，就会向下滑动，并同时带动更低海拔雪层，引起大量雪体崩塌，这种自然现象被称为雪崩。同样，当分布式服务集群中某个基础服务不可用，导致直接依赖于它的上层服务也不可用，这种不可用基于服务调用链逐级传导，最终覆盖整个服务集群的现象被称为“服务雪崩”。

我们可以用图 4.10 来解释服务雪崩的形成原因。图中 A 为服务提供者，处于服务调用链的底层，B 是 A 服务的调用者，C 和 D 又是 B 服务的调用者，处于服务调用链的上层。若干 A 服务节点可能由于某些原因不可用，那么这些原因可能是如下的任何一种：

- 硬件故障；
- 程序 Bug，如锁冲突；
- 资源阻塞，如数据库调用延时超长、缓存被击穿等；
- 大量用户请求导致请求阻滞。

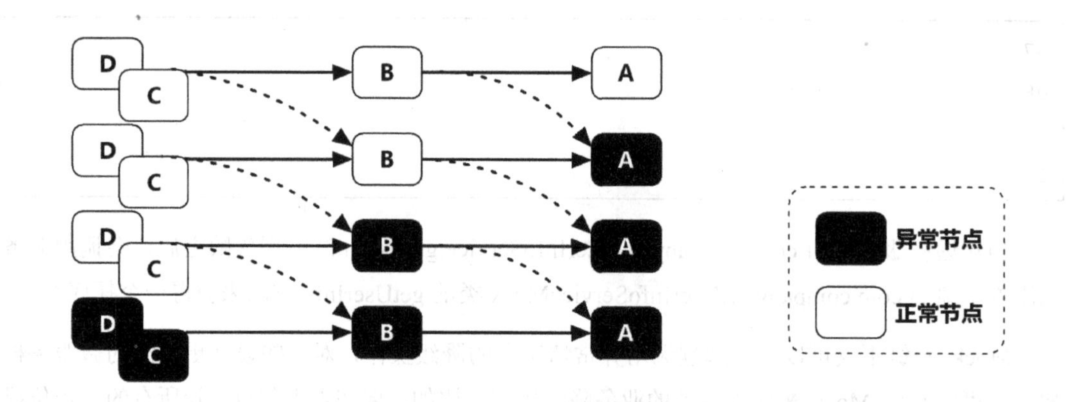

图 4.10　服务雪崩形成演示图

这时候，B 服务对出故障的 A 服务节点的调用就会出现大量的请求失败，如果 B 服务做了失败转移（Failover）或失败重试（Failback）等集群容错，则它会发起大量的重试操作。A 服务集群本来就由于部分节点不可用导致处理能力降低，大量重试请求的到来更是“雪上加霜”，引发正常 A 服务节点的并发量也同步增加。并发量的增加进一步导致了处理延时（RT）变长、节点处理性能下降，就像江水漫过大堤一样，最终引起 A 服务集群的可用性整体“沦陷”。A 服务的处理性能劣化同样影响 B 服务，再加上重试本身就会增加处理耗时，在多重因素的作用下，B 服务也开始出现 RT 延长，处于性能下降的趋势。就这样，RT 延长、性能劣化的现象随着调用链逐步传导到 C、D 服务，再传导到更上一层的服务，最终，整个服务集群都“沦陷”了。由此可见，服务雪崩本质上就是一种因为“服务提供者的不可用”导致“服务调用者不可用”，并随着调用链的传导被放大的故障现象。

4.5.5.2　熔断器

服务雪崩的根本原因在于集群的故障传导，因此，通过“截断”故障的传导链条来避免故障蔓延是解决服务雪崩问题的最有效途径。就像电路中常用的保险丝一样，一旦用电量过大，保险丝就会被大电流熔断，从而对电器设备起到保护作用。通过断开对故障服务节点的调用以防止故障蔓延的机制被叫作“熔断机制”，实现熔断机制的组件被称为“熔断器”。

服务熔断本质上是容错降级的一种，只不过它比一般容错降级提供了更丰富的容错托底策略，支持半开降级及全开降级模式。下面就以熔断器的典型代表 Hystrix 来举例说明。

当在一定时间内服务调用方调用服务提供方的服务的次数达到设定的阈值，并且出错的次数也达到设置的出错阈值时，Hystrix 熔断器就会进行服务降级，让服务调用方执行本地设置的降级策略，不再发起远程调用。Hystrix 熔断器具有自我反馈、自我恢复的功能，会根据调用接口的情况，让熔断器在 closed（关闭）、open（全开）、half-open（半开）三种状态之间自动切换，如图 4.11 所示。

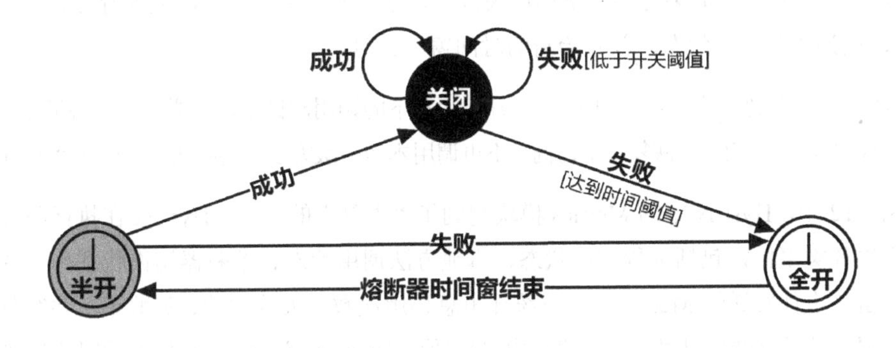

图 4.11　熔断器工作状态

熔断器的状态迁移有如下三种情况。

- 从“关闭”到“全开”：线上正常时，熔断器的状态是关闭的，如果特定接口单位时间内被调用的次数超过了设定阈值，或者调用错误的比例超过了设定阈值，则熔断器被打开，进入熔断工作模式。这时候，所有调用特定接口的服务调用方都会执行降级策略，调用一个本地方法。熔断器工作流程如图 4.12 所示。

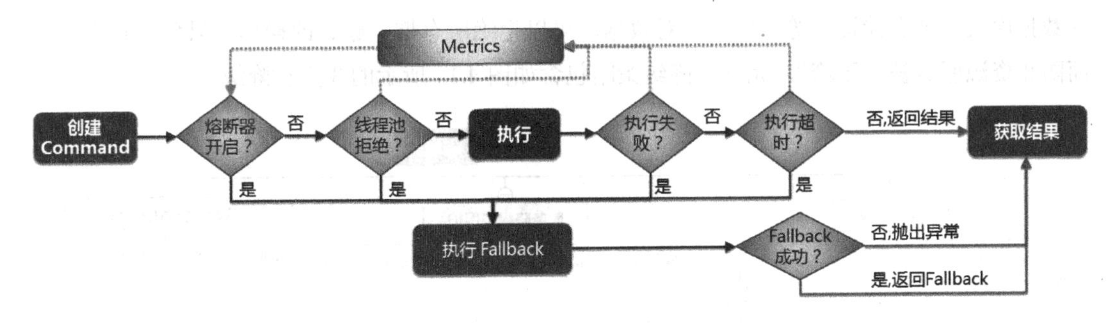

图 4.12　熔断器工作流程

- 从“全开”到“半开”：在熔断工作模式下，Hystrix 会启动定时器，执行定时测试策略。熔断工作模式启动后，Hystrix 会设置一个时间窗口，在一个时间窗口内所有对远程服务的调用都以调用本地降级方法来替代。当时间进入下一个时间窗口时，熔断策略会从“全开”自动切换为“半开”。这时候，熔断器会用进来的一个请求发起真实的远程服务调用，如果这个请求调用成功了，就说明远程服务恢复正常了，可以退出熔断工作模式，恢复正常访问；如果这个请求调用失败了，则说明远程服务故障依然存在，这时，重新切换为“全开”状态，并开始新的时间窗口计时。
- 从“半开”到“关闭”：在上面“半开”状态下的调用测试中，如果远程服务调用正常，则退出熔断工作模式，恢复正常访问，不再调用本地降级方法，熔断器重新回到“关闭”状态。

在图 4.12 中，Hystrix 中的 Metrics 模块起到了“大脑”的作用。Hystrix 在执行服务调用过程中会产生各类事件，包括远程调用状态、本地方法调用状态、熔断器切换状态等，各执行模块首先将这些事件发送给 Metrics，汇总统计出总调用次数、失败次数、失败率、并发总数等各类统计数据。基于这些统计数据及预先配置的阈值，Hystrix 就可以做出相应的限流决策并通过命令（Command）方式下发执行。

4.5.6 延伸阅读：广义降级操作

对线上业务系统而言，降级手段很多，不仅仅局限于服务降级。大部分降级操作其实在请求前端就进行了，如在首页将业务的入口链接屏蔽，或者直接在入口网关处对请求流量进行过滤，或者在反向代理处指定若干网址不可访问。另外，对服务后端的资源也可以进行降级，包括数据库及其他存储资源等。比如，对数据库可以拒绝所有增、删、改操作，只允许查询，从而防止资源服务被“压垮”。完整的降级策略包含如图 4.13 所示的 3 大类降级。

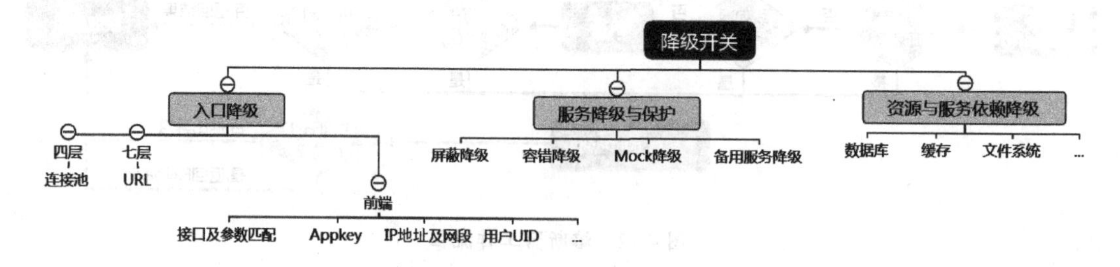

图 4.13　多级降级策略

需要线上动用降级手段的时候，都是危急的时候，生死存亡了，这时留给你思考和反应的时间不多，所以在降级之前一定要做好预案，要提前梳理出核心业务链路和非核心业务链路，然后通过降级开关一键把部分或所有非核心链路降级，这样才能“保命”。

在降级管理上主要分主动降级管理和分级降级管理两种方式。

- **主动降级管理**。当运维人员接收到服务器过载告警后，根据经验对线上状况做出判定，并通过配置管理平台指定要降级的系统或服务，接到指令的系统或服务执行具体降级操作。这种降级管理方式要求运维人员对业务系统非常熟悉，能够基于经验有效判断并控制降级的影响面，一般首先对一些后台非核心业务接口进行降级，这样对业务的影响较小。如果效果不明显，则再逐步扩大降级范围，对前台页面进行降级，屏蔽用户入口。
- **分级降级管理**。这种降级模式首先需要设定全局的降级标准，如将降级操作分 10 个等级，并详细说明每个等级的应对场景及业务 SLA 承诺。分级标准确定后，各个业务模块根据标准分别判断自己在每个级别下的具体实现，如评论模块在 4 级以下正常服务，4 级以上只能发文字，禁止发图片，超过 6 级后拒绝服务等。这样，当线上应用过载时，运维人员只需要判断选择哪个降级等级即可，不需要具体指定降级模块。各个应用及服务可根据降级级别自动判断自己是否降级及如何降级。

可见，降级也是一个庞大的体系，需要一套细化的标准，在此基础上才能逐步构建起覆盖完整的降级体系。

4.6　服务授权

服务集群中服务和服务之间的调用本质上是一个应用去调用远程的另一个应用，这里就存在一个授权的问题，常见的授权方式有三种：自主授权、注册中心授权、第三方服务授权。

4.6.1　自主授权

在一些对业务权限控制要求不高、规则较单一的授权场景下，可以通过微服务框架自身的过滤器机制来进行自主的访问授权控制。比较典型的是基于 IP 地址白名单的授权控制，图 4.14

是相关实现的架构图。

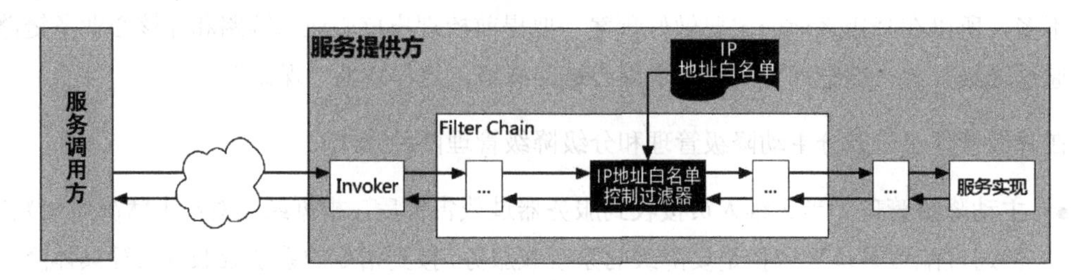

图 4.14　基于微服务框架过滤器机制实现的 IP 地址白名单访问控制

以 Dubbo 为例，利用其过滤器机制可以开发一个基于 IP 地址白名单的过滤器，示例代码如下。

```
01 @Activate(group = Constants.PROVIDER)
02 public class IpWhiteFilter implements Filter {
03
04    private static final Logger LOGGER = LoggerFactory.getLogger
         (IpWhiteFilter.class);
05    private volatile String ipWhiteListStr = null;
06
07    @Override
08    public Result invoke(Invoker<?> invoker,  Invocation invocation) throws
         RpcException {
09
10      //客户端 IP 地址
11      String callerIp = RpcContext.getContext().getRemoteHost();
12      try {
13         //初始化加载 IP 地址白名单
14         if (ipWhiteListStr == null) {
15            synchronized (IpWhiteFilter.class) {
16               if (ipWhiteListStr == null) {
17                  Properties prop = new Properties();
18                  InputStream in = this.getClass().getResourceAsStream
```

```
                    ("/ipWhiteList.properties");
19                  prop.load(in);
20                  //IP 地址白名单
21                  String ipwhitelist = prop.getProperty("ipWhiteList");
22                      ipWhiteListStr = (ipwhitelist == null ? "" :
                                    ipwhitelist);
23              }
24          }
25      }
26      //对服务调用方的 IP 地址进行白名单判断
27      if (ipWhiteListStr.contains(callerIp)) {
28          return invoker.invoke(invocation);
29      } else {
30          return new RpcResult(new Exception("ip 地址: " + callerIp + "
                            没有访问权限"));
31      }
32    } catch (IOException e) {
33      LOGGER.error("IO ERROR", e);
34    } catch (RpcException e) {
35      throw e;
36    } catch (Throwable t) {
37      throw new RpcException(t.getMessage(), t);
38    }
39    return new RpcResult(new Exception("未知异常"));
40  }
41 }
```

代码中所调用的 IP 地址白名单文件的格式如下：

```
ipWhiteList=192.168.11.121, 192.168.11.122
```

代码的执行逻辑说明如下。

1）通过请求上下文获取服务调用客户端的 IP 地址（代码行 11）；

2）从一个本地的白名单文件 ipWhiteList.properties 中加载白名单，通过排他锁控制只加载白名单一次（代码行 14～25）；

3）对服务调用客户端的 IP 地址进行比对（代码行 27）：

- 如果在白名单中，则进行正常的服务调用（代码行 28）；
- 如果不在白名单中，则抛出异常（代码行 30）。

使用这种授权模式，白名单需要被打包在微服务的部署包或部署镜像中，如果白名单发生变更，则需要重新部署相关的微服务，维护成本较高；如果白名单很大，则会大量占用本地内存资源。实际应用中，为了便于维护，一般会将白名单存储在数据库或分布式缓存中。

4.6.2 注册中心授权

在微服务框架中，服务注册中心除负责服务及服务节点信息的集中注册及分发外，还承担了部分配置中心的功能。一些服务管控指令的下发也可以通过服务注册中心实现，如果授权机制较简单，则可以利用服务注册中心来承担权限信息的集中下发。基于服务注册中心的 Token 授权机制如图 4.15 所示，具体步骤如下。

1）在服务提供方的服务配置中开启 Token 授权机制，有如下两种配置模式；

```
<!--随机 Token，使用 UUID 生成-->
<dsf：service interface="com.myCompany.MyService1" token="true" />
<!--固定 Token，相当于密码-->
<dsf：service interface="com.myCompany.MyService2" token="123456" />
```

2）服务提供方在服务启动时，利用 UUID 或配置指定的值，生成一个 Token；

3）服务提供方在向服务注册中心注册服务时，带上 Token；

4）服务注册中心接收到服务注册信息时，会同步存储 Token；

5）如果有服务调用方向服务注册中心申请服务注册信息，则服务注册中心会将 Token 分发给服务调用方；

6）服务调用方获取到 Token 后，会缓存 Token；

7）服务调用方向服务提供方发起远程调用时，会同步带上 Token；

8）服务提供方接收到服务请求时，会验证 Token，如果请求的 Token 和本地缓存的 Token 一致，则继续提供服务，如果 Token 不一致，则拒绝服务。

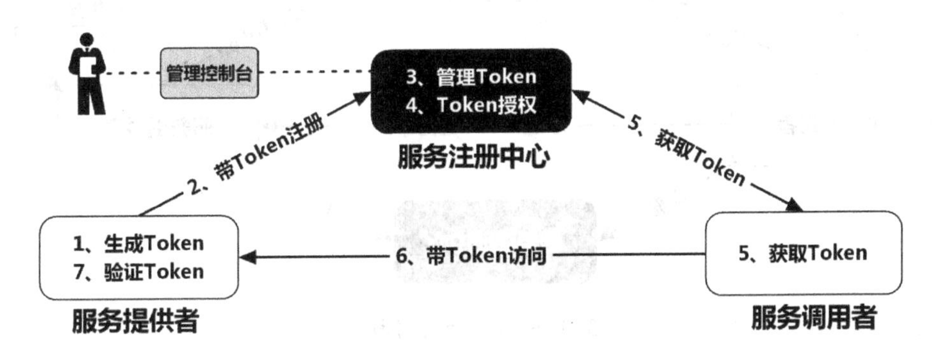

图 4.15　基于注册中心的 Token 授权机制

通过基于服务注册中心的 Token 授权，可以实现：

- 防止消费者绕过注册中心访问提供者；
- 可以在注册中心控制权限，以决定是否下发 Token 给消费者；
- 可以在注册中心灵活地改变授权方式，而无须修改或升级服务提供者。

4.6.3　第三方服务授权

为了应对更复杂的授权需求，可以引入独立的授权中心，即第三方服务授权，如图 4.16 所示。

通过如下步骤进行独立的授权中心的授权及验证：

1）服务调用方发起服务调用请求时，先从授权中心申请一个授权码（Token）；

2）授权中心根据授权规则结合服务的 IP 地址及名称等信息，生成一个授权码，返回给服务调用者；

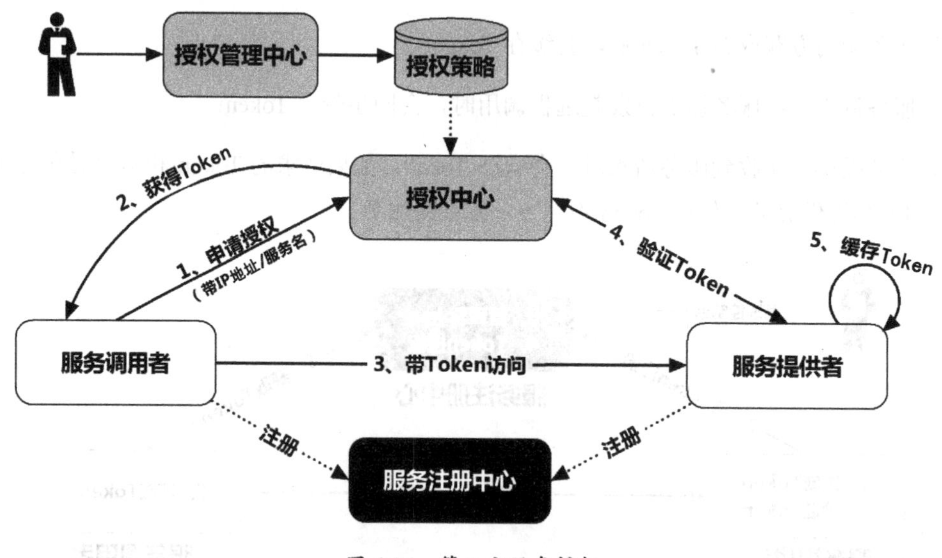

图 4.16　第三方服务授权

3）服务调用者缓存授权码，并在发起远程调用时将授权码（Token）附在原始请求上一起发给服务提供方；

4）服务提供方收到请求后，先通过授权中心将授权码还原成调用方身份信息和相应的权限列表，然后决定是否授权此次调用，如果是合法授权码，则服务提供方缓存此授权码。

在服务提供方和调用方缓存授权码主要基于效率考虑，这样就不用每次发起远程请求时都到授权中心申请授权码和验证授权码。但为了防止授权码被盗用，建议在实际应用中给授权码设置时效，每隔一段时间授权码就失效，需要重新申请和验证。这样就可以在效率和安全性上达成平衡。

对于 P2P 直连模式的微服务集群，基于独立授权中心的第三方服务授权可以提供比前两种授权方式更灵活的授权控制。这种授权方式的优势是：

- 可以实现更复杂的权限模式；
- 将授权和验证工作都集中到授权中心进行，降低了微服务进行权限控制的复杂度；
- 由于权限控制独立于微服务框架，对微服务的侵入性低，如果授权规则有改动，则只需要在授权中心进行规则改动，无须重新发布服务。

实现授权中心的相关技术有 OAuth2 和 SSO，这里重点介绍一下 OAuth2。OAuth2 应该是目前互联网应用中使用最普遍的授权协议，其用户包括 Google、腾讯等大型互联网公司。图 4.17 是 OAuth2 的标准授权过程。

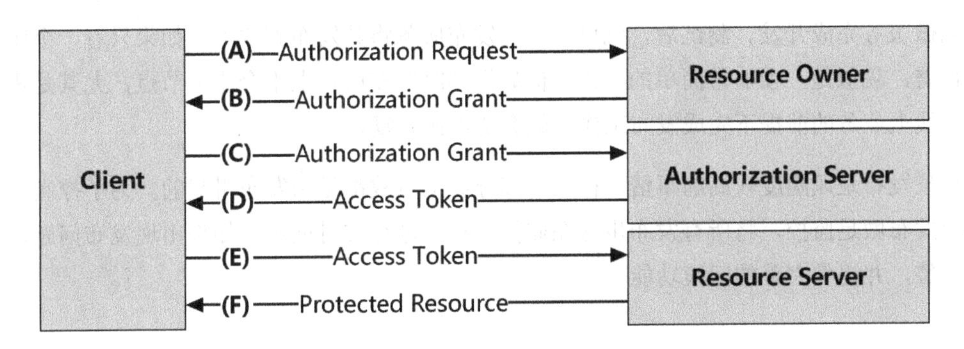

图 4.17　OAuth2 的标准授权过程

OAuth2 涉及 4 个角色，分别是客户端（Client）、资源所有者（Resource Owner）、认证服务器（Authorization Server）、资源服务器（Resource Server）。它们之间的交互过程如下：

1）客户端调用资源前，要求资源所有者给予授权；

2）资源所有者同意给予客户端授权；

3）客户端使用获得的授权向认证服务器申请 Token；

4）认证服务器对客户端进行认证，确认无误后，同意发放 Token；

5）客户端使用 Token 向资源服务器申请获取资源；

6）资源服务器确认 Token 无误，同意向客户端开放资源。

对应到微服务场景，服务提供方相当于图中的 Resource Server，服务调用方相当于 Client，而授权中心相当于 Authorization Server 和 Resource Owner 的合体。OAuth2 的实现涉及很多细节，读者可以自行查找相关资料。

4.7 服务线上生命周期管理

当微服务完成开发、测试后，就可以通过发布服务将其发布到线上。如果只看一个服务节点的部署，貌似是一项非常简单的工作，但如果同时发布成百上千个服务节点，尤其是需要在不影响线上业务的前提下完成发布工作，就会变得比较复杂。

批量发布是风险度较高的事情，很大一部分线上事故都是由发布引起的。为了控制风险，需要对发布做足监控，将所有发布步骤在监控大盘上进行实时展示，如果出现发布问题，则应及时告警，并提供完善的回滚功能。

4.7.1 微服务的部署

4.7.1.1 包部署模式

以应用包或服务包的方式进行的部署工作，大部分是在非容器环境的物理机或虚拟机上进行的。如图 4.18 所示，在多机房情况下，每个机房都会有发布调度服务器，同时软件版本仓库在每个机房也都会有相应的镜像服务。

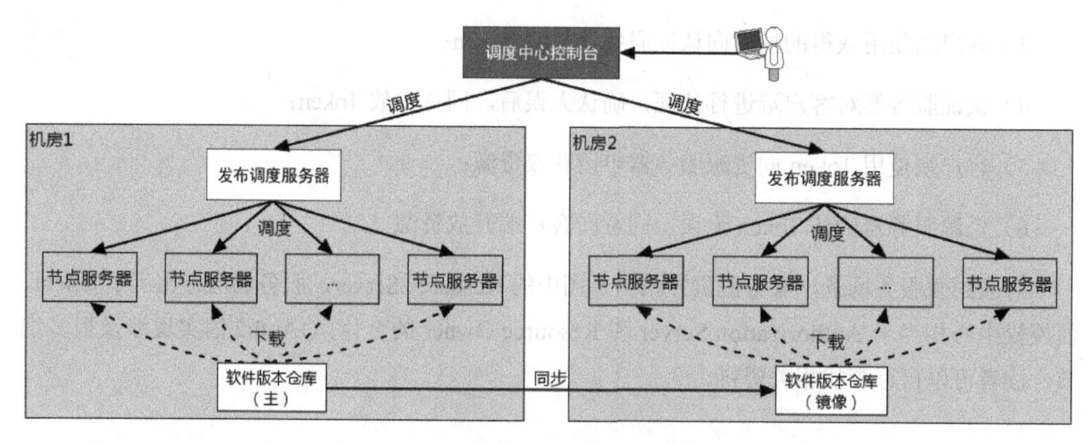

图 4.18　微服务的包部署模式

1. 服务部署包分发

当发布指令从调度中心下发后，每个机房的发布调度服务器会通知本机房内应用服务器集群中的每个服务节点到本机房的软件版本仓库下载对应的服务发布包。

这里要注意的是，如果服务节点过多，同时下载微服务的部署包可能会产生瞬时的“网络风暴”，导致网络被堵塞。因此，在下载调度上需要做一些优化，让这些服务节点分批下载，或者控制能同时下载的服务节点的数量。

2. 服务状态检测

每个服务节点上新的服务部署包下载完成后，就要停止当前运行的服务进程，部署新版本服务。

在停止服务时，由于服务上有正在运行的请求，需要等待这些请求处理完毕，同时不让新的请求进来，这就是所谓的“优雅停机”。可以通过服务注册中心将该服务节点直接删除，或者通过调整该服务节点的路由权重为 0 来控制不再有新的请求进入该服务节点。另一方面，可以通过一些系统钩子（如 JVM 中的 shutdownhook）来实现等待所有请求处理完毕再关闭应用的功能，同时做一些资源清理工作。

新版本服务启动后，会自动到服务注册中心进行登记注册，并重新恢复路由权重。这样，新的请求会重新被路由到该服务节点。

3. 分批发布

微服务的发布如果要做到线上业务无感，就必须控制同时进行上、下线操作的服务节点的数量。因为如果一个服务集群中过多的节点下线，则剩余的节点可能无法负担当时线上所有的请求流量，所以针对服务发布，必须能控制同时进行上、下线操作的服务节点的数量或比例。

4. 服务发布执行

在图 4.18 中，发布调度服务器承担了“大脑”的作用，由它提供分批发布策略并向各个服务节点发出发布指令。微服务本身属于被操作的“物料”，在服务节点上还需要有发布操作的“执行人”。承担执行人角色的可以是集成在服务节点中的 Agent，这个 Agent 是一个独立的进程，在服务节点启动后同步启动运行，并不断监听发布调度服务的指令，收到具体发布指令后，由其执行具体的发布策略。

除了独立部署的 Agent，还可以采用以 Ansible 为代表的无代理的远程配置管理工具，以直接通过 SSH 协议对服务节点进行发布操作管理。使用 Ansible 的最大好处是，不需要在服务节点上部署 Agent 程序，减少了 Agent 带来的稳定性风险，降低了整体维护成本。

不论是 Agent，还是远程配置管理工具，在服务发布上基本都遵循相似的步骤。

1）检查环境：检测系统环境是否正常，相关技术栈是否完备；

2）下载部署包：参考指定软件版本下载部署物料；

3）关闭服务监控：关闭服务监控，防止部署过程中产生大量报错信息，但部署监控必须开启；

4）服务下线：服务注册中心将该服务节点直接删除，或者调整该服务节点的路由权重为 0 来控制不再有新的请求进入该服务节点；

5）停止服务：发出进程关闭信息，通过“优雅停机”的方式在所有存量请求处理完毕之后，关闭服务进程；

6）部署服务：部署新服务的部署包；

7）启动服务：启动服务进程；

8）健康检测：检测服务是否正常启动，进程是否正常，并在服务注册中心中正常注册；

9）开启服务监控：服务启动成功并正常注册后，开启服务监控。

4.7.1.2 容器化部署模式

在容器编排领域，K8S（Kubernetes）已经成了事实上的王者。本节中，就以 K8S 为例，讨论如何进行 P2P 直连模式微服务的部署。

首先了解 K8S 的两个关键概念：Pod 和 Service。

1. Pod

和常规的理解不一样，K8S 管理的基本单元不是容器，而是 Pod。Pod 是 K8S 中的最小管理单元，K8S 不直接管理容器，就算只有一个容器，也会给它分配一个 Pod，Pod 里的容器数也可以为 0（其实不可能真正为 0，因为还有 K8S 自己创建的基础容器 Pause，它负责网络及存储的管理）。

2. Service

可以通过给 Pod 打标签（Label）来对 Pod 进行分类和组织。一个 Pod 的若干个实例组成一个 Service，可以认为 Service 就是对应一个 Pod 的副本集群，并通过 Service 来进行这些副本实例的负载均衡控制。一个 Service 由一个 IP 地址和一个 Label Selector 组成，副本控制器（Replication Controller）通过 Label Selector 来控制每个 Service 包含多少个 Pod 实例。简单地理解，可以把 Service 看成一个弹性组。

如果设定一个 Pod 的实例由基础容器 Pause 和一个业务容器组成，并且这个业务容器只运行微服务的某一个服务节点，就可以让 K8S 和微服务在“服务”这个概念上达成一致，如图 4.19 所示。

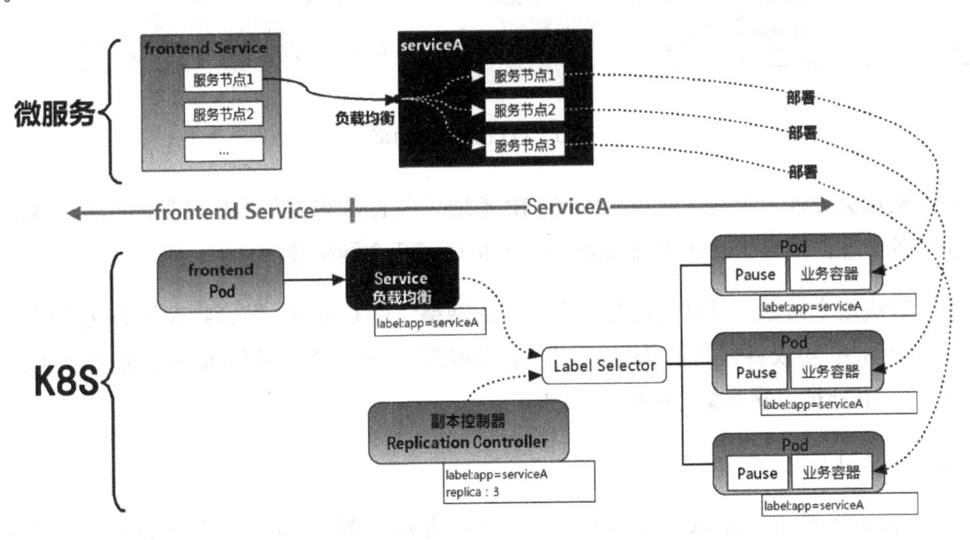

图 4.19　微服务和 K8S 在架构上的映射及融合

如图 4.19 所示，微服务中的服务对应 K8S 中的 Service，服务节点对应 Pod 中的业务容器。这样，只要将每个微服务打包成容器镜像，并在创建对应 Pod 资源的时候，将服务名称以标签的形式写入资源清单文件中，就可以利用 Label Selector 过滤出相关的服务 Pod，并通过 K8S 进行上线、下线、扩容、缩容操作。

4.7.1.3 混合部署模式

与服务化类似，大部分企业的容器化之路也不是一蹴而就的。企业内部的 IT 环境会长期处于新旧混搭的状态，基础资源层除了 K8S 提供的容器服务，可能还存在 IaaS 云平台（公有云或私有云），甚至还存在传统的物理机。整个微服务集群混部在这些不同的环境中，新增加的 K8S 容器服务平台需要能与原有的资源平台共存，如图 4.20 所示。

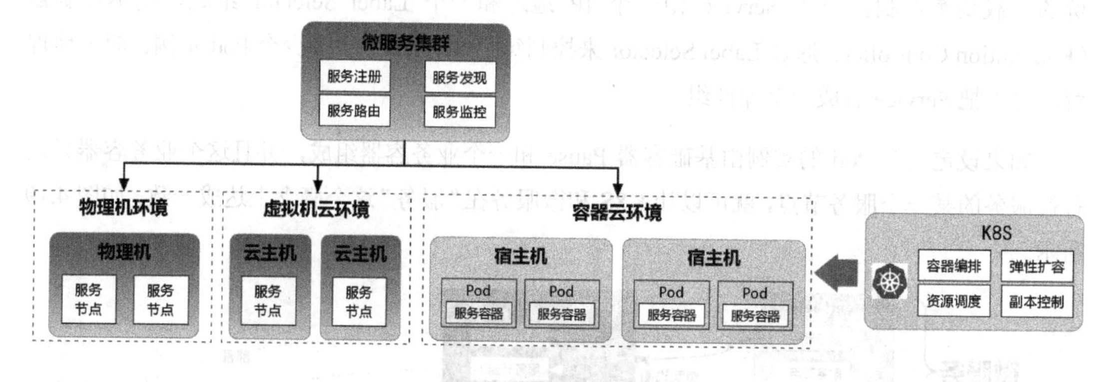

图 4.20　微服务集群的混部

以上架构会导致一个网络问题，Pod 的 IP 地址只在 K8S 容器集群里可见，无法和容器集群外的微服务交互，相当于 K8S 容器集群内、外形成了两个网络域。

为了解决这个问题，可以使用第三方开源的网络组件 Calico，结合物理核心交换机做策略优化，基于 BGP 协议将容器集群的内、外两个网络连接在一起，使得 K8S 集群外的主机能访问到 Pod 的 IP 地址，网络架构如图 4.21 所示。

它的原理如下。

1）Calico 将所有的 Node 主机变成了路由器，并将该 Node 主机上存在的所有网段信息都汇报给路由反射器（核心交换机），包括该主机上运行的 Pod 网络；

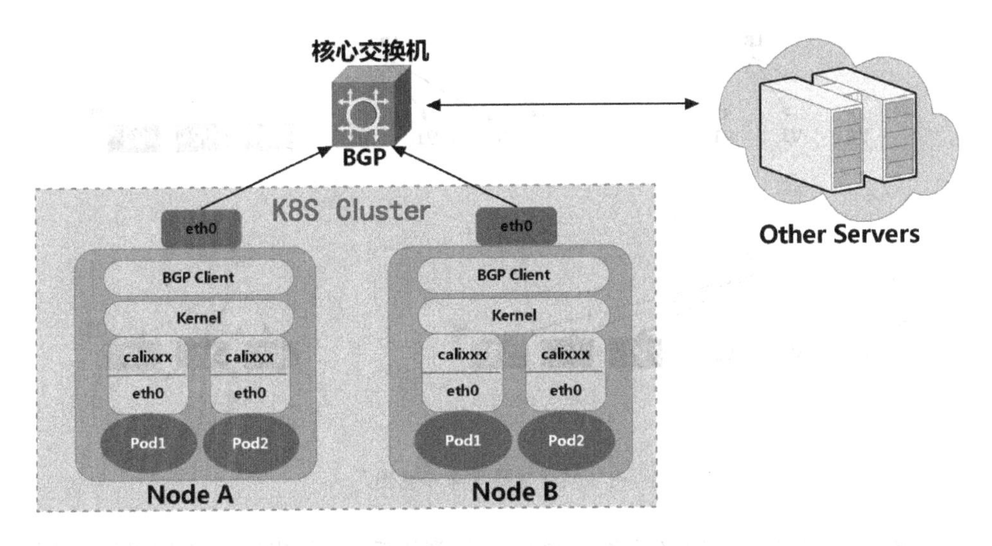

图 4.21　通过 BGP 网络解决 K8S 集群内、外网络访问问题

2）配置核心交换机以路由反射器（Route Reflector）的角色与其他节点建立 BGP 邻居关系；

3）K8S 集群外的主机只要能连接到核心交换机，就可以获取抵达所有 Pod 地址的路由信息。

4.7.2　蓝绿发布

蓝绿发布是一种历史悠久的服务端应用发布模式，不仅适用于分布式应用或服务，而且也适用于大量的单体应用，它能有效缩短发布导致的业务中断时间，并且能够在发布版本出现问题时快速回退。

蓝绿发布的核心思想是新旧两套服务共存。新系统的发布由于不涉及旧系统，自然不需要使用蓝绿发布，所以直接发布就行了，只有存量服务的升级才需要使用蓝绿发布。所以，准确地说，蓝绿发布主要应用于服务的升级。

图 4.22 是蓝绿发布的示意图，蓝绿发布包含如下几个步骤。

1）部署开始前，线上只有旧版本（蓝集群）的服务在运行。

2）在线上部署服务的新版本（绿集群），并在线上进行充分测试。

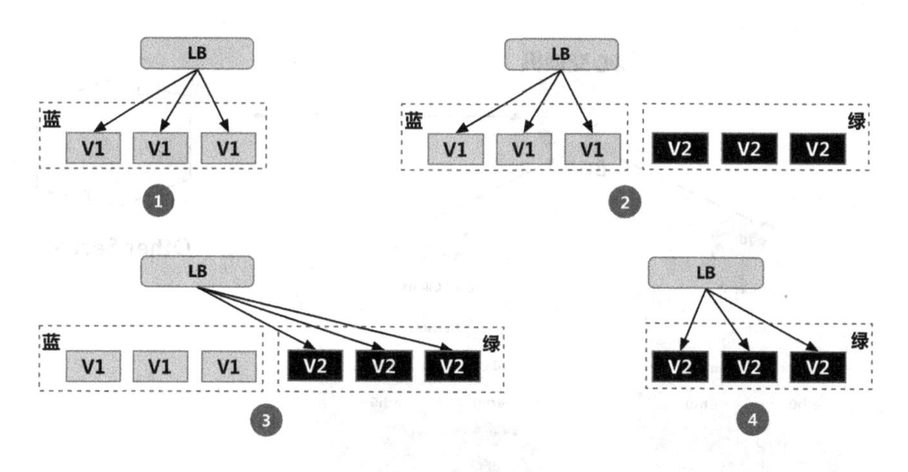

图 4.22 蓝绿发布示意图

3）调整路由及负载均衡策略，将流量统一切换到新版本（绿集群），但旧服务（蓝集群）不下线。此时两套集群并存，只是旧集群没有流量，一旦新版本服务出现异常，通过调整路由及负载均衡策略，快速切换回旧版本（蓝集群）。

4）新版本（绿集群）线上稳定运行无异常后，将旧版本服务（蓝集群）下线，发布结束。

采用蓝绿发布模式，由于新旧两套服务集群并存，所以一旦发布过程出现异常，回滚速度会比较快，只要切流量即可。但这种发布模式在发布过程中，需要额外占用一套线上资源。

4.7.3 灰度发布

灰度发布是专门针对分布式、多节点的应用或服务的发布方式，和蓝绿发布不同，它不需要额外的资源。它利用现有服务集群，通过分批替换的方式将风险控制在可接受范围内，以减少发布后的质量风险。

灰度发布目前也是互联网企业的主流发布模式。这些企业一般都构建了完善的灰度发布平台，利用该平台，运维人员可以在服务集群中设定发布批次，并同步将用户（流量）进行划分，根据功能、兼容性、并发和性能选定发布批次对应的用户（流量）范围，分批平滑发布，逐渐扩大范围，同时将选定的线上用户路由到新版本上，实时收集用户反馈来验证发布效果，以决定是继续发布还是回滚。图 4.23 就是典型的灰度发布过程，服务节点和用户流量同步进行阶梯切换。

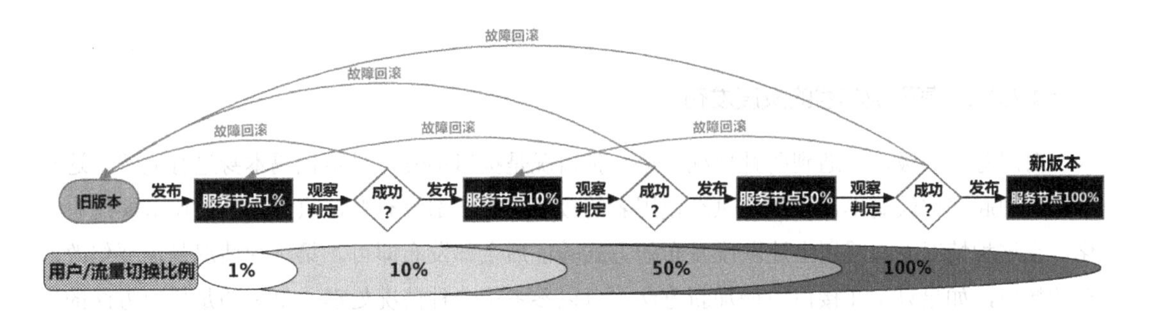

图 4.23　典型的灰度发布过程

在灰度发布的用户选择上，除了考虑集群的负载，还可以根据实际需要灵活切分，一般会优先使用用户区域、用户级别、用户设备等属性。所有选择都通过灰度发布平台控制，灰度发布平台同时要和监控系统紧密结合，以对较长时段的发布过程进行全程监控。

4.7.3.1　金丝雀测试

在灰度发布中，第一批（或前 *N* 批）发布的服务节点及被切流到该节点上的用户流量具有特殊意义，它们往往扮演了“先行者”的角色，大部分异常都能在第一批发布中被发现。由于第一批（前 *N* 批）发布的范围非常小（一般不超过 1%），影响范围有限，因此又把第一批（前 *N* 批）发布单独称为“金丝雀测试”。

“金丝雀测试”的覆盖范围很小，所针对的用户群体可以限制在很小的可控范围之内。就像笔者目前所负责的在线金融业务，每当一个较大的功能上线时，一般都会先让部门内部员工承担“金丝雀”的角色，再将范围扩大到公司员工，然后基于特定规则（地区、机型、年龄等）挑选一批用户。

“金丝雀测试”无误后，就可以进行全量滚动发布了。

小贴士

矿井工人面临的一大风险就是井下的瓦斯爆炸，后来人们发现，金丝雀对瓦斯气体非常敏感，只要空气中存在极其微量的瓦斯气体，金丝雀就会停止歌唱或死亡。因此，在采矿设备不发达的古代，矿井工人每次下井都会带上一只金丝雀，并根据金丝雀的表现来判定是否有瓦斯，以便在危险来临前及时撤离。

4.7.3.2 基于版本号的灰度发布

对服务的升级，会遇到两种情况。第一种情况是接口不变，只是代码本身进行完善。这种情况处理起来比较简单，因为提供给使用者的接口、方法都没有变，只是内部的服务实现有变化。在这种情况下，采用上述灰度发布的方式验证后全部发布即可。第二种情况是需要修改原有的接口，如果只是在接口中增加新方法，可以参考第一种情况处理。复杂的是接口方法的参数列表被修改了，这时就需要有相应的手段来区分新旧接口方法，比较通用的办法是通过增加服务接口的版本号来解决，使用老方法的系统继续调用原来版本的服务，需要使用新方法的系统则使用新版本的服务。这意味着，在服务框架中，必须通过“服务接口+版本号”的方式来唯一区分服务（在服务多租户的模式下，还需要加入分组 group）。基于版本号的灰度发布升级如图 4.24 所示。

在图 4.24 中，C1 代表服务调用方（消费者，Consumer），P1 代表服务提供方（提供者，Provider），V1、V2 代表版本号。总体流程是，找一个访问低谷，先将一部分服务提供方升级为新版本，接着将所有服务调用方升级成新版本，最后将剩余的服务提供方升级成新版本。这个过程涉及流量的各种调整，具体可以参考图 4.24 中的各个步骤。

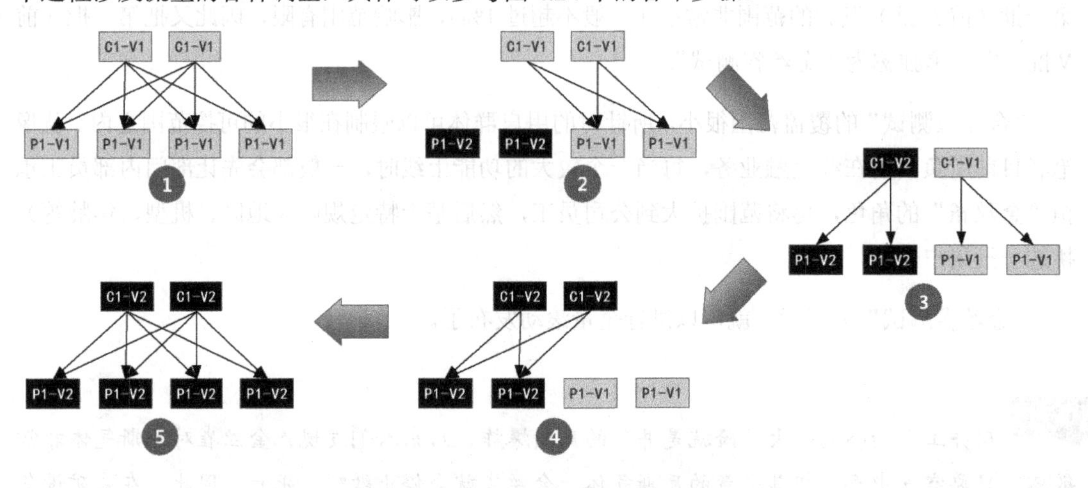

图 4.24 基于版本号的灰度发布升级

4.8 服务线上稳定性保障

4.8.1 应急预案

在实际应用场景中，尤其是像双 11 这类服务暴涨的情况，对业务的流控牵涉大量服务节点的路由、限流、降级调控，需要在短时间内对大量服务做出调整。这时，常规的针对逐个服务节点的单独控制无法满足时效性的要求，必须将对这些服务的调整合并成一个"批处理"，并能够一键执行。实际上，应急预案就是由这样的一个个"批处理"方案构成的。根据 Google 的公开经验，**"通过实现预案并且将最佳方法记录在'运维手册（palybook）'上通常可以使 MTTR（故障平均恢复时间）降低 3 倍以上"。**

前面介绍的基于核心及非核心业务链路所进行的降级预案，就是应急预案的一类，属于业务预案。还有一类预案是系统预案，比如当分布式消息服务出现故障时，我们需要将消息临时写入数据库中，以保证消息不丢失。这就导致了新的问题，数据库的读写效率没有消息队列高，所以消息队列可以支撑的流量，数据库肯定是支撑不了的。为了保证数据库不被阻塞，需要与限流策略结合起来，先限流，限到数据库能够支撑的容量，再做降级。这样几个策略组合在一起，就是应急预案了。

4.8.1.1 应急预案选择及执行策略

当线上服务出现故障时，应该选择哪些应急预案？这些预案的执行顺序又如何？预案选择和执行的策略会直接影响预案执行的效果，可以从以下多个维度来做出选择。

1. 故障发生概率

和世间大多数事物的规律一样，线上故障也大都遵循"二八原则"，就是说大部分故障都集中在少数几个场景中。因此，要定期梳理线上故障场景，找到那些发生故障概率较高的 Top*N* 场景，并针对这些场景制定（指定）对应的预案。当相应故障场景出现时，优先执行这些预案。这些预案就像程咬金的三板斧，是应对常规故障的首选。

2. 预案执行效率

线上故障持续时间越长，业务的损失就越多。因此，应急预案的执行效率是影响我们选择的很重要的因素。比如，当线上负载急剧攀升，已经影响服务的整体稳定性时，有两个预案选择，一个是扩容，另一个是限流。如果只选择执行扩容预案至少需要 10min 以上的生效时间，这个时间段内系统处于一个非常危险的状态，随时可能被“打爆”，而且就算坚持到扩容完成，这么长的故障时间也会让运维这个季度的 SLA 指标泡汤。因此，更好的解决方案是优先选择执行效率更高的限流，开启限流开关，在系统保持正常的同时至少保证部分用户的服务不受影响，同时执行扩容预案，当扩容完成之后再取消限流。

3. 预案负面影响

所有预案的执行都会让系统偏离正常轨迹，处于“次优”状态，它在止损的同时，或多或少也会带来一些负面影响。比如，限流会让部分用户无法使用服务，而降级会让用户的体验变差。所以要尽可能优先选择对整体用户体验影响最小的那些预案，至少不能比现在更差，否则预案的执行就没有意义了。负面影响的评估标准更多从业务层面出发，而不是技术层面，比如影响的订单数量、总销售金额等。

一些业务波动较大的场景，比如电商促销，当流量持续攀高时，系统全链路的负载及压力都会升高，这个时候，可能数据库读写能力率先出现劣化，导致上游服务的调用性能下降。此时，本应执行数据库限流的应急预案，但如果监控及根因分析手段不到位，很可能被误判为是由于服务容量不够导致的，从而错误地执行服务扩容预案，导致数据库负载不降反升。问题不但不能解决，反而会进一步恶化。因此，在预案执行过程中一旦出现严重故障，如果切换预案之后问题不但没有解决，还有进一步恶化的趋势，就要立刻终止预案的执行，及时止损，并“保存现场”，以便人力介入进行真实根因分析。一些自动化程度较高的公司，会提供紧急状态模式，一键进入。此时，不仅服务，包括网络、IDC、服务器、操作系统和其他基础设施等相关变更都将被终止，甚至一般运维人员的线上操作权限也都会被屏蔽，未经许可无法在线上执行任何命令。

4. 预案复杂度

有些预案操作简单，并且支持幂等性，比如切流量或者调整负载均衡策略，效果立竿见影，而且无论执行多少次，结果都是一样的。有些诸如灰度回滚或者考虑完整性的数据（状态）迁移操作则需要较长的操作周期，比较复杂。预案复杂度不同，对业务的影响也不尽相同，尤其是一些需要长时间才能生效的预案，往往存在不可控的风险。所以在选择预案的时候，需要考虑预案复杂度带来的影响，特别是对于一些无法完全自动化或者一些时间成本较高的预案。一般来说预案复杂度越高，优选选择权越低。

4.8.1.2　建设行之有效的应急预案体系

一个行之有效的应急预案体系通常需要同时满足预案覆盖度高、有效性高、自动化程度高这“三高”的特点。

1. 覆盖度高

一个企业针对线上系统的应急预案如果无法覆盖足够多的故障场景，自然谈不上完备，就像一个四面漏风的破房子，是起不到防护作用的。因此，要定期梳理线上故障场景，找到那些发生概率较高的 Top*N* 场景，并针对这些场景制定（指定）对应的预案。

2. 有效性高

很多产品线说自己有成千上万种预案，虽然实现了较好的覆盖度，但是从有效性角度看，大部分预案，可能从产生那一刻起就从未被使用过。这样的预案有何意义？也许真到了需要使用的那一刻，才发现这个预案根本不能用。因此，保证预案的有效性极为重要！如何保证呢？一方面靠例行化的预案演练来验证效果，另一方面定期复盘过往的故障及预案的执行效果。

3. 自动化程度高

要有效保障大规模服务化，运维自动化是前提和基础。应急预案体系本质上属于线上运维的一部分。因此，可以将线上监控和应急预案对接，通过告警事件自动驱动预案的执行。

应急预案的自动化执行可以有效降低人工执行的误操作带来的风险，提高执行效率，对复杂程度高的应急预案，收效会更加明显。同时，将预案的执行交给系统后，开发人员就只需关注相关预案的脚本开发，并给出明确的执行条件，应急响应的工作可以移交给专门的运维团队负责，职责更清晰。另外，自动化同时也意味着标准化，包括遵循相同的脚本编写标准、相同的接口标准等。这些以相同标准积累下来的预案本身就是开发及运维团队的一笔宝贵财富，有助于知识的沉淀和传承。

4.8.2 故障演练

制定出来的应急预案不能在平时“束之高阁”，出现问题时才仓促搬出来救火。如果以这种态度对待预案，不仅解决不了问题，反而可能火上浇油，导致故障扩大化。因为业务及系统总是在不断进化，现在制定的应急预案，说不定哪天就不适用了，所以要定期对应急预案进行演练，以验证预案的有效性。另外，定期演练还可以锻炼运维人员的操作能力和危机意识，以保证线上真正出现问题时，应急预案可以被高效地执行。

应急预案都是来自于日常线上故障事故的经验和教训。因此，进行日常的故障演练时，也要有合适的手段来模拟这些故障，比如 CPU 异常、RT 响应异常、QPS 异常、网络异常等。这方面做得比较好的典型代表是 Netflix Eng Tools 团队开发的 Chaos Monkey。当时，Netflix 的物理基础设施迁移到 AWS 上，为了保证 AWS 实例的故障不会给 Netflix 的用户体验造成影响，专门开发了这个工具，用来模拟各种 AWS 的线上故障，以测试系统，并验证应急预案是否考虑充分、覆盖到位，是否能够保持系统处于或将系统快速恢复到正常状态，以保证系统整体的健壮性。

对于运维及开发人员来说，故障演练应该成为一项日常操作，只有时时演练，才能在真正面对线上问题时做到心中有数、举重若轻。正是基于这个理念，Google 每年举办一次持续数天的全公司故障演练（灾难恢复演习，DiRT），针对理论性和实际性的灾难进行演习。

故障演练的最终目标是建立一套有效的紧急故障管理流程，协调故障发生时的人（相关干系人，包含业务、运营、开发）、事（应对策略、事项）、物（故障主体、环境），以控制故障的影响并迅速恢复运营。

1. 事前

在故障发生时，第一责任人就是告警的直接对接人，他要第一时间评估故障等级和处理优先级别，并根据运维手册判断是否启动应急预案。这个时候应优先控制影响，尽力保障线上服务继续运行，至少通过一些限流、降级或者回滚预案让线上服务部分可用；同时隔离故障环境，为后续的故障调查“保存现场”。

如果以上策略不奏效，第一责任人就需要向负责人申请将处理级别上升，同时开始组建故障处理团队，并指定如下角色。

1）**总体调度负责人**：需要第一时间了解线上事故概况，负责事故处理团队的资源协调及组建，并为团队成员分配工作任务。团队正常工作所必需的线上权限的申请、“作战室”场地、对外联络方式都由他统一协调调度。

2）**处理团队**：处理故障的具体操作人员，也是唯一能够对系统进行修改的人员。

3）**团队发言人**：代团队对外进行进度通报的人员，负责维护当前的故障文档，以保证对外通报信息的及时性和准确性。

4）**协助人员**：负责琐碎事务处理，包括故障等级、处理步骤登记、后勤保障等，以便处理团队能够专心工作。

故障处理团队成员需要紧密配合，职责一旦分配，就要充分授权，让其能够自主行动。相互之间要互相信任，尽力避免由于压力所带来的慌乱和不信任情绪。

2. 事中

故障处理过程及根因调查中，要实时评估故障蔓延状况和排查进度，重新评估当前处理策略是否合适，是否需要进行调整。如有必要，可协调新的资源和人员。

故障处理进度要实时通报，最好拉群，将所有干系人都集中在一个能看到实时处理进度的消息群里，相互之间的沟通都在群里进行，防止信息遗漏。如有必要，可以申请一个独立场所，将故障处理团队成员都集中在一起办公，以提高处理和沟通的效率。

3. 事后

故障根因定位清楚后，要及时安排资源修复根因问题，同时将服务恢复到正常状态，并及时进行故障复盘。

故障复盘可能是一次全员的会议讨论，也可能是内部员工论坛上的一个讨论主题，但不管是什么样的组织形式，最终故障处理团队必须形成并正式提交一份复盘总结报告。复盘总结报告要关注故障本身，包括故障现象、故障影响程度、损失评估、应对策略及处理流程、解决方案、改进建议及排期。一定要避免公开指责具体个人或团队。

关注于“事”而不是“人”的复盘报告一方面可以避免相关人员互相推诿扯皮，逃避复盘总结，另一方面通过鼓励全员参与还可以形成从故障中学习、防止问题再现的氛围。评审后的复盘报告要尽可能在内部公开传播，通过长效机制，比如每个月固定的学习会和有奖竞答等模式，来鼓励大家学习及讨论。

绝大部分故障演练场景都脱胎于复盘报告中的实际故障场景描述，演练中可以让一批工程师根据报告中提到的各种角色进行角色扮演，鼓励每个团队成员轮流承担其中的角色，并不断熟悉故障处理流程中的角色配合和处理步骤，只有这样，当真正的故障发生时，才能从容应对。

4.8.3 混沌工程

名医扁鹊有三个兄弟，扁鹊替魏文王看病时，魏文王问扁鹊他们三兄弟谁的医术最好，扁鹊回答说：“我们兄弟三人，医术最好的是我大哥，排第二的是我二哥，我的医术排在末尾。”魏文王感到很不解。扁鹊解释道：“我大哥能够在病人发病之前就看出病情，并将其治愈。但病人不知道，所以人们觉得我大哥没有什么医术。我二哥能够在病人发病的初期就将其治愈，但病人会觉得是因为自己病得不重，因此认为我二哥的医术一般。那些病情十分严重的病人一般都会找我医治，他们看到我运用多种方法，最终治好病人，就觉得我是神医。但从根本上讲，我的医术比不上我的两位哥哥。”魏文王听了扁鹊的解释后，豁然开朗。

“大象希形，大音希声”“善战者无赫赫战功”，最高明的医术不是治病而是防病于未然，在服务治理领域同样如此。我们之前讨论的很多服务管控策略本质上都是一种事后措施，都是在线上服务已经出现不稳定或者异常时的被动应对举措。这种事后措施，无论多么迅捷，也只是亡羊补牢。那么，能否像扁鹊的哥哥们那样，构建起一种能力，能够在故障或者风险发生之前，就发现相应的隐患，并提前对系统进行“加固”，以增强系统自身抵御特定故障或者风险的韧性呢？

在回答这个问题之前，让我们回顾一下 3.4.8 节所讨论的容量规划。可以发现，通过精心设计，在线上综合应用流量模拟、负载调控、资源隔离、指标度量等多种手段，可以对线上服务或应用集群的当前容量及性能进行比较精确的评估。在此基础上，主动进行资源的调配或改进，能够有效避免由于集群容量达到阈值导致的异常，将风险消灭于无形中。可见，容量规划就是一种主动的风险预防机制。

目前业界已经出现了一门新兴的主动风险防控学科：混沌工程。它是一门相对高级的系统稳定性治理方法论，提倡采用探索式的研究实验，发现生产环境中的各种风险，让人们建立对于复杂分布式系统在生产中抵御突发事件能力的信心。经过多年在理论及实践上的发展、完善，混沌工程已经成为推动服务治理、架构升级的有效助力。

4.8.3.1 混沌工程原则

混沌工程的先行者及定义者是 Netflix，这是一个在分布式服务领域有卓越贡献的公司，我们可以通过它在混沌工程领域的实践经历来体会一下混沌工程的本质内涵。

1）2008 年，Netflix 从 IDC 迁移到 AWS 云上，开始尝试在生产环境中开展一些系统弹性的测试。

2）2010 年，Netflix 在 AWS 的生产环境中上线了第一款混沌实验工具 Chaos Monkey，通过高频随机终止 EC2 实例这种“极端”方式来促使开发工程师提高服务设计的健壮性，使得开发的服务在这类故障发生时也能保持正常运行。

3）2011 年，Netflix 正式上线猴子军团工具集 Simian Army，其中除了 Chaos Monkey，还包含 Janitor Monkey、Conformity Monkey、Latency Monkey 等多款工具。这些工具可以基于资源使用规则、安全规则、配置合理性、健康度等来综合判断并关闭线上的特定实例或者在通信中引入随机异常。通过 Simian Army，迫使开发工程师扩大服务健壮性设计的着眼点，兼顾更多的异常场景。Simian Army 在 2012 年开源。

4）2014 年，Netflix 推出了故障注入测试（Fault Injection Test，FIT）工具，将线上混沌工程的覆盖范围进一步扩大到微服务领域。利用微服务架构的流量控制及节点隔离机制，将混沌实验的爆炸半径控制在最小范围。同时确立了混沌工程的若干原则，用以将这个实践规范化和学科化。

5）2015 年，Netflix 上线了 Chaos Kong，用以模拟 AWS 区域（Region）中断的场景。

6）2016 年底，Netflix 推出了混沌工程自动化平台 ChAP（FIT 加强版），并通过与 Spinnaker（持续发布平台）集成，能够在微服务体系架构上 24×7 小时不间断地自动运行混沌工程实验。

从 Netflix 实践混沌工程的过程可以看出，混沌工程的本质就是在不影响正常业务的前提下，在生产环境中有意识地注入一些异常和故障，探索系统潜在的脆弱点，并对这些脆弱点进行改进，从而增强系统的韧性，提高人们对系统健壮性的自信心的行为。在这个过程中，我们需要从整体上了解复杂系统是如何失效的，而不只是关注具体发生故障的组件，应该从深层去了解（诸如组件交互中的）一些偶发意外。

1. 混沌工程前提

不影响正常业务是开展混沌工程的前提，因此，在引入混沌工程并在生产系统中注入故意构造的异常或故障之前，我们要回答一个问题：我们的系统是否已经具备足够的韧性来应对真实环境中的异常事件，比如某个服务异常、网络闪断或瞬时延迟提高等。如果我们的答案是“NO”，则可以确定混沌工程实验会导致系统出现严重的故障，必须先对系统进行改进，再考虑混沌工程的实施。

混沌工程的另一个前提条件是线上系统必须具备完善的可观察性。只有这样，才能在进行混沌实验时，实时“看”到系统的各项状态，并从实验中得出有效的结论。

2. 混沌工程普适原则

混沌工程的核心是实验，这些实验是精心设计的，而不是随机输入的。在设计实验时，需要遵循一些通用的原则。

1）确定系统稳态的基准指标。

做过科学实验的人都知道，很多实验首先都要确定一个基准值，才能通过实验值和基准值的比较来确定实验效果。因此，在开始混沌实验之前，要建立系统稳定状态的假设。可以通过一个正常业务时间周期内（比如一周或者一个月）系统每天的监控指标，来确定系统在正常状态下的基准指标。这些指标既包含技术指标，如系统吞吐量、错误率、99 分位调用延时等；也包含业务指标，如小时申购量、申购金额等。引入业务指标有助于我们判断实验对用户产生的直接影响，毕竟一个不健康的系统带给用户的绝不会是满意的体验。

2）合理构造混沌实验的注入事件。

用“事件”这个词来替代故障和异常，是因为“事件”的含义更普适。混沌实验的输入不一定是我们常规所理解的硬件故障、网络中断、资源耗尽、资源竞争等这些显性故障，也包括负载增加、通信延迟、时间偏差、数据膨胀等隐性非正常事件。因此混沌实验的输入是多样化的，它包含了现实世界的诸多事件。但这并不意味着我们必须穷举所有可能对系统造成改变的事件，一般来说，只需要重点考虑那些频繁发生并且影响重大的事件。原则上，对引入的每个事件系统都必须有相应的应对策略。所以，在决定引入哪些事件时，应当权衡应对的成本和复杂度。如果评估结果是无法控制事件的影响范围，那么就需要先优化系统应对策略，再考虑引入此事件。

3）在生产环境运行实验。

在传统的软件测试行为中，我们被教导必须在离生产系统越远越好的地方寻找缺陷。混沌工程则反其道而行之，离生产环境越近，我们才能获得越真实的系统表现。因为混沌工程实验是在整体上评估系统的表现，而其他环境在服务状态、配置信息、资源配置、第三方外部依赖上是无法做到完全还原生产系统的，任何的差异都会导致实验整体的偏差。因此在混沌工程中，最好在生产环境中进行实验，这样才能将实验价值最大化。

4）持续自动化运行实验。

系统总是在不断演进，当前的平衡很可能随着业务的增长而被破坏。所以一旦决定在系统中引入混沌工程，就必须持之以恒，只有这样才能获得长久的收益，这就必然要求降低混沌工程实验的成本和难度。如果这项工作会带来太多的额外工作量，则会让开发人员产生抵触情绪。所以开始导入混沌工程的时候可以手动执行实验，但最终的能力建设需要以实现自动化为目标，就像 Netflix 那样，将 ChAP 和持续集成工具 Spinnaker 整合，可以以很小的成本来自动执行实验、自动分析实验成果。

5）将实验影响控制在最小范围。

1986 年发生在乌克兰的切尔诺贝利核事故是人类历史上最严重的核事故，而导致这场事故的却是一个在生产环境中验证冷却泵冗余电源的演习。可见，如果不具备足够完善的控制能力，生产环境的验证演习是存在导致大规模生产事故的可能性的。因此，能够有效控制混沌工程实验的影响范围，并具备“一键终止”实验的能力，是导入混沌工程的充分且必要条件。这就需要系统支持一些必要的治理能力，包括通过灵活的负载均衡策略控制实验的流量、通过熔断器对故障进行隔离等，防止故障传导及扩散。同时，对系统的监控也必须全面、及时。

4.8.3.2　混沌工程评估模型

一旦将混沌工程导入组织中，我们就需要一个标准来衡量混沌工程的效果，这方面可以参

考 *Chaos Engineering* 一书中 Netflix 制定的混沌工程成熟度评估模型。这个评估模型将成熟度分为 1、2、3、4、5 级进行描述，等级越高成熟度越好，混沌工程实验的可行性、有效性和安全性越有保障，表 4.2 是评估模型的具体内容。

表 4.2　Netflix 制定的混沌工程成熟度评估模型

成熟度等级	1 级	2 级	3 级	4 级	5 级
架构抵御故障的能力	无抵御故障的能力	一定的冗余性	冗余且可扩展	已使用可避免级联故障的技术	已实现韧性架构
实验指标设计	无系统指标监控	实验结果只反映系统状态指标	实验结果反映应用的健康状况指标	实验结果反映聚合的业务指标	可在实验组和控制组之间比较业务指标的差异
实验环境选择	只敢在开发和测试环境中运行实验	可在预生产环境中运行实验	未在生产环境中，用复制的生产流量来运行实验	在生产环境中运行实验	包括生产在内的任意环境都可以运行实验
实验自动化能力	全人工流程	利用工具半自动化运行实验	自助式创建实验，自动化运行实验，但需要手动监控和停止实验	自动化结果分析，自动化终止实验	全自动化设计、执行和终止实验
实验工具使用	无实验工具	采用实验工具	使用实验框架	实验框架和持续发布工具集成	有工具支持交互式的比对实验组和控制组
故障注入场景	只对实验对象注入一些简单事件，如突发高占用 CPU、高占用内存等	可对实验对象进行一些较复杂的故障注入，如 EC2 实例终止、可用区故障等	对实验对象注入较高级的事件，如网络延迟	对实验组引入如服务级别的影响和组合式的故障事件	可以注入对系统的不同使用模式、返回结果和状态的更改等类型的事件
环境恢复能力	无法恢复正常环境	可手动恢复环境	可半自动恢复环境	部分可自动恢复环境	韧性架构自动恢复
实验结果整理	没有生成的实验结果，需要人工整理判断	可通过实验工具得到实验结果，需要人工整理、分析和解读	可通过实验工具持续收集实验结果，但需要人工分析和解读	可通过实验工具持续收集实验结果和报告，并完成简单的故障原因分析	根据实验结果可预测收入损失，进行容量规划，区分出不同服务实际的关键程度

除了成熟度模型，Netflix 还制定了混沌工程实验的接纳指数。通过对混沌工程实验覆盖的广度和深度来描述对系统的信心。接纳指数共分 4 个等级，内容同样参考 *Chaos Engineering* 一书，如表 4.3 所示。接纳指数越高，暴露的脆弱点越多，对系统的信心也就越足。

表 4.3　Netflix 混沌工程实验的接纳指数

等级	描述
入门	● 公司重点项目不会进行混沌工程实验 ● 只覆盖了少量的系统 ● 公司内部基本上对混沌工程实验了解甚少 ● 极少数工程师尝试且偶尔进行混沌工程实验
简单	● 混沌工程实验获得正式授权和批准 ● 由工程师兼职进行混沌工程实验 ● 公司内部有多个项目有兴趣参与混沌工程实验 ● 极少数重要系统会不定期进行混沌工程实验
高级	● 成立专门的混沌工程团队 ● 事件响应已经集成在混沌工程实验框架中以创建对应的回归实验 ● 大多数核心系统都会定期进行混沌工程实验 ● 偶尔以 Game Day 的形式，对实验中发现的故障进行复盘验证
熟练	● 公司所有核心系统都会经常进行混沌工程实验 ● 大多数非核心系统也都会经常进行混沌工程实验 ● 混沌工程实验是工程师日常工作的一部分 ● 所有系统默认都要参与混沌工程实验，不参与需要特别说明

读者可以综合对照上面的成熟度模型和接纳指数，对所在组织的混沌工程的实施效果进行客观评估。

4.8.3.3　混沌工程落地策略

“纸上得来终觉浅，绝知此事要躬行”，前面介绍的混沌工程的理论最终还是需要通过实践来验证。混沌工程实验的开展，可以按如下步骤进行。

1. 制定风险清单，确定实验项目

要实践混沌工程，必须先确定要实验的风险项目。实验项目不是拍脑门凭空想象出来的，需要通过仔细的业务架构及技术架构的梳理，结合日常治理及运维活动积累下来的故障案例综合选择。

业务架构的梳理请参考 6.5.5.1 节的业务治理内容，重点是要梳理出相关业务链路，并在业务链路上找到潜在的业务风险点。梳理的关键是要识别一致性风险和控制性风险等与外部触发息息相关的风险类型，同时厘清触发风险的条件和场景。

技术架构的梳理请参考 3.5.6 节，主要通过服务调用关系、资源调用关系和环境依赖关系来发现相关技术风险点，这些风险点包括不可靠的资源和服务、性能瓶颈等。与业务风险一样，这里同样要厘清风险的触发条件和场景。

日常治理及运维活动积累的“血淋淋”的故障案例也是风险点的有效“来源”，这些案例有助于确定风险点的优先级，重复出现的故障是需要优先解决的。

通过以上多个维度的梳理，可以获得一份风险清单，这份风险清单就是混沌工程的候选实验项目。依据优先级及风险等级，结合团队的技术保障能力挑选出最终的实验项目，制定实验项目清单。每个实验项目都必须清楚描述对实验的预期，比如“当 Redis 缓存服务出现故障时，服务保持正常”。

2. 确定实验指标

类似于性能压测，进行混沌工程实验之前必须确定实验的观测指标、度量指标及各项阈值，包括实验终止的阈值、正常态与非正常态的切变阈值等。比如对前面所提的“当 Redis 缓存服务出现故障时，服务保持正常”这个预期，就必须定义 Redis 缓存服务的故障标准是什么，以及服务正常的定义是什么。可以定义当 30%的缓存写入失败或者 50%的读取超过 10s 延时即为缓存故障，服务降级提供服务也属于正常。这些指标都必须有明确清晰的定义和说明。

3. 充分做好实验准备工作

凡事预则立，不预则废。为了保证实验效果，在进行混沌工程实验之前必须做好各项准备工作。包括根据实验项目清单制定尽可能完善的实验步骤计划及预案保障计划；准备实验数据；

通知相关系统干系人，让核心岗位人员就绪，同时让业务人员提前知晓，防止造成不必要的恐慌。

4. 由点及面，逐步扩大实验范围

在线上进行混沌工程实验虽然收益大，但风险也高，因此一定要控制影响范围。与性能压测类似，混沌工程实验也可以按“由点及面，逐步扩大”的原则来逐步实施。先在一个节点进行状态改变，做最小的流量切换，并严密观察指标数据，一旦超预期就及时终止实验；只有指标可控并进入一个暂时稳定态时，才能逐步扩大实验的范围。

5. 实验后复盘

实验结束后，需要对所有的监测指标进行汇总和度量。验证实验项目清单中的假设是否成立，验证系统对于注入的真实事件是否具备足够的鲁棒性，验证实验过程中是否有不可控的、预案外的状况发生，原因是什么，将所有信息最终生成实验报告。实验报告必须同步给相关干系人及干系团队，让大家对暴露出来的风险隐患都有所了解，从整体上共同推进系统及流程的改进。

第 5 章 APM 及调用链跟踪

一个跨网络的业务调用请求涉及不同应用及服务节点的调用。我们虽然可以将这个请求在每个节点上的行为以日志的形式记录下来，但在传统的日志监控中，日志之间是没有关系的。就算这些日志被完全收集，也很难识别出这个请求所关联的日志，更别说基于这些关联日志还原出请求的全貌。离散、无关联的日志记录无法有效地帮助我们快速地进行分布式环境下的故障及性能问题的定界定位和关系梳理。

所幸的是，IT 技术领域很早就注意到分布式环境下的性能及调用关系梳理问题，并发展出了相关的应用性能管理（Application Performance Management，APM）技术体系。APM 是实现服务度量的一种非常重要并且有效的手段，本章将重点介绍 APM 及其核心技术：调用链跟踪。

5.1 APM 及调用链发展史

APM 属于 IT 运维管理（ITOM）范畴，主要是指针对企业关键业务的 IT 应用性能和用户体验的监测、优化，提高企业 IT 应用的可靠性和质量，保证用户得到良好的服务，降低 IT 总拥有成本（TCO）。

APM 的发展和网络应用的发展息息相关。早在 1996 年，认为网络速度即应用速度的 Tivoli 和 HP 就已经推出了应用响应管理开发包，不过当时并没有开放使用。这个时期算是 APM 的萌芽期。

从 APM 技术的成熟度及应用领域来看，可以将 APM 的发展历程划分为三个阶段。

- 第一阶段，大概在 20 世纪 90 年代末到 2010 年前，领军公司是 Wily 和 Precise 这一类老牌 APM 公司，产品以面向企业应用为主，采用传统的部署实施方式，这个时期的 APM 主要关注以组件为中心的基础设施监控，分别从系统、中间件、数据库等方面进行监控。
- 第二阶段是在 2010 年前后，当时全球互联网应用进入爆发性的增长阶段，以电子商务、社交为主的业务模式拓展了网络应用的广度和深度，尤其是移动应用的兴起，让系统的整个体系架构更加复杂，传统 APM 产品在应对新技术及新架构时越来越吃力。2007、2008 年崛起的新一代 APM 企业如 Dynatrace、AppDynamics、New Relic 等，开始引领这个时期的 APM 技术潮流，SaaS 化的 APM 服务也开始普及。这个时期随着 New Relic 的上市及 AppDynamics 被思科收购而达到高潮并持续到现在。
- 伴随着物联网的兴起，技术领域也在定义即将到来的 APM 3.0 时代。在未来，有巨量的设备被连入网络，网络构成会更加复杂，单一工具的监控模式会被以套件为基础的多维度综合监控模式所取代，人工智能和深度学习也将在应用性能分析领域扮演更加重要的角色。

调用链跟踪是 APM 的核心能力。这个能力是伴随着服务化的演进而发展起来的。服务化将单体系统的内部调用衍变为跨网络的远程调用，将系统功能“打散”到不同的网络节点。一笔订单失败了，你不知道是在下单服务节点失败的，还是在支付服务节点失败的，这时候，基于分布式系统的全链路调用追踪能力就显得尤其重要。

除了故障的定界定位，通过调用链还可以梳理 IT 资源之间的调用关系，这个调用关系不仅是服务之间的调用关系，还包括应用、服务、资源的整体调用及依赖关系。

5.2 调用链跟踪原理

在企业 IT 环境中进行调用链跟踪非常复杂，涉及系统层、应用层的改造及大数据存储、分析能力。为了更好地利用动态调用链跟踪，有必要深入了解其架构及运行原理。这部分内容在第 2 章的 2.2.4.3 节中已经有所涉及，本节将参考 Google Dapper 的实现，更深入地解析动态调用链跟踪的整体架构和核心部件。

5.2.1 Google Dapper

说起调用链跟踪，不能不提 Google 发表的 Dapper 论文。其实在 Dapper 论文发表之前，已经有系统采用类似的思路来设计跨网络请求的跟踪能力，比如 eBay 的 CAL。但 Dapper 是第一个通过论文的方式在理论上完整阐述调用链跟踪思想的系统，所以现在大家提起调用链跟踪，基本都会将 Dapper 作为事实上的标准。

调用链本质上也是日志，只不过它比常规的日志更重视日志之间的关系。在 Dapper 中，最核心的三个定义是 traceId、spanId、parentId。在一个请求刚发起的时候，调用链会赋予它一个跟踪号（traceId），这个跟踪号会随着请求穿越不同的网络节点，并随日志落盘。虽然日志有先后之分，但由于不可能使网络节点之间的时间做到完全同步，所以无法通过日志时间来区分先后。Dapper 的办法是通过 spanId、parentId 来解决顺序问题，如图 5.1 所示。一个 traceId 描述的跟踪过程（Trace）实际上是一棵树，树中的节点被称为一个 Span，对应一次服务调用过程，每个 Span 包含一个 spanId 和 parentId。spanId 是当前服务调用过程的唯一标识，如果当前服务又调用了一个远程服务，则当前服务调用的 spanId 就成了远程服务调用的 parentId。一个没有 parentId 的 Span 就是 Root Span，是调用链的入口。和 traceId 一样，spanId 和 parentId 也通过日志落盘。除了这两个关键指标，还会采集 Span 中的每个方法的信息，如方法名称、出参和入参类型、起止时间、服务地址、结果状态码、日志信息等。

根据 traceId 对收集的日志做聚合找到所有的关联日志，然后通过 parentId 和 spanId 排序，构建出这个请求跨网络的调用链（Trace），它能详细描述请求的整个生命周期的状况。

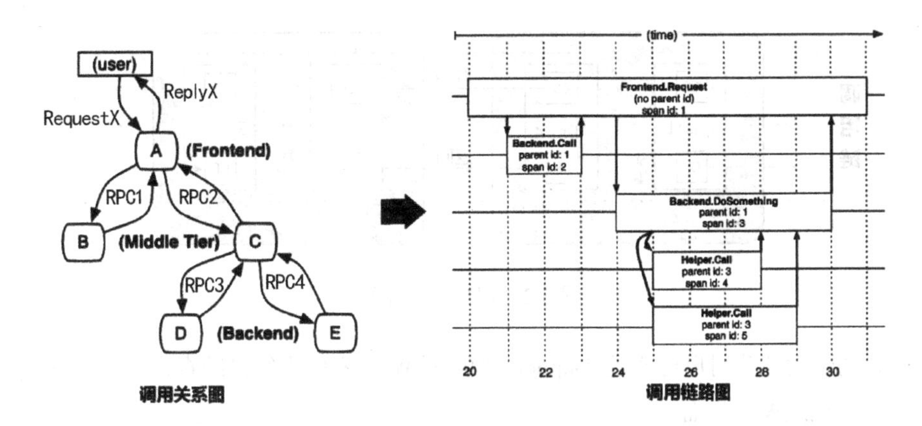

图 5.1　多层父子 Span 在 Dapper 跟踪树中的关联关系（来自 Google 发表的 Dapper 论文）

这里要注意 spanId 的命名方式。有两种常见的命名方式，一种采用类 UUID 编码，另一种采用诸如“0.1.2.3”这样的层级结构编码。类 UUID 编码规则简单，Span 之间没有耦合，可一旦任何一个 Span 的日志丢失，就会导致其下所有子 Span 的日志无法关联。层级结构编码可以有效地避免这个问题，但层级结构编码由于需要缓存当前顺序号并随着远程调用的发生而不断进行自增计算，所以在设计上会更加复杂，Span 之间的耦合度也更高。

除 Span 外，接下来再介绍一下调用链埋点采集相关的几个概念。

一次远程服务调用由如下 4 个采集点组成：

- CS（Client Send）：客户端发起请求的时间，比如 Dubbo 调用端开始执行远程调用之前；
- CR（Client Receive）：客户端收到处理完请求的时间；
- SR（Server Receive）：服务端收到调用端请求的时间；
- SS（Server Send）：服务端处理完逻辑的时间。

其中，CS 和 CR 共同组成服务调用方的一个 Span，spanId 在 CS 的 AOP 切面生成；SR 和 SS 共同组成服务提供方的 Span，它也有自己的 spanId。

- 客户端调用时间 = CR－ CS。
- 服务端处理时间 = SR－ SS。

它们之间的拓扑关系如图 5.2 所示。

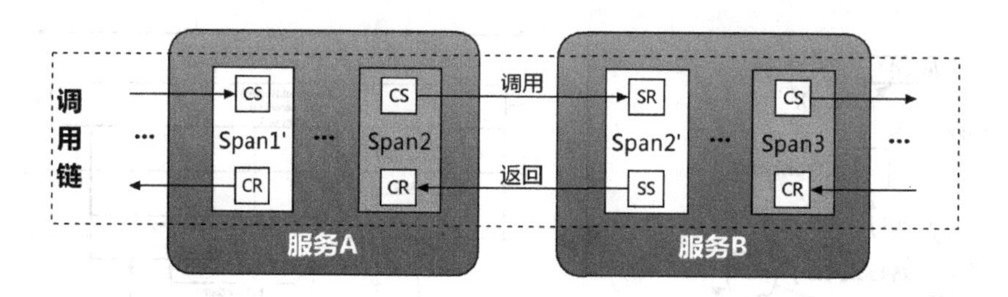

图 5.2　调用链拓扑图

Dapper 的绝大部分用户可通过 Dapper 提供的 Web 界面进行自助查询操作。图 5.3 就是 Dapper 用户使用的 Web 界面。

1）图 5.3-①是用户自主查询区域，在这里可以指定要跟踪的模块及相关度量指标。

2）图 5.3-②是一个整体性能概况的展示，并提供一个调用链的列表入口。

3）一旦某个具体调用链被选中，用户就可以在图 5.3-③中看到这个调用链的图形化的调用关系图。图 5.3-④简要地展示了相关的性能指标。图 5.3-⑤则是一个基于全局时间轴的跟踪视图，在这里可以进行详细的调用过程监控。

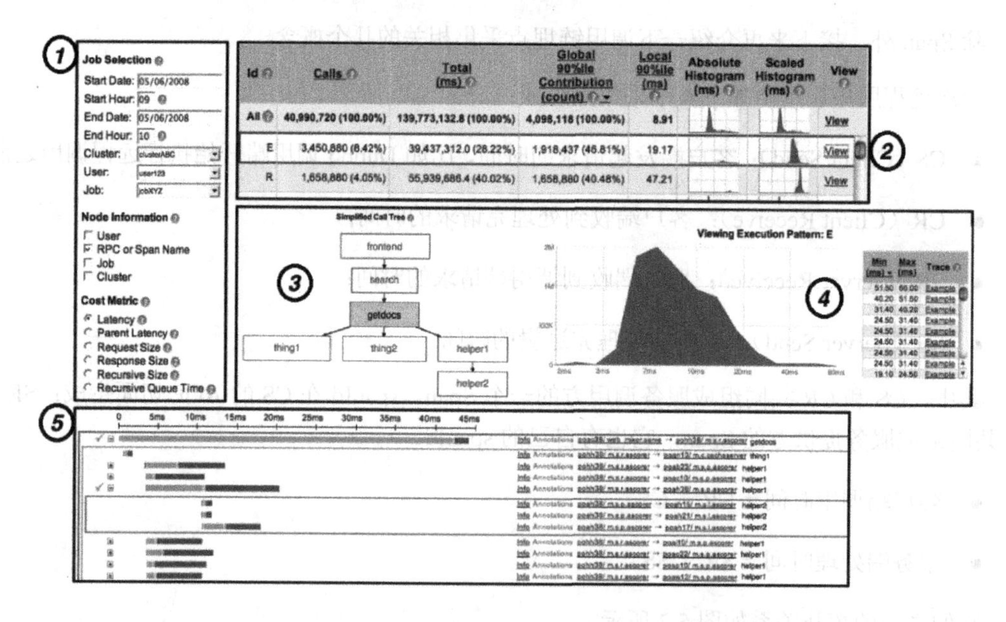

图 5.3　Dapper 用户使用的 Web 界面（来自 Google 发表的 Dapper 论文）

5.2.2　调用链跟踪的整体架构

5.2.2.1　一个例子

图 5.4-①描述了一个典型的分布式环境下的网络调用。来自用户交互界面（UI）的操作请求首先调用了一个业务应用（Action），这个业务应用分别调用了 4 个分布式服务 S1、S2、S3、S4，其中 S1 又调用了远程服务 S5，S5 又调用了远程服务 S6，并在服务 S6 中进行了数据库操作。此外，服务 S3 调用了分布式缓存。这个网络调用最终在服务 S4 抛出了一个异常。

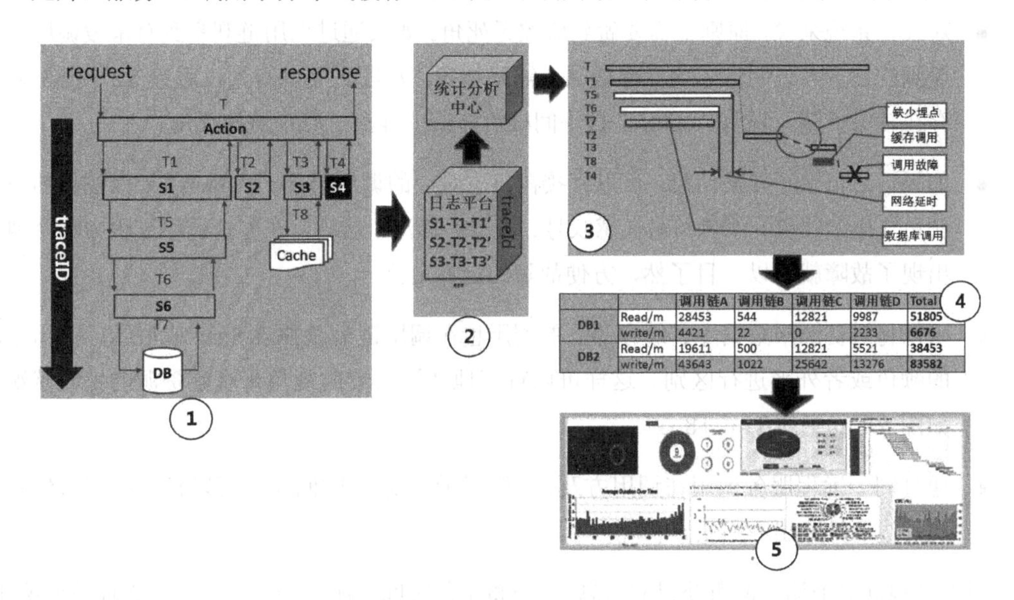

		调用链A	调用链B	调用链C	调用链D	Total
DB1	Read/m	28453	544	12821	9987	51805
	write/m	4421	22	0	2233	6676
DB2	Read/m	19611	500	12821	5521	38453
	write/m	43643	1022	25642	13276	83582

图 5.4　基于全局 traceId 的调用链架构图

如果把图 5.4-①中的每次远程服务（Service）调用及资源（Resource）调用的调用延时（RT）及调用状态（成功、失败、异常信息）都以日志的形式记录下来，就能获得如图 5.4-②所示的日志集合。注意，由于网络传输的影响，每一次远程服务调用，调用方和被调用方记录的调用延时是不同的，被调用方记录的调用延时要短于调用方记录的调用延时。在图 5.4-①中，服务 S5 调用服务 S6，S6 自身记录的延时 T6'就比 S5 记录的调用延时 T6 短（T6'<T6）。

被记录的日志内容除了调用延时、调用状态，以及 traceId、spanId、parentId 这些调用链的基本属性信息，还可以包含调用的入参及返回值。所有这些日志信息被汇总到日志中心后，我们通过 traceId 将这些日志找出来，并基于 spanId 和 parentId 排序，就可以获得如图 5.4-③所示的调用链。

仔细分析图 5.4-③的调用链，可以获得很多有意思的信息。

- 根据调用链每个枝干（Span）的长短，可以直观地获得整个调用过程中性能瓶颈在哪里。从图上可以看到，服务 S6 调用 DB 消耗的时长 T7 是整个调用链中最大的调用耗时。因此，对数据库调用性能进行优化可以有效提升调用链的整体调用效率。
- 对线上系统来说，原则上需要做到监控无死角。如果通过调用链观察到有未被调用链覆盖到的地方，说明日志埋点有缺漏，需要补齐。从图上可以看到，服务 S2 和 S3 之间存在较大空隙，说明 Action 在这中间极可能缺少埋点，存在监控死角。
- 如果日志记录了异常信息，可以直接在日志对应的调用链枝干（Span）上以醒目的枝干颜色（比如红色）或者符号（感叹号、叉号）标注，这样，在整个调用过程中哪个地方出现了故障就可以一目了然，方便故障的定界定位。
- 可以将对资源（数据库、缓存等）的调用也在调用链上以独立 Span 来展示，并用不同的颜色或者外形进行区别。这样可以直观地从调用者的视角来观察资源的性能状况，如图 5.4-③中的 T7、T8 段。
- 通过同一远程服务调用在调用方及被调用方所记录的时间差，可以换算出网络延时状况，进而推断出网络质量状况。

以上是根据单个调用链所获得的信息。如果将单位时间内所有调用链的信息进行叠加统计，可得到如图 5.4-④所示的汇总表格。从这个表格中可以获得每个服务的被调用情况，包括总调用次数、平均调用延时、调用的成功率等。在此基础上，结合进一步的横比及时间纵比，就可以获得关于服务性能及质量的当前状况和变化趋势的各类报表或报告，如图 5.4-⑤所示。

细心的读者会发现，图 5.4-④中的表格和 3.1 节介绍的汇总表格类似。没错，调用链日志和普通日志最大的差异在于拥有 traceId 和 parentId 这两个特殊关联字段，主要被用于请求跟踪，它的最大特点体现在图 5.4-③上。去除这两个特殊字段的调用链日志和普通日志其实没有什么差别，只要能够记录单次请求的调用延时和调用状态、异常信息，任何日志都能做如图 5.4-④所示的汇总统计，这也算是“殊途同归”。实际上，基于成本考虑，很多企业的调用链跟踪功能就是在现有日志系统的基础上构建起来的。

5.2.2.2　调用链跟踪的整体架构

总结前面介绍的调用链示例，可以看到，一个比较完整的全链路监控系统通常包括如下核心功能模块。

1）**日志埋点和采集**。调用链跟踪的最核心目的是解决分布式环境的可观察性问题。不仅要“看”得到，还要“看”得及时、准确，这是调用链监控的基础，必须有能力快速、正确、方便地采集日志。

2）**指标汇总**。指标汇总一般有两种方式。一种是在采集端做预统计，再通过采集 Agent 组件上报计算结果到收集端，然后在收集端做更深入的数据加工及汇总统计工作。另一种是在采集端只做简单的数据采集，所有的指标计算全放在收集端进行。这两种方式都有各自的优缺点。

3）**指标存储、查询、展现**。由于原始调用链的数据非常庞大，就算抽样采集，日积月累数量也非常惊人，而汇总后的指标由于都是分钟级以上的，数量可控。因此通常会对原始指标数据和汇总加工后的指标数据进行分级存储，达到存储成本和查询效率的相对平衡。

4）**调用链的构建、展现**。调用链最终要被用于实际的线上运维，如何使用、如何与现有的监控系统结合以达到效益最大化，都需要考虑。

5）**告警、问题定位**。检测到异常指标，既要及时发出告警信息，还要保证告警的准确性并尽可能消除重复告警。

6）**调用链报表展示分析**。调用链跟踪最核心的能力就是将采集的日志指标聚合成调用链，并以合适的方式展示给运维及开发人员，进行故障的定界定位。此外，还可以借助采集的相关指标的聚合及汇总，做线上系统的性能和稳定性监控。

下面将分几节对调用链跟踪的各个核心功能模块进行详细介绍。

5.2.3 Trace 日志埋点

实现调用链跟踪的第一步是进行 Trace 日志采集。由于技术栈不同，有三种不同模式的 Trace 日志采集手段，它们分别是：

- 基于 SDK 的手工埋点采集；
- 基于字节码适配的自动插码埋点采集；
- 基于中间件的自动埋点采集。

5.2.3.1 基于 SDK 的手工埋点采集

基于 SDK 的手工埋点采集是最传统的采集方式。SDK 会封装 Trace 的标准及核心字段，提供一些自定义打点的能力，然后由开发人员手动在代码中进行埋点。这种埋点方式的实现技术简单，可以根据需要由开发人员通过编码实现精细化的埋点采集，但代码耦合性高，成本高，采集效果与开发人员的主观意识直接关联，不可控性较大。

Trace 作为基础组件，在“监控无处不在”的原则下，使用极度频繁，应当尽可能少侵入或者不侵入其他业务系统，对使用方透明，从而减少开发人员的负担。尽量不让应用开发人员知道有跟踪系统这回事。如果一个跟踪系统的效果必须依赖应用开发人员主动配合，就会导致跟踪系统和业务系统强耦合在一起。这样往往会由于跟踪系统在应用中植入代码 Bug 或疏忽导致应用出现问题，不但会增加应用系统的不稳定性及开发人员的负担，也无法满足对跟踪系统“无所不在”的要求。

因此，我们并不推荐依赖开发人员手工插码的埋点方式，尤其是在应用规模比较大的情况下。

5.2.3.2 基于字节码适配的自动插码埋点采集

基于字节码适配的自动插码埋点采集主要是针对有语言解析器及虚拟机的技术栈，例如 Java 和 PHP。这种方式不需要对现有代码及框架进行修改，主要利用虚拟机的某些机制拦截执行过程中的某个特定方法，获取其输入和输出数据。对业务和用户均是一种低成本的接入方式。

1. Java

Java 语言的字节码插码实现原理采用 JDK5 之后出现的 Instrumentation 机制，通过自实现代理程序（Agent）在类加载过程中对字节码进行转换，完成日志埋点逻辑的注入，实现日志数据的采集功能。开发人员可以使用 Instrumentation 构建一个独立于应用程序的代理程序（Agent）来监测和协助运行在 JVM 上的程序，甚至能够替换和修改某些类的定义。有了这样的功能，开发人员就可以实现更为灵活的运行时虚拟机监控和 Java 类操作，这实际上提供了一种虚拟机级别支持的 AOP 实现方式。开发人员无须对 JDK 做任何升级和改动，就可以实现某些 AOP 的功能。非侵入日志埋点就采用了这种 AOP 技术，通过对服务调用过程切面进行拦截，捕获相关信息，完成数据的采集。

在 Java 技术体系中，已经有很多成熟的基于 Instrumentation 机制实现的字节码工具，包括 ASM、BCEL、Javassist、byte-buddy 等。其中 ASM 由于直接操作字节码指令，执行效率高，成了很多商用或开源 APM 产品的首选。

2. PHP

PHP 也有类似的机制。在 PHP 内核中，每个 OP 操作都由一个固定的 Handler 函数负责，_zend_op 的结构体属性第一个就是 opcode_handler_t，表示该 OP 具体对应哪一个 Handler 函数。自动插码主要通过调用 zend_set_user_opcode_handler，将对应的 ZEND OP 的 Handler 函数替换成自定义的函数来实现 HOOK 机制。比如，对 ZEND_ECHO 这条 OP 指令进行 HOOK，即调用如下语句。

```
zend_set_user_opcode_handler (ZEND_ECHO,  hook_echo_handler) ;
```

当 PHP 执行 ZEND_ECHO 指令（即调用 echo 输出）时，会先调用 Handler 函数，这样就实现了 HOOK。

5.2.3.3　基于中间件的自动埋点采集

目前在规模大一些并且自研能力强的互联网公司中，基于中间件的自动埋点采集占了很大比重。这种方式实际上就是将埋点和采集 SDK 集成到各类中间件及框架中，除了在分布式服务框架上采用 AOP 的方式对所有远程调用（RPC/HTTP）进行拦截并记录日志，还要在前端统一接入网关、软负载、Web 应用框架，以及在后端接入各类资源访问组件（包括消息、缓存、分布式数据库访问组件及配置中心），增加过程监控，记录资源访问日志等。

相比手工埋点和自动插码埋点技术，基于中间件的自动埋点采集可以有效降低采集难度和成本，提高日志埋点的规范性。对于拥有大量自研的非标中间件的企业来说，是一种比较合适的埋点方式。基于中间件的自动埋点采集还可以结合存储实现一些复杂的异步埋点功能。比如对通过 MQ 消息的异步调用请求，可以在 MQ 生产端的 SDK 中将 traceId 及其他一些必要埋点信息写入消息的 Header，在 MQ 的消费端的 SDK 中将其取出并写入线程上下文。这样，就解决了异步调用下调用链跟踪信息的透传问题。

5.2.3.4 基于环境语义构建 traceId

除了以上讨论的三种埋点模式外，还要重视 traceId 的构建，traceId 是必须在第一个埋点日志中生成并贯穿调用链头尾的全局变量。为了降低后期日志聚合时的查找及关联计算的成本，通常会在 traceId 上尽可能多地附加一些环境语义，如图 5.5 所示，就是一个典型的基于多个维度信息构建的 traceId 示例。

图 5.5　基于环境语义构建 traceId

图 5.5 中的 traceId 基于如下几个维度来进行构建。

- **IP 地址**：应用所属机器的 IP 地址，如果是微服务，则是某个服务实例所在服务器（机器、虚拟机、容器）的 IP 地址。
- **创建时间**：一般会采用毫秒值，如果采用纳秒值会存在较大偏差，需要基于基准时间进行修正，这个时间可以作为数据分片存储的划分维度之一。
- **顺序号**：一方面避免生成重复的 traceId，另一方面也可以用于链路采样计算。

- **标志位**：可选，可用于标记请求的类型，包括调试、性能压测、正常请求等。
- **进程号**：可选，一般用于单机上存在多个进程的应用。如果单机上存在多个不同的应用，可以使用应用号进行区分，更直观一些。

traceId 包含以上信息之后，在请求流转过程中，各个网络节点上的中间件或组件可以基于 traceId 上的附加信息做出应对策略。比如，可以根据标志位来判断请求是否是回声测试或者网络连通性测试这类特殊请求，如果是，就根据预定义规则在请求上附加更多的信息或者进行一些特殊的处理等。

5.2.3.5　采集多维度数据

进行调用链埋点根本上是为了采集数据，采集的数据可以按种类划分为基础数据、业务数据和指令数据三种。

1. 基础数据

基础数据是用来构建跨网络的调用关系及进行故障定界定位这类调用链核心功能的数据，主要包括如下指标数据：

- **调用开始时间**：一般用毫秒计量，如果用纳秒，需要基于基准值进行修正，是必选指标；
- **调用结束时间、调用耗时**：这两个指标二选一，基于其中一个就可以计算出另外一个，不必两个都保存，但一定要有其一；
- **调用类型**：用于标识调用的组件或者协议状况，如 MySQL、Redis、RabbitMQ、RPC、HTTPClient、SpringRestTemplate 等。
- **服务名称**：如果是服务间的 RPC 调用，一般使用服务接口名称，如 com.company.module.XXService，如果是远程 HTTP 调用，就用 URL 地址，比如 http://www.baidu.com；
- **操作名称**：如 RPCCall、GET、PUT、QUERY 等，与调用的组件有关；
- **调用状态**：成功或者失败，更精细一些的会采用状态码。

2. 业务数据

除了以上内置的基础数据，一般埋点及采集 SDK 还会提供一些自定义接口，供业务开发人员使用。业务开发人员基于这些接口采用编码的方式实现业务数据的抓取和采集，通过 AOP 方式拦截服务调用接口的入参及出参，采集诸如用户 ID、订单 ID、订单金额等业务指标数据。这些数据会以 KV 的形式被组织，并存储到调用链后台的存储设备中，以便进行业务状态分析，也可为故障定界定位提供更丰富的上下文分析信息。

在大规模使用时，由于业务自定义抓取的需求五花八门，往往存在不可控的风险。笔者当年在做电信应用时，甚至有业务开发团队利用调用链埋点 SDK 来采集几十兆的码流数据，可以想象，这将对数据的传输和存储造成多大的压力。因此，在开放自定义采集接口的同时，必须对自定义采集做出强有力的约束，比如采集的数据一旦超出多少字节就将被抛弃，只有将“栏杆”修好，才能防止业务开发方滥用。

3. 指令数据

以上讨论的基础数据和业务数据都在采集点中进行采集并落盘存储。还有一类数据是像 traceId 那样随着远程调用请求透传过来的指令数据，它们的任务并不是勾画调用链或者业务，而是驱动某些中间件或组件进行特定操作。比如进行在线性能压测时，构建的请求中往往带有特定标识，并带上一些路由控制指令，当中间件识别出这些控制指令后，会将请求路由到特定机房、特定数据库表或者特定 MQ 服务的 Topic 中。这类指令数据一般用于线上问题排查、运维演练、依赖检测等非业务场景。

5.2.4 日志采集

传统的日志采集方式采用诸如 Log4j 这类日志组件进行日志的落盘，再通过 Logstash 或者 Flume 这类日志采集组件进行落盘日志的增量收集，这方面的技术在 2.2.4.2 节和 2.2.4.3 节中均有涉及。通过这种方式进行日志采集存在大量的磁盘 I/O。对于线上服务器来说，最大的性能瓶颈就是磁盘 I/O，尤其是在高并发和高负载环境下，磁盘 I/O 对系统性能的影响会被成倍放大。笔者之前的团队做过测试，在整个系统负载被“打满”的极端情况下，日志采集所产生的整体性能消耗超过总资源的 20%，这对很多业务团队来说，显然是不可接受的。为了解决这个问题，很多 APM 厂商会尝试采用一些性能优化手段，如：

- **避免锁冲突**：使用诸如 RingBuffer 这类高性能异步无锁队列做日志缓冲，提升日志写入性能；
- **避免频繁 I/O**：加大日志输出缓存，限制 I/O 操作频率，按秒级进行刷盘操作，降低频繁 I/O 操作对系统性能的影响；
- **压缩**：使用 LZO 及 Snappy 这类能很好地平衡压缩率及性能的压缩算法对超过一定长度的字符串进行编码，以降低网络传输及存储成本。

以上这些举措能缓解日志落盘带来的影响，但终究无法从根本上解决问题。

有比常规日志更好的采集方式吗？目前云主机越来越普及，其上挂载的基本上都是 Ceph 这类云存储提供的块存储服务。考察日志采集的流程，可以看出，日志落盘操作本质上是通过网络写入远程的网络存储服务器上，在日志收集时还要再次读取存盘的日志并进行网络传输，整个过程涉及两次网络传输。因此，可以在日志采集时就直接将其通过网络传输到日志采集服务器，这样就将两次网络传输及存储减少为一次。基于这种思路，为了降低资源占用，更高效地采集服务日志，可以考虑采用无磁盘 I/O 的日志采集方式。

如图 5.6 所示，是一个典型的无磁盘 I/O 的日志采集架构，调用链日志埋点采集到的服务请求的 traceId、调用延时、调用状态、入参和出参等数据都会被封装到一个消息对象（Message）中，并被“压”入一个内存消息队列 1 中进行缓存。同时，由独立的预统计线程对这些消息进行预统计（如果需要的话），预统计结果也会被临时存储在一个内存的 Map 缓存对象中。定时线程会定期对 Map 缓存对象进行处理，一方面将时间分片的预统计结果封装成消息对象放入另一个内存消息队列 2 中，另一方面对已过期的时间分片数据进行清理。最后，由独立的发送线程（Sender Thread）将内存消息队列 2 中的原始日志或者预统计数据发送到远程的日志收集端。

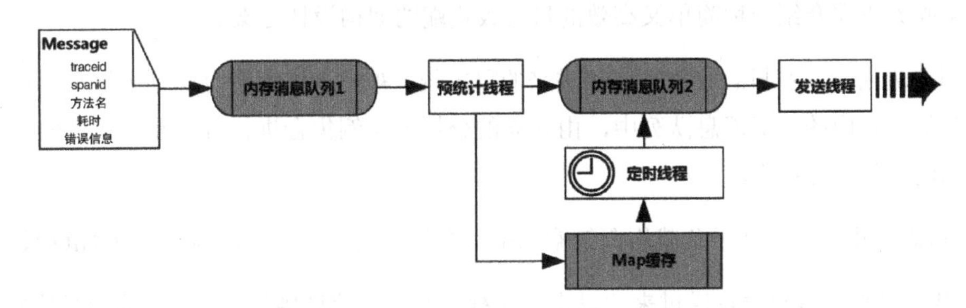

图 5.6　非落盘的调用链日志采集模式

在整个过程中，为了控制日志采集对系统资源的占用及对业务系统的影响，需要做如下的额外防护措施。

- 采用全异步的方式，防止同步记录日志对业务操作产生的阻塞。
- 最好在消息队列满的时候实施一些快速抛弃的方法，防止内存堆积。
- 在消息队列的长度及 Map 缓存大小上要做适当的权衡及控制，防止对资源占用过多。
- 在最终的日志压缩和合并发送上，要保持一个度，因为压缩率越高，对计算资源的消耗越多。可以考虑采用 LZO/Snappy 这类在性能及压缩率上平衡较好的压缩算法。如果网络带宽能够保证，也可以不考虑压缩，毕竟压缩对采集端和收集端都有额外的计算损耗。
- 在内存消息队列的选择上，可以考虑采用效率更高的 RingBuffer 这类无锁的环形队列来替换 Java 中的 BlockingQueue。

通过以上策略，在有效控制系统资源占用率的前提下，基本上可以将日志的采集效率提高一个数量级。

5.2.5 日志收集

日志收集包含日志的缓存和实时流处理，这方面也有大量的开源中间件可以使用，相关技术可参考 2.2.4.2 节的内容。根据笔者过往构建 APM 监控的经验，所采用的技术栈越长，构建及维护成本越高，还会带来一个很致命的问题——“慢”。消息基于网络的流转步骤过多会导致监控滞后。监控的时效性是非常重要的，有些关键系统，要求能够达到秒级监控。那么，是否能够通过缩短日志收集的技术栈和减少步骤来提高监控的时效性，同时不降低高并发下日志收集的效率呢？下面介绍一种简单又高效的日志收集端的架构设计方案。

如图 5.7 所示，在日志收集端，接进来的日志统一被压入内存消息队列中缓存，再被分散到不同时间片对应的二级消息队列中，由独立的分析器实例集合进行分析和落盘存储。以下是这种架构的详细处理流程。

1）日志采集客户端基于负载均衡策略选中某台日志收集服务器，与之建立 NIO 长连接。

2）从日志采集客户端发送过来的日志会先被一个日志消息接收器（服务监听组件）接收并

解码，反序列化为 Message 消息对象后直接“扔”进一个**一级内存消息队列**中。

3）一个独立运行的分拣线程从一级内存消息队列中不断获取日志消息，并根据创建时间把它分散到不同时间片对应的二级内存消息队列中。

4）每个二级内存消息队列都有一组独立的消息分析器实例为它服务，二级消息队列中的每个日志消息都会被这组分析器中的每个分析器逐一处理，每个分析器各司其职，有的负责告警分析，有的负责统计分析，有的负责链路分析，等等。

5）分析过的原始消息通过聚合被组装成调用链，并存储到 NoSQL 中，按时间片初步汇总后的统计信息会被存储到关系型数据库服务（RDB）中。

6）独立的统计线程会定时对 RDB 中的汇总数据做深度汇总，生成各个维度的统计及趋势分析报告。

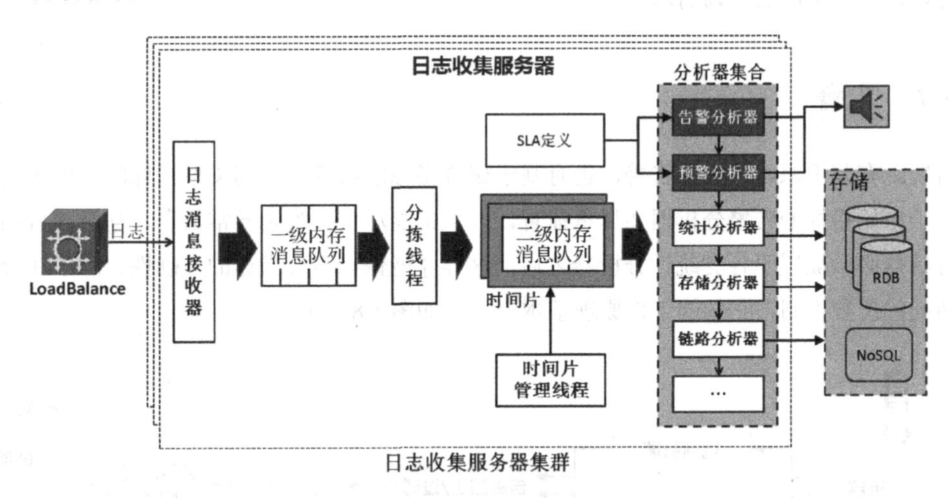

图 5.7　高效日志收集端的架构设计

以上方案不使用任何分布式中间件。通过这种“纯内存+全异步”的处理方式，可以尽量避免资源锁的竞争，“榨取”服务器的性能，实现对日志的高效处理。

5.2.6　日志存储

线上业务高峰期可能一分钟会产生上百万个请求，业务低谷期可能一分钟一个请求也没有，这就导致了原始调用链日志的数据量可预测性差。随着业务的发展，数据增长也会出现较大的波动，客观上需要后台存储服务具备足够的可伸缩性。对原始调用链的查询需求比较简单，绝大部分都是基于 traceId 和区间（时间段、服务名、节点名）范围查询的，因此采用 HBase 和 ElasticSearch 这类 NoSQL 数据库作为原始调用链日志的存储方式是比较合适的。

根据 3.1.2 节的论述，分钟级以上的汇总日志的规模比较确定，数量级远低于原始日志，通过关系型数据库（RDB）的分表策略可以比较轻松地进行存储，用 RDB 存储的一个好处是可以充分利用 RDB 的关联查询能力，有效降低宽表的制作及存储成本。治理分析工作要频繁地做关联查询，很多 NoSQL 数据库在这方面的能力要远远差于关系型数据库。具体汇总方式和普通调用日志基本一致，在第 3 章中已经有很详细的讨论，这里不再赘述。

综上所述，如图 5.7 所示，调用链的原始日志和统计数据需要分级存储，并采用不同的存储服务，以应对不同的查询需求。

5.2.7 告警

告警既有基于原始指标的告警，也有基于聚合指标的告警，不同类型指标的告警策略也不同。基于原始指标的告警分析器要尽量前置，以保证能尽快接收到异常信息。基于聚合指标的告警分析器必须被置于各类统计分析器之后，这样才能保证聚合指标的准确性。除了在分析链路上所处的位置不同，它们的工作原理基本一致，如图 5.8 所示。

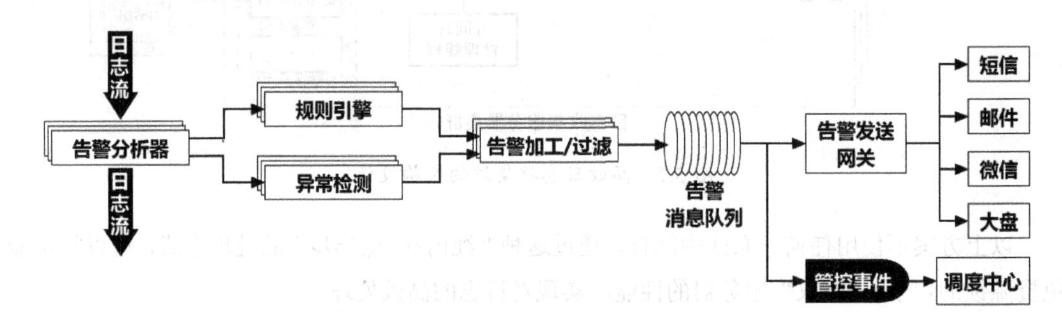

图 5.8　告警体系架构

常规的告警处理流程如下。

1）告警分析器收到新的原始指标。

2）分析指标数值，如果有关联聚合指标，同步检测聚合指标数值，并和 SLA 的阈值进行比对。部分指标需要根据预先定义的规则进行运算，如果符合告警条件，生成告警事件；如果是异常指标，直接生成告警事件。

3）对告警事件进行预处理及过滤，对同一请求的告警事件进行合并，或抛弃重复告警事件。

4）将处理过的告警事件放入告警消息队列（MQ）中。

5）不同的消息消费者订阅告警消息，有的消费者负责告警消息的发送，有的消费者对告警事件进行分析，判断是否要转换成运维管控或治理事件，并驱动调度中心执行相应的运维及治理动作。

告警一方面要保证准确性、减少误报，另一方面要保证及时性，确保在异常大规模扩散之前就能将告警信息及时通知到相关运维和开发人员，或者直接触发相应的管控事件，并通过调度中心对线上服务或应用进行保护性调整，比如限流、降级、熔断、扩容等。

5.2.7.1　及时告警

告警的及时性是衡量告警能力的基本要素。对于监控数据来说，它的价值随着时间的推移迅速地衰减。告警是全体系的能力，要求日志从采集到传输和处理的整条技术链都紧密配合，消除不必要的环节并提高各个环节的处理效率。以下是一些常用举措。

1）缩短技术栈、减少中间传递环节、将日志消息基于网络的传输次数降到最低。

2）尽量保证日志消息在被告警分析器处理之前不落盘，因为一旦落盘，必然会有磁盘 I/O，会影响整体处理性能。

3）日志消息的处理尽量采用异步处理模式，避免锁竞争导致的处理效率降低。同时对日志基于时间分片，采用多时间片并行处理，消除停留等待，提高日志消息的吞吐量（相关举措请参考 5.2.5 节）。

4）注意消除日志处理链路中的阻塞，在必要的情况下，可以采用日志分级策略，快速抛弃低优先级的日志，以保证高优先级的日志能得到及时处理。

5.2.7.2 准确告警

运维人员一天收到100条告警信息，其中有90条是误报，这在运维领域是常见的情况。在这种情况下，很容易导致运维人员麻痹大意，使得真正的致命故障的告警被忽略。根据笔者和运维同事的交流，如果一个运维人员一天收到的告警信息多于500条，上班光看告警就够了，什么事情都做不了。为了构建可持续的告警体系，在告警策略上要坚持如下原则。

- 告警要分级，区分出哪些是一般性告警，可以延后处理，哪些是必须立即处理的紧急告警。
- 推送给运维人员的告警尽量是必须由人处理的紧急告警，如果告警能够按照固定规则自动化处理，就没有必要推送，否则会无谓地增加运维人员的工作量，而且容易使运维人员产生心理懈怠。
- 每个告警都应该是关于某个新问题的，尽量不重复。

在保证告警时效性的基础上，还需要对告警数量进行收敛，尽最大可能精准地筛选出必要及准确的告警。保证告警的准确性要做到两点，一是消除误报，二是进行告警抑制以消除重复告警。下面是一些保证准确告警的常用措施。

1）由于网络或者线上偶发流量的干扰，会导致某一个时间片的监控指标及统计值出现短暂的异常，这种情况在时间片越短的情况下越明显。因此，为了消除影响，可以联合至少两个以上的时间片的值进行纵向比对，降低扰动干扰及误报。

2）将告警分类，不同类别的告警采用不同的处理策略。比如普通告警可以只发送邮件通知，对于紧急告警，除了邮件，还可以通过短信或者IM及时推送，还可以将不同类别的告警发给不同的运维或者开发人员。通过这种“分摊”的做法，不仅可以让每个责任人收到更精准的告警信息，也能有效降低每个责任人收到的告警信息数量。

3）阈值需要多次反复调整，必要时可根据业务波动做动态调整，具体参考3.4.9节。

4）由于调用链的异常会随着Span的枝干逐级向上传导，所以可以基于traceId对异常进行聚合及排重，保证同一条调用链实例上不重复告警，达到告警抑制的目的。

5）基于业务架构，结合调用链，通过时间相关性等算法，将监控告警进行分类筛选，发掘有业务价值的告警，并直接分析出告警根源。

举个例子，如果某个 DataBase 出现故障，直接依赖它的微服务必然抛出异常，这个异常会随着调用关系逐级传导到 API Gateway 上。因此，在整条调用链上，traceId 相同的所有异常都可以被合并为 spanId 最小的这个节点的异常，这是纵向的合并。另外，还可以做横向的合并，DataBase 出现故障的这个时间片，同一服务的同一批请求都会抛出同样的异常，可以按服务及时间片对异常进行合并。通过这种纵向及横向的收敛，可以大幅降低告警数量。

5.3　调用链跟踪实战

5.3.1　基于调用链跟踪的服务调用瓶颈分析

如图 5.9 所示，是一个互联网金融用户注册过程示例，注册过程涉及多个服务之间的协同调用，具体步骤如下：

1）用户中心的用户注册服务（A）接到注册请求；

2）用户注册服务（A）首先做一些必要的参数检测，接着调用账户唯一性校验服务（B）对账户的唯一性进行校验；

3）用户注册服务（A）拿到账户唯一性校验服务（B）的结果后再调用账户综合风控校验服务（C）；

4）账户综合风控校验服务（C）首先进行参数校验及一些自有风控规则的校验，然后调用风控中心的用户风险检测服务（D）；

5）风险检测服务（D）做了一些必要的参数校验后，开始调用四要素鉴权服务（E）；

6）四要素鉴权服务（E）在获得鉴定结果后，将结果返回给用户风险检测服务（D）；

7）用户风险检测服务（D）拿到用户四要素鉴权服务（E）返回的结果后，继续做其他项检测，所有检测项目完成后，将结果回复给账户综合风控校验服务（C）；

8）账户综合风控校验服务（C）拿到用户风险检测服务（D）的结果，简单封装后返回给用户注册服务（A）；

9）用户注册服务（A）拿到账户综合风控校验服务（C）返回的结果后，综合 B、C 两个服务的返回结果做出是否注册的最终判定，如果可以注册则注册，如果不能注册则封装一个业务错误，并将最终结果返回给客户端。

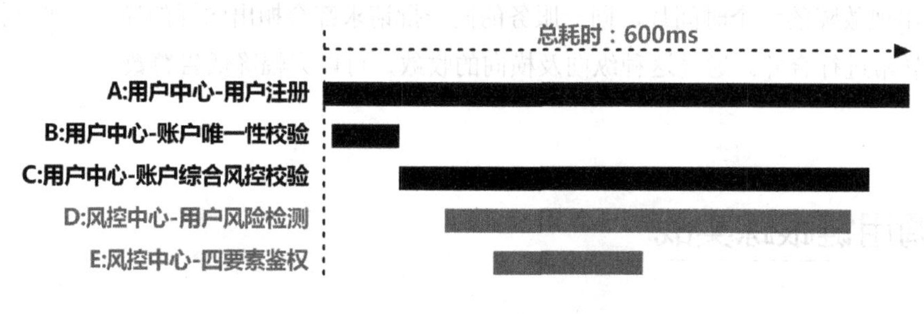

图 5.9 用户注册过程调用链示例

以调用链的图形化形式将上述过程展开之后，我们可以直观地从中获得如下信息。

- 在整个过程中，耗时最多的服务是用户风险检测服务（D）。A 服务调用了 C 服务，C 服务又调用了 D 服务，D 服务除了小部分时间耗费在对 E 服务的调用上，大部分时间都在处理内部逻辑。因此，D 服务就是整个调用过程中最大的瓶颈，如果对它进行优化，对整个调用效率的提升最有帮助。
- B 服务和 C 服务是串行调用的，我们可以思考一下是否必须这样做？是不是可以将对 B、C 服务的调用做成并行的？这也是调用链可以给我们的启发。

除了以上两点性能瓶颈相关的分析，还可以基于同一个 Span 在调用方和被调用方记录的两个 RT 的差值，很轻松地推导出网络耗时，进而推算出网络传输质量，以及埋点的完备性（是否有监控死角），这些在 5.2.2.1 节中已经有相关描述，不再赘述。

5.3.2 基于调用链跟踪的服务故障定界定位

线上的故障定界定位应该是运维人员每天做得最多的事情。动态调用链跟踪天然就是为分布式环境下的故障定界定位而生的。但要充分发挥动态调用链的优势一定要与监控大盘相结合。下面笔者基于个人使用经验，介绍一下结合监控大盘及调用链跟踪进行故障定界定位的几种常用模式。

1）监控大盘上一般都会有单位时间段（分钟、小时）内异常最多服务的 Top$N$ 排序列表，点击列表上的任何一个服务，都会打开这个服务在此时间段内所有异常的列表，再单击列表上的每一个异常，就会打开这个异常所属的调用链，进行故障分析，请参考图 5.10 中的实线使用路径。

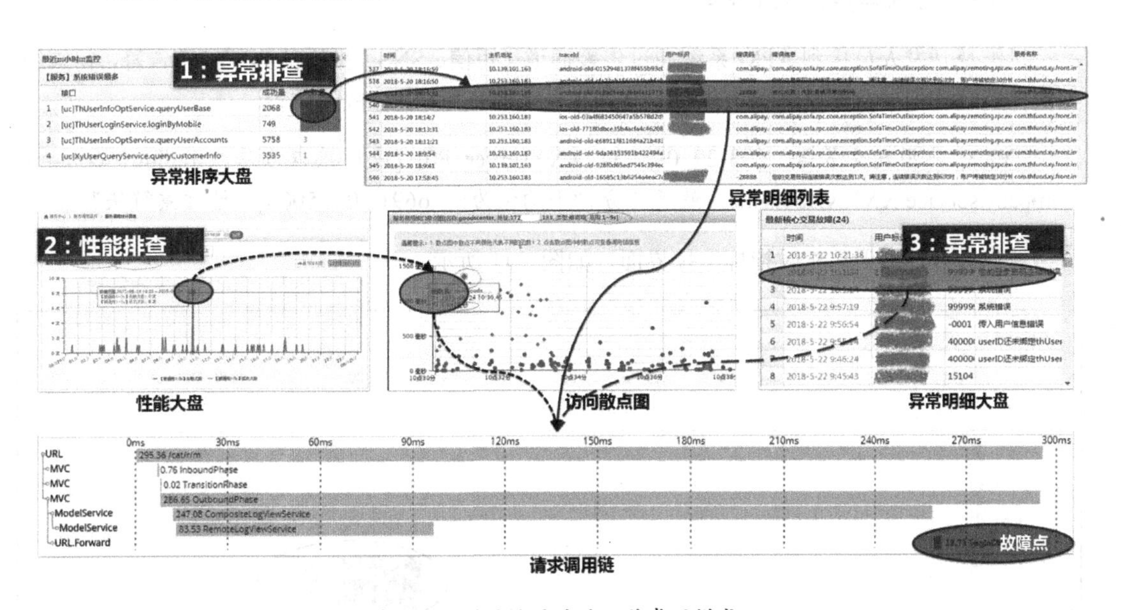

图 5.10　调用链跟踪的几种常用模式

2）可以将性能监控大盘和调用链挂接，监控大盘上有很多“毛刺”，这些都是系统的一些异常点。单击任何一个“毛刺”，会将“毛刺”所在时间片内的请求以“散点”的形式列出（可能会基于请求数量做抽样），“散点”的颜色代表了不同的状态，有的成功，有的失败。单击任何一个“散点”，就可以进入这个请求对应的调用链，请参考图 5.10 中的短虚线使用路径。

3）针对核心服务的异常有专门的监控表格，会列出最近发生的核心链路服务的异常，单击这上面的任何一个异常，也可以进入对应的调用链，请参考图 5.10 中的长虚线使用路径。

以上就是基于动态调用链进行线上故障定界定位的几种常用模式，读者也可以在此基础上发掘适合自己日常使用的动态调用链跟踪模式。

5.3.3 从宏观到微观——APM 的综合应用

本节将通过一个线上的故障排查案例来演示如何在实际工作中应用 APM 的综合能力来快速地发现问题，并解决问题。

步骤一：实时监控、及时告警

运维及开发人员接到 APM 系统通过告警通道（短信、SNS）推送的如下异常告警，得知线上业务系统访问异常的比例超出阈值，立即登录 APM 系统进行故障排查。

“XXX 应用发生警告。[03-29 09：34 XXXserver P0] [应用接口方法：trading，com.myCompany.service.XXXXXService，最近 2 分钟平均值为： 6691.50 > 5000]。请注意解决”

首先打开前端调用延时指标监控界面，如图 5.11 所示。

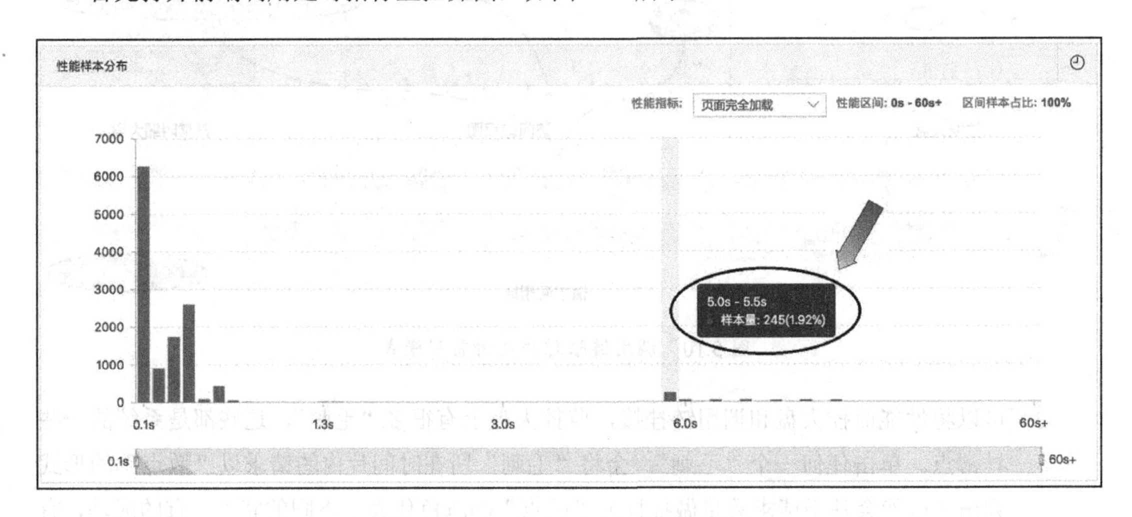

图 5.11 前端调用延时指标监控界面

从调用延时分布柱状图上看，最近访问业务系统的用户的大部分页面的打开速度在 1s 以内，但有 200 多次页面请求耗时超过 5s。这显然是不正常的，必须找到问题的根因。

步骤二：顺藤摸瓜、接口排查

大部分用户的打开速度在 1s 以内，基本可以排除前端页面加载时间过长的问题，接下来重点排查服务调用问题。打开 API 服务接口调用监控界面，如图 5.12 所示，发现在告警的相同时段，API 调用成功率同步下降，基本可以断定是由于后端服务出现异常导致用户访问超时的。

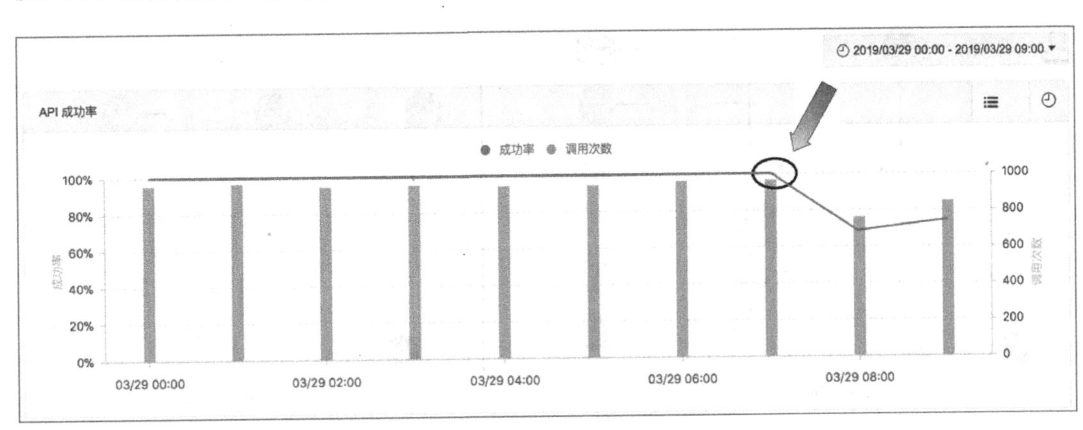

图 5.12　API 服务接口调用监控界面

步骤三：链路可见、依赖清晰

打开应用级的调用关系图，如图 5.13-①所示。并把最近这段时间的调用指标叠加在上面，可以明显地看到，其中的一条调用链路被标注成红色的告警状态，这意味着故障就是由这条到 item_center 服务应用的调用链导致的，它是问题的根源所在。

步骤四：细致入微、由表及里

item_center 是一个服务聚合应用，里面包含多个服务 API，因此还需要排查具体是哪个服务 API 导致的问题。在图 5.13-①中单击 item_center 应用图标，可看到 item_center 应用的接口调用视图，如图 5.13-②所示，调用异常的接口在图上以明显的红线被标注出来了。至此，基本可以确定是应用的哪个环节出现问题了。

步骤五：故障分类、问题明了

打开异常视图，如图 5.14 所示，可以发现其中包含两个异常。这两个异常其实是由同一个问题引起的，其中 Read timed Out 是根因，它导致了上层应用远程 RPC 调用超时，又引出了另外一个异常。

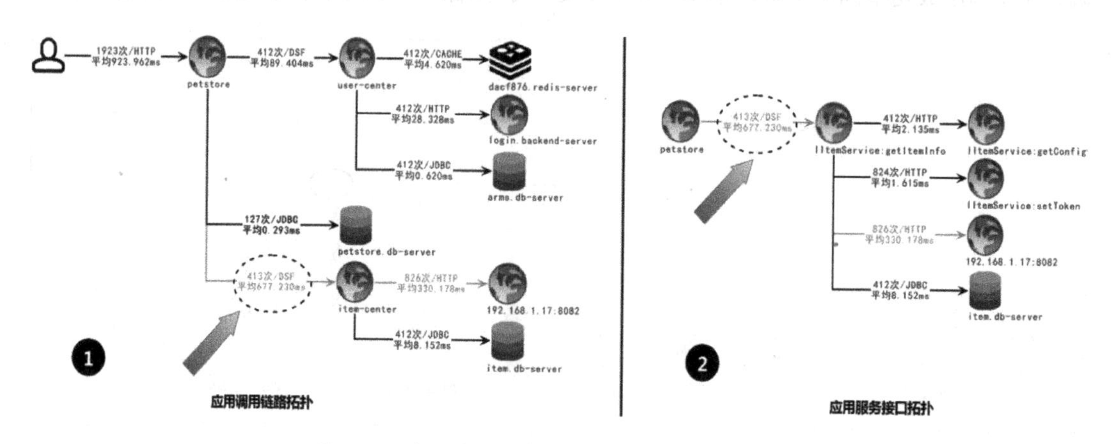

图 5.13　应用调用链路拓扑及应用服务接口拓扑

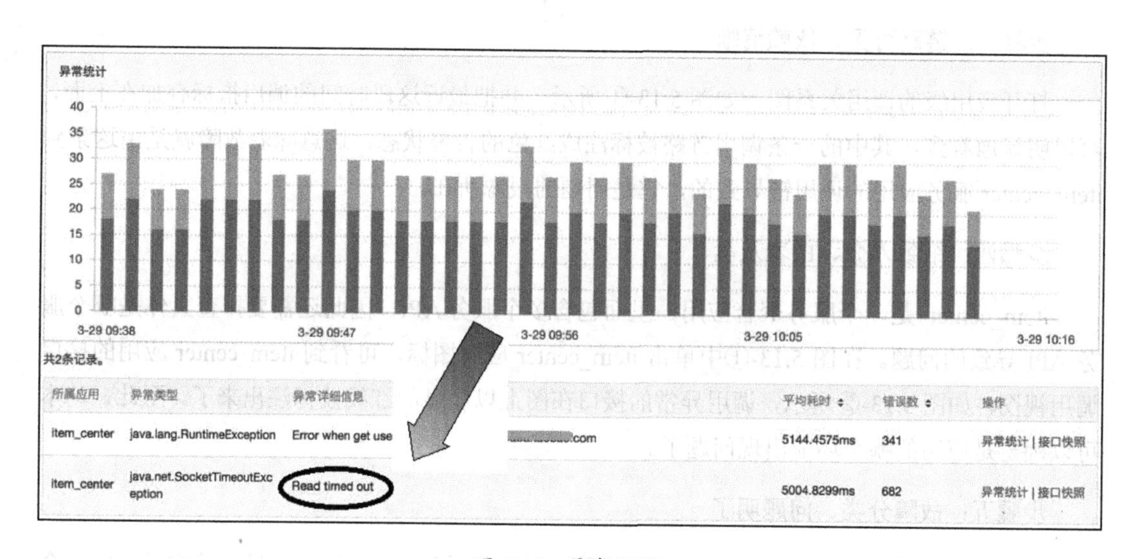

图 5.14　异常视图

步骤六：追本溯源、代码寻踪

选择一个异常请求，单击它，进入对应的调用链，如图 5.15 所示，调用链上已经清楚地标注了抛出异常信息的代码位置，结合前面的信息，就完成了故障的定界定位。接下来，就是写故障分析报告了。

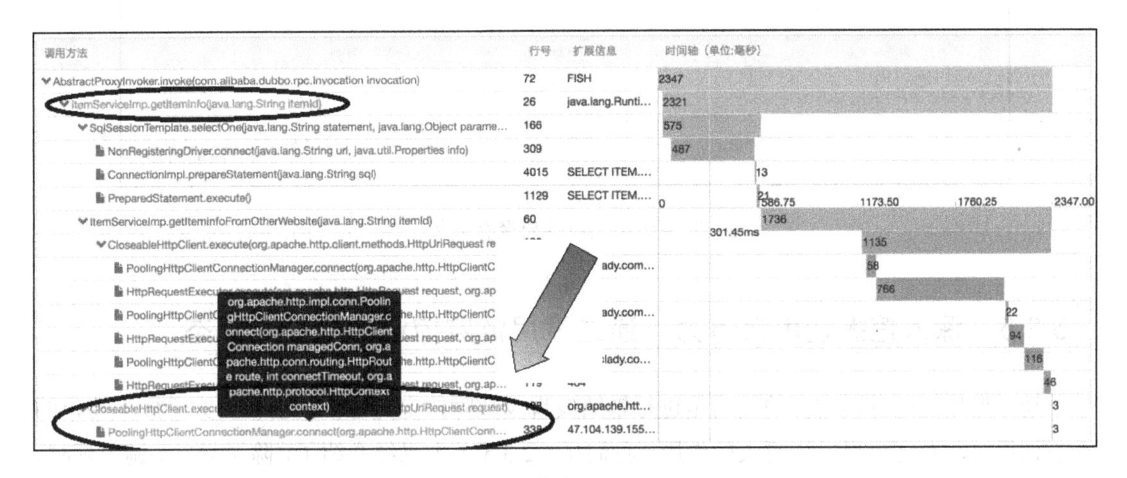

图 5.15　请求调用链视图

通过以上一系列的问题追踪和排查，故障处理人员不需要看代码，全程只需耗时几分钟即可定位性能出现问题的根本原因，并快速采取措施进行恢复。

5.3.4　调用链的聚合分析

我们在 3.5.5 节中已经介绍了通过静态调用链来聚合服务调用日志并进行故障定界定位的方法，其本质就是寻找日志之间的关系。而动态调用链跟踪本身就包含了调用关系，因此可以在单条调用链的基础上，通过聚合一段时间内的所有调用链数据，获得每个应用或者服务接口的总调用次数是多少，平均耗时是多少，如图 5.16 所示。在此基础上可以考察：系统的流量压力都集中在哪里？哪些节点容易集中出现故障？系统的大部分业务处理耗时都花在了哪些环节上？等等。

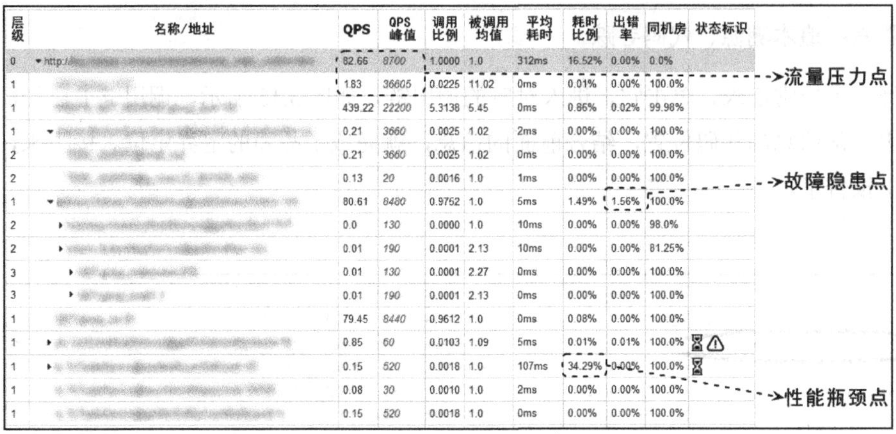

层级	名称/地址	QPS	QPS峰值	调用比例	被调用均值	平均耗时	耗时比例	出错率	同机房	状态标识
0	▾ http://[illegible]	82.66	8700	1.0000	1.0	312ms	16.52%	0.00%	0.0%	
1	[illegible]	1.83	36605	0.0225	11.02	0ms	0.01%	0.00%	100.0%	
1	[illegible]	439.22	22200	5.3138	5.45	0ms	0.86%	0.02%	99.98%	
1	▾ [illegible]	0.21	3660	0.0025	1.02	2ms	0.00%	0.00%	100.0%	
2	[illegible]	0.21	3660	0.0025	1.02	0ms	0.00%	0.00%	100.0%	
2	[illegible]	0.13	20	0.0016	1.0	1ms	0.00%	0.00%	100.0%	
1	▾ [illegible]	80.61	8480	0.9752	1.0	5ms	1.49%	1.56%	100.0%	
2	▸ [illegible]	0.0	130	0.0000	1.0	10ms	0.00%	0.00%	98.0%	
2	▸ [illegible]	0.01	190	0.0001	2.13	10ms	0.00%	0.00%	81.25%	
3	▸ [illegible]	0.01	130	0.0001	2.27	0ms	0.00%	0.00%	100.0%	
3	▸ [illegible]	0.01	190	0.0001	2.13	0ms	0.00%	0.00%	100.0%	
1	[illegible]	79.45	8440	0.9612	1.0	0ms	0.08%	0.00%	100.0%	
1	▸ [illegible]	0.85	60	0.0103	1.09	5ms	0.01%	0.01%	100.0%	⌛⚠
1	▸ [illegible]	0.15	520	0.0018	1.0	107ms	34.29%	0.00%	100.0%	⌛
1	[illegible]	0.08	30	0.0010	1.0	2ms	0.00%	0.00%	100.0%	
1	[illegible]	0.15	520	0.0018	1.0	0ms	0.00%	0.00%	100.0%	

图 5.16　调用链的聚合分析

5.3.5　深入挖掘调用链潜力：通过调用链监控业务的健康状态

动态调用链跟踪最本源的能力是进行链路发现及故障的定界定位，但耗费大量成本构建的动态调用链跟踪还可以发挥更大的作用。我们在 5.2.3.5 节中已经介绍了，除了异常、调用延时、调用状态这些基础指标，越来越多的 APM 试图通过自定义参数抓取接口来获得抓取业务指标的能力。

一个业务流程经常会贯穿于多个业务系统中，需要很多服务共同协作完成。比如电子商务网站中的购物流程，就需要卖场服务、购物车服务、下单服务、仓储分拣服务、物流服务、快递服务共同协作完成，贯穿这些服务的一个全局业务变量就是订单 ID。因此，可以在记录调用链日志的同时，通过自定义参数抓取接口将订单 ID 及相关的一些业务参数，如订单金额、库存信息、商品名称及数量，都记录下来，这些业务指标随着调用链信息一起被收集并存储。随后基于订单 ID 这个参数，将所有包含相同订单 ID 的调用链全部查出来，基于时间序列进行排序，就可以获得如图 5.17 所示的多个请求调用链的组合图，还可以将抓取的业务指标也叠加在图上。通过这个图，很容易了解一个订单的全业务流程涉及的所有请求的调用链路处理情况。该组合图不仅有详细的链路跟踪情况，具有一般调用链的故障定界定位能力，而且对业务人员也很友好，业务人员可以基于它很清楚地了解订单处理过程中的大量业务细节。

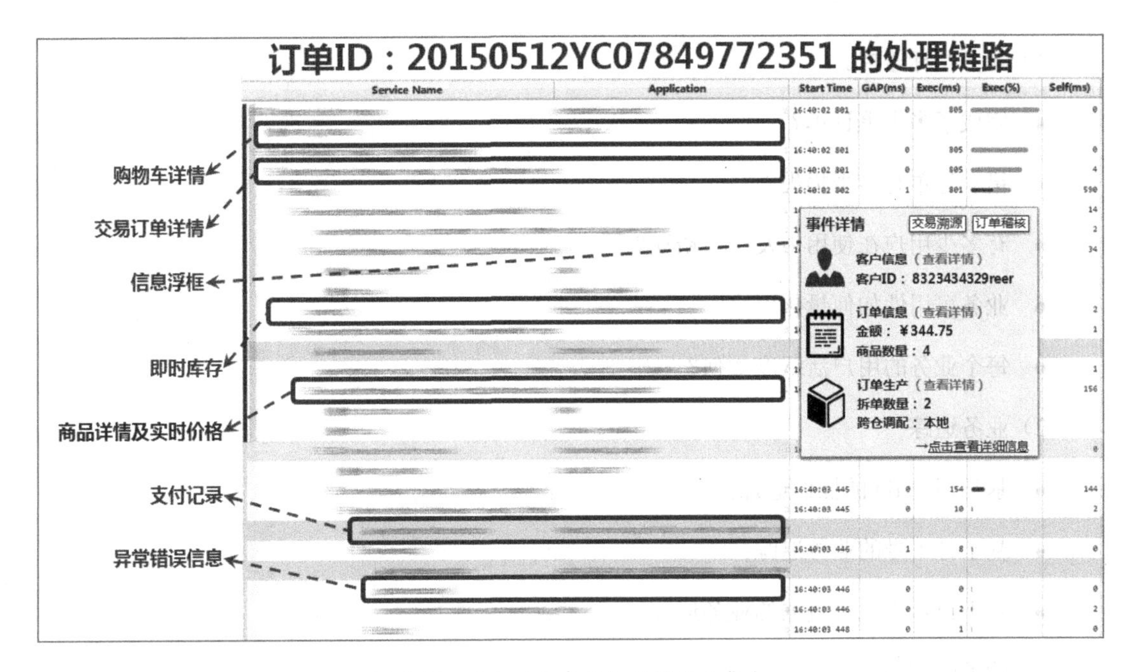

图 5.17　叠加了业务指标的调用链集合

以上只是调用链和业务融合的一个例子。在这个例子中，通过订单 ID 这个业务指标和 traceId 进行关联，就可以在调用链和业务之间构建起一座桥梁，让调用链服务于业务，从调用链的视角来进行订单生产业务的全流程监控。

通过这种基于调用链的自定义指标采集及关联方式，可以在调用链跟踪的基础上实现如下的业务监控功能。

1）业务指标监控。

- 完成了多少笔订单？
- 错误订单有多少损失？
- 有多少用户在使用中发生了错误？
- 业务可用性如何量化？
- 每个业务的用户活跃度如何？

2）业务追踪。

- 基于用户 ID 的操作追踪；
- 基于订单号的业务追踪；
- 基于自定义业务数据的业务追踪。

3）业务的 IT 溯源。

- 单次功能操作的代码调用栈溯源；
- 单次功能操作的异常追踪；
- 单次操作的用户体验指标分解。

4）业务流程监控。

- 业务流完成笔数；
- 业务流报错笔数；
- 在途、超时的业务流执行情况。

5）业务可用性下降预警。

- 订单量下降预警；
- 失败订单增加预警；
- 活跃用户量下降预警。

在业务监控的基础上，可以更有针对性地进行业务治理工作，我们将在第 6 章的业务治理部分对此展开更详细的讨论。

5.4 APM 及调用链落地策略

5.4.1 客户端插码策略

开源的调用链跟踪产品 CAT 采用的就是手工插码的方式，来看一个典型示例。

```
01  Transaction transaction = Cat.newTransaction("Shop", "Service3");
                                              //创建调用链
02  try {
03      ...
04      transaction.setStatus(Transaction.SUCCESS);
05  } catch (Exception e) {
06      transaction.setStatus(e);  //捕获到异常，标记失败及原因
07      Cat.logError(e);           //记录异常
08      //也可以选择向上抛出：throw e;
09  } finally {
10      transaction.complete();    //调用链结束，并上报
11  }
```

可见，手工插码对业务代码的侵入性是非常强的，虽然这种插码的方式可以进行更精细的数据抓取定义，但在进行内部大规模推广的时候必然会遇到较大的阻力。因此，大部分企业在推广动态调用链跟踪时，一般都会优先采用基于中间件的自动埋点或者基于字节码适配的自动插码埋点（BCI）的方式。

采用基于字节码适配的自动插码埋点的方式，需要适配大量的底层组件和业务中间件，比如，要对数据库操作的信息进行抓取，就需要在 JDBC 的 Connection 及 PrepareStatment、CallableStatement 等类上进行插码，通过诸如 ASM 这类字节码技术对相应方法进行改写，以便

把相关执行的SQL语句、执行结果等信息抓取出来。试想，需要对几十甚至上百个诸如JDBC这类通用的组件或者中间件进行仔细的分析，找出适合插码的逻辑点，再编写相应逻辑进行处理，这是一个智力密集型和劳动密集型兼备的庞大工程。

因此，大部分进行自研的互联网公司，都会在框架层采用基于中间件的自动埋点的方式，再结合字节码插码技术对非自研的底层通用组件（Tomcat、Jetty、Redis等）进行调用指标抓取，这样可以在成本和技术难度之间取得较好的平衡。

5.4.2 采样策略

在我们的直观认知中，调用链如果能做到全采样肯定是最完美的，指标全抓取、数据无遗漏，性能分析、故障定界定位的基础指标应有尽有。但是，凡事总有两面性，我们在享受全采集带来的好处的同时，必然要承受其对系统性能及调用链分析、存储的基础资源带来的巨大压力。根据公开的资料，某大型电商的所有线上应用超过1万个，这些系统一分钟至少产生120亿条调用链，按每条0.2KB计算，每分钟需要的存储空间为：

0.2KB/条 × 120亿条 ≈2TB

如此海量的日志数据会给后台的调用链分析及存储带来巨大的压力，尤其是再加上业务数据的采集及分析。一个业务流程对应的业务数据存在数据库中可能只有一行，但是对于后台分析服务来说，这一行数据可能横跨多个调用链，分布在不同的机器或容器上。所以如果想要分析出一个结果，后台分析服务要处理的数据量远大于业务数据量。除了数据分析及聚合，海量数据对机器查询能力的要求也非常高。

另外，全采集也会对采集客户端所在业务系统产生资源占用，毕竟日志的采集、组织聚合、落盘存储、远程发送都要占用一定量的CPU计算资源、内存（缓存）资源、磁盘I/O及网络I/O资源。尤其是磁盘I/O，在高负载下会严重影响系统性能。很多业务或者业务负责人对性能非常敏感，如果他们意识到引入调用链跟踪会对他们的业务产生影响，势必会降低引入调用链跟踪的意愿。所以，低损耗必须成为埋点组件的关键设计目标，而降低采样率则是实现低损耗的最直接的方法。

在此背景下，很多企业为了降低技术复杂度及资源投入，最终舍弃了全采样，改用抽样采集方式。动态调用链跟踪的“鼻祖”Google，在其Dapper论文中也推荐使用抽样采集方式。抽样采集可以有效降低调用链跟踪全技术栈的资源占用，降低技术复杂度。尤其是对于一些高吞吐量的线上业务，低概率事件在基数极大的前提下仍会经常出现，这时候就算使用 1/1000 的采样率，也能够保证捕捉到这些事件。

但是，只要采用非 100%的采样率，必定存在漏掉重要事件的概率，而且这个概率会随着采样率的降低而持续升高。想要升高采样率就需要承受更高的性能损耗及后续带来的一系列资源压力。因此，采样率和准确率之间存在不可调和的矛盾。

业界为了解决这个问题采用了很多优化方法，以下列举了一些常用手段。

- **根据系统规模采用可变采样率**。当应用或服务体量大、样本足的时候，降低采样率；反之如果体量小、样本少则提高采样率。这种方式可以手工调整，也可以定期评估并调整。
- **根据系统稳定性采用可变采样率**。当系统稳定时，降低采样率；当系统不稳定时，提高采样率。这种方式必须自动化，需要基于监控度量的运维能力来构建，实现起来比较复杂。
- **调用链分级采样**。对产生异常或者性能差的这类有更高分析价值的调用链进行全采集，对正常调用链按一定采样率采集。这种采样策略的技术难点在于，由于调用链的日志数据分散在网络的不同节点上，如果异常或性能问题是在调用链的中后段被发现的，如何通知前面节点收集其对应的跟踪日志数据？一种解决办法是将所有客户端的数据全采集并汇总到各个日志收集服务端，临时缓存一段时间（1 分钟）。如果任何一个收集端发现了异常或者有性能问题的请求，就把这个请求的 traceId“广播”到各个日志收集服务端。各个日志收集服务端接收到这个 traceId 后，会从缓存的日志中找出所有关联的调用链日志，进行全量落盘存储。这种方式可以实现所有日志收集服务端的协同，实现全量查找并存储“错和慢”的调用链。但这种方式只是降低了调用链存储的压力，并未降低采集客户端的压力。

基于采样率的抽样采集存在的另一个问题是，会降低业务数据的使用价值。对线上稳定性运维来说，可以接受数据抽样，抽样 10%、20%就可以在重大事件发生时体现出相应的异常和错误。而如果对业务指标进行抽样，则只能取得部分数据，无法刻画业务的全貌。比如，我们无法基于采样的订单数据来计算总购买金额和总购买人数，所以要做业务度量和治理就必须进行全量采集。

5.4.3 产品选型策略

从 1996 年到现在，APM 行业虽然已经持续高速发展了二十多年，但这个领域依然处于百家争鸣的阶段，新的创业公司不断进入，技术始终处于高速迭代的状态。尤其是 2010 年之后，以 New Relic 和 AppDynamics 为代表的新型 APM 厂商在移动互联网和 SaaS 化这两大领域不断拓宽和深化 APM 的应用。尤其是 APM 产品的 SaaS 化，大幅度降低了企业引入 APM 的成本。这些新型 APM 厂商推出的解决方案具有如下特征和优势：

- 支持更复杂网络环境下的应用性能监测，能够很好地应对互联网、移动互联网、企业内部网络、云网络等不同网络的监测需求；
- 支持更多开发语言，并深入到代码级的性能及故障问题的定界定位；
- 更自动化和智能化的网络拓扑及应用调用关系的嗅探及识别；
- 更多及更一体化的整体解决方案；
- 更好的实时性；
- 更直观的可视化大盘及报表；
- 更低的部署及运维成本，更便宜的价格。

企业落地 APM 及调用链监控是一项持续的体系性工程。因此，在构建企业 APM 及调用链跟踪的早期，可以从第三方厂商或者开源 APM 产品“借力”，快速实现“真实用户性能监测”和“最终用户性能监测”两大基础应用性能管理能力的突破。

1）**真实用户性能监测**。通过动态插码的方式获得全链路真实性能数据。动态插码分前端和服务端插码，前端 H5 及 App 主要通过 SDK 实现插码，服务端通过动态修改字节码的方式实现插码。

2）**最终用户性能监测**。在最终用户设备上安装客户端，通过主动监测获得采样的性能数据。

自主搭建的 APM 平台更贴合企业自有业务，但第三方厂商和开源工具监测更通用、更基础，相对粒度也更大。从成本及效率的角度看，利用第三方厂商和开源工具来构建前期的基础检测及跟踪能力比较合适。尤其是中小型企业及初创企业，很适合利用 SaaS 化的 APM 产品进行监测能力的快速落地，并通过使用来不断挖掘自身的真实需求。

一旦企业的 APM 及动态调用链跟踪进入“深水区”，各个监控维度的个性化需求不断涌现，使用第三方厂商服务的一些短板就会出现。

1）**无法提供高度可定制能力**。第三方 APM 厂商为了实现产品的通用性和可复制性，必然牺牲一些非通用的特殊需求，所以无法满足企业业务监控及治理的个性化诉求。另外，当企业规模达到一定程度，内部会存在许多业务域及应用系统，基于通用性构建的这些第三方 APM 服务很难应对。

2）**无法提供敏捷服务**。第三方 APM 厂商要同时服务多家企业，无法像公司内部团队一样实现“管家式”服务，从需求接收到实现落地的周期长、效率低。

3）**无法满足大规模的数据采集及分析需求**。第三方 APM 厂商提供的服务在应对小型或者中型数据的抓取及分析时表现很好。但一旦处理的数据规模大到一定程度，就需要对数据处理全流程的技术栈进行大量的调优治理，甚至做出较大的架构变更，这是第三方 APM 厂商无法做到的。

4）**存在合规性风险**。SaaS 化的 APM 产品必然要把监测及埋点数据存储在第三方 APM 厂商的托管服务上，存在对外数据通道，这些都会在合规性上构成风险。

5）**很难和自有技术体系无缝对接**。监控平台最终要实现与企业 IT 的开发、测试、运维体系的深度融合及无缝对接，满足各方的不同诉求，这方面第三方 APM 厂商很难做到。

因此，一旦企业开始深度使用 APM 及动态调用链跟踪，并将其拓展到企业自身的业务治理领域，必然会走上自研 APM 及动态调用链跟踪产品的道路。

第 6 章 微服务架构体系的深度治理

前面章节重点介绍了微服务的度量及管控能力建设，这些都属于微服务的线上治理，也是常规意义上的微服务治理范畴。但是微服务架构带来的影响是全方位的，绝不仅仅只针对线上的服务及应用系统，它会对整个研发体系，包括开发、运维、团队组织、协同都带来冲击。因此，必须构建起一整套以服务治理为核心、从线下到线上的新的能力体系来支撑这套新的架构。很多团队没能构建起这套能力体系，直接在服务化的“反噬”下倒在了路上，看不到服务化带来的“曙光”。

本章将把服务治理的范畴拓展到线下，重点通过相关领域的人、事、物的指标关联来进行微服务技术体系的架构、研发、测试、运维、业务及团队协同的质量度量及优化治理。

6.1 架构治理

传统的企业级开发一般遵循先设计架构再开发的协同联动原则。但在服务化架构下，由于原来的单体系统被拆得很散，传统架构师的职责更多被分散到一线的研发团队，由开发人员来承担。看起来，架构师的职责貌似被减弱了，再加上服务的粒度比一般应用小，架构的工作好像没有以前那么重要了。

实际上恰恰相反，在离散化体系中更要加强对架构的管控，以防止整体架构的劣化。与传统的“架构先行”模式不同，服务化之后，相当一部分架构工作被“后置”，成了一种事后行为，也就是说，架构度量和优化的工作量会大幅度上升。本节将重点探讨针对微服务的架构治理。

6.1.1　治理目标

3.2.3 节中所介绍的服务间的调用链路梳理、调用深度分析、调用闭环检测本质上都是架构治理的一部分。本节我们要在此基础上做更深度的微服务架构下的架构梳理和优化治理，实现如下的治理目标：

- 分析单个微服务的架构设计的合理性；
- 梳理整体架构短板，优化架构体系；
- 控制服务变更的影响范围。

除了以上治理目标，本节还将探索服务分层及拆分的常用架构模式。

6.1.2　微观架构治理

微服务架构强调每个微服务的职责要单一，服务内部的功能要尽量“高内聚”，服务和服务之间尽量“低耦合”，这种低耦合可以用面向对象设计中的两大原则来体现。一个是**依赖倒转原则**：服务对服务的调用只关注抽象接口契约，而不关注具体实现。这是目前分布式服务架构也是微服务架构的通用设计原则。另一个是**迪米特法则**：服务应当尽可能少地与其他实体或服务发生作用。这很容易理解，一个服务只要存在对另一个服务的调用，就会对这个服务产生依赖，微服务对外部的调用越少，它的自治性越好。

6.1.2.1　检测服务架构对“迪米特法则”的遵循度

笔者在日常服务治理工作中，会定期通过静态代码扫描技术来获取服务之间的调用矩阵（参考 2.2.1.2 节），并通过接口调用的关联分析，最终生成一份完整的微服务对外调用报告。报告最核心的指标是微服务的扇出（**Fan-Out**）数，即获得每个微服务所调用的外部服务清单。图 6.1 展示了报告中两个不同微服务的外部服务调用（扇出）清单列表，从图上可以看到，第一个微服务调用了 3 个外部服务，第二个微服务调用了 16 个外部服务。很明显第二个微服务的对外依赖度更高，与整个服务集群的耦合性也要高于第一个微服务。这时我们就要仔细思考这种耦合度的必要性，是否可以优化。

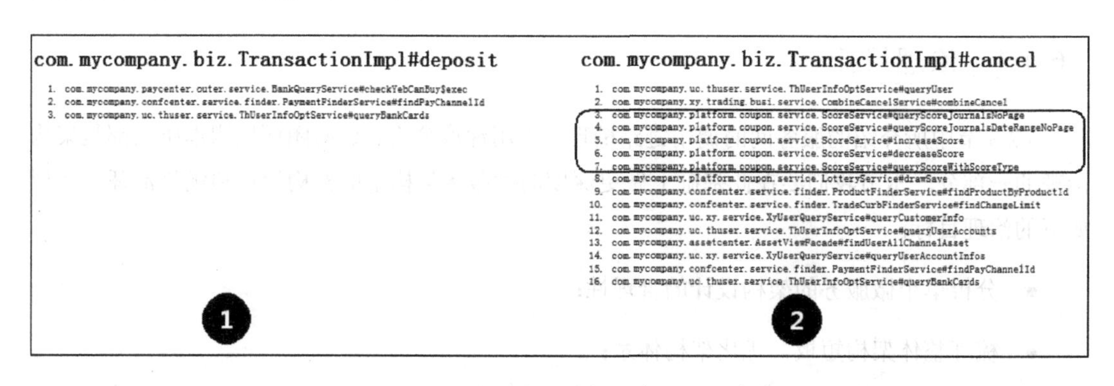

图 6.1 不同微服务对外部服务的调用清单

研究图 6.1 中第二个微服务的调用清单，可以看到，它连续调用了“用户权益中心（ScoreService）”的 5 个微服务（图中黑框中的内容）。可以考虑在“业务权益中心”中新增一个聚合微服务接口，将这 5 个微服务的业务逻辑以一个新的门面接口（Facade 接口）发布出来，这样图中第二个微服务就只需要调用“业务权益中心”的一个门面接口即可。

图 6.1 显示第二个微服务还调用了“用户中心”的 3 个微服务，分别是查询用户信息、查询用户账户、查询用户银行卡。这 3 个微服务接口本质上都是用于获取用户及其关联属性的，但用户中心并没有提供一个接口来获取用户的完整信息，导致需要 3 次接口调用才能完成信息获取，这是由于架构上对微服务接口拆分得太细，导致无法通过一次远程请求完成一个完整的业务逻辑（获取用户完整信息），平白增加了系统耦合度和复杂度，降低了处理效率。因此，可将这 3 个接口合并，或者重新提供一个完整用户信息调用接口来将对“用户中心”的调用归一。

除了以上优化，我们还可以思考，如果一个服务调用了太多的外部服务，那么是不是它承载了太多的业务逻辑？是否有必要对它进行拆分？当然，对微服务的拆分需要把握一个“度”，就如上面所述，拆分的原则必须是一个微服务是否能够完整承载一个原子业务。

以上就是基于微服务对外调用关系来不断优化微服务架构对“迪米特法则”的遵循度，除了分析对外部服务的依赖度，还可以用同样的方式分析微服务对诸如数据库这类资源的调用情况。这是一个非常考验治理人员综合能力的“活”，不仅要求其有坚实的技术功底、认真细致，还要求其了解整体业务架构和整体技术架构，这样才能快速识别潜在的架构风险，并做出正确的架构优化决策。

6.1.2.2　通过动、静调用链的结合清除冗余代码

动态调用链分析本质上是基于线上日志的关联关系（基于 TraceId 及 SpanId）聚合衍生出来的一种实时监控模式，自从调用链监控在业界普及以来，可以算得上大获成功。从开发的角度来说，动态调用链的堆栈跟踪技术，可协助开发人员快速定位代码的逻辑错误和性能问题，有助于代码的持续性优化；调用延时等基础数据，可协助开发人员从全流程性能的角度识别性能瓶颈，及时进行针对性的优化；全链路可视的特性，还可协助开发人员进行白盒测试，缩短系统上线周期。从运维的角度来说，动态调用链的自动节点发现能力，可协助运维人员准确掌握实际的应用部署情况；调用链的性能、故障等数据，为 IT 运维部门业务量化评估提供了可追溯的服务性能及稳定性数据指标。

但是，动态调用链技术也有局限性，成于“动态”，也受限于“动态”，调用链只有在运行时才能生效，而且必须有（手工或自动）埋点并实际发生了调用才能被监控和采集。一个复杂的平台或大系统往往存在大量的冗余分支和异常处理逻辑，这些分支和逻辑在特定场景下才会被触发，甚至可能永远都不会被触发。历史上曾因此产生过血淋淋的教训。2012 年，在纽交所上市的骑士资本公司由于研发服务器中遗留的一段近 10 年的僵尸代码被误触发，导致发出近 70 亿美元的非正常的股票交易订单，直接损失近 5 亿美元。

我们可以将动态调用链和静态调用链技术结合进行冗余代码的排查。如图 6.2 所示，将动态调用链的数据叠加在静态调用链上，这样一结合，能获得比纯粹的动态调用链更多的信息。在实际业务中，由于处理逻辑不同，同一调用入口往往会有多条逻辑执行路径。通过动态调用链跟踪的自动发现能力，将所有这个入口的动态调用链全部找出来，再叠加到同一入口的静态调用链上，这样将两条“链”图相叠加，可以直观地看到，在统一的调用入口动态调用链究竟覆盖了多少业务逻辑，也就是图上粗折线箭头覆盖的路径。从图中还可以看到哪些链路被监控覆盖到了，哪些没有被覆盖到。对未被覆盖的链路，如果是在程序逻辑上没有埋点，可以改进

埋点策略以实现更完善的监控覆盖；如果是业务处理逻辑不被触发，则可以做一些架构优化上的判定，看是否可以清理掉一些不必要的逻辑代码。

以移动应用来举例，对一个移动 App 而言，由于不断地发版及用户更新不及时，线上会存在 App 的很多版本。因此在移动应用的服务端代码中，必须针对不同的 App 版本做一些兼容处理。时间一长，兼容代码会非常多。随着 App 被强制升级，很老的兼容代码再没有存在的意义，成了要被清理掉的冗余代码。这时，可以把某个入口 API 一段时间内发生的动态调用链合并，叠加到它的静态调用链上，如图 6.2 所示。黑底白字的深色图元是被实际调用的，其他灰底黑字的浅色图元则是没有在线上被触发过的。通过图元颜色的不同标注，能清晰地看出哪些链路不再被调用，这样就可以对这些代码进行分析并清理。通过这种方式，可以将多余的业务逻辑链路、不可能触发的异常处理链路、旧版本兼容代码等冗余代码一并清除，达到系统瘦身的目的。

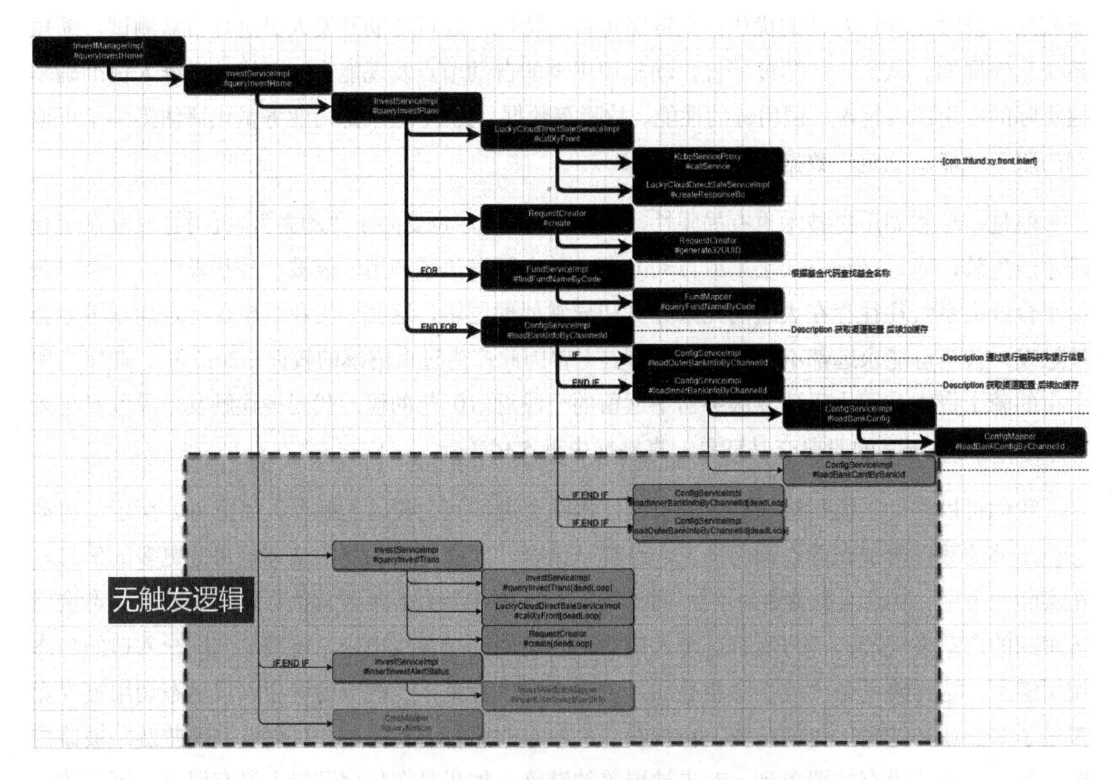

图 6.2　通过动态调用链和静态调用链叠加排查冗余代码

6.1.2.3　服务变更影响度量与治理

在 2.2.2.3 节中我们探讨过通过契约测试来进行服务接口变更的监控，但契约测试只能起到事后检查的作用，这个时候，往往服务都已经开发出来并上线了。本节将介绍服务变更的事前检测，通过代码的调用关系来梳理服务对上层应用的影响范围，便于事前评估服务变更对上层业务的影响。

笔者曾经负责基金移动直销业务的技术开发工作，开发范围包括前端的 App 和后端提供支撑的各层服务。由于业务的快速发展，每个迭代开发周期中都会涉及不少后台服务的变更。以前的服务变更影响评估主要靠开发人员梳理代码，通过代码的调用关系先在后端各个服务分层中一层层向上梳理出方法调用链路上的所有服务，一直找到受影响的网关层的 API 服务，再在 App 开发工程中找到调用这些 API 网关服务的页面类，找到页面也就找到了服务变更所影响的业务范围。这需要协同前、后端开发人员共同排查，费时费力。

引入了 2.2.1.2 节中介绍的静态代码扫描工具后，由于 App 的 Android 版本工程也是采用 Java 语言开发的，因此将 Android 版本的 App 开发工程和后台服务开发工程统一进行扫描，并针对 Android 对后台 API 网关调用模型开发了专门的代码解析器，这样就能在代码层面识别出 Android 对 API 网关的调用关系。在图 2.10 的调用关系基础上进行扩展，增加 App 部分及网关应用的代码调用关系，就可以得到从前端到后端的全链路调用关系，如图 6.3 所示。

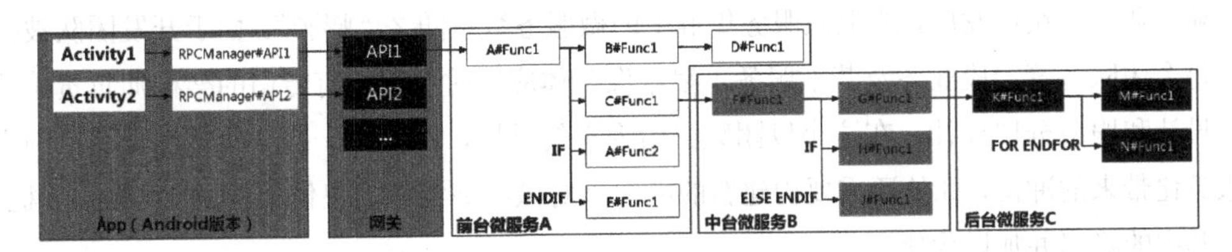

图 6.3　全链路代码级的调用关系

有了这个前、后端的完整调用关系，如果要判断 Android 版本 App 中哪些页面（Activity 类）调用了后台的某个微服务，就可以以这个微服务为起点，通过递归遍历算法，舍弃中间非服务入口的内部方法，获得如图 6.4-①所示的前、后端全链路的调用关系。这个调用关系的顶点，除了页面，还有一部分是定时或事件触发的批处理任务。在此基础上，如果进一步精简，只保留前端页面、批处理任务和指定微服务，可以获得如图 6.4-②所示的服务影响页面、批处理的列表清单。由于我们很清楚每个页面及批处理任务承载的业务，所以这个微服务的变更所影响的业务范围就一目了然了。

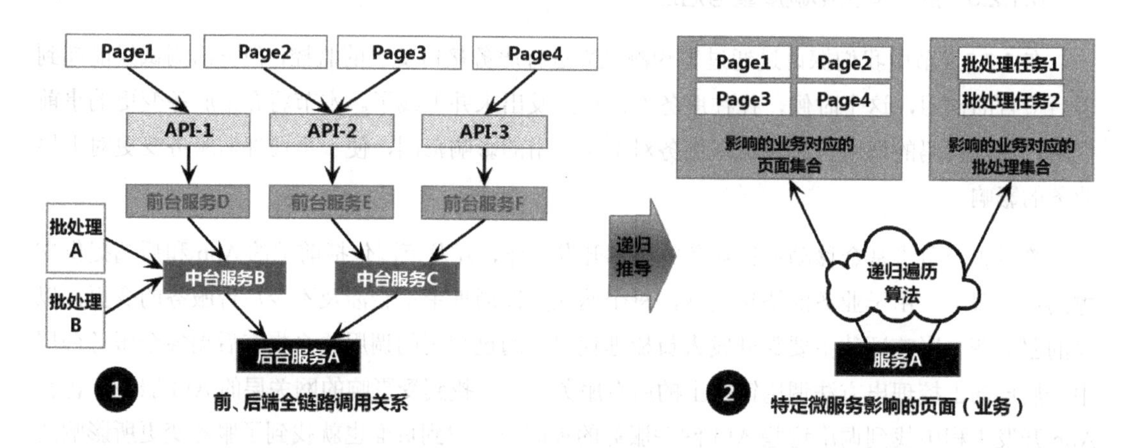

图 6.4　全链路调用关系及业务影响梳理

通过这种方式，可以非常便捷地获取到任何一个微服务所影响的业务范围，有利于我们评估变更前的影响和制定应对策略。

6.1.3　宏观架构治理

随着业务的快速发展，线上微服务集群中的微服务数量随之“膨胀”。由于开发团队被拆分了，每个团队各管一段业务及若干服务，很难像单体应用时期那样有专门的架构师负责整体的架构设计和服务分层设计。在这个以团队自治为主的时期，需要有一些新的架构设计原则来缓解服务化带来的冲击，此外还需要构建新的能力来对微服务集群的整体架构进行“事后”梳理，找出其中的隐患并加以优化。

6.1.3.1　服务分层

服务分层是降低服务化架构体系整体复杂度的一种有效方式。

以基金行业的应用系统建设为例，当一家基金公司的业务刚起步时，为了快速落地应用，一般会使用 All in One 的单体架构。常用的做法是围绕不同业务，比如直销业务或者代销业务，单独开发独立的基金交易及结算系统，存储也各用各的。早期业务量不大，对于这些系统往往不考虑横向扩展性，日积月累下来会形成多套直销及代销交易系统并存的局面。这些系统间账号没有打通，用户的资产数据无法统一，用户体验差。另外，各系统功能重复的现象严重，不仅重复占用软、硬件资源，版本的控制也很麻烦。

这时候就需要对系统进行服务化的改造及拆分。

1. 两层服务分层

在服务化的早期，一般会将这些基金直销和代销系统中通用的功能，包括用户管理、账户管理、交易管理、支付管理、基金产品管理、资产管理、结算管理、配置管理等抽取出来，改造成服务，并以服务集群的形式独立部署，统一为上层应用提供通用服务，它们共同构成了**后台服务层**。原来的基金交易系统拆分之后变“轻”了，更多的时候充当了交易大厅的角色，可以称之为**前台服务层**。用户的交易请求通过网关层被统一接入，先在前台服务层进行协议解析、安全校验及简单的业务逻辑处理，再调用后台通用服务层的服务进行基金的相关交易，这个时期的分层架构如图 6.5 所示。

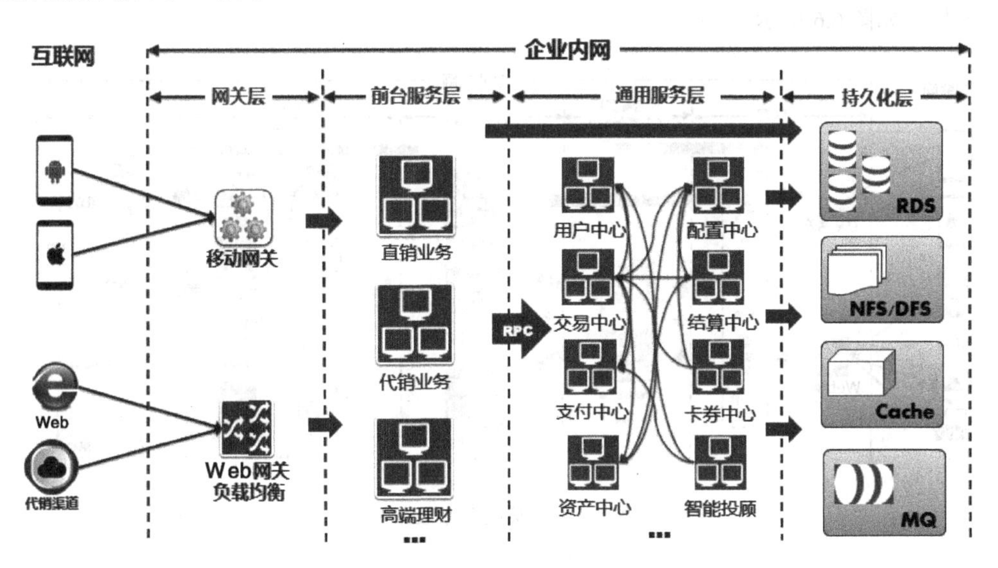

图 6.5　两层服务分层架构

在业务发展比较平稳、前端业务渠道不多的时候，这样的两层服务分层已经够用了，前台服务的粒度足以支撑正常的业务迭代速度。

2. 三层服务分层

要快速发展基金业务，必然要不断拓宽业务渠道。银行是进行用户引流的重要渠道，很多基金产品都会在各类银行渠道上进行销售投放，每个银行渠道对这些代销的基金产品或多或少都有一些个性化诉求，有的在安全校验上要增加特殊要求，有的要求在产品销售上叠加一些额外的运营规则。根据经验，各银行渠道对产品的功能诉求中有80%是一致的，只有20%的个性化要求。如果按之前的两层服务划分方式，需要为每个银行渠道都开发一个重复度很高的前台服务，明显不划算，太“重”了。怎么办呢？继续拆！将产品销售服务中与渠道无关的80%通用业务功能拆分出来，继续下沉形成一个新的服务分层，可以称其为业务服务层。这样还不够，继续将前台服务层中剩下的20%个性化功能中和业务无关的功能，包括协议适配、拆包、安全校验等，也拆出来和网关层合并，形成安全网关这个新的扩展。这样，前台服务层只剩下10%左右的业务功能，里面的大部分逻辑是对业务服务层及通用服务层功能的组装和聚合。这时的前台服务层已经被拆得很“轻”了，我们改称其为**聚合服务层**。通过这种不断拆分的方式，就可以将早期的两层服务分层架构，变成包含**聚合服务层、业务服务层、通用服务层**的三层服务分层架构，如图6.6所示。

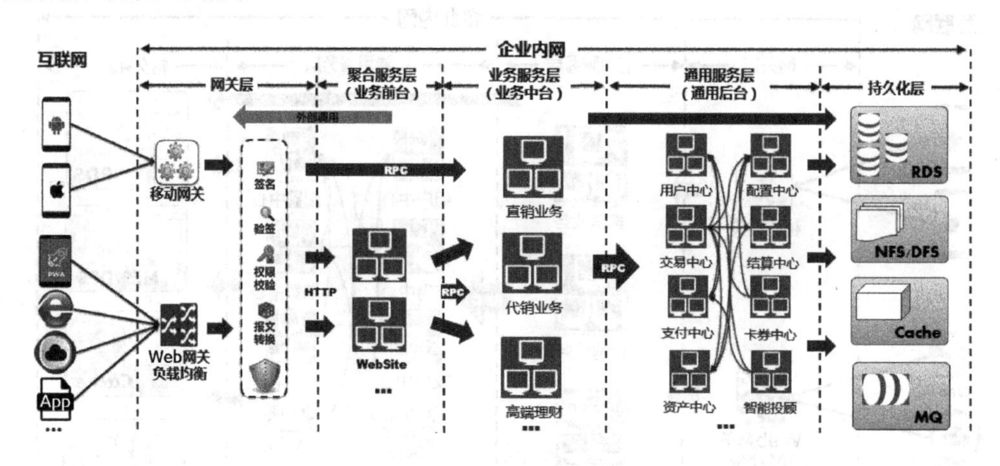

图6.6　三层服务分层架构

以上服务分层的演变虽然是基于基金行业来举例的，但也适用于其他行业。一些行业由于个性化的业务或者技术诉求，会在上述两层或者三层服务架构中拆分出一些更细化的子分层。

3. 服务分层与业务中台

服务分层的形成和业务发展息息相关，业务的快速发展会驱使我们不断地对服务进行拆分，并将通用服务不断下沉，如此才能将服务拆得更小。服务粒度越小，可组装性越好。只有这样，才能根据不同业务形态，通过服务组装和聚合的方式快速构建出前端应用，从而达到更快的开发速度，以支持业务的快速迭代及试错。

仔细审视图 6.6 的三层服务分层架构，可以看到，每个服务分层涉及的业务域各不相同，分工也不同。通用服务层跨多个业务域，面向整个企业的业务提供共性的服务，比如在基金行业，通用服务层同时给直销、代销、高端理财这些不同的业务域提供通用服务。业务服务层的范围则被控制在单个业务域之中，比如直销业务域会根据业务特色形成独有的业务服务层。不同业务域的业务服务层之间不存在复用关系，如果某个业务域下的服务能够被其他业务域复用，就应该把它继续下沉到通用服务层。聚合服务层更多和渠道关联，它承载的业务逻辑很少，主要起到对业务服务层和通用服务层的服务进行聚合和组装的作用。因此，聚合服务层、业务服务层、通用服务层三层服务分层的定义换个说法就是**业务前台服务层、业务中台服务层和通用后台服务层**，如图 6.7 所示。

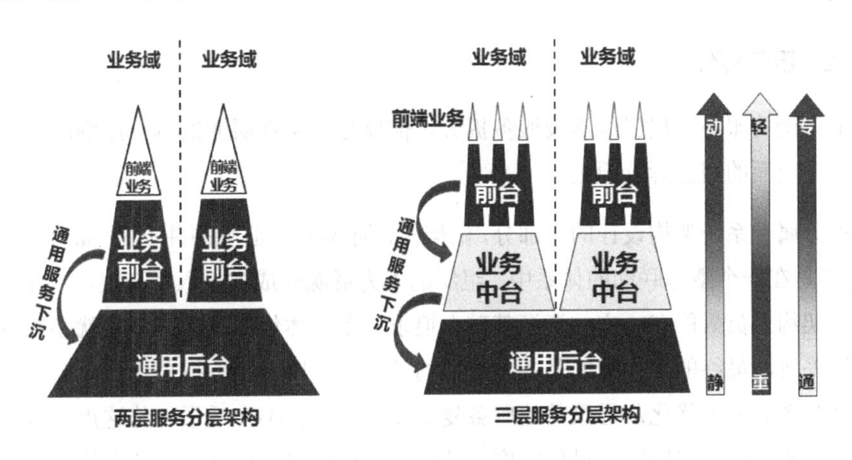

图 6.7　服务分层的演化及分层特性

在服务分层架构下，各层的服务并不是静止不动的，通用服务会被不断下沉。所以越底层的服务抽象度越高，也越通用、越静态，不会经常改变；越靠近前端的服务越贴近业务，越不稳定，会随着业务的快速变化而不断改变，客观上也必须保持更“轻”的体态。

业务中台的存在解决了两层服务分层架构下前台业务服务和后台通用服务之间的适配问题。可以将前台服务拆分得更细，让前台服务不用通过大量的代码来处理业务逻辑，只需要少量的黏合剂代码来对中台专属业务领域的通用服务和后台跨业务领域的通用服务进行快速组装和聚合，从根本上降低了前台服务开发的工作量和成本。业务变化越快，多端适配的需求越多，中台建设的收益越大。如果业务比较平稳，也没那么多业务渠道，两层服务分层架构就能工作得很好，服务分层和拆分的需求就不会那么强烈，进行中台建设的意义也就不大。所以业务中台的建设要顺其自然，企业需要根据自身的业务特征来判断是否需要建设业务中台。

4. 通过组织架构的调整保障良好的服务分层

良好的服务分层可以对微服务进行有效的组织和梳理。但如果由一个团队同时负责多个架构分层的功能开发，很容易由于惰性或者自我妥协的情绪而导致分层边界混淆不清，最终拆分和构建出来的很可能就是一堆互相耦合在一起的服务。因此，前、中、后台服务最好由不同团队负责，不同团队负责的功能之间存在清晰的边界，共同遵循严格的服务接口契约，这样才能形成有效的服务分层。这也符合康威定律，即**组织的协同及管理模式必须与所采用的系统架构相匹配。**

6.1.3.2 服务拆分

上一节讨论的服务分层已经涉及服务拆分，但仅是对宏观层面的拆分原则的把控，本节将讨论更细粒度层面的服务拆分原则。

服务拆分属于系统架构设计的一部分，做架构设计本质上追求的并不是“最优解”，而是“更优解”。尤其是在一个整体联动的体系中，组织的人力资源和成本投入都有限，上线时间压力也客观存在，架构人员只能在一定的资源基础上追求一个整体优化的方案。这就必然会在服务能力设计上做妥协，最终的架构无非是各方妥协的结果。所以，服务拆分也一定会遵循“妥协”原则，否则某个服务最优化却导致其他服务复杂度升高，就不合适了。从这点上看，服务拆分本身就不存在所谓的最佳原则、最佳粒度。若非要追求最佳，也必须从特定的角度来评判，比如基于运维角度的“最佳”，或者基于开发角度的“最佳”。

古希腊哲学家赫拉克利特曾经说过：“人不能两次踏进同一条河流。”随着时间的流逝，任何事物的状态都会发生变化。线上系统同样如此，即使同一个系统在不同时刻的状况也绝不会一模一样。现在拆分出来的服务粒度也许很合适，但谁都不能保证这个粒度就是包打天下的“银弹”，随着架构的不断变迁，在未来的某个时刻，当业务发展到新的阶段，它也要随之改变。因此，从时间的维度来看，根本不存在所谓的最佳原则。

综上所述，谈论服务的拆分原则和拆分粒度，不能脱离诉求和系统演进的客观规律。必须承认我们的认知是有限的，必须承认只能基于目前的业务状态和有限的对未来的预测来制定出一个相对合适的拆分方案，而不是所谓的最优方案，任何方案都只能保证在当下提供了相对合适的粒度和划分原则，要时刻做好在未来的某一个时刻会变得不合时宜、需要再次调整的准备。

因此，与其纠结于找到服务拆分的最佳原则，不如将架构优化工作做好。构建起一套持之以恒的架构优化体系，通过持续地优化架构，不断对每个阶段的服务粒度进行监控和调整，让它能够适配业务发展的要求，这才是架构的可持续之道。

所以，在服务拆分上，我们应该做行动派，而不是理论派，不要太纠结于是否合适，不动手又怎么知道合不合适呢？拆了之后真的不合适，再重新调整就好了。有的读者可能会说，调整的成本太高、可能涉及数据迁移的工作。这实际上不是服务拆分的问题，因为拆分一定会持续存在，这个问题的本质还是没有针对服务化架构构建起一套完整的能力体系，从而导致应对服务拆分的能力不足。试问，如果我们在服务灰度、数据双写、数据迁移、分布式事务方面的能力很完备，又怎么会害怕数据迁移呢?

所以大道至简，在服务拆分上不需要太刻意追求所谓的最佳实践，结合业务现实及团队的技术能力，适度应用如下 5 条业界提炼出来的普适拆分原则即可。

- **业务因素**：从业务的角度确定服务拆分的方案，拆分的边界要充分考虑业务的独立性和专业性，尽量避免按团队来定义服务边界。
- **成本因素**：服务拆分的一大原则是要有效降低服务的维护成本，尽量降低服务的复杂度。
- **组织因素**：不同团队负责的服务的能力不能重叠，做到职责清晰。如有必要，优先调整团队，而不是调整服务。
- **功能因素**：服务拆分尽量做到动静分离，越通用、越抽象的功能可以越优先改造成服务并下沉。
- **安全因素**：优先将有特定安全需求的服务拆分出来，进行区别部署。比如设置特定的

DMZ 区域对服务进行分区部署，可以更有针对性地满足信息安全的要求，也可以降低对防火墙等安全设备吞吐量、并发性等方面的要求，降低成本，提高效率。

6.1.3.3 架构标准化

企业引入微服务架构后，根据业务架构进行服务拆分及分层，团队的组织架构也要随之调整，产生一个个与业务架构相匹配的小规模技术团队。由于业务相对独立，每个小团队的自主权相应变大，所负责的架构设计及技术选型的工作比重也随之上升。这个时候，如果缺少公司级的严格的技术管理规范或者强力的技术管理团队（如技术委员会）做全技术栈的管控，各个小团队及其开发人员很容易随意选择技术组件甚至尝试自研。尤其是在当前这个开源产品非常流行、技术选择非常丰富的时代，想在没有约束的前提下做技术“收口”是非常困难的。如果做不了技术“收口”，研发及管理成本就会直线上升。当技术服务随着应用场景的不断扩展和业务体量的不断增长，逐步暴露出各种各样的问题时，开发及运维都会受到影响。

1. 开发层面

如果技术标准不统一而导致内部存在相同能力的不同基础组件，会在内部构建起多套能力体系。根据笔者的实际经验，最容易出现问题的基础组件主要集中在如下几类。

- **分布式服务框架**。有些开发团队，如果钟情于高性能，会选择 Dubbo 这类支持 RPC 直连的服务化框架；而网络部署环境较复杂的开发团队，为了获得更好的网络“穿透性”，可能会选择基于 HTTP 的 Spring Cloud 来做服务化。带来的问题是，这两类服务如何互相识别及调用呢？使用概率较大的解决方案是将其中一种服务按另一种服务的标准再封装一遍，这样就会给服务的治理带来很大的困扰。
- **分布式 DB 中间件**。这是自研行为的活跃领域，由于数据库访问是基础需求，分库分表策略差异大，很多团队都会尝试自研，也有些团队会引入 MyCat、sharding-jdbc 这类开源组件。这就会导致一些 DB 控制策略很难统一，比如 DB 访问策略、账号密码管控、路由策略优化、慢 SQL 统计和优化等。
- **分布式缓存**。有些团队直接使用 Redis，自己在程序中实现 key 的分片策略，有的团队则会搭建 Codis 这类 Proxy 方案，通过 Proxy 实现分片及高可用策略。

这些不同的技术体系或选型策略一方面会导致重复建设，好不容易在一个产品上摸索了很长时间，踩了很多坑，积累了宝贵的经验，结果发现另一个产品也要经历同样的过程，积累的经验不能“互通”。另一方面，这些技术体系的维护和持续迭代需要重复投入人力资源和成倍的精力，不同技术体系之间的对接也需要做适配性工作，这些都势必占用相当大一部分业务开发资源。

2. 运维层面

在建设统一的自动化运维体系时，如果基础组件不统一，就需要做大量的适配性工作。

举个典型的例子，在第 5 章关于全链路跟踪的内容中提到很多技术公司都会采用中间件埋点的方式进行调用链日志的采集，如果企业内部有多套服务化框架同时存在，为了完整抓取全链路日志，势必要在每个框架中都进行埋点。这样的话，埋点工作量就会是一套技术标准下的 N 倍。而这还只是其中一个点，还有缓存、数据库、文件等其他很多基础能力要花 N 倍的资源和精力去做埋点的适配性工作。

类似的问题同样存在于服务的 SDK 版本、启停方式、服务容器类型、各种部署目录等适配工作中。所以在服务运维层面，不统一、不标准压根就没法“玩”。这种状况持续演化下去极容易导致架构失控。

从以上两个层面来看，当大量的业务开发资源消耗在与业务开发无关的事情上时，开发人员就很难聚焦于业务，无法更快、更多、更好地完成业务需求。运维也会陷入维护投入不足、故障频发的“烂泥地”，整个团队的氛围和士气都会因此受到影响。

所以，技术选型及管理需要讲究度，在技术预研中可以鼓励技术多样性和尝试新技术，可一旦需要落实到生产环境就要对基础架构进行统一管控。那么具体由谁来进行架构管控呢？

在服务化架构下，各个小规模技术团队分而治之，很难找到一个对贯穿全局的业务、技术、代码逻辑都很精通的人。所以将架构管控的希望寄托在某一个具体的人或角色的身上并不现实，这时候就需要依靠集体、靠良好的组织协同及清晰标准的架构契约。下面是一些可以参考的做法。

- **工具保障。**通过 Swagger 这类工具可以很好地管理接口契约，形成接口文档，强制限定服务之间调用的接口及协议规范，严格保证服务对服务之间调用规范的一致性。

- **规范制定。**加强运维管控，通过运维发布流程，甚至研发流水线，强制性发布检测和审核，规定发布到各个运行环境下的应用及服务必须遵循某些规范和标准。比如必须使用的 JDK 版本、只提供特定的服务容器及接入协议通道等。
- **组织建设。**成立技术委员会这类技术标准制定及协调的组织，定期举行例会，进行技术方案讨论和架构审核，制定架构规范、技术标准、准入组件清单，并及时在内部宣讲。

6.2 研发治理

研发活动包含开发和测试两大部分，也是整个 IT 技术活动的主要组成部分。因此研发活动的质量和效率直接决定了 IT 技术活动的整体产出。构建高效、稳定、可控的研发支撑体系是 IT 建设的重中之重。

6.2.1 治理目标

研发治理将重点介绍微服务架构下开发和测试两大领域的质量、效率度量及治理策略，具体包括如下内容：

- 开发质量的度量手段及优化策略；
- 测试质量的度量手段及优化策略；
- 构建行之有效的开发调测支撑能力。

6.2.2 开发质量治理

代码是开发活动的最主要产出物，也是研发工作评价的主要参考，本节将介绍代码质量度量的常用指标和检测手段，以及如何在研发过程中有效保障代码的设计及开发质量。

6.2.2.1　代码复杂度的度量及治理

复杂的代码一方面会增加理解和维护的成本，另外一方面也会增大风险产生的概率。因此，对代码复杂度的治理是一项重要的研发治理工作。

衡量代码复杂度的常用指标主要有圈复杂度、继承深度、类耦合度、代码行数及可维护性。

1. 圈复杂度

圈复杂度（Cyclomatic Complexity，CC）主要通过代码中可执行路径的数量来衡量复杂性，代码中的可执行路径越多，意味着代码承载的逻辑越多，复杂度越高。以下是一段代码示例。

```
01.     public int doSomething(int x){
02.         if (x == 1){
03.             //...
04.         }
05.         if (x == 2){
06.             //...
07.         }
08.         //...
09.         return x;
10.     }
```

在这段代码中，方法 **doSomething** 中 **x** 的值存在 3 条不同的执行路径，分别为：

- **x** 等于 1 时的执行路径；
- **x** 等于 2 时的执行路径；
- **x** 既不等于 1 也不等于 2 时的执行路径。

因此，方法 doSomething 的圈复杂度为 3。

一般来说，方法的圈复杂度超出 10 就要引起注意了，这意味着该方法可能承载了过多的业务逻辑。这会让代码变得难以维护，需要认真考虑是否需要对其进行拆分和重构，以降低方法的复杂度。

此外，圈复杂度也可以用来验证测试用例的完备性，若每个单元测试用例只验证一条执行路径，示例中的方法 doSomething 必须至少有 3 个单元测试用例才能覆盖所有的执行路径。所以一旦方法的测试用例数量小于其圈复杂度，极可能导致某些业务逻辑没有被测试到，带来一些潜在的风险。

2. 继承深度

继承深度定义为类继承的层级，图 6.8 是一个 3 层的类继承关系，其继承深度为 3。

图 6.8　类的多级继承关系

类的继承提高了代码的复用性，同时增加了类与类之间的耦合度，基类的 Bug 会被所有的子类继承，风险也会被成倍地放大。所以在设计上要尽量避免继承深度过深。推荐采用装饰模式来代替类的继承。

3. 类耦合度

类耦合度定义为类所引用的外部对象类型的数量，排除基本类型。它实际上体现了类对迪米特法则的遵循度。迪米特法则是面向对象的一项基本设计原则，它要求一个软件实体要尽可能少地和其他实体发生关联，尽量做到功能独立。在同等功能下，类的耦合度越小越好，耦合度越小意味着外部变动对类的影响越小。

4. 代码行数

在实际的研发工作评估中，往往用开发人员提交的代码量来衡量其生产效率，代码量越大则生产效率越高。这其实是个误区，代码量的评估是一件很复杂的事情，主要体现在如下几个方面。

- 同样的需求，如果用更少的代码来实现，一般能体现更高的技术水平和更合理的设计，也可以让后续的维护工作更轻松，这时候不是代码越多越好，而是代码越少越好。

- 很多开发工作是在原有功能基础上进行修改的，代码的删除和修改占了很大比重，单纯用代码提交量体现不了这方面的工作量。
- 一行过度复杂的代码反而不如拆成几行代码更容易理解和维护。
- 代码价值不一样，同样行数的能够被复用的基础功能代码的价值普遍要高于简单的“增删改查”功能的代码。

所以，要慎重使用这个指标，在基础功能模块中可以适当增加代码行数指标的比重，而在业务功能模块的度量中则要弱化这个指标。

5. 可维护性

这是一个综合指标，除了包含前面介绍的 4 个指标，还包含了一些度量指标，比如程序中使用的所有运算符词汇的个数及程序的总词汇的长度等。这个指标的具体计算方法有很多，使用比较普遍的是霍尔斯特德复杂度测量方法。这是由霍尔斯特德在 1977 年提出的一种软件度量方法，目标是识别软件中可测量的性质，以及各性质之间的关系。相关推导公式比较偏学术性，这里不展开论述，感兴趣的读者可以自行查阅相关资料。

有很多工具都提供针对以上 5 个指标的测量能力，比如针对 Java 语言的 JavaNCSS 工具，可以在 Ant 任务或 Maven 插件中配置 JavaNCSS，在每次编译构建的时候自动运行，生成开发工程的复杂度的度量报告。另外，像 VS 等商业 IDE 则直接内置了代码复杂度度量工具。

6.2.2.2　代码规范性的度量及治理

面对日新月异的市场，需要业务快速迭代。微服务工程由于普遍采用敏捷开发模式，开发周期短、迭代快。往往版本刚上线，下一个版本就会对其进行大量改动。开发人员的精力更多放在了功能实现上，很难做完备的代码优化和重构工作。因此，需要有一些自动化的辅助手段，能够帮助开发人员找到由于频繁迭代而在代码中埋下的“坑”，并持续地进行代码优化和重构工作。目前市面上已经有 findbugs、CheckStyle、PMD 等优秀的工具，网上关于这类工具的介绍资料也很丰富，读者可以自行了解。本节将介绍一些更深入的代码质量度量能力。

1. 代码规范性：跨方法级别的代码质量检测

首先来看一个基于代码扫描获得的静态调用链路的案例，如图 6.9 所示。

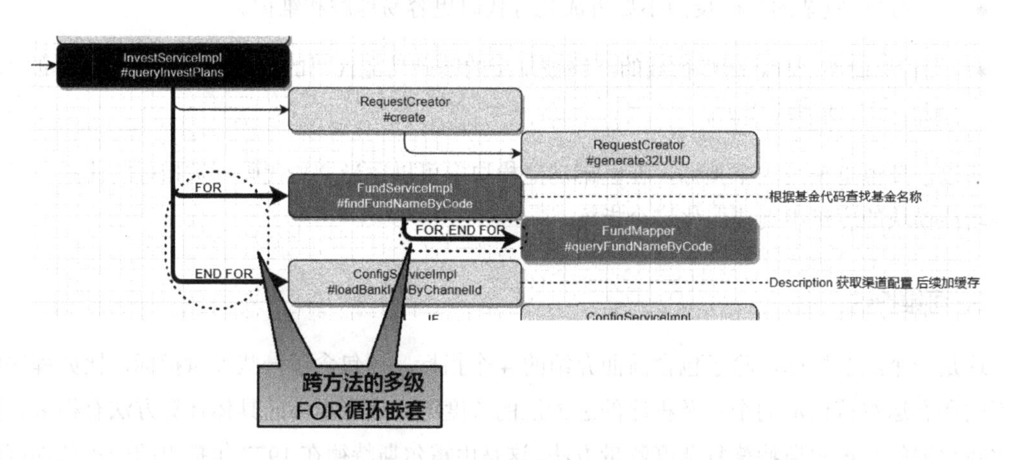

图 6.9　跨方法的多层循环嵌套

从图 6.9 可以看到，方法 InvestServiceImpl.queryInvestPlans 在一个 FOR 循环逻辑块中，调用了 FundServiceImpl.findFundNameByCode 方法，FundServiceImpl.findFundNameByCode 方法中同样包含了一个 FOR 循环逻辑块，并且在这个逻辑块中调用了 MyBatis 的数据库查询方法 FundMapper.queryFundNameByCode，这实际上在两个方法之间形成了一个双层的 FOR 循环嵌套。涉及数据库查询的操作，假设上、下层各循环 5 次，一次操作就会导致 25 次数据库查询，这势必会导致严重的性能问题。

目前，诸如 findbugs 等主流的静态代码扫描工具，只能扫描一个方法体内的多层循环嵌套，对跨方法的循环嵌套检测就无能为力了，也无法判定方法用途。采用静态调用链路扫描技术，由于方法之间的调用关系被明确记录，因此可以通过定义扫描规则进行方法和方法之间的关联检测。另外，由于内部使用的资源操作组件及规范是统一的，很容易识别出 DAO 等资源操作方法，也可以进行资源操作方面的检测。在此基础上，不仅可以检测跨方法的多层 FOR、WHILE 等循环嵌套，只要有检测规则，还可以检测其他一些跨方法级别的潜在质量问题。以下是一些适合用类似手段进行检测的代码质量问题：

- 全局变量密度过大；

- 类文件过大；
- 类继承深度过深；
- 类非赋值函数过多；
- 方法过大；
- 方法过于复杂；
- 方法调用深度过深；
- 方法间循环调用；
- 循环体内进行重度资源（数据库、文件等）调用操作。

2. 代码规范性：注释密度及完备性检测

在软件开发过程中，通常要求开发人员在类声明、方法声明处加上必要的注释，在逻辑较复杂的代码语句上也要加上必要的代码说明。这里所谓的“逻辑复杂”，一般是指存在大量的分支条件，体现在代码上则是存在诸如“if...else...”“switch...case...”等语法的逻辑块。在微服务开发中，这类代码大多存在于 Service 层的逻辑处理类中。常规的代码扫描工具虽然能扫描注释行数，却很难进行针对性的注释合理性检测。因此，针对个性化的代码合规性检测，可以在静态代码扫描的基础上进行自定义构建。重点关注注释密度和 Service 层的逻辑处理代码块的注释完备性检测。图 6.10 是笔者所在团队构建的相应工具对开发工程进行代码检测的报告。

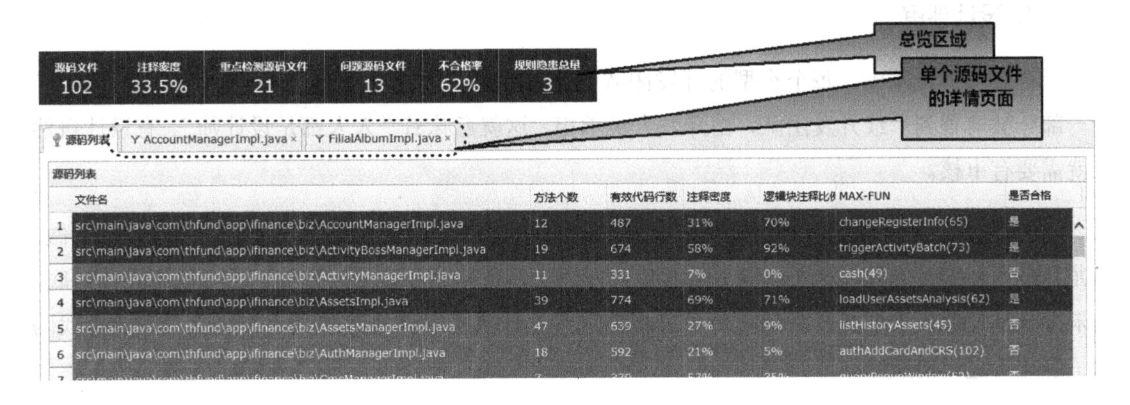

图 6.10　静态代码规范性检测工具

在报告的总览页面，会展示工程源码的分析概括，包括源码文件、注释密度、重点检测源码文件、问题源码文件、不合格率和规则隐患总量，这个自定义规则包含前面提到的跨方法级别的多层循环嵌套等问题。

在源码列表区会把扫描的所有源码全部列出，通过不同的行颜色（红、绿两色）来直观地标注本源码的扫描是否符合预期，同时展示这个源码文件的概要统计信息，包括方法个数、有效代码行数和注释密度等。单击每个源码文件，可以以页卡的形式展示本源码的详细扫描信息，包括源文件的分项统计（变量、方法）、每个方法的有效代码行数（辅助进行圈复杂度分析）、不合格的具体代码位置等。

以上针对代码规范性的自动化检测及度量，可以作为在 FindBugs 类工具上所进行的常规代码质量检测活动的必要补充，能够有效并持久地改进微服务工程的整体代码质量。因此，建议大家在条件允许的前提下，能够持续地构建自动化的代码检测及度量工具，长期坚持，一定能够有效提升团队的开发质量。毕竟人员的流动是客观存在的，开发人员迟早要将自己开发的代码移交出去，规范的代码及完备的注释可以降低新人接手的难度及团队运营的成本。

6.2.2.3 设计评审及代码审核

前面介绍的代码质量保障手段，无一例外都使用了开源或者自研的代码检测工具。工具很重要，但从根本上保证代码开发质量的还是人，所有的检测工具都是辅助的。因此必须充分发挥人尤其是团队在代码质量控制方面的关键性作用，其中最有效的就是设计评审及代码评审。

1. 设计评审

在微服务开发中，每个小型的开发团队都是自治的，传统的架构设计师的工作职责有相当一部分被前置到一线开发团队，由开发人员承担，这就意味着“人人都是设计师”。有设计自然就需要有审核。

“先设计，再开发”是一种很好的习惯。一方面，可以让研发人员在开发之前先想好怎么做，尤其是一些细节问题，这样可以有效避免开发返工和风险累积；另一方面，还可以将设计留底，未来一旦发生人员变更，新的人员可以根据这些设计文档快速地熟悉上手，避免了重头翻代码了解业务逻辑的尴尬。

设计工作的具体承载物是设计文档，强烈建议通过 WiKi 等在线文档来存储设计内容，这样有利于知识的共享和留存，尽量避免使用 Word 和 PPT 等离线的本地文档。文档不一定要拘泥于某种格式或者形式，也不一定要非常符合 UML 这类设计标准，最关键的是一定要把设计思路表述清楚，建议多用图，一图胜千言，有助于设计思想的表达和理解。同时，由于微服务开发涉及大量的接口设计，接口作为团队之间的契约，也尽量在设计文档中做详细描述。

由于迭代很频繁，不同迭代都可能涉及对同一功能模块的修改，久而久之，同一个功能模块的修改历史就会分散在不同迭代所对应的设计文档中，不利于追踪和溯源。笔者推荐除了每个迭代的设计文档，还可以针对某个大的功能模块单独维护一个设计文档，将每个迭代对此功能模块的修改都以内容或者链接的形式列在此文档上。这样虽然增加了一些额外的文档维护工作，但可以更有效地解决设计溯源和知识归集。

在每个迭代中，可以为设计工作留出专门的时间，比如半天或者一天，并要求必须形成设计文档。设计评审一般统一进行，专门安排一两个小时，以及一间会议室。由架构师主持会议，开发团队负责人带领整个团队的成员逐一介绍每个功能部件的设计，大家共同对设计进行评审。如果涉及对外接口，还需要对接团队的相关干系人共同参与评审。评审问题直接在在线文档上标注，便于后续修改和二次审核。这种集体审核机制可以最大限度地暴露问题，是一种有效的设计把控手段。

2. 代码评审

根据笔者的切身体会，代码评审是一种非常有效的开发质量保障机制。笔者早年曾经接手过一个 5 人的服务端开发团队。在接手之前，团队中的代码评审流于形式，团队成员代码质量意识淡薄，缺陷控制几乎完全依赖测试团队，导致一些非功能性的风险无法被检测出来。直接后果是几乎每次发版都要“折腾”，总有意外出现，有时修正故障导致的重复发版次数太多甚至要熬通宵。此外，线上也时不时由于代码漏洞出现事故，导致团队成员每天神经紧绷，苦不堪言。笔者接手团队并熟悉情况后，制定了严格的代码评审机制，首先团队成员结对互审，同时在每个迭代正式提测之前，集中一个下午的时间进行全员代码评审，每个开发人员全量讲解对方在这个迭代（两周一迭代）中提交的代码，全员进行点评。正式执行的第一个迭代，即发现了若干逻辑缺陷，修正了一系列代码“坏味道”，当期发版一次成功。尝到甜头的团队在后续的每个迭代中都严格贯彻评审策略，短期内就将线上稳定性提高了一个数量级，重大故障基本销声匿迹。由于处理线上故障的时间占比降低了，团队成员有更多时间专心投入开发，单期迭代的产出不仅没有因为进行代码评审占用时间而下降，反而还有所提高。

所以，代码评审的投入产出比非常高，各个团队都应该将其作为迭代开发的一项必要工作，并从制度和资源上进行充分保障。

代码评审最好有集中评审环节，选择一个封闭的会议室，尽量让团队成员在这个过程中不受外界干扰。根据笔者的经验，一个 5 人团队在两周迭代周期内开发的代码量基本用一整个下午的时间就可以全量审核完成。全员参与的好处是，可以最大限度地发现代码中的问题，毕竟多双眼睛比一双眼睛能发现更多细节。在评审过程中要注意工具的选择，如果直接基于 IDE 讲解代码，需要有专人进行问题记录。推荐使用一些版本工具，比如 Gitab、GitHub，可以直接在页面上过滤某位成员在迭代内的提交记录，每条记录下都有详细的提交代码明细，在页面上可以很方便地进行代码前后版本的比对，问题也可以以备注的形式提交并留存。工具会将相关评审备注直接以邮件的方式通知给相关人员。

有些团队还会设置代码合并前评审环节，利用 Pull Request（PR）或者 Merge Request（MR）这类代码审查辅助工具来进行，通常需要创建新的特性分支来支持。代码只有经过指定评审人的审核才能被合并到主干分支。当代码提交频繁时，容易干扰评审人的正常工作，一旦评审不够及时，会对后续的构建及自动测试产生阻塞。所以如果采用这种评审模式，需要做好资源方面的协调及代码提交频度和代码量的控制，不要让评审人成为研发流程的瓶颈。

6.2.2.4 研发团队开发质量评估

有了高效、易用的度量手段和检测工具，也构建了完善的评审保障流程机制。研发活动的最终执行主体还是人，人的执行质量和效率直接决定了研发活动的整体质量和效率。因此，对研发人员和研发团队的质量考核本身就是对研发活动的质量体现。

对开发人员的开发质量评估指标主要包含三大类，分别是开发产出质量、研发流程质量和线上运行质量，如图 6.11 所示。

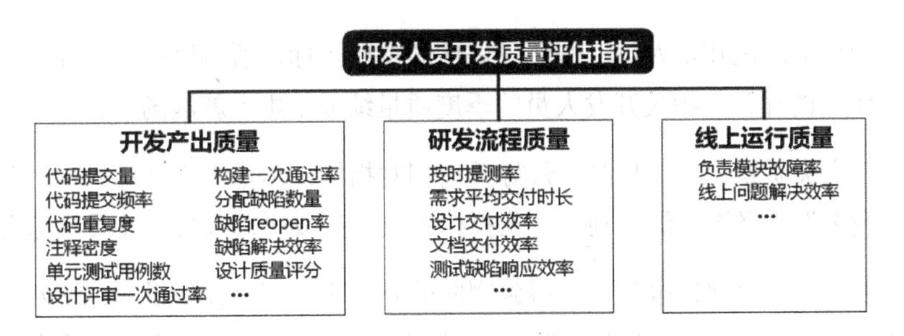

图 6.11　研发人员开发质量评估指标

1. 开发产出质量

研发流程有多项产出物，包括设计资料、代码、配置、构建包、说明文档等。在一个严谨的研发流程中，每个阶段的过程及最终产出物都要经过评审，相关的评审结果就是研发产出质量。所以，开发产出质量包括设计质量评分、设计过程耗时和设计评审一次通过率等设计评审阶段的指标。代码是开发过程最重要的产出物，关于它的质量评估指标也是最多的，包括代码提交量、代码提交频率、单元测试用例数、构建一次通过率等直接指标，以及代码重复度、注释密度等计算指标。开发阶段除了进行设计及开发工作，还要进行测试缺陷（Bug）的修复工作，因此也需要将缺陷修复纳入产出质量考核中，相关指标包括分配缺陷数量、缺陷 reopen 率、缺陷解决效率等。

2. 研发流程质量

开发产出质量指标是结果指标，无法对过程进行衡量。过程质量的衡量需要用到研发流程质量，包括开发人员在设计上花费了多少时间、是否按时提测代码、有没有延迟、平均每个需求花费了多少时间，以及对测试提交的缺陷是否及时响应等，这些指标可以有效评估开发人员的工作效率。

3. 线上运行质量

一本书辞藻再华丽，语法再规范，但好不好，最终还是要出版后接受读者的评价。代码和书一样，它的逻辑准确性及运行效率最终还是要在线上接受实际业务的考验。因此可以通过系统实际运行过程中产生的异常和问题，来对开发人员的工作效果进行评判。毕竟代码是人写的，Bug 也是人制造出来的，线上的每个异常总能找到要对它负责的开发人员。所以线上异常尤其是严重性较高的异常，是开发人员工作质量评估的重要指标，所占比重非常高。有些公司，一旦出现 P0 或 P1 级的异常，相关开发人员的季度质量绩效基本上就泡汤了。

使用以上三大类质量评估指标时，最好采用相对指标，尽量少用绝对指标，防止陷入“做得越多，错得越多”的怪圈。综合利用这些指标就可以生成研发人员开发质量综合评估报告。

汇总个人的质量综合评估报告，可得到团队的开发质量综合评估报告。这两个报告本质上就是个人和团队的研发质量“画像”，完全可以作为个人及团队 KPI 考核的重要参考。在此基础上，还能通过这两个报告的变化趋势（时间纵比）来评估研发质量的变化趋势，以此促使开发人员和开发团队不断进行开发质量的改进和开发技能的提升。

6.2.3 测试质量治理

2.2.2 节介绍了通过定期扫描测试用例管理系统和 Bug 管理系统，分别抽取测试用例信息及 Bug 信息的手段。如果在测试用例中增加对应的需求任务 ID 字段，并强制测试人员在设计用例的时候填写对应需求任务 ID，就可以将这些测试用例与任务管理系统中的需求任务关联起来。在开发过程中，在微服务接口声明的注解上标注用户故事或者需求任务的 ID，在扫描源码时，通过对注解的解析即可将微服务和用户故事或需求任务进行关联。此外，通过对单元测试目录下各个单元测试用例的静态调用链的扫描，也可以发现单元测试用例和微服务之间的关联关系。

用户故事、需求任务、微服务、测试用例、Bug、测试人员和开发人员这些基础指标信息都被汇总到数据仓库中，形成如图 6.12 所示的关联关系（为了突出重点，省略了一些数据模型及关联关系）。

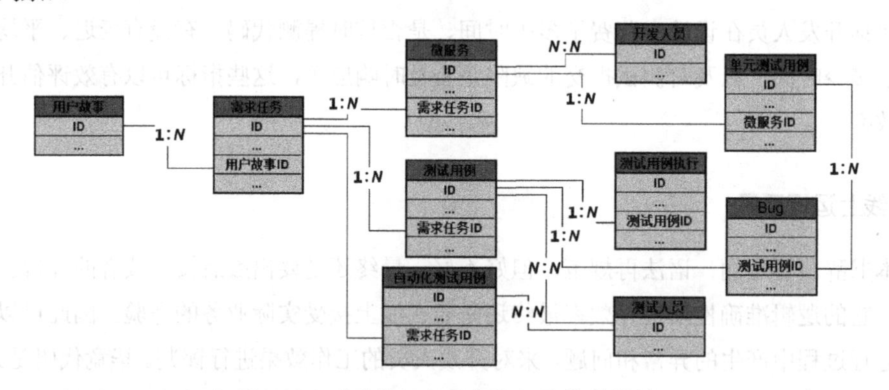

图 6.12　测试指标与需求指标的模型关联

这是一个非常典型的雪花型数据模型，各个指标之间直接或间接地通过外键关系联系在一起。在此基础上，就可以针对测试质量及效率进行各个维度的综合性分析。

6.2.3.1　测试覆盖度

1. 需求覆盖度

以一个迭代周期为范围，将这个迭代内的所有需求及与其关联的测试用例、自动化测试用例、单元测试用例通过微服务进行关联、汇总，可以获得如图 6.13 所示的测试用例需求覆盖度列表。

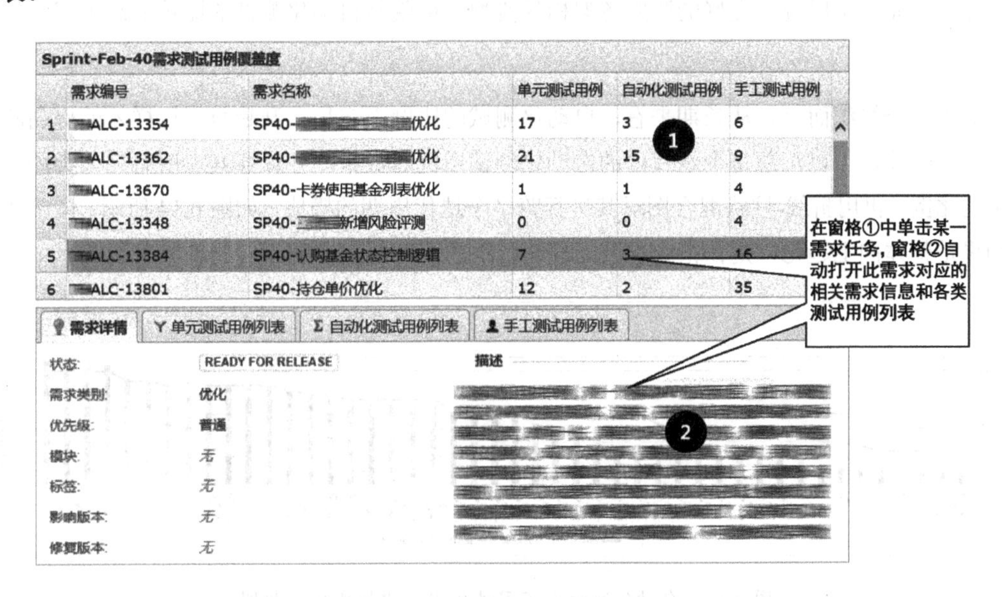

图 6.13　测试用例需求覆盖度列表

图中窗格①是一个迭代周期各个需求关联的测试用例分类数量的列表。单击任何一条需求记录，窗格②同步切换此需求的相关信息及关联测试用例的 Tab 列表窗格，这种窗格间的联动操作有助于提升分析体验。

通过图 6.13 可以获得每个需求的测试用例覆盖度信息。在正常情况下，各种需求用例的比例分布应该是单元测试用例数量>手工测试用例数量，单元测试用例数量>自动化测试用例数量。列表中的很多需求是不符合这个要求的，尤其是第四条（XXALC-13348）需求的单元测试用例数量为 0，这就需要找对应研发人员确认具体原因，以便做优化改进。另外，通过此表还可以识别出未匹配需求的测试用例和未匹配测试用例的需求。

以上是单个迭代的需求覆盖度横比，还可以通过连续多个迭代周期的覆盖度指标进行质量趋势预测。

自动化测试由于不受“人”的因素影响，可以充分发挥机器的优势，将人从重复的手工劳动中解放出来，并且详细记录每次执行的结果，从而大幅降低测试执行成本，提高测试覆盖度。在微服务架构下，由于交付周期缩短，回归测试工作的频率在不断升高，此时自动化测试的优势就非常明显。可以说，良好的微服务架构的典型特征就是自动化测试的比重要高于其他架构模式。

对于一个组织而言，从长期来看，自动化测试的比例必定呈上升趋势，这样才能提高测试的效率。因此，可以汇总每个迭代内的自动化测试用例的数量，并计算其在所有三大类测试用例中的比例，再用折线-柱状混合图对其进行跨多个迭代周期的横比，如图 6.14 所示。图中的曲线如果是整体向上趋稳，则在很大程度上说明组织的测试效率在朝正向的趋势发展。

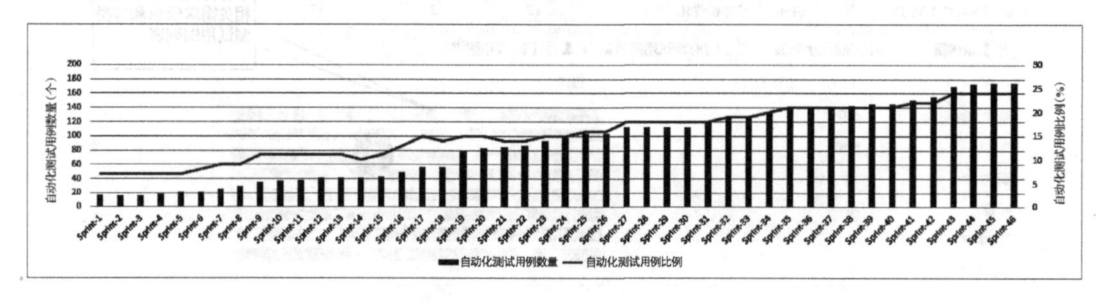

图 6.14　自动化测试在不同迭代中的比例变化趋势图

另外，需要注意的是，自动化测试用例也是代码，同样需要维护，有成本投入。因此，虽然鼓励提高自动化测试用例的比例，但并非越大越好。编写自动化测试用例的根本目的是提高系统质量及开发效率，在满足质量及效率目的的前提下，自动化测试用例够用就行，不要画蛇添足编写不必要的测试代码。

2. 代码覆盖度

在 CMMI 体系的测试过程中定义了四个度量指标：代码覆盖度、测试执行率、测试执行通过率、测试缺陷解决率。其中的代码覆盖度是衡量测试用例对被测软件覆盖程度及测试工作进展状况的重要指标，它可以帮助测试人员找出潜在的测试遗漏点。对于敏捷开发团队，代码覆盖度是每个 Sprint 要完成的硬性质量标准之一。代码覆盖度的高低根据项目的不同而不同，75%、80%甚至 100%都是可能的。对于 Java 技术体系的软件产品，目前流行的代码覆盖度工具包括 Jacoco、Emma、Cobertura、Contest、Clover（商用）等。这些工具在分析代码覆盖度时通常都使用 Instrumentation 字节码技术（或者 ASM 这类组件），本质都是在产品代码的关键位置插入统计代码，即在代码的每个方法的开始位置加入统计计数器和序列号，当方法被执行后，根据序列号来计算该方法是否被测试用例测试到。

很多主流测试平台或者工具都已经集成了代码覆盖度统计工具，在测试工作中，常规的使用模式是：

获取覆盖度→发现未覆盖的代码→添加新测试用例

要获取覆盖度，就要执行所有的测试用例，而业界现有 70%的测试仍然是手动的，仅为了覆盖度就频繁地执行测试用例显然不现实。频繁分析覆盖度也是一件耗时的工作，无论开发人员还是测试人员做都是如此，尤其是对采用敏捷开发方法的团队，短迭代周期根本不允许引入如此劳神的工作内容。

那么，有没有更经济简便的代码覆盖度的度量方式呢？当我们在评估研发的单元测试用例的完备性及质量时，往往只关注这些单元测试用例对微服务工程中的核心 Service 层和 DAO 层方法的覆盖度。结合前面章节介绍的静态调用链路扫描技术，扫描微服务工程可以获得微服务工程内完整的调用关系网络，同时扫描工程内所有的单元测试用例，就可以获得以单元测试用例为起点的调用关系网络，将这两张调用关系网络进行叠加，可得到如图 6.15 所示的单元测试对微服务入口方法的覆盖度。

通过图上的代码复杂度（综合圈复杂度、逻辑块嵌套层级、代码调用深度等指标共同判断）和单元测试用例覆盖度指标，很容易发现开发中的异常情况，如代码复杂度很高而测试程度又很低的微服务方法。毕竟单元测试是软件开发质量的第一关，如果研发人员自己都无法通过足够数量的单元测试用例来发现软件的潜在风险，只会将风险延续到集成测试甚至线上环境中。

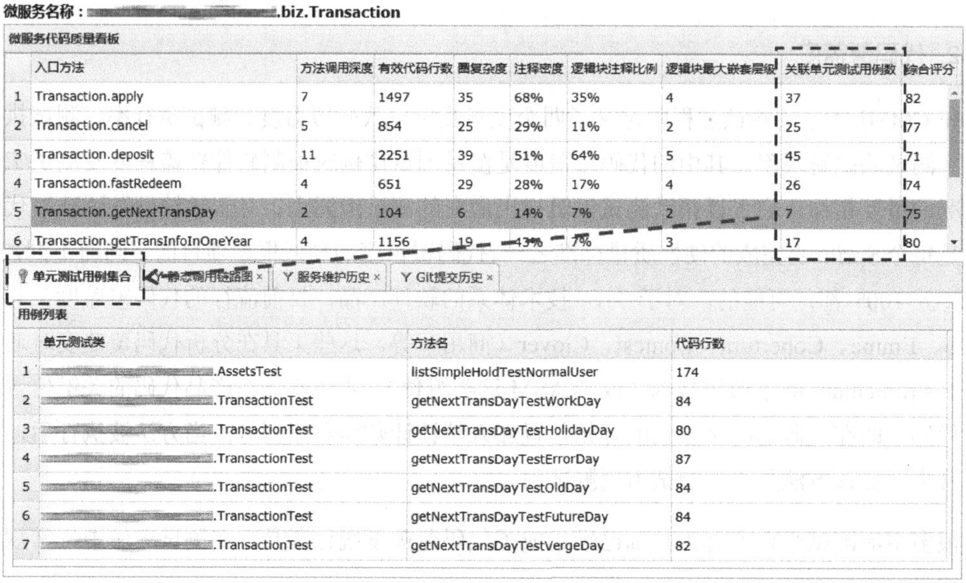

微服务名称：.biz.Transaction

微服务代码质量看板

	入口方法	方法调用深度	有效代码行数	圈复杂度	注释密度	逻辑块注释比例	逻辑块最大嵌套层级	关联单元测试用例数	综合评分
1	Transaction.apply	7	1497	35	68%	35%	4	37	82
2	Transaction.cancel	5	854	25	29%	11%	2	25	77
3	Transaction.deposit	11	2251	39	51%	64%	5	45	71
4	Transaction.fastRedeem	4	651	29	28%	17%	4	26	74
5	Transaction.getNextTransDay	2	104	6	14%	7%	2	7	75
6	Transaction.getTransInfoInOneYear	4	1156	19	43%	7%	3	17	80

单元测试用例集合　静态调用链路图　服务维护历史　Git提交历史

用例列表

	单元测试类	方法名	代码行数
1	.AssetsTest	listSimpleHoldTestNormalUser	174
2	.TransactionTest	getNextTransDayTestWorkDay	84
3	.TransactionTest	getNextTransDayTestHolidayDay	80
4	.TransactionTest	getNextTransDayTestErrorDay	87
5	.TransactionTest	getNextTransDayTestOldDay	84
6	.TransactionTest	getNextTransDayTestFutureDay	84
7	.TransactionTest	getNextTransDayTestVergeDay	82

图 6.15　单元测试用例对微服务入口方法的覆盖度

这种分析方式获得的代码覆盖度只能针对单元测试用例，而且只能做到方法级，由于缺少真实测试行为的支持，无法做到更细的行级及逻辑块级的覆盖度统计。但它的好处是高效简便，只要有源代码就可以随时进行，对于研发质量及 TDD（测试驱动开发）质量的实时监测非常有效。

3. 页面覆盖度

虽然本书主要讨论微服务，但很多微服务的自动化测试或者人工测试还是需要在集成环境下通过前端页面来触发，因此有必要讨论一下测试用例对开发页面的覆盖度问题。页面覆盖度可以采用如下步骤来获得。

1）在每期迭代的测试工作开始前，通过工具扫描所有相关项目的工程源码，包含前端应用、后端应用、微服务工程，从中获取全部页面文件列表，包括.html、.jsp 等文件，以及所有以模板形式存在的诸如.vm、.ftl 等格式的页面文件。

2）执行测试用例，并在前端通过浏览器插件或者所使用的测试工具（类似 Appnium、Selenium 等）记录所调用的页面或 URL 跳转轨迹；如果是 Spring MVC 等服务端 Web

框架，可以通过它的后拦截器（postHandle）获取请求调用的页面地址，并记录在日志中。

3）测试用例执行完毕后，汇总所有测试用例的测试轨迹，记录并上传到分析中心，和第一步记录的所有的页面清单比较，在此基础上就可以换算出页面的覆盖度，同时可以找出那些没有被调用（覆盖到）的页面，看是否漏写了对应的测试用例，还是页面已经被抛弃了，如果是不再被业务使用的页面文件，要及时进行清理。

6.2.3.2　测试用例维护成本

随着业务的持续发展，项目也在滚动前进，一个迭代周期连着下一个迭代周期，测试用例、测试代码、工具等无限延伸，维护是让人很头疼的问题。从图 6.14 可以看出，测试用例的总量随着项目的不断迭代呈现增长的趋势，整体维护成本也在不断增长。这里的维护成本主要包括测试用例的开发成本和测试用例的变更成本。因此，可以用如下 4 个指标来综合评估每个迭代周期的测试用例的维护成本：

- 新增测试用例个数；
- 新增测试用例内容在总测试用例内容中的占比（单元测试用例及自动化测试用例用行数比对，手工测试用例用字符总量比对）；
- 修改测试用例个数；
- 修改测试用例内容改变量。

在每个迭代周期末期，版本验收完成后，用工具对测试管理系统中的所有人工测试用例、自动化测试平台中的自动化测试用例和项目工程中的单元测试用例进行统一扫描，获取所有用例的内容（源文件），并与前一个迭代汇总的用例信息进行比对。具体比对策略如下。

- **新增用例判定：**如果手工测试用例的 ID 在前一个迭代中找不到，则这个手工测试用例是新增的。如果单元测试用例类名在前一个迭代的单元测试用例类名中不存在，则该单元测试用例是新增的。如果自动化测试用例的文件名在前一个迭代中找不到，则为新增的。其他的为存量用例。

- **新增用例内容占比**：计算新增的单元测试用例和自动化测试用例的总代码行数，与相应类型存量用例的总代码行数比较，计算增量幅度。统计新增的手工测试用例字符总量，与存量手工测试用例的总字符数比较进而计算增量幅度。
- **存量用例变更度计算**：对非新增的每个存量测试用例，基于相似度匹配算法计算它的变更度。笔者所在团队采用**最小编辑距离**和**最长公共子串**两种算法各加权 50%。汇总所有存量用例的变更度再次计算总的加权平均值，就是整个项目存量用例的总变更度。

对测试用例的维护成本进行持续度量具有现实意义。以自动化测试用例为例，编写和维护需要投入大量的人员成本，尤其是在接口变更频繁的时候。通过持续的成本度量，如果发现维护成本已经持续高于所节省的测试成本，则自动化测试就失去了价值和意义。此时需要思考是否减少自动化测试或者终止使用自动化测试。

6.2.4 综合调测能力构建

6.2.4.1 调试是微服务架构下“最大”的研发痛点

服务化是系统发展的必然趋势。服务化过程本质上就是一个“拆”字，系统被拆成了大大小小的应用集群和服务集群，分别由不同的团队负责。曾经的本地调用变成分布式调用，中间增加了序列化、路由、负载均衡等一系列新的技术栈。

可见，在多团队协同的分布式环境下，依赖多了，整个环境变得很“重”，很难得到一个既稳定又能快速响应的外部环境。联调一个业务功能，需要协调一堆人，构建一整套环境，成本非常高。

举几个典型例子。

1）在分布式环境下要对一个服务做调测，如果依赖的远程服务还没开发完成，要么等，要么做 Mock。如果做 Mock，就要从头到尾梳理代码，写一堆的 Mock 语句把远程服务全 Mock 掉。当业务逻辑变化时，我们需要同步修改 Mock 代码；如果依赖服务上线了，还要把相应的 Mock 代码去掉。对测试代码的修改工作将贯穿于整个开发过程的始终，不仅工作量大，而且测试用例的复用率还很低。

2）目前业界普遍采用分布式服务框架做服务化的基础，开发好的服务一旦部署到测试环境做联调，通过服务框架的路由和负载均衡策略作用后，具体调用哪个服务节点是不可控的，尤其是在多人同时联调的情况下。要解决路由问题，要么定制路由策略让测试请求固定调用特定的服务节点，要么就只能让研发人员轮流排队调测，这样会导致大家互相争抢测试环境，办公室中一天到晚充斥着“我要调试，你们别动联调环境啊”的声音。

3）还有一种情况是，服务提供方的调用接口入参没有变化，但实现逻辑变了，“悲催”的是对方忘了通知服务调用方。这种问题往往非常隐蔽，尤其是数据驱动型业务，通常要到上线的时候问题才会暴露出来。

以上种种现象表明，用同一套环境进行调测存在服务交叉调用、数据相互覆盖、协调不好等一系列的问题。很多研发人员往往会想：“我的开发机器性能非常棒，要不自己搭建一套完整的环境怎么样？”这样的理想一旦诉诸行动，会发现它是根本不可能实现的“梦想”！姑且不论开发机器能否经得住注册中心、消息服务、缓存服务等基础服务的资源消耗，单是把所依赖的应用服务都找到并部署在机器上就能把人“折磨”崩溃。笔者之前做电信软件的时候，一套分布式 CRM 系统的测试环境前前后后搭建了 3 个月，花费了大量的沟通协调成本。

综上所述，微服务架构下的调测问题，本质在于我们对线上的依赖太重，而解决之道就是要通过技术手段，用轻量化的 Mock 方式在本地模拟出远程服务，从而减少本地开发环境对远程服务或资源的依赖！

下面将详细介绍微服务架构下如何构建综合调测能力体系。

6.2.4.2　构建微服务架构的服务 Mock 能力

2.1.4 节中介绍了微服务框架的链式过滤机制，一个服务调用在发起真实的远程调用之前要被链上的过滤器层层过滤，目前主流的微服务框架都支持这种机制。因此，可以将 Mock 能力构建成一个过滤器插入链中，Mock 过滤器通过加载 Mock 数据文件来获取要被 Mock 的远程服务的详细信息，包括服务的名称、入参及出参。当请求经过 Mock 过滤器的时候，过滤器将服务名及入参和 Mock 数据中的定义进行比对，如果结果吻合，就将 Mock 数据文件中定义的出参作为服务的调用结果直接返回，同时请求调用的所有后续操作被终止。这样就通过 Mock 数据模拟了一个真实的远程服务。由于一个服务集群中往往会存在同一服务的不同版本，因此 Mock 数据也必须有版本的概念，以便和真实服务版本相匹配。

Mock 过滤器的启用可以通过配置文件来实现"开关控制"：只在开发环境和测试环境中启用，在生产环境中关闭。

整体架构如图 6.16 所示。通过这种方式来构建服务的 Mock 能力，完全把 Mock 能力下沉到底层的服务框架来实现，开发人员不需要写一堆 Mock 代码，整个过程对业务逻辑来说完全无感。

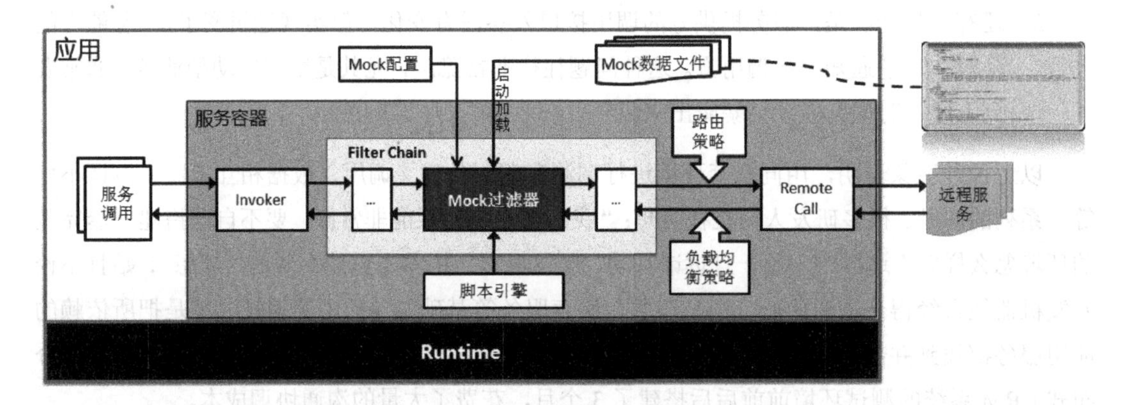

图 6.16　基于微服务过滤器机制实现的 Mock 架构

1. 微服务 Mock 数据规范

通过以上方式构建的分布式服务的 Mock 能力，除了 Mock 过滤器，最核心的就是 Mock 数据的构建。**Mock 数据的质量直接决定了调测的质量！**

粗看起来，Mock 数据所做的无非就是匹配哪个服务、输入的参数是什么、输出的结果又是什么。但实际的情况往往更复杂，我们不可能通过静态数据去构建一个所谓的"当前时间"吧！因此，Mock 数据除了支持静态输入、输出数据的比对，还需要支持动态匹配模式，也就是说它要支持脚本，比如支持在 Mock 数据中同时使用 bsh 或 groovy 这类脚本语言。对于入参，主要进行判断逻辑计算，返回 true 或者 false；出参的脚本运算则用于计算返回结果。在图 6.17 中，上面的文件就是一个以 JSON 为存储格式的静态 Mock 文件，下面的文件则是一个 JAVA BSH 脚本格式的动态 Mock 文件。

```
<mock-data server="com.█████app.assets.AssetManage" version="1.0.0">
    <input type="json">
        <![CDATA[
        {
            "productname": "Koi",
            "page": {"pageIndex": 1,"pageNum":10}
        }
        ]]>
    </input>
    <output type="json">
        <![CDATA[
        {"total":28,"rows":[
            {"productid":"FI-SW-01","productname":"Koi","unitcost":10.00,"status":"P","listprice":36.50,"attr1":"Large","itemid":"EST-1"},
            {"productid":"K9-DL-01","productname":"Koi","unitcost":12.00,"status":"P","listprice":18.50,"attr1":"Spotted Adult Female","itemid":"EST-10"},
            {"productid":"RP-SN-01","productname":"Koi","unitcost":12.00,"status":"P","listprice":38.50,"attr1":"Venomless","itemid":"EST-11"}
        ]}
        ]]>
    </output>
</mock-data>
```

静态匹配（JSON）

```
<mock-data server="com.█████app.assets.AssetManage" version="+=1.0.0">
    <input type="script-bsh">
        <![CDATA[
        if(param[0].productname!=null && "Koi".equals(param[0].productname)){
            return true;
        }
        ]]>
    </input>
    <output type="script-groovy">
        <![CDATA[
        import com.█████app.assets.AssetsContextHelper;
        import com.█████app.common.EntryConstant;
        return AssetsContextHelper.getAssetsContext().getAttribute(EntryConstant.CREATE_ASSETS_REQUEST_VO);
        ]]>
    </output>
</mock-data>
```

动态匹配（脚本）

图 6.17　微服务 Mock 数据的两种模式

从图 6.17 可见，构建一个 Mock 数据是需要投入不少工作量的。那么谁来做这件事情呢？原则上，谁提供服务，就由谁来构建 Mock 数据文件，服务调用方可以在此基础上修改或者替换。由于微服务数量众多，因此对 Mock 数据的管理一定要体系化和工程化。笔者的建议是，可以采用独立的项目工程对 Mock 数据进行单独管理和发布。

6.2.4.3　在线抓取 Mock 数据

制作 Mock 数据工作量很大，尤其对一些数据驱动的业务而言，比如一个电信客服系统中的套餐开户，动不动就几百个字段，几十上百种数据组合。那么，有没有办法把这个工作量降下来呢？这里给大家推荐一种能够有效降低 Mock 数据制作工作量的方法，那就是“在线抓取 Mock 数据”。

对于分布式服务架构，所有的服务请求都要经过链式过滤器，因此可以开发一个专门的请求抓取过滤器，将指定的服务请求的入参和返回结果都抓取下来，直接写成 Mock 数据文件并落盘。针对每个服务生成独立的服务文件，文件中的每一个数据块都是独立的请求，如图 6.18 所示。

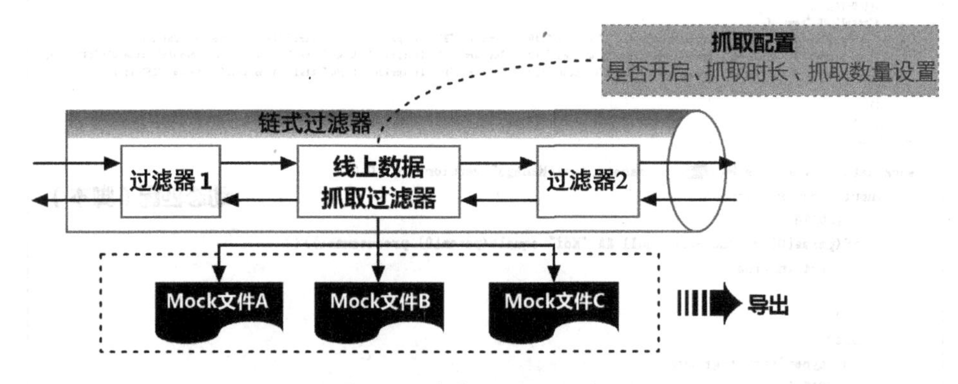

图 6.18　在线抓取 Mock 数据

在此基础上，还可以增加一些更完善的功能，比如，可以指定抓取开启的时间段，只在系统负载较低时段开启，以避开业务高峰期；也可以指定抓取的请求数量，一旦数据抓取够了，就关闭抓取功能。

通过抓取方式获得的 Mock 数据文件，有更好的数据质量，毕竟反映的是更加真实的业务场景。但是，这里不可避免会有一个合规性的问题，对线上数据的抓取是一种敏感行为，大部分公司这么做都会很谨慎，所以在抓取的时候要做好数据脱敏。

6.2.4.4　构建微服务的直连调测能力

上一节介绍了针对微服务的 Mock 能力的构建，Mock 能力一般用于服务还未开发完成的阶段。一旦服务开发完成并发布到生产环境中，开发者更希望能直接调用远程服务，这样才能获得最好的真实调用效果。但是，在微服务架构中，由于路由和负载均衡策略的影响，服务的调用往往会受到策略干扰。这时候，服务的直连调测能力就很重要了！

所谓服务直连调测是指如果指定了特定服务的提供方地址，那么针对这个服务的调用就不再采用路由和负载均衡策略，而是直接向指定的远程地址发起服务调用，如图 6.19 所示。

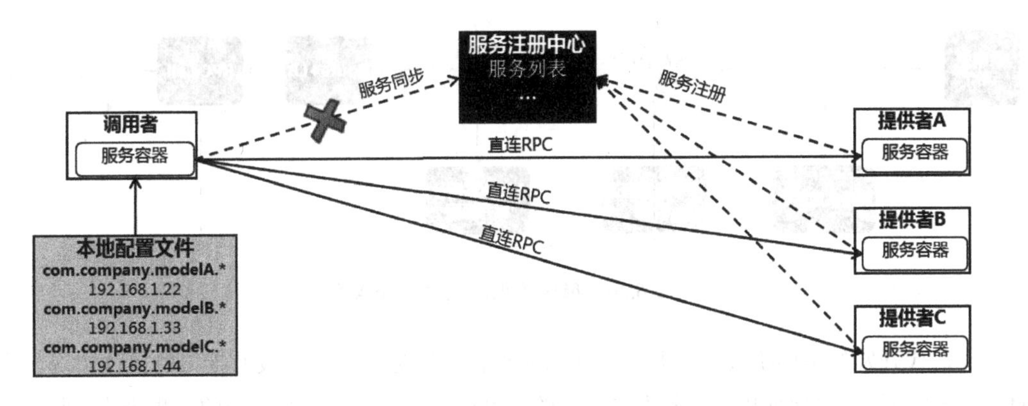

图 6.19　微服务直连调测的架构

很多时候，集群中的服务非常多，如果逐个指定服务和 IP 的映射关系，工作量也不小。在现实工作中，往往由某个团队负责某类业务服务的开发，这类服务一般都具有相同的包名。因此，在构建直连调测能力时，经常指定服务包名和 IP 的映射，批量地指定直连映射关系可以降低配置工作量。

直连调测是一种很有效的调测方式，它可以绕过服务注册中心和集群的限制，在实际应用中被普遍应用。

6.2.4.5　微服务综合调测能力最佳实践

在现实的开发工作中，不同团队负责的微服务往往很分散，一部分服务采用合设模式部署在本地，一部分服务需要其他的团队来提供，还有一部分服务则只有一个接口定义，需要通过定义 Mock 文件来进行模拟。这时候，就需要综合利用前面所介绍的 Mock 及直连调测能力来保障日常开发中对应用服务的正常调测。

如图 6.20 所示是典型的微服务调测能力组合模式，通过配置开关开启调测模式后，采用**本地服务优先**机制。即如果本地有这个服务，则直接在本地调用；如果没有，则再判断在直连调测中是否定义了这个服务的 IP 地址。如果有，则绕过路由和负载均衡策略直接发起远程调用；如果没有，则再继续判断是否定义了服务的 Mock 数据。如果定义了，则执行 Mock 调用；如果没有定义，则采用正常的分布式调用模式。

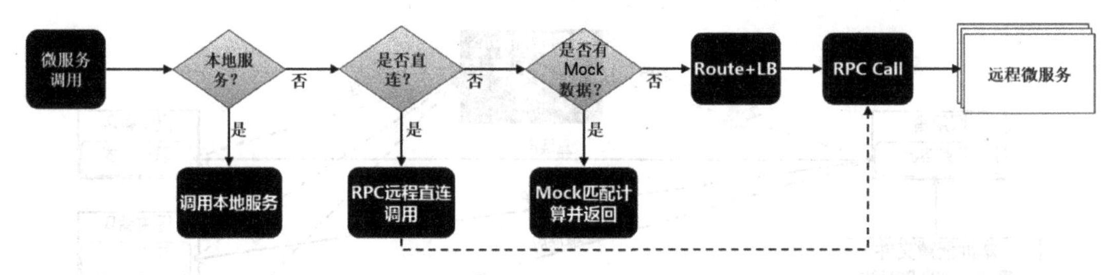

图 6.20　微服务调测能力组合模式

在迭代开发的早期阶段，只是定义了大家遵循的服务接口，还没有接口的具体实现，这时 Mock 能力会被频繁地使用，服务直连调测的比例比较低。随着开发工作的逐步推进，服务不断被开发出来并部署到环境中，这时 Mock 的比例会逐步降低，直连调测的比例逐步增高。当开发完成时，已经没有被 Mock 的服务了，所有的服务都是部署到环境中的真实服务，此时的调用方式要么是直连调测，要么是正常的分布式调用，如图 6.21 所示。

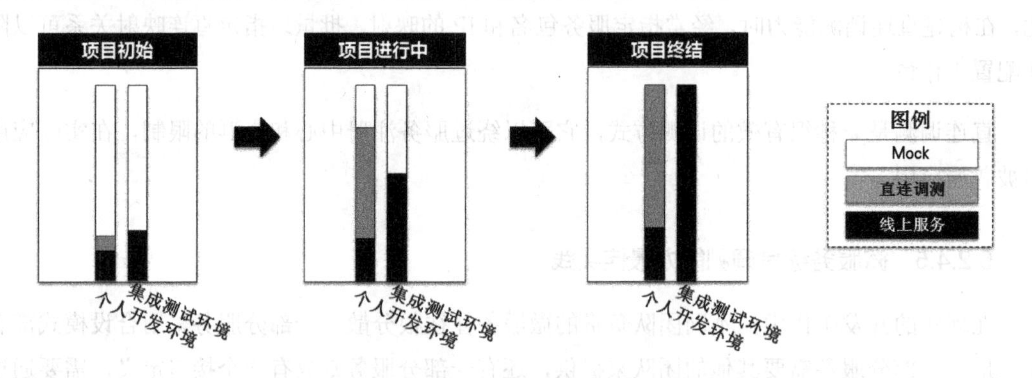

图 6.21　项目各个阶段灵活组合使用各种调测手段

6.3　运维治理

在多团队协同的分布式环境下，依赖及关联多了，环境变得又“重”又“离散”。在开发、测试、发布工作中，想要构建即稳定又能快速响应的环境要协调一堆的人和资源，研发和运维都牵涉其中，成本非常高。

因此，构建自动化的研发流水线，通过工单及流程来提供自助式的运维服务能力，采用“自助+自动化”的方式完成研发所需的资源申请及环境构建就成了唯一选择。只有这样才能有效减轻运维人员的负担，否则靠人工的方式根本无法承担分布式环境下大量微服务的线下、线上运维需求。

6.3.1　治理目标

本节将重点介绍内部研发的环境建设和环境协同，以及研发 DevOps 流水线的构建，以实现如下的治理目标：

- 通过本地、开发、测试、预发环境的建设及环境间的有序协同来解决环境抢占问题；
- 通过创建 DevOps 研发流水线为研发的协同效率提升提供工程能力保障，减少运维的重复工作。

6.3.2　多环境建设

线上环境及线下环境的搭建及维护在运维的日常工作中占据了很大的比例。微服务的生命周期涉及开发、测试、发布、线上运维 4 大阶段，因此从全局考虑，需要搭建本地 PC、开发、测试、预发、生产这 5 大线下及线上环境。由于微服务架构具有分布式和离散化的特点，环境搭建涉及的各类资源数量庞大而且琐碎，如何高效低成本地搭建和运维这些环境，就成了微服务架构下运维面临的一大挑战。

为了适应微服务应用的开发、测试、部署要求，项目工程中通常会维护多套环境配置文件，用于配置微服务所需的相关资源及开关。在发布构建时，根据不同的环境要求选用不同的配置文件进行打包。下面是一个名为 config.properties 的文件针对不同环境的命名示例。

- 开发环境：config.properties.**dev**。
- 测试环境：config.properties.**test**。
- 预发环境：config.properties.**pre**。
- 线上环境：config.properties.**prod**。

解决了不同环境下的应用配置管理问题，接下来讨论不同环境构建的策略及落地手段。按环境所起的作用，可以将环境分为线上环境和线下环境两大类，如图 6.22 所示。

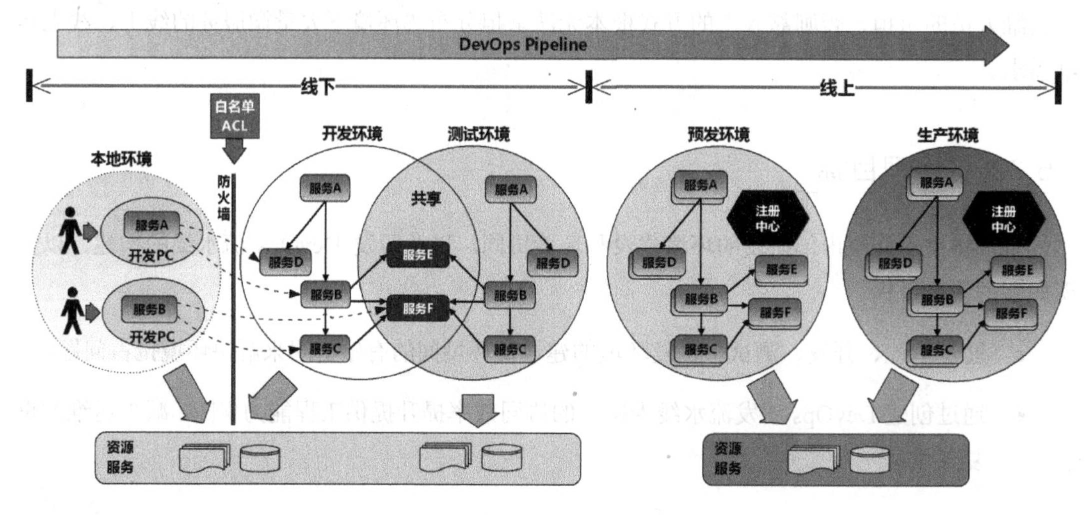

图 6.22　线上、线下多环境建设

- 线下环境：为应用的开发、测试、验收提供支撑，是内部人员活动的主要场所，包括本地环境、开发环境和测试环境。
- 线上环境：为应用的正式部署及运维提供支撑，为外部用户提供服务，主要包括预发环境及生产环境。

基于安全访问及运维管控的需要，线上环境和线下环境在网络上必须严格隔离。在环境建设前要做明确的网络规划，并在网络设备或者虚拟网络的访问策略上严格限制两个环境的互通。这方面如果做得不到位，极易引起线上故障传导及信息安全问题。

数据库、缓存、消息等基础资源由于网络的隔离，无法用一套服务同时服务两个环境，必须在线上、线下各部署一套。这样也有利于环境的稳定，不同环境间的故障不会互相影响。由于线下环境主要进行功能的开发及验收，关注功能准确性比性能更多，而且线下用户数远远小于线上用户数，因此线下的应用或服务部署一台就够了，不用采用集群的方式。可以看到，线下所需的服务器数量远小于线上，微服务之间的调用往往通过在配置文件中采用直接指定 IP 地址的直连模式完成，没有必要部署微服务注册中心。表 6.1 是生产环境中采用注册中心获取连接地址的微服务定义和开发、测试环境中指定直连 IP 地址的微服务定义。

表 6.1　直连模式与负载均衡模式的微服务定义

线上环境微服务定义配置 （基于注册中心）	<dsf：reference id="serviceName" interface="com.myCompany.MyService"> <dsf：global-attrs timeout="32000"/> </dsf：reference>
线下环境微服务定义配置 （指定 IP 地址）	<dsf：reference id="serviceName" interface="com.myCompany.MyService"> <dsf：global-attrs timeout="32000"/> **<dsf：route target-url="192.168.1.1：203990?p=1&v=4.0"/>** </dsf：reference>

1. 本地环境

准确来说，本地环境应该是微服务开发人员使用的个人开发环境，一般搭建在用于开发的个人 PC 上。安全管控不是十分严格的企业，会将个人开发环境划归到企业的办公网络环境。开发人员会将微服务的工程源码从代码仓库同步到本地开发机上进行开发。但是微服务所依赖的大量第三方服务源码并不存在于此工程中，此工程中只有远程服务接口定义。如果要做本地调测，要么做 Mock，要么就只能采用指定 IP 地址的直连模式。直连模式必须让本地开发机有权限访问线下开发环境中所部署的微服务，如图 6.22 左部所示。而企业的办公网络环境和开发环境之间往往存在防火墙。因此在运维策略上，需要给相关开发人员的开发机器授权，将其添加到白名单中，确保开发人员能直接在开发机器上访问开发环境中的微服务及相关资源。

这里并不推荐在开发机器之间进行 P2P 的直连调测。毕竟归属于个人的开发机器的 IP 地址经常会变化，导致需要经常修改配置文件中微服务定义的 IP 地址。对于涉及发布打包的配置文件，应尽量避免由于个性化需求而修改，以防由于个人疏忽被同步到源码仓库导致发布部署故障。

2. 开发环境

建立开发环境的目的，一方面是给开发人员在迭代开发过程中提供一个部署开发中的模块或微服务并进行功能验证和调试的环境，另一方面也是给开发人员在本地调测提供一个依赖服务及资源的来源环境。所以，开发环境的使用主体是开发人员。开发人员为了验证新功能、进行相互之间的联调和修正 Bug，会频繁地更新代码并部署开发环境，这就决定了开发环境会很不稳定。

由于项目的需要，一个迭代中往往存在同一个项目的不同分支，这些分支并行开发，有时会在开发环境中同时部署同一个应用或者微服务的不同版本。由于采用基于 IP 地址的直连模式，不使用注册中心，所以不同版本的微服务之间的调用一般不会存在误调的问题。问题往往存在于对资源的使用上，这些不同版本的微服务使用同样的数据库表、缓存的 key、MQ 的 Topic 及配置项，这就存在出现数据污染问题的可能性。因此，一旦存在多分支并行开发并且资源上需要互相隔离的情况，就需要在开发环境中增加一些冗余资源，在工程项目上也要同步增加针对分支的配置文件（相应地，打包部署流水线也要增加相应分支的 Pipeline）。比如，下面就是针对 config.properties 在开发环境中不同并行分支的配置文件示例如下。

- 分支 1（项目 1）：config.properties.dev.**project1**。
- 分支 2（项目 2）：config.properties.dev.**project2**。

开发环境是一个比较杂乱的环境，在运维上要做好资源分配，还要在开发分支合并后及时回收资源。

3. 测试环境

在每个项目迭代周期的后期，随着新功能被开发出来并在开发环境中通过初步联调测试，就要被发布到测试环境中接受测试人员的集成测试及验收测试。测试环境主要用于系统上线前的功能验证，一般只有一套。所以，同一个项目不管在开发环境中有多少个分支，发布到测试环境之前，都必须做好分支合并工作。一个项目在测试环境中通常只能存在一套待验证的测试系统。一些采用分支开发、主干发布策略的研发团队，不排除由于线上 Bug 修复，存在一个“hotfix”的修复分支，但修复验证的工作量一般较少，修复分支的存在不会对测试团队的测试效率造成太大的影响。

集成测试也是检验新功能开发质量的最后一道关卡，所以集成测试环境非常重要。它有严格的发布标准，要求环境稳定，不能随意发生变更，否则将会影响测试的效率。测试环境的发布比开发环境严格，通常由开发团队向测试团队提交提测申请单后才能进行新功能的发布测试。但这并不意味着测试环境是一个完全独立的环境，毕竟不是面向外部用户的生产环境，对稳定性和可靠性的要求不如生产环境那么高。从提升资源利用效率、降低运维成本的角度考虑，一些较稳定的基础服务完全可以与开发环境甚至本地环境共享，没有必要重复建设。比如基金销售中的获取基金信息、获取市场行情的微服务，由于功能单一、普适性强，就可以作为共享服务让三个环境同时调用。

4. 预发环境

微服务应用通过了测试环境的验证之后，是不是就可以在生产环境上发布了呢？也不尽然！测试环境是线下环境，生产环境是线上环境，两个环境使用的基础资源层不同，线下验证通过的功能不一定在线上就能顺利运行。另外，线下测试的用户场景都是模拟出来的，与线上环境存在很大的不同。比如线下测试环境就不会对接真正的支付渠道，只是通过“挡板”来模拟支付行为，这就决定了线上、线下的系统行为表现会存在一定的差异。因此线下测试也只能最大限度地验证功能及流程的完整性和准确性，无法达到 100%的程度。

为了降低发布风险，最好在线上生产环境之外，再搭建一套预发环境，通过预发环境在系统上线前做最终验证，尽可能将风险扼杀在发布前。预发环境的应用及服务需要单独搭建，也需要有独立的访问入口，以便在应用逻辑层上与生产系统隔离。所以必须单独搭建服务注册中心、形成预发环境独立的微服务集群，如果配置中心不支持多环境，还需要在预发环境中搭建独立的配置服务。但在预发环境中，我们只会使用一些特定的用户进行测试，用户规模比较小，没有必要按 1∶1 的规模对生产环境进行等量复制。一般只需要有 1～2 个应用或者服务实例，绝大部分情况下只需要 1 个实例即可，2 个以上实例往往用于验证负载均衡或者路由策略的有效性，这种需求比较少。

虽然预发环境是独立应用或服务集群，但为了最真实地验证线上功能，必须尽最大可能与生产环境共用同一套基础资源，包括使用同一套数据库、缓存等，这样才能通过真实的数据及数据规模来验证功能。但预发环境不承担线上真实流量，我们一般使用特定用户账户，通过特定的访问地址来访问预发环境。

需要着重强调的是，并非所有功能都可以在预发环境中验证。由于和生产环境共用同一套基础资源，尤其是存储服务，如果新版的功能涉及对同一个数据库表的字段的变更，而生产环境上的老版本又无法兼容，就会导致线上事故。此外，还要尽量避免在预发环境中运行批处理任务，尤其是针对所有用户的批处理任务，影响面太大。一旦“跑批”逻辑和旧版本不一样，就会导致严重生产事故。所以预发环境的一大原则是尽可能小地干扰生产环境的正常运转。在发布预发环境的版本时，必须仔细评估影响范围，必要时在打包阶段就要屏蔽可能有风险的功能。

正因为预发环境如此重要，其版本质量和运维要求要高于线下环境，必须和生产环境一致，不允许频繁地随意变更部署，在异常处理及告警策略上也要以高优先级对待。

看到这里，读者可能会有疑问：预发系统的能力和灰度发布非常类似，都是在某一个时刻在线上形成新、旧两个版本共存的状态，其能力完全可以通过灰度发布来实现，为什么要大费周章地搭建这么一套环境呢？这其实是出于风险控制的考虑，在进行灰度发布时，生产系统的环境实际上已经被改变了，各个服务实例在进行状态切换，整个环境中能够提供稳定服务的实例数不断减少，这时候系统的稳定性会降低。通过预发环境，则可以在不改变生产环境的基础上进行功能验证，风险要远小于灰度发布。

5. 生产环境

生产环境是运维工作的主体，也是重中之重，其重要性也无须在这里赘述，相信大家也对其非常熟悉，这里就不展开讨论了。

环境的构建及日常运维是非常烦琐的事项，尤其是在参与人员庞杂、多项目并行、存在大量分支的状况下。环境越多管理成本越高，所以企业要谨慎规划环境的建设，并不是越多越好，只有确实必要才上马建设。

环境的日常运维涉及服务器的申请、系统安装、服务应用发布、故障排查解决、权限控制、资源编排及调度等。如果运维人员的时间都花费在这些需要手动进行的重复性琐事上，不仅个人得不到成长，企业所需的运维人员的数量也会随着业务的扩展、内部服务应用的增多而呈线性增长，不利于控制成本。因此，分布式、微服务架构下的运维工作要转变思路，大幅增加运维开发的比例。将重复琐碎的运维工作通过脚本、工具和系统来自动完成，构建一系列服务化平台将运维能力以服务的形式提供给开发和测试人员，让他们可以通过自助的方式来申请和使用，这样才能有效控制运维资源的投入。运维自动化及自助化的具体表现形式就是 DevOps，我们将在下一节中详细介绍如何构建以运维为主体的 DevOps 体系。

6.3.3　通过 DevOps 为微服务架构提供工程能力保障

企业引入微服务架构最主要的目的就是实现价值的快速交付。微服务架构通过将一个巨石应用拆分成几十上百个微服务应用的方式，实现了架构解耦及复杂性的分散，但因此也导致了工程化工作量和运维工作量直线上升。这些拆分后的微服务的编译、打包、部署及背后的环境维护工作将是原来单体系统的数倍甚至数十倍。微服务之间复杂的依赖关系更让这些工作“雪上加霜”。如果没有自动化工具和平台的支持，研发和运维人员都将被拖入“泥潭”。

微服务架构带来的困难还不仅于此。项目研发的需求用例设计、开发、构建、测试、部署涉及产品、开发、测试、运维几大团队的紧密配合和协作。而微服务架构所带来的架构离散化、项目泛化、团队碎片化、调用关系复杂化、环境多样化等特点更推高了团队之间协同的难度和复杂度。如果没有一套高度自动化同时覆盖产品、开发、测试、运维领域的内部平台和工具集的支持，很难解决内部研发团队的协同效率问题，会使引入微服务架构的价值大打折扣。

可见，微服务架构给研发效率及工程协同效率的提升都会带来“困难”。根据 1.3.6.2 节的介绍，以自动化为基础，致力于实现研发、运维、质量一体化的 DevOps 可以有效解决这些困难。从需求下发到代码提交与编译，从测试与验证到部署与运维，DevOps 打通了软件交付的完整路径，提供软件研发端到端支持，为微服务架构顺利落地提供内部工程能力保障。

6.3.3.1　DevOps 的体系框架及核心能力

DevOps 本质上是一套思想和理念，体系框架如图 6.23 所示。

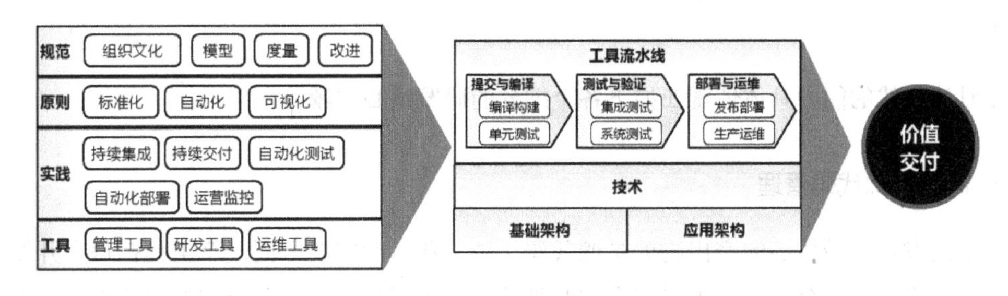

图 6.23　DevOps 的体系框架

DevOps 的最终目标是实现价值的快速交付。为了实现这个目标，需要在企业的组织文化方面做一系列的调整和改进，并利用工具按一定的标准及规范构建起高度自动化的，串联起产品、研发、测试、运维工作领域的一体化流水线，实现高效的持续集成（Continuous Integration，CI）、持续交付（Continuous Delivery，CD）和持续部署（Continuous Deployment，CD）。DevOps 通过工具流水线来落地，其具体形态可以用图 6.24 来形象地描述。

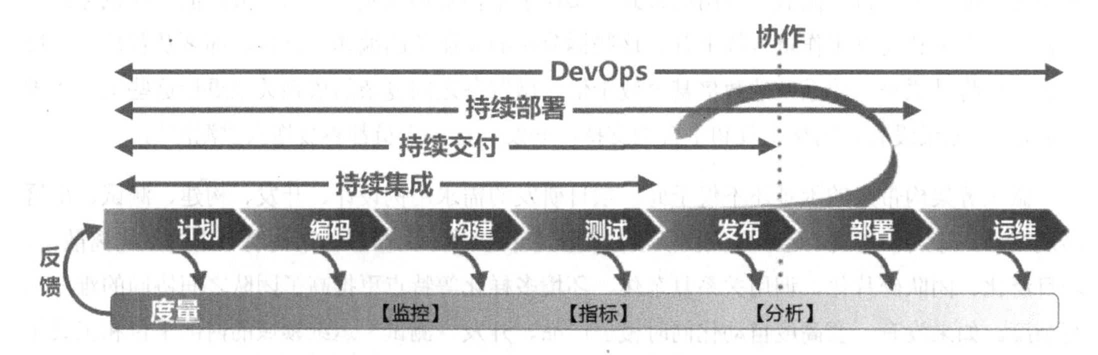

图 6.24　持续集成、持续发布、持续部署与 DevOps 的关系

构建 DevOps 工具流水线的核心原则就是高度自动化，自动化是加快交付步骤和缩短价值落地周期的关键。毕竟，即使团队拥有的资源再丰富，单纯依靠手工来进行构建、打包、编译、测试、发布和部署也是不可行的，尤其是在整体架构及依赖都很复杂的环境下。因此，构建流水线的一个核心目标是让开发者和生产环境之间的大部分路径自动化，让工具和系统来自动触发和自动执行。

此外，还要汇总分析 DevOps 工具流水线各个环节的过程指标，并统一汇总分析，以度量流水线整体的执行效率，并据此不断梳理和优化各个环节的配合，以保证需求在流水线中流转的效率。

工具流水线的能力具体体现在如下各个细分的研发核心领域。

1. 高效的源代码管理

整个研发过程最核心的产出物就是源代码，由于业务的需要，同一个工程在每个开发迭代周期会存在多个开发分支，并形成多套临时性的源代码版本。要实现合理规划分支，实现顺畅地进行多人协作，避免开发过程中的资源阻塞，并最终顺利地进行源代码的合并及构建，就必须有一套规范的工作流程来对团队进行指导和约束。

目前版本控制市场最主流的产品无疑是 Git，它是一款开源的分布式版本管理系统，是 Linux 之父 Linus Torvalds 为了解决 Linux 内核开发中的协作问题而开发的。Git 简洁易用，系统资源开销小，性能优良，它使用快照流的方式存储版本数据，存储效率非常高。Git 的设计优势使得在 Git 中创建分支的代价非常小，可以方便地建立多工作流模式。接下来介绍其主流的三种工作流程。

- Git flow

Git flow 是历史最悠久的一种 Git 工作流程，其流程模型中存在两个长期分支和三个短期分支。Git flow 流程模型中的分支定义如表 6.2 所示。

表 6.2　Git flow 流程模型中的分支定义

<table>
<tr><td rowspan="2">长期分支</td><td>主分支（master）</td><td>稳定版本分支，任何时候基于此分支构建的版本都是发布版本</td></tr>
<tr><td>开发分支（develop）</td><td>日常开发分支，存放最新的开发版本</td></tr>
<tr><td rowspan="3">短期分支</td><td>特性分支（feature）</td><td>根据需要创建，一旦特性开发完成，代码被长期分支合并后即删除</td></tr>
<tr><td>补丁分支（hotfix）</td><td>线上 Bug 修复分支，一旦 Bug 修复完成，代码合并回长期分支并删除</td></tr>
<tr><td>预发分支（release）</td><td>预发版本分支，一般用于线上预发环境的测试</td></tr>
</table>

图 6.25-①展示了 Git flow 的各分支之间的关系。从图中可以看到，分支有多种类型，每种类型的分支各司其职，逻辑上很清晰。但由于要长期维护至少两个以上的分支，开发工作要在这些分支之间频繁切换，工作量较大。而且发布版本只能从 master 分支中产生，release 和 hotfix 分支不可部署，导致其使用比较复杂。

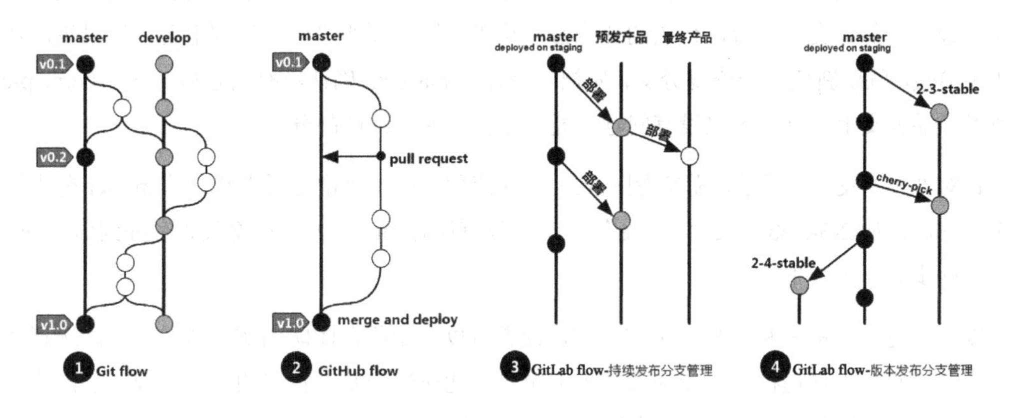

图 6.25　Git 的三种主流工作流程

- GitHub flow

为了降低使用复杂度，GitHub 在 Git flow 的基础上做了简化并推出 GitHub flow 工作流程，如图 6.25-②所示。其中去除了开发分支，只保留 master 这个长期分支，并引入了 pull request 机制。从图上可见，只要有任何需要，即可从 master 中拉出一个新的分支，一旦新分支开发完成，即向 master 发出 pull request 请求，pull request 充当了一种通知机制，告诉相关开发人员一起进行代码评审。一旦评审通过，也就是 pull request 被接受了，就将分支合并入 master 并进行构建和部署，最后将分支删除。

Github flow 在线上只保留了 master 长期分支，所以使用起来非常简单，适合“做完就发”的持续集成模式。这是它的优点，但也是缺陷所在。Github flow 的假设是每次合并分支，主分支的代码都立即发布和部署。但对于存在固定发版窗口的公司来说，pull request 被接受的时间点经常先于发版窗口时间，导致 master 分支的当前版本要“高于”待发布版本，这会给发布工作带来不必要的麻烦。

- GitLab flow

GitLab flow 采用“上游优先（upstream first）”原则，只存在一个主分支 master，它是所有其他分支的“上游”，只有上游分支采纳了代码变化，才能应用到其他分支。GitLab flow 的流程模型在应对持续发布及版本发布这两种场景上有所不同。

如图 6.25-③所示，针对“持续发布”场景，除 master 分支外，还需建立不同环境的分支。比如预发产品分支和最终产品分支，master 开发分支是预发产品分支的“上游”，而预发产品分支又是最终产品分支的上游，代码的变化必须从“上游”逐级“同步”到下游。如果生产环境中出现 Bug，就要新建一个修复分支，先把它合并到 master，确认没有问题后，再“cherry-pick”到预发产品分支上，这一步也没有问题，最后才合并入最终产品分支。

针对“版本发布”场景，需参考图 6.25-④的流程。每一个稳定版本都要从 master 分支拉出一个分支，比如 2-3-stable、2-4-stable 等。后续只有修补 Bug，才允许将代码合并到这些分支，并且要同步更新小版本号。

以上就是 Git 的三种典型的工作流程，读者可以根据所在团队的实际情况，灵活选择适合自己的源代码版本管理模式，或在其基础上做一些适应性调整。良好的版本管理不仅能避免资源锁定，提高研发效率，也是实现自动化构建的前提和基础。

2. 自动化构建及打包

解决了源代码管理问题，开发人员在版本分支上每次的代码提交动作都会自动触发（当然也可以采用手工触发模式，但效率较差）源代码的下载、构建及打包。源代码构建工具很多，而且不同开发语言也有不同的构建工具，目前比较流行的有 Maven、Ant、Make 和 NPM 等。这些工具被安装在构建服务器上，并通过 Jekins 这类 DevOps 集成流程平台创建构建步骤以进行调用。构建步骤中可以配置源代码仓库的地址、本地构建的调用脚本等，很多流程平台都会提供完善的图形化操作功能来辅助降低编写脚本的难度。

这个环节要实现高度自动化，就必须在环境中实现通过单个脚本或者命令就能够完成从源代码的下载、构建、构建过程检测、包检测、提交包到构件库的全套操作，全程避免人工介入。

3. 持续集成（Continuous Integration，CI）

持续集成是在源代码变更后自动检测、拉取、构建和进行单元测试的过程。如图 6.26 所示，以主干构建及发布为例，当开发人员决定从开发分支向主干合并代码时，会触发集成构建动作，并通过编译和自动化的测试进行验证。

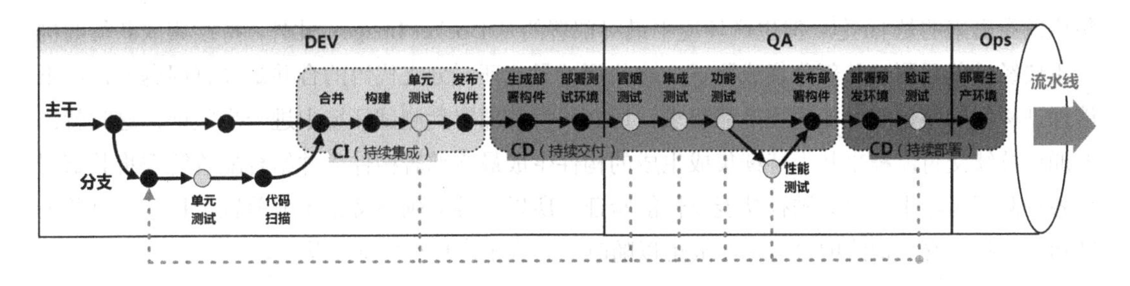

图 6.26　主干构建及发布示例

持续集成的目标是快速确保开发人员新提交的变更是正确的，新代码和原有代码可以准确地集成在一起，并且适合在代码库中进一步使用。在敏捷模式下，可能一天会多次触发持续集成任务。持续集成是持续交付的前置步骤，它以自动化构建为基础，主要解决团队协同开发下的版本分支集成问题。简单地说，它会利用自动化构建能力不断编译和测试合并后的主干代码库，并发布包含开发团队集成工作的可部署构件制品，这些构件制品都是可行的**发布候选**。图 6.26 左边部分列出了持续集成所覆盖的范围。

4. 自动化测试

软件系统测试得越充分，发布质量越高。从图 6.26 的示例可以看到，在研发过程中，我们会通过各种类型的测试（图上浅色节点）对软件的整体质量进行层层把关。从研发主导的单元测试到测试主导的冒烟测试、功能测试，再到特定环境下进行的性能测试等，本质上都是为了尽量在系统发布到生产环境之前找到并消除潜在的隐患。此外，在微服务环境中，由于服务之间的依赖调用关系，跨部署组件的集成和协同测试越来越重要。如果手工执行这些测试用例，尤其是检查点很多的测试用例，每执行一步都需要停下来检查好几个复杂的检查点，测试的效率会非常低。而使用自动化测试，只需要设置好输入条件和预期结果，运行一下脚本就能直接获得测试结果。

因此，应该将集成到 DevOps 工具流水线中的测试用例尽可能自动化，这样才能缩短测试的整体用时，提高流水线的流转效率。

5. 持续交付（Continuous Delivery，CD）

通过持续集成过程获得的构件不一定是最终可部署到生产环境的部署构件。比如通过持续集成发布出来的是 jar 包，但生产环境中最终部署的是 Docker Image；此外，持续集成获得的构件主要经过单元测试及部分集成测试，这些测试只能证明分支代码的合并是没有问题的，但不能保证构件的整体质量能达到产品要求，还必须将其部署到测试环境中进一步验证，这时就需要通过持续交付流程来基于持续集成生成的构件生成最终部署构件，并结合配置管理将其部署到各种测试环境中，对其进行功能及性能验证。所以，务必确保持续集成前置于持续交付并先期运行。持续交付最终的目标是生成可以随时部署到生产环境的部署构件。

持续交付利用持续集成生成的构件及其他必要构件进行集成编译或组装，生成部署构件，并对部署构件及其依赖的上游服务、数据库、缓存、消息队列等资源进行集成测试，以验证部署构件是否能够正常工作，以及是否满足性能上的要求。通过严格测试的部署构件就可以根据需要发布到构件库，随时被用于生产环境部署。具体请参考图 6.26 的持续交付环节。

6. 持续部署（Continuous Deployment，CD）

通过持续交付环节获得部署构件之后，就可以实施持续部署。持续部署的目标是把部署构件发布到生产环境中，但这个过程并非一撮而就的。如果有预发环境，首先会把部署构件部署到预发环境进行验证，验证通过后再进行生产部署。生产部署可以采用灰度发布方式进行分批发布，每个阶段都可根据收集的指标判断发布效果，一旦有异常立即回滚，整个持续部署流程可能会持续很长一段时间。

持续交付和持续部署的简称都是 **CD**，二者之间存在很强的耦合性，在能力上也有重叠，还都有部署这个环节，在概念上容易发生混淆。它们的主要区别在于目的不同！持续交付主要确保有可用于部署的构件，但不一定要部署，重在体现一种能力；持续部署则是一种行为，是价值落地的手段。

6.3.3.2　DevOps 工具流水线的落地

前面介绍了 DevOps 的体系架构及流水线所涉及的场景和用途，本节将重点介绍 DevOps 工具流水线的选型及落地策略。

DevOps 工具流水线贯穿了研发的协同、构建、测试、部署、运维几大领域，并将这些领域的细分能力（包括应用生命周期管理、代码管理、构件管理、环境管理、团队协同等）串联起来，这绝不是单一工具能够做到的，必须使用工具集。目前在商业和开源领域存在大量的工具，如图 6.27 所示，列举了各领域比较主流的工具。

图 6.27　DevOps 工具生态

可以看到，整个工具生态非常庞杂，每个研发细分领域都有相似功能的工具可选择，这会让患有选择恐惧症的人痛苦万分。如何将这些工具进行“收敛”，筛选出合适的工具集呢？

软件行业是一个竞争非常充分的行业，大浪淘沙之后，总会有一些工具脱颖而出，占据相关领域的大部分市场份额，接下来，我们重点介绍几个核心领域的工具。

1. 持续集成工具和工具流引擎——Jenkins

要构建 DevOps 工具流，首先必须有一套工具流的引擎。在这个领域，Jenkins 因其丰富的插件库、强大易用的任务调度功能成为很多公司的首选，目前已经占据了绝对的市场主导地位。Jenkins 本身是一个开源的持续集成工具，通过 Pipeline 可以实现软件的自动化编译、测试和部署。

早期的 Jenkins 与其他传统持续集成工具一样，只支持本地托管。现在已经有一些云计算平台推出了基于 Jenkins 的容器整合方案，比如 CloudBees 就提供了一种通过 Docker Pipeline 插件对 Docker 容器进行支持的方案。此外，Jekins 还支持“流程即代码（Pipeline-as-code）”模式，通过文本文件 Jenkinsfile 就可以定义持续集成的工作流，并将其作为应用软件源代码的一部分，纳入版本库中进行版本管理和代码评审。

业界流行的基于 Jenkins 的持续集成、持续发布和持续部署工具组合如图 6.28 所示。

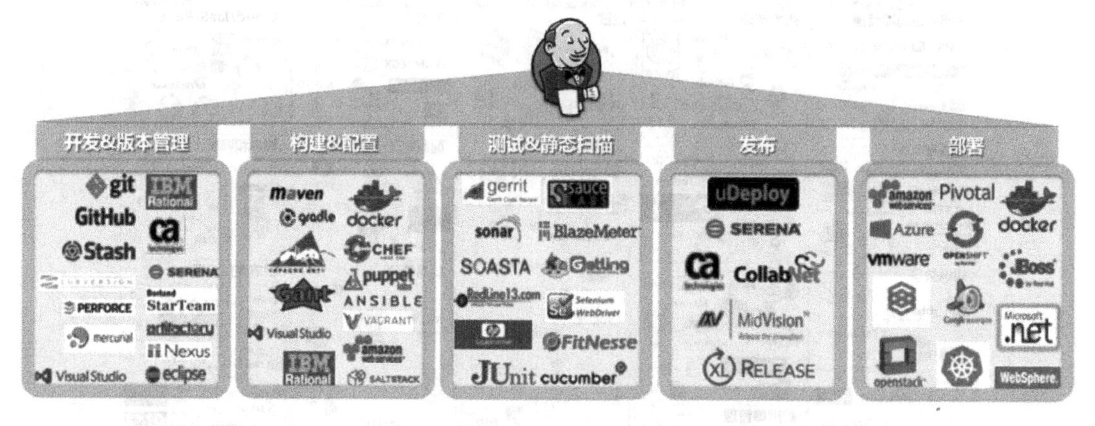

图 6.28　业界流行的基于 Jenkins 的持续集成、持续发布和持续部署工具组合

2. 环境构建及隔离——Docker

长久以来，DevOps 流水线所面临的一大挑战是如何为构建、部署、测试所需要的环境提供有效的创建、维护及隔离机制。环境的创建非常复杂，往往研发负责一部分，测试负责一部分，没有一个人能完全讲清楚环境的组件清单及相关配置信息，这就给环境的日常运维及故障排查造成了很大的麻烦。

近年来以 Docker 为代表的容器技术有效地解决了这个问题。Docker 唯一的环境定义文件 Dockfile 强制描述了环境运行的所有组件及配置信息，从这个文件就能非常清楚环境所依赖的整个软件栈是怎样的，真正做到了应用及系统层的融合。而且还可以通过版本管理系统对 Dockfile 进行管理，实现环境统一管理及快速部署。

3. IaaS、PaaS、Cloud

在 DevOps 的各种环境中，要让各类编译构件和部署构件能够顺利地运行起来，还需要依赖一系列基础资源，如数据库、缓存、消息队列等。如果手工搭建并配置这些基础服务，需要花费大量时间去购买硬件及搭建并配置这些基础的中间件服务，DevOps 的敏捷性和交付能力会受到严重限制。

因此，IaaS（基础资源即服务）、PaaS（平台即服务）这类按需申请的服务能力或者第三方的基于 Cloud 的产品就成为提升 DevOps 敏捷性的关键，它能够让我们摆脱资源的限制，快速启动新的环境并将其添加到流水线中。同时，由于这些 IaaS、PaaS、Cloud 产品在标准化方面都做得非常好，可以让开发和生产环境实现高度的一致，从而降低由于环境差异导致的发布及部署故障。

4. 基础设施即代码

有了运行构件的容器和相关的各种 IaaS、PaaS、Cloud 资源后，还需要通过脚本将它们进行有序的编排及调度。这些脚本会被集成到 Jekins 这类流程引擎中，起到“黏合剂”的作用，将环境资源和 Jekins 关联在一起。Jekins 会在每个环节通过调用这些脚本进行自动化的环境构建和编译、测试、部署等操作。

诸如 Ansible、Puppet、Chef 等配置管理工具可以为我们提供资源编排和调度的脚本。关于这类工具，我们在 2.3.2.2 节中已经详细介绍过，请读者自行参考，这里就不再赘述了。

以上介绍了 DevOps 工具流水线集成引擎及环境构建工具，另外还有版本管理工具 Git 和协同开发工具 Jira。这两款工具我们在前面的章节中都详细介绍过，请读者自行参考。

工具有了，那么基于这些工具构建出来的流水线是什么样子的呢？如图 6.29 所示，是基于以上所介绍的工具整合的一款 DevOps 工具链的示例。

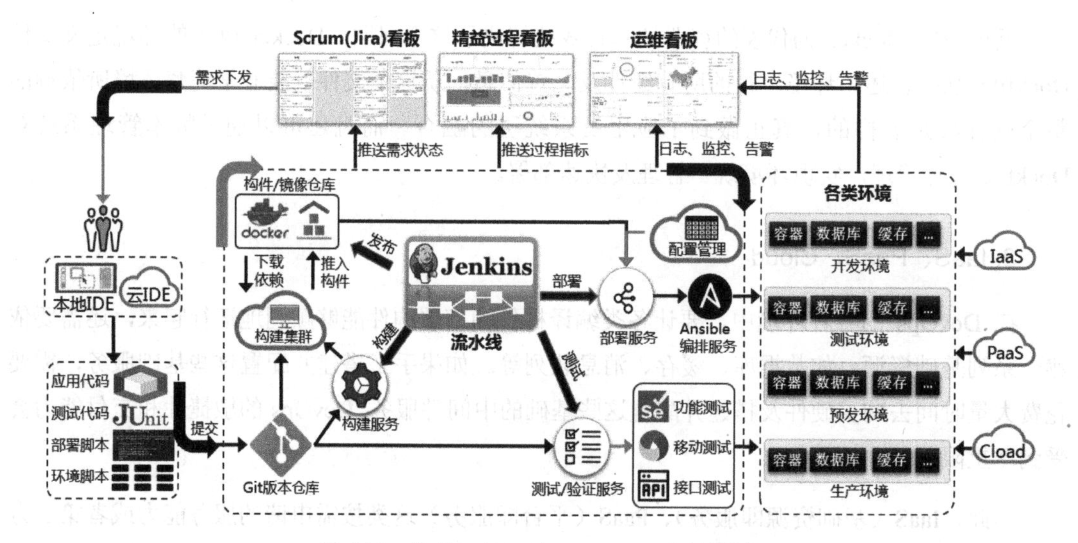

图 6.29 基于 Jekins 的 DevOps 工具链实例

这个工具链的工作流程是如下。

1）业务需求被分解为用户故事后，被逐项整理为 Jira 的工作项，进入 BACKLOG（需求池）中。

2）迭代开始后，在 Jira 中创建迭代对应的 Sprint，并从 BACKLOG 中选择工作项，指定开发人员，进行需求下发，同时配置管理员在 Git 中创建新的开发版本分支。

3）开发人员利用开发机进行编码开发，一些企业会提供云上的开发环境（比如一些企业内网构建的本地 IDE，或者一些公有云上的云 IDE 等）。

4）代码构建：应用代码、单元测试代码、相关配置脚本等通过本地测试后，不断被提交到 Git 版本仓库中。监听插件检测到代码变更事件后，会触发流水线的构建服务（也可以手工触发），调用 Maven、Ant 等编译工具进编译，生成构件。小型企业可能只有一台服务器负责构建。规模大一些的企业由于项目多，代码变更频繁，构建任务会被高频触发，单台服务器无法满足要求，会部署专门的构建集群进行此项操作。

5）构件发布：构件生成后需要对其进行发布前校验，这个过程会调用自动化的单元测试和集成测试（如果有的话）进行必要的验证，只有通过测试验证的构件才会被提交到构件仓库，形成候选版本（Release Candidate，RC）的构件，如果没有通过测试验证，则终止发布活动并通知 Jekins。有些发布还会连锁触发部署构件（也是 RC 版本）的生成，比如将构件进一步打包成可部署的 Docker 镜像推入镜像库，同时发出发布信号，通知 Jekins，并变更看板信息。

6）环境部署：RC 版本的部署构件一旦就绪，流水线就向所有干系人发出版本通知。后续可以手动或者自动发出部署指令，触发部署活动。部署服务基于配置管理获取详细的部署定义，从构件库下载指定版本的资源编排及定义脚本，并调用 Ansible 这类配置管理工具根据脚本开始进行环境部署工作。这个过程涉及从 IaaS/PaaS/Cloud 申请资源，从镜像仓库下载 Docker 镜像进行部署，如果是 war 这类部署包还涉及所依赖的 Web 容器的配置。在环境部署过程中，会通过预定义的各种验证机制进行环境可用性的验证，结果将实时反馈给 Jenkins 以更新部署状态。

7）一旦环境部署完毕并验证通过，Jenkins 会发出测试准入信号，流水线进入测试阶段。这个阶段包含手工测试和自动化测试。如果是自动化测试环节，流水线触发测试服务，根据预先定义的大量自动化脚本进行 API 接口测试，或者调用 Selenium、Appium 这类自动化测试工具进行功能验证、性能测试等。为了提高测试效率，大规模的自动化测试还需要部署专门的测试集群进行并行测试，这就需要利用 Selenium Grid 这类并行测试框架。目前也有一些云服务厂商推出测试云服务，能够很好地和 Jekins 对接。如果成功通过测试，会发出测试准出指令。如果某些关键的功能或者性能未通过测试或者整体测试成功率达不到指定比例，则会在 Bug 管理系统（比如 Jira）中生成指定 Bug 工作项，驱动研发人员进行缺陷修复，新一轮流水线流转开始。这样周而复始，直到所有缺陷都被修复，即可将 RC 版本的部署构件发布为正式版本（Final）。

在整个流水线的流转过程中，我们要实时了解需求任务的完成状态、流水线的流转状态、各个环境的健康状态，就必须借助各种各样的监控。常用的监控主要包括：

- **Scrum 看板**：监控需求流转状况及效率；
- **精益过程看板**：监控和分析流水线运行效能；
- **运维看板**：涉及环境的运维监控。

以上这些看板都需要数据的支持。所以，在流水线的流转过程中，一方面研发人员要基于自身任务的完成状况及时更新 Jira 中工作项的状态；另外一方面，也可以基于工具的执行结果自动采集或推送需求状态。这样，Jira 中的需求看板就能实时展示当前任务的完成情况。采集流水线各个环节的执行过程指标，包括任务完成状态、开始时间、任务耗时等，汇总计算后再通过精益看板对研发过程进行度量和分析。至于运维监控，则采用运维监控看板展示各个环境中的相关日志、告警信息等。

6.3.3.3 DevOps 的过程度量

DevOps 流水线覆盖了大部分研发领域和活动，其流转效率直接关系到企业的研发效能。做好 DevOps 的过程度量，就能全盘了解企业的研发状况，进而不断对其中的瓶颈进行优化和疏通。本节将讨论 DevOps 的过程度量指标体系及方法策略。

1. 指标体系

DevOps 流水线贯穿需求、开发、测试、发布、运维环境，针对每个环节的活动效率和质量都有对应的衡量指标（局部指标），具体如表 6.3 所示。

表 6.3 DevOps 流水线局部指标

	需求	开发	测试	发布/部署	运维
效率指标	1. 需求数量（待受理、处理中、待验收、验收通过） 2. 需求状态分布 3. 需求颗粒度	1. 代码库数量 2. 代码提交量 3. 圈复杂度 4. 继承深度 5. 类耦合度 6. 代码重复度 7. 代码提交频率 8. 代码合并频率	1. 测试用例数量 2. 新增缺陷数量 3. 缺陷解决时长 4. 缺陷关闭时长 5. 自动化测试执行时长 6. Block 缺陷修复时长	1. 构建频率 2. 构建时长 3. 部署次数 4. 部署回滚率 5. 部署时长	1. 资源利用率 2. 应用性能

续表

	需求	开发	测试	发布/部署	运维
质量指标	1. 需求评审通过率 2. 需求变更率 3. 需求价值达成率	1. 代码评审次数 2. 代码评审通过率 3. 单元测试覆盖率 4. 代码扫描问题数 5. 代码提测成功率 6. 构建成功率	1. 自动化测试覆盖率 2. 线下缺陷数量（状态、类型、严重程度、引入阶段） 3. 线下缺陷密度 4. 缺陷解决率 5. 缺陷逃逸率 6. 缺陷 Reopen 率	部署频率	1. 系统可用性 2. 线上缺陷密度 3. 故障恢复时间（MTTR） 4. 故障检测时间（MTTD） 5. 故障间隔时间（MTBF） 6. 请求成功率

表中的每个指标都能在流水线的各活动环节中直接测量获取，或者通过简单计算获取，并对研发活动的执行效率和执行质量进行某一维度的客观度量。通过这些指标，可以对每个活动环节的运行好坏（效率+质量）有一个比较直观的感受。

但每个活动环节执行的效率和质量并不等同于流水线整体的效率和质量。对 DevOps 进行度量很容易陷入的一个误区就是用局部指标替代整体指标，这会导致过度地优化某个环节的活动，而忽略整体效率和质量。因此，在利用表 6.3 的局部指标进行各个活动环节的度量及治理的同时，需要采用一些全局指标来对 DevOps 工具链的整体效率和质量进行评估和衡量。表 6.4 列出了目前比较常用的一些全局指标。

表 6.4　DevOps 流水线全局指标

	指标名称	单位	指标说明
效率指标	平均需求交付周期	天	**（∑需求交付周期）÷ 需求数量** 其中，需求交付周期指从需求提出，到完成开发、测试、上线，最终验收通过的时间。反映整个团队对业务需求及线上问题的响应速度，考察的是整个团队的整体协同性及配合程度
	平均开发交付周期	天	**（∑开发交付周期）÷ 需求数量** 其中，开发交付周期指从需求通过迭代评审获得确认，到完成开发、测试及部署构件就绪，随时可上线部署的时间。这个指标重点反映技术团队整体的交付效率及对需求的把控质量，以及开发和测试团队的协同配合程度

续表

	指标名称	单位	指标说明
	交付吞吐率	个/天	**迭代周期内交付的需求个数 ÷ 迭代周期** 主要评估需求的交付能力，数值越大，表示团队的产能越高。这个指标的准确性依赖于需求的拆分粒度，基于这个指标在多个迭代周期的变化程度也能从侧面评估团队对需求拆分及管理的合理性及能力
	发布频率	次	**迭代周期内的有效发布次数 ÷ 迭代周期** 发布频率体现了团队对业务价值的响应速度，发布频率越高，其对业务价值的贡献越大
	发布前置时间	小时	**从代码提交到功能上线的时长** 体现了团队的持续集成、持续交付、持续部署的工程技术能力及自动化程度，发布前置时间越短，说明团队工具流水线的执行效率及自动化程度越高
质量指标	线上缺陷密度	个	**线上 Bug 数量 ÷ 代码行或需求（功能点）的数量（一般用千行代码数，KLOC）** 使用这个指标时，一般统计严重 Bug 级别，比如 P0 级和 P1 级。统计的维度可以是时间、团队、部署版本
	平均故障恢复时间	秒	**（∑（故障恢复时间 - 故障发现时间））÷ 故障数量** 评估的是对线上故障的整体响应效率，及研发和运营团队的协同配合程度
	请求成功率	百分比	**成功请求数 ÷ 总的请求数** 这个指标一般只对大型的、全球化的分布式系统有意义。这类系统由于极度分散，总是存在一定的可用性，不会全部挂掉，在故障恢复时间上不太好计算，利用请求成功率来评估系统的可用性会更客观一些
	部署成功率	百分比	**成功部署次数 ÷（部署成功次数 + 部署失败次数）**

表中的全局指标基本都是跨多个研发活动环节的指标，重点关注结果产出和价值交付。

2. 整体架构

有了衡量 DevOps 流水线的过程及全局的指标所共同构成的指标体系，接下来讨论 DevOps 过程度量能力的落地架构。与本书重点讨论的服务度量架构很类似，DevOps 的过程度量也涉及指标采集、传输、聚合、分析、存储、展示等，整体架构如图 6.30 所示。

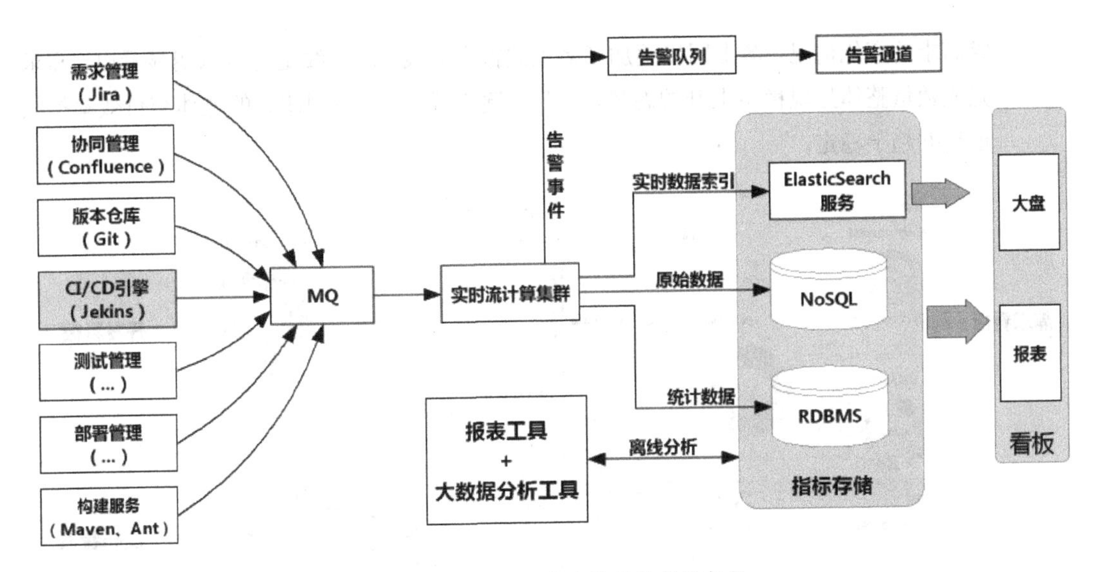

图 6.30　DevOps 的过程度量整体架构

相关指标来源于 DevOps 工具链中的各个工具及服务。Jira、Git、Jekins 这类工具本身就提供了完善的数据访问接口或事件插件，可以很方便地获得部分原始局部指标，将采集的原始局部指标数据汇总计算后得到其他的局部指标和全局指标。指标数据采集之后的传输、聚合、计算、存储、展示等相关技术与前面服务度量所使用的技术基本一致，请读者参考前面章节的内容，这里就不再赘述。

局部指标和全局指标最终都呈现在精益过程看板上。如图 6.31 所示，这是精益大盘的一个示例，大盘上针对 DevOps 流水线的每个活动环节都有相应的概览信息展示区域，这些区域以局部指标的展示为主，同时通过需求看板展示了全局指标。综合利用局部指标和全局指标，可以直观地了解整个 DevOps 流水线的总体运行状况。

除了大盘，还可以以大盘界面为入口，查看更细化的报表明细，对具体指标细节进行度量和分析。以下是一些典型的报表模板。

- 需求完成数量报表：统计一段时间段内，团队完成的需求数量。这个指标可以度量整个团队的价值交付能力，数量越多代表团队的交付能力越强。对同一个团队，采用时间纵比，可以考察团队整体交付效率的变化。对于多个团队，采用横向对比，可以看出哪个团队产出多。图 6.32 显示的就是笔者曾经负责的一个业务开发团队在不同迭代周期完成需求的变化情况。图上同步叠加了多项式拟合曲线。从曲线走势可以明显看出，需求完成数量整体呈现稳步上升的态势，但升幅逐渐减小，这表明团队的整体交付效率持续走高并趋于稳定。

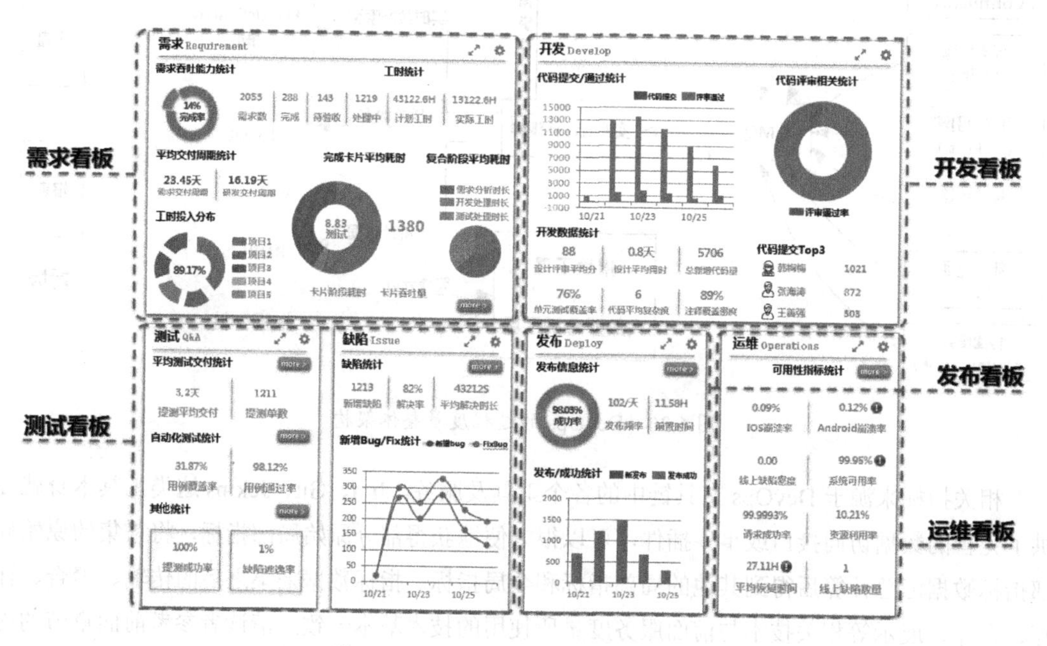

图 6.31　DevOps 流水线精益大盘示例

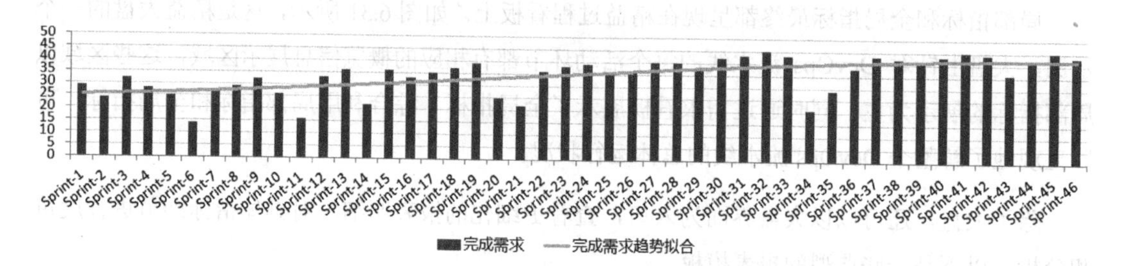

图 6.32　迭代需求完成数量趋势图

- 需求平均完成时长比对报表：统计一个时间段内（可能跨多个迭代），团队完成的需求端到端（捞取需求→正常结束）的平均时长，可以对一个团队进行纵比，也可以对多个团队进行横比。这个指标用于度量团队的交付效率，时长越短代表团队的交付越快、越敏捷。

- 新增缺陷报表：统计一段时间内，开发团队被指派的缺陷数量。这个指标用于度量开发团队产生的缺陷数，间接反映开发质量。测试缺陷管理系统一般都自带此报表，我们可以将多个迭代的新增缺陷与需求数量的比值进行纵比，考察团队的整体开发质量变化趋势。
- 缺陷 Reopen 率：统计一段时间内，团队缺陷 Reopen 次数与解决缺陷数的比值。这个指标用于度量团队缺陷的修复质量，Reopen 率越高代表返工越多。Reopen 率太高会严重影响需求流转的速度，导致需求滞留在测试阶段，这个指标应该重点监控。
- 缺陷平均修复时长：统计一段时间内，团队关闭的缺陷从创建到“Fixed”状态的平均时长。这个指标用于度量开发团队缺陷的修复效率，时长越短代表缺陷修复越快。
- 缺陷平均关闭时长：统计一段时间内，团队关闭的缺陷从“Fixed”到“Closed”状态的平均时长。这个指标用于度量测试团队缺陷的验证效率，时长越短代表缺陷验证越快。

6.4　协同管理治理

Matin Fowler 及其任职的 ThoughtWorks 公司曾经发表过一种观点：“与其说微服务是一种技术架构，还不如说是一种企业组织架构。”这和康威定律不谋而合，笔者也对此深以为然。Amazon 的“two pizza team”（每个内部团队都应该足够小，两个比萨饼就能解决伙食问题）原则则是对此观点的最佳实践，也是推动微服务在 Amazon 内部顺利落地的组织基础及管理保障。

团队小型化和管理扁平化是微服务架构下的组织的自然演化形式。但是大量小型团队的存在在提高产能、加快发布频率的同时，带来了一系列沟通及协同上的难题。如何让团队之间有序、高效地配合，共同推进业务价值快速落地是本节讨论的重点。

6.4.1　治理目标

本节将围绕团队的管理协同模式展开，介绍如何通过管理协同模式的优化和治理，让业务、研发、测试衔接得更加顺畅，加快需求的流动及落地转化，主要包括如下两部分内容。

- 通过敏捷模式构建起以“周”为单位的研发周期，优化研发团队之间的配合，减少等待时间，形成良好的“节奏感”，加快价值交付速度。

- 引入精益看板方法，对敏捷迭代周期进行全面度量。通过梳理发现研发管道中的阻塞点，通过价值流的改进实现需求的快速流动。

6.4.2 小步快跑，高频发布

在微服务架构下，每个团队负责一部分服务，一个业务需求通常会涉及多个团队之间的协同。如何让团队之间、团队内部人员之间的协同更高效？笔者在多年的从业经历中也做过不少管理协同方面的尝试，从综合效果来评判，敏捷模式应该是和微服务架构最匹配的。

一般微服务的粒度都比较小，按巨石系统的季度或者年度的发版周期来进行微服务的开发显然周期太长。企业引入微服务架构就是为了应对业务的快速变更，希望能做到按周、甚至按天发版。敏捷模式较短的迭代周期与这种预期完美契合。此外较短的迭代周期也有助于团队快速形成节奏感，利于各方的协同和配合。不要小看节奏感，一旦形成就意味着团队已经进入“可自持”的状态，利益相关方都知道在哪个时间点要做什么样的事情，整个团队就像一台恒速运转的机器，协同调度和管理的成本都会大幅降低。

笔者曾经带领的一个移动技术团队就采用两周一迭代、固定发版的敏捷模式。每个迭代都采用“火车发布模式”，实行班车制，准点发车。这种协同模式让各部门都清楚发布计划，产品方面也很容易知道要把需求放入哪个迭代中，从而有效降低了沟通成本。表 6.5 就是这个移动技术团队的敏捷协同日程，表中详细列出了针对 App 产品开发的一个敏捷迭代周期内，产品、研发、测试的协同配合步骤。

表 6.5　一个敏捷迭代周期内的工作步骤示例

迭代	时间		产品团队	研发团队	测试团队
SP*n*-1 迭代	第1周	星期 1		SP*n*-1 前、后端开发接口提供	
		星期 2	SP*n*-2 验收		
		星期 3	SP*n* 需求宣讲	SP*n* 需求评审（和产品团队） SP*n*-2 服务端封版	SP*n* 需求评审（和产品团队）
		星期 4			SP*n*-2 服务端发版上线

续表

迭代	时间		产品团队	研发团队	测试团队
		星期 5	提供 SPn 高保及物料		SPn-2 APP 开始线上灰度测试，release 包验证 SPn-1 测试用例设计
	第 2 周	星期 1			
		星期 2		SPn 工作量评估，提交	SPn-2 App 发版上架 SPn-1 用例评审及发布冒烟用例，数据准备
		星期 3		SPn-1 开发提测 SPn 迭代计划会	
		星期 4		SPn 迭代开发启动 SPn-1 Bug 修复（Hotfix）启动	SPn-1 测试启动
SPn 迭代		星期 5			
	第 3 周	星期 1		SPn 前、后端开发接口提供	
		星期 2	SPn-1 验收		
		星期 3	SPn+1 需求宣讲	SPn+1 需求评审（和产品团队） SPn-1 服务端封版	SPn+1 需求评审（和产品团队）
		星期 4			SPn-1 服务端发版上线
		星期 5	提供 SPn+1 高保及物料		SPn-1 App 开始线上灰测，release 包验证 SPn 测试用例设计
	第 4 周	星期 1			
		星期 2		SPn+1 工作量评估，提交	SPn-1 App 发版上架 SPn 用例评审及发布冒烟用例，数据准备
		星期 3		SPn 开发提测 SPn+1 迭代计划会	
SPn+1 迭代		星期 4		SPn+1 迭代开发启动 SPn Bug 修复（Hotfix）启动	SPn 测试启动
		星期 5			
	第 5 周	星期 1		SPn+1 前、后端开发接口提供	
		星期 2	SPn 验收		
		星期 3	SPn+2 需求宣讲	SPn+2 需求评审 SPn 服务端封版	SPn+2 需求评审（和产品团队）

续表

迭代	时间		产品团队	研发团队	测试团队
SP*n*+1 迭代		星期 4			SP*n* 服务端发版上线
		星期 5	提供 SP*n*+2 高保及物料		SP*n* App 开始线上灰测，release 包验证 SP*n*+1 测试用例设计
	第6周	星期 1			
		星期 2		SP*n*+2 工作量评估，提交	SP*n* App 发版上架 SP*n*+1 用例评审及发布冒烟用例，数据准备
		星期 3		SP*n*+1 开发提测 SP*n*+2 迭代计划会	
		星期 4		SP*n*+2 迭代开发启动 SP*n*+1 Bug 修复（Hotfix）启动	SP*n*+1 测试启动
		星期 5			

从表 6.6 可以看到，一个迭代周期所包含的两周时间和自然周并不重叠，这主要是基于发版的考虑。互联网 toC 应用的正常迭代发布一般不会在星期 5，通常会错开星期 5，安排到星期 4。这样如果发布的线上业务在星期 5 出现问题，还有周末作为缓冲。

在评估每期工作量时，需要预留一些时间和资源“buffer”，一般在 10%～20%（最好不要超过 30%，以防止对正常迭代周期造成冲击），以应对一些临时性需求，这类需求不受版本约束，按需发布。如果一个迭代周期内没有这类紧急需求，可以从 Backlog 中选取一些架构优化类的需求或其他小的业务需求来填补“buffer”。

在评估迭代工作量时，前端的评估工作严重依赖 UI 团队的高保物料，但最不可控的也是 UI 设计，因为在 UI 的设计过程中，感性化的因素会更多一些：有的人觉得好，有的人觉得不好，可能会反复修改，不像程序代码那么明确。因此在敏捷过程中，一般不将 UI 设计纳入迭代，而是将其作为产品需求的一部分，在每个迭代开始之前进行工作量评估时，要求必须提供完整的 UI 物料，否则不予评估，此需求也就不会被纳入迭代中。

要保证敏捷模式平稳推进，还需要一套与之匹配的 DevOps 研发工具体系支撑。DevOps 工具流水线的构建在研发治理章节中已经详细介绍过，在其基础上，可进一步收集 DevOps 工具链中各环节的数据，通过精益看板来进行各个维度的数据汇总统计和呈现，从而实现对研发的推进状况及质量的严格把控。下一节中将详细讨论精益看板的引入及使用。

6.4.3 通过数据驱动的精益看板优化协同管理

6.4.3.1 由交通引申而出的研发问题

首先来看一个现实生活中的案例，随着城市车辆保有量的提高，交通拥堵现象日益严重，尤其是一些桥梁，更成了交通瓶颈，以南京长江大桥为例，如何提升它的通行能力呢？以下是一些被实践证明行之有效的措施：

1. 限制车流

- 由于大桥承载量有限，可以控制各车道交替通行，实际上就是通过限制并行数来控制流量；
- 一辆公交车载客量是小轿车的几十倍，因此可以设置公交车专用道，提高单位时间的过桥客载量，这体现了“价值优先”的思想。

2. 限制车型

对车辆分级，以载客为主的车辆（如小型车和公交车）走主桥，其他载货的大型车辆走二桥、三桥。通过这种分类分级处理，优先保障人员出行的需求。

3. 消除堵点

- 在桥上取消一切停车点和公交站，防止前车一停导致后车全停的等待现象；
- 一旦桥上出现交通事故，快速进行挪车处理，防止由于事故阻塞后车通行。

4. 增加并行处理能力

- 修建其他过江通道，增加通行路线；
- 取消其他大桥收费，将车流量分流到其他大桥。

细心的读者可能已经注意到了，在改善大桥交通的措施中出现了“限制并行数”“分级分类”“价值优先”“阻塞”，这些也是软件开发中的常用词汇。大道至简，世间万物的道理总是相通的，在软件研发过程中同样存在和大桥通行相似的场景：

1）研发资源有限，外部需求过载；

2）需求出现阻塞，不能及时解决，交付延时；

3）大特性未分解，落入迭代中，开发中的风险不可控，交付延时。

改善大桥通行所使用的策略本质上就是为了改善流动性、提高通行效率。这些策略同样适用于软件研发过程的效率优化。前面讨论过，在微服务架构下，普遍采用诸如 Scrum 这类敏捷模式。在敏捷实践中，很多团队或多或少都会借鉴“看板”方法。无数的业界经验证明，在敏捷开发实践中结合精益思想和看板方法，可以不断管理、优化和改进产品开发的价值流。

6.4.3.2 为什么选择精益看板

“看板”这个词来源于日文，叫“kan-ban”（注意：小写的 k），最早源于工业界，是一种在工业企业的工序管理中，以卡片为凭证，定时定点交货的管理制度。kan 的意思是“卡片”，ban 的意思是“信号”，所以日文里的 kan-ban 直译过来就是“信号卡”，音译刚好是“看板”。“看板”是一种类似通知单的卡片，主要传递零部件名称、生产量、生产时间、生产方法、运送量、运送时间、运送目的地、存放地点、运送工具和容器等生产过程信息和指令。它实质上是一个基于“信号卡”的“拉动”系统，信号卡体现了生产能力许可的一个工作单元。kanban 系统根据信号卡来拉动、引入新的工作。

在《看板实战》这本书中，将看板定义为“元流程”。所谓“元流程”是说，引入精益看板对企业现有的模式，尤其是管理模式的冲击是非常少的，看板方法在落地初始，尊重企业现有的角色、职责和头衔，这也是精益看板能在企业落地的基础原则，因为改变管理模式是最大的阻力。看板是一种方法，通过一些核心的实践和原则把现有的流程和问题都可视化，共同显示在那块“板”上，然后根据问题做调整。因为只有看到问题才能解决问题，看不到问题会误认为没有问题或者不知道问题在哪里。作为协助手段，看板可以嵌入并融合到现有的任何流程中。精益看板的本质是一种持续改进的机制，通过可视化的“板”，发现排队现象和瓶颈，进而解决阻塞问题，不断改进流程，改善人员配置，达到提升业务交付能力、促进流程或架构优化、促使业务向期望的方向演进等目标。

6.4.3.3　看板方法的理论基础：排队理论

大桥通行拥堵和研发过程协同不畅的问题本质上都是管道吞吐量出现了问题。看板方法的基础理论——排队理论，可以很好地解释关于吞吐量的各种现象。图 6.33-①就是排队理论中的公式定义，吞吐量（Throughput）被定义成了在制品（WIP）和前置时间（Leadtime）的比值。所谓在制品就是生产线上在加工的产品数量，映射到研发，就是研发过程中的需求总量。前置时间是指生产或处理这些产品或需求的总耗时，前置时间包含有效的工作时间（Worktime）和无效的等待时间（Waittime）。

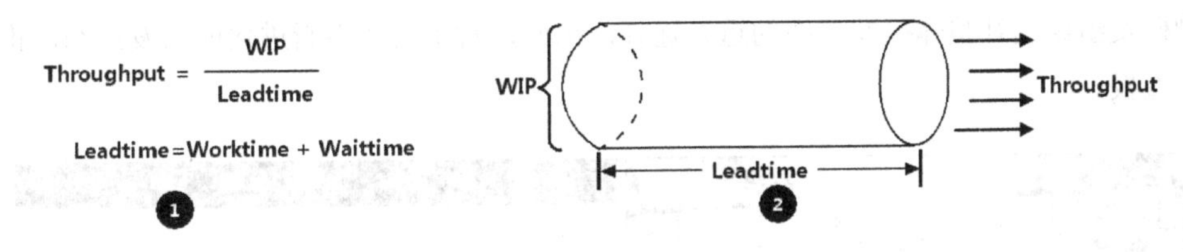

图 6.33　排队理论

从图 6.33-②看，提高研发效率就是要提高研发管道的吞吐量。根据公式有两种途径，一种是加大分子 WIP，就是扩大管道，让管道越来越大，这样可以塞进去更多的需求。但是对于软件研发来说，扩大管道有一个弊端，当团队的研发和测试人数一定的时候，如果往研发管道里塞入过多需求，就会在内部堵塞，Leadtime 会变长，也就是说在制品增多，吞吐量也会受影响。后面将会详细解释为什么要限制在制品的数量。

一味扩大管道行不通，另一种方法就是减小公式中的分母。看板里的通用做法是在确保 WIP 一定的情况下，缩短 Leadtime。因为在任何项目中，人员数量都是有限的，不可能无限制地招人，这是很现实的问题。

要缩短 Leadtime 也有两种方法，一种方法是缩短 Worktime，例如针对测试，可以把很多测试用例做成自动化的，让它跑得更快，或者引入持续集成手段，让需求移动得更快，通过这些方式来让 Worktime 缩短。另一种方法是缩短 Waittime，如果开发完成马上就能启动测试，就避免了无效的等待时间。在研发过程中，造成等待的原因很多，比如 Bug 的修复，可能研发完成修改后测试无法及时安排测试，无效的等待导致了 Waittime 变长。

6.4.3.4 选择适合你的看板

看板的选择常会让人陷入纠结，该选择物理看板还是选择电子看板呢？

如图 6.34-①所示的物理看板，成本低，一个白板、一面玻璃墙、甚至一张大白纸都可以，随时随地就能投入使用，修改也很方便。但物理看板无法积累使用过程中的数据，如果需要回看进行策略分析和优化，会很麻烦。此外对于一些有依赖关系的复杂项目群，看板是需要分层的，这种情况使用物理看板就很难做出快速关联和切换。

如图 6.34-②所示的电子看板，很好地解决了物理看板的问题。通过完备的过程数据收集，可以对研发管道的流转效率进行多维度的实时及历史分析。除此之外，使用并普及统一的工具是大型研发组织提升整体研发效率的重要途径。因此，对于需要不断进化的研发组织，推荐使用电子看板。

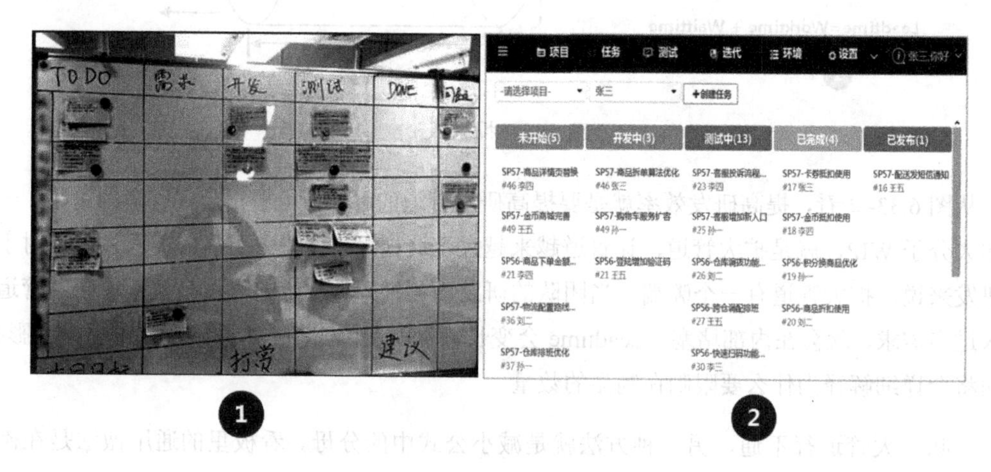

图 6.34 物理看板和电子看板

电子看板作为信息的“发射器”，需要有一个“承载”，这个“承载”可以是一个大电视，也可以是一个投影或触摸大屏，不管是哪一种，要注意的是：这个“承载”平时不用时也要开着，因为一旦关闭就起不到发射信息的作用了。

6.4.3.5 建立精益看板

精益看板的入门门槛不高，但要将其用好，需要一定的技巧和规范。业界经过多年的摸索，在软件研发领域已经形成了一些通用方法，下面就结合这些通用方法介绍如何在研发流程中平稳顺畅地引入精益看板。

1. 可视化

图 6.35 是一个软件研发过程的典型看板。看板中通过卡片展示了任务的核心信息，包括任务的 ID、名称、到期点、描述等，同时采用不同的背景色来表示任务的紧急程度。还可以在卡片上增加一些标识来提醒某些状态，比如加一个红点（或其他形状）代表这张卡片当前被阻塞，无法继续流转。通过诸如此类的方式，项目开发过程的核心状态信息就在看板上展示出来了，逻辑清晰、重点突出。

读者在做精益看板的可视化时，可以参考如下三个步骤。

1）**价值流分析**。分析整理出团队目前的研发过程中所包含的必要步骤及元素。先看必要步骤，比如设计、开发、测试，最后是发布，过程的必要步骤共同构成了价值流。将价值流分析出来，按顺序排列，就形成了图 6.35 中的各个“泳道”。接下来还要找出价值流中的流转元素，其中很重要的一项是需求，包括正常特性的需求和运营的需求，还有 Bug 和一些紧急类的需求，都要分析出来，图 6.35 中共列举了“正常、紧急、缺陷”三类任务。

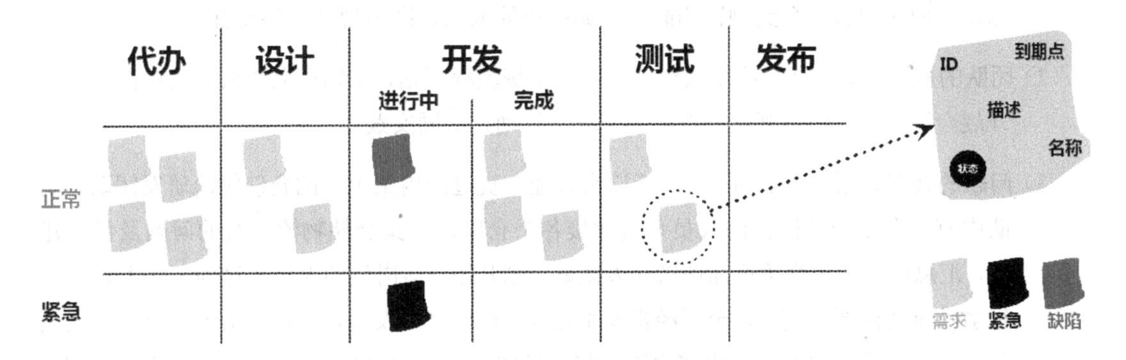

图 6.35　软件研发过程典型看板

2）**元素可视化**。这一步要确定把元素的哪些具体属性以何种形式展现在看板上。比如红点标识需求的阻塞状态，用文字标识风险的状态，不同颜色代表不同类型的需求，将元素的各类可视化属性信息明确定义出来。

3）**看板建模**。分析出价值流并梳理好可视化元素之后，就可以把它们映射到看板上，建立那块“板”。看板建模最重要的是要**映射团队实际的工作及流程**，这是非常重要但又极不容易实现的一点。有的团队刚开始建看板时，只是把理想中的流程往上面放，但实际运作中，有些流程步骤可能根本没必要。因此在看板的运作过程中，评估团队运作状况时，一定要审视哪些流程步骤是没有走的，需要及时对步骤进行修正。

2. 流程规则显式化

在研发协同过程中，有一些大家都需要遵守的流程也要展示在看板中，不要把它藏在“深闺”里。规则首先要被记住，才能被执行。将规则直观地在看板上展示出来让所有人都能看到，既提醒自己，也相互督促。在开晨会时方便大家根据规则进行自查与互查，更有利于团队的改进与提升。

以下是一些通用的可供读者参考的规则。

1）**准入准出规则**。也就是价值流上下游的切换规则，它的根本目标是进行质量把控。一定不要把质量控制工作全部交给测试，**质量在于预防而不在于检查**，因此质量把控应尽量分散到各个环节。要在每个价值流环节中明确提出该环节的“出口”质量是什么，比如设计要通过评审并修改完后才能交给开发；开发一定要做完自测并通过测试提供的冒烟测试用例才能够提交到测试团队，诸如此类的准入、准出规则必须要有。

2）**团队的规则**。也就是一些团队组织协同的常规流程规则，比如早上什么时候在什么地方开晨会等。将它们可视化，方便大家统一行动、协同实践。

3）**问题的处理规则**。举个例子，笔者原来曾经负责过国内某电商的仓储物流研发团队，团队中有一个专门的岗位的人员负责对接各个仓库，收集仓储物流系统的问题及优化建议，汇总后分类提交给产品或者研发团队。刚开始，该岗位的人员在这项工作上花费了很多的时间沟通协调，以至于经常发生延误。调研之后发现，主要是由于各个仓库提交的问题及需求形式不一，内容也不完整，导致了大量的重复确认工作。经过团队讨论，决定建立标准规范，给出若干模板，每个模板列一些“checklist”，让要发问题或者优化需求的人按“checklist”填写必要信息，同时协调各仓库的信息化负责人，信息经过审核后才能提交。把这个规则放到看板上，执行后大大减少了反复沟通的成本，也把相关岗位的人员解放出来了。

在这里笔者要重点强调的一点是，能自动化的规则一定要尽量自动化，指望人主动执行规则是非常不靠谱的，毕竟人都有惰性，规则越多，规则的主动遵循度就越差。规则通过自动化、系统化之后，才能固化，才能通过强制性进行有效的贯彻，这也是内建质量的核心。

3. 重点关注流动效率

有研究显示，当一个人只做一件事情的时候，投入是 100%；同时做两件事情的时候投入是 80%，有 20%的投入花在了切换上；同时做 3 件事情的时候投入就只剩 60%了，有 40%的投入花在了切换上。所以，将资源的利用率极大化后，单位产出的时间反而变长了，说明资源利用得越狠，做事情就越慢。因此为了高效输出，需要限制一个人同时并行的任务数，不要把人用得太狠。这样做不仅减少切换时间（Waittime 的一种），也能给他们留下学习和思考的时间。

所以，在研发过程管控中不要过度关注资源利用率，应该换个视角，重点聚焦到提高流动效率上。这并不意味着资源的利用率不重要，而是针对产品来讲，更关注的是需求的价值交付，让需求在管道中流动得越快越好。通过减少浪费（Waittime），自然可以提高资源的整体利用率。看板正好为我们提供了这样一个视角，把不可见的需求转化到可视化的看板上，把需求的变动转化为卡片的流动。

6.4.3.6　运作精益看板

日常工作中，通过精益看板可以进行研发协同效率分析，找出研发管道中的瓶颈及处理方法，加速需求的流动效率。在解决精益看板反映的问题的同时，不断对价值流进行优化。

1. 消除瓶颈

借用木桶理论，可以说“一个管道中的水的流速快慢，取决于最堵（窄）的那个地方”。最堵的那个地方就是瓶颈，要消除瓶颈，首先要发现瓶颈。

如何通过看板发现研发管道的瓶颈呢？有两种方法，一种是直接观察，在看板上如果某一列前面（左边）已经排长队了，可以认为这一列就是瓶颈。比如图 6.36 中的“开发→完成”这列有 3 个需求在排队，而“测试”这列的 2 个卡位已经占满了，所以可以认为“测试”这个环节是瓶颈。第二种方法是进行数据分析，在一段时间内，如果某个环节流出卡片的速度很慢（数量很少），就可以认定它是瓶颈。

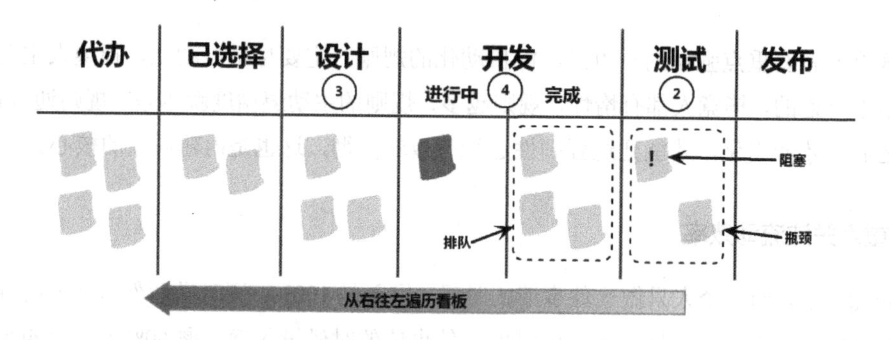

图 6.36　通过看板分析发现问题

发现瓶颈之后，就要对其进行改进，最大化地提高产能！比如前面发现“测试”环节是瓶颈，调查发现，测试人员花了太多时间在环境搭建或开会上，必须想办法让他们能够把这部分工作时间腾出来，专心去做测试的事情。要实现这个目标，光靠测试是不行的，还需要其他“资源”配合，比如协调人力让开发人员来帮忙搭建环境、非必需的会议测试人员可以不用参加等，从而最大化地利用工作时间去做更有价值的事情。

单纯“优化”瓶颈还不够，最终还要突破瓶颈。比如针对测试的产能不足，可以有针对性地做一些自动化测试的建设，或者多招聘一些测试人员，这些都是能够有效突破瓶颈的手段。

以上“**发现瓶颈→优化瓶颈→系统联动优化→突破瓶颈**”的过程需要不断地重复进行。在软件开发里面，瓶颈不是一成不变的，它和时间相关，受到很多因素的干扰，所以寻找瓶颈需要基于一个时间段来进行，不同时间段的瓶颈可能不一样。

2. 加速流动

在上一节中提到，要重点关注任务和需求的流动效率。一方面，在价值交付导向下，每个迭代周期开始时尽量安排 Backlog 中高价值的需求进入迭代；另一方面，进入研发管道的需求拆得越细越好，需求粒度越小完成越快，流动性越好，需求粒度越大导致出现“黑天鹅”状况的风险越高。需求粒度可以作为需求准入的一个评判规则，但它非常考验产品人员的能力。

加速需求流动的另一种有效方式是每天进行看板站会，可以将看板站会和敏捷站会合并进行。纯粹的敏捷站会（例如 Scrum）一般要回答 3 个问题：昨天做了什么，今天计划做什么，遇到了什么问题。当你对着空气这么说的时候，其他人可能会感觉事不关己。但是有了看板就不一样了，所有的元素都以卡片的形式聚集到看板上，所有的目标都聚焦到价值的交付上，站会的与会人员的共同目的就是让卡片尽快往右边流动，参与感可大大提高。举行看板站会时，我们会**从右往左**遍历看板，让右边的卡片尽量往完成的方向移动，一旦右边出现了阻塞或者风险，就要以最高优先级去解决相关问题。

举个例子，笔者曾经的一个团队引入看板后，在评审的时候通过数据分析发现有个现象特别明显：在测试阶段需求会停留很长时间，而且流速非常慢。分析后发现，是因为开发人员没有改 Bug，而是优先开发新的需求去了。深入调研后发现当时团队的研发人员普遍喜欢做新需求，而不喜欢改 Bug，需求做完扔给测试人员之后，基本上就不管了。原因查明后，后续做改进时就把这个改进项放到需求里了，如果测试人员测出来有 Bug，研发人员的最高优先级就是去改 Bug，让卡片尽快往完成方向移动。

站会的时间一般都控制在 15 分钟内，如果 15 分钟不能完全遍历看板，可以**从右往左**只遍历到最左边排队或阻塞的那几列，因为再往左边太远了，这样能很好地控制开站会的时间。

3. 拉动式开发

传统的开发协作模式是一种推动式开发，即预先定义详细的计划，再集中细化计划的执行。在这种模式下每个环节的人员只要管好自己，不用兼顾上、下游，做完手头的任务丢给下一个环节的人员即可。一旦上、下游环节衔接不上，经常会导致下游环节处理不及时出现堵塞。拉动式开发很像程序处理中的“异步模式”，它的特点是将批量计划和执行分为两个层面，执行层面分散细化，当下游有产能的时候才去拉，这样做的好处是不容易出现阻塞，从而保证整个流程顺畅。

采用拉动式开发的团队比较重视全局观。因为要拉动，就必须关注上、下游，如果下游环节不顺利，需求就会在上游堆积无法流转，此时要关注下游是不是有阻塞、是不是有问题。相反，如果上游没有及时给需求，导致下游无事可做，就要关注上游的状态，尽快协调，把需求给到下游。由于上、下游都得关注，整个团队就很容易建立起一种全局观，促使团队不断进行改进。一旦出现问题，导致上游没有及时将需求给到下游，或者下游没有及时完成需求，大家都会很自然地分析：我们的改进点在哪里。

有全局观、有主动性就能实现团队的自组织！通过看板所有的事情都一目了然，能看到上游是什么情况，下游是什么情况，各环节清清楚楚，便于厘清思路，分析问题。这种模式下的管理更轻松，有效降低了基层管理者的管理成本。

6.4.3.7 通过度量改进价值流

每个迭代周期结束时，可以做一些价值改进的分析。我们需要利用一些图表去找改进的机会。在看板应用中，笔者常用的可视化报表有如下几种，推荐给大家：

- 周期时间控制图。
- 周期时间分布图。
- 累积流图。
- 价值流分析图。

1. 周期时间控制图

周期时间控制图如图 6.37 所示，横轴是日历日期，纵轴是时间周期，一般以天为单位。图上的每个点代表的是当天完成交付的某一个具体需求，每个点的纵轴值表示它所耗费的时间周期（前置时间）。通过周期时间控制图，可以评估每天的交付总量及交付质量。

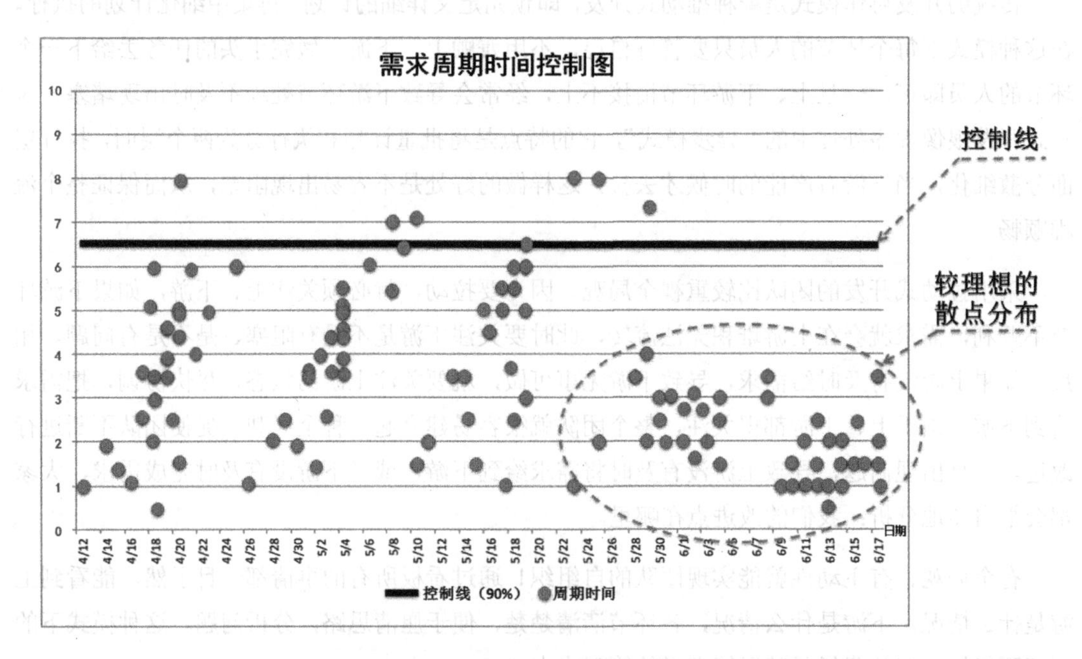

图 6.37 周期时间控制图

前面介绍过要保持较高的交付效率，一定要让研发管道的流速尽量均匀，这就意味着任何时候的需求交付量都应该差不多。从图上看，满足这个要求的是右边部分的时段，其散点有 3 个特点：

- 散点的密度更高，这意味着每个需求耗费的前置时间差异更小，交付更集中，交付效率更高；
- 散点的纵坐标向下集中，意味着整体需求耗费的周期比左边更小，说明研发在响应能力及特性周期的可预测性上都有所提高；
- 散点在横向上分布更均匀，意味着研发管道流动较顺畅，每天都持续有交付。

此外，还可以基于周期时间控制图做一些极值分析。比如将图上所有特性点的周期算一个百分位（这里取 90%）周期值，根据这个百分位周期值画一条控制线，所有高于控制线的需求点就是极值点。针对这些需求可以重点分析，研究它的周期（前置时间）损耗分布，分析瓶颈，以便于后续改进。

2. 周期时间分布图

将每个迭代（或一段时间）中，所有需求按其所花费的周期进行统计，可以得到如图 6.38 所示的周期时间分布图，横坐标是周期时长，纵坐标是每个周期所对应的需求数量。为了便于分析，可以做出拟合曲线，图上使用的是韦伯曲线。

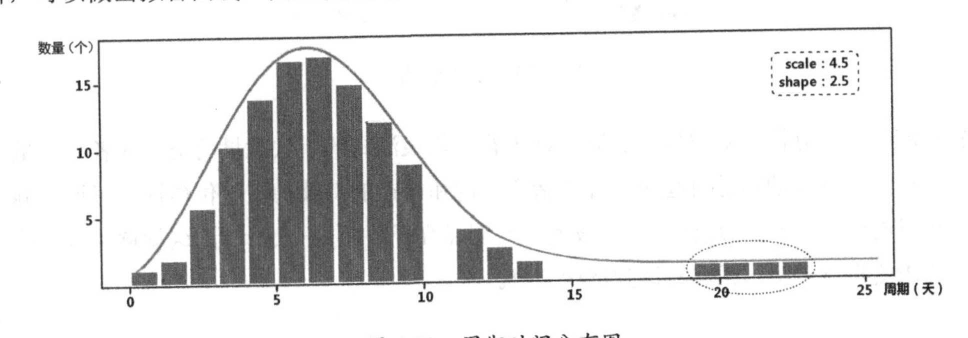

图 6.38　周期时间分布图

首先分析长尾效应。可以看到，图右边分布着一些高耗时的需求，这些需求就是项目潜在的“黑天鹅”，它们会严重消耗项目资源，要尽量避免。其次看波峰，比较好的拟合曲线应该是波峰尽量往左移，波峰越靠左边，意味着更多需求的前置时间更短，整体跑得更快。同时要尽量让波峰高一些，实际上就是让需求的前置时间分布更集中，这样需求的可预测性就更强。

3. 累积流图

将每天的价值流上每个环节的在办需求（卡片）量进行堆垛叠加，得到累积流图。将“一月一迭代”和“两周一迭代”这两种迭代模式周期串联起来分析，如图 6.39 所示。

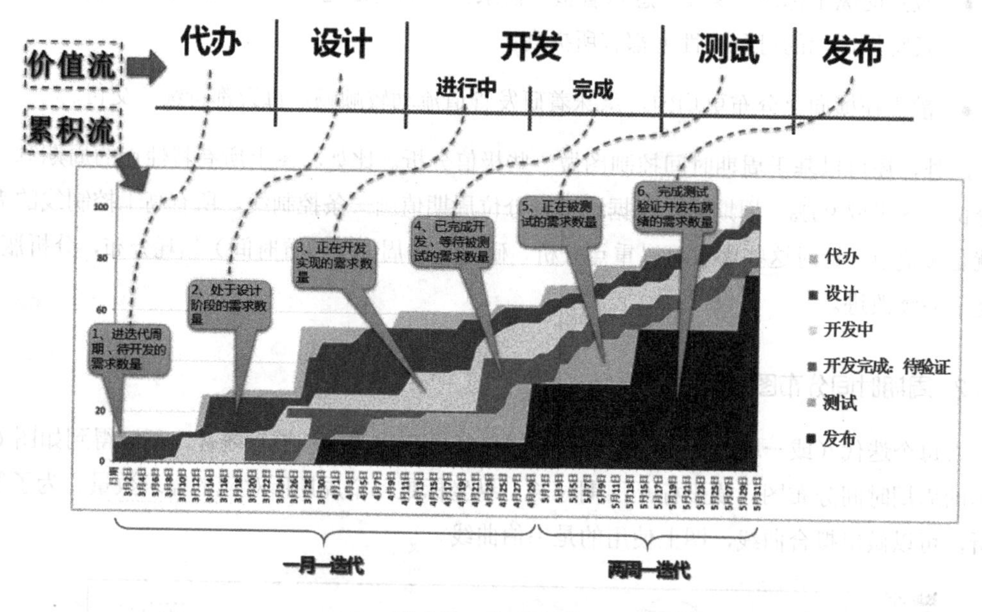

图 6.39　累积流图

累积流图主要分析“陡坡”，“陡坡”意味着一些浪涌式的、大批量的交付或者大批量的进入。大批量的需求波动容易引起研发管道堵塞，这和精益的持续稳定交付精神是背道而驰的。从图上可以看到，“一月一迭代”的“坡度”要明显高于“两周一迭代”，这就意味着迭代周期越短，需求流量越平缓，越容易达到持续交付。

4. 价值流分析图

准确地说，价值流分析图是一种混合图，如图 6.40 所示，它将 Worktime 与 Waittime 的比例阶梯图和 Leadtime 与 Worktime 的比例图按价值流的各个环节叠加在一起。上面的阶梯图主要用于分析资源的浪费情况，下面的柱状比例图是对各环节的交付速度的呈现，主要用于瓶颈分析。

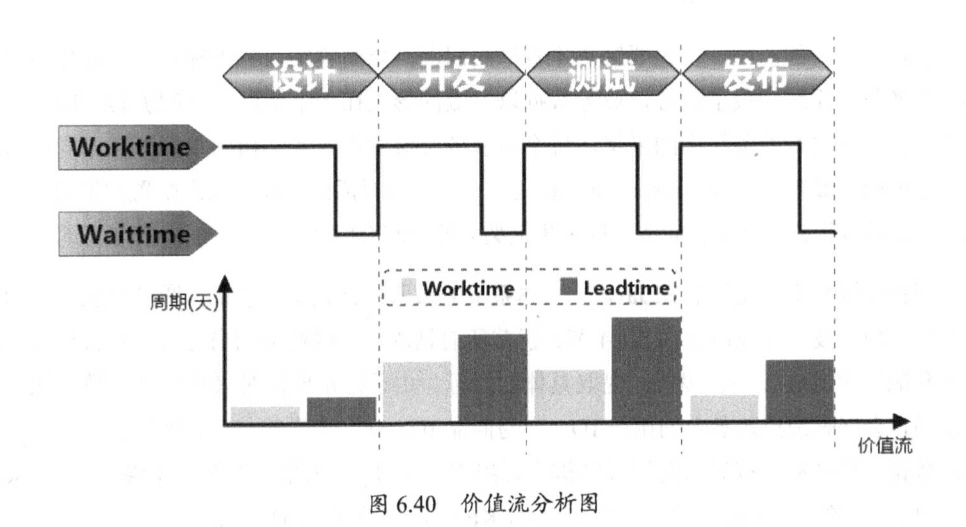

图 6.40　价值流分析图

6.5　业务治理

6.5.1　治理目标

在 3.5.7 节中介绍了业务异常的度量方法，在 5.3.5 节中也介绍了通过调用链 traceId 和业务指标的绑定进行业务全流程监控的方法，它们都是在技术指标监控的基础上进行的能力增强，将技术指标和业务指标进行多维度的关联，从而实现“站在技术的角度观察业务”。本节的内容是它们的补充和扩展，将从整体能力架构层面来阐述业务指标监控、度量，以及潜在业务风险的预防和控制。具体内容包括：

- 构建完整、成体系的业务指标采集及度量框架；
- 基于系统指标的聚合分析开展风控及反欺诈活动；

- 构建数据稽核体系，解决分布式、微服务系统的业务风险防控难题。

6.5.2 业务指标采集框架

要解决“管”的问题，首先要解决“看”的问题，全面收集业务指标是进行业务治理和优化的前提条件。系统承载了业务，业务数据以参数的形式在各个微服务之间流转，因此可以通过微服务接口来进行业务指标的采集。每个微服务接口的格式各不相同，要抓取不同接口中的调用（request）参数和响应（response）参数，需要一套灵活的、能够动态配置的框架支撑。本节以笔者之前设计的一套动态业务指标采集框架为原形来介绍业务指标采集框架的原理及实现。

这套指标采集框架是笔者在 Java 技术体系下的微服务架构上构建的，通过微服务架构的链式过滤器（相关技术原理请参考 2.1.4 节）拦截所有请求。根据业务的自定义，对目标接口的请求入参和响应出参进行动态解析，提取具体的指标。由于经常要同时采集多个参数，比如对于一笔交易，会同时采集入参中的用户 ID、交易商品 ID、交易金额等信息，所以会以 KV 的形式来组织数据，其中 Key 按对象的层级结构进行组织。例如，要采集入参第 4 个参数中的 userInfo（用户信息）对象的 userId（用户标识），那么 Key 的表示如图 6.41 所示。

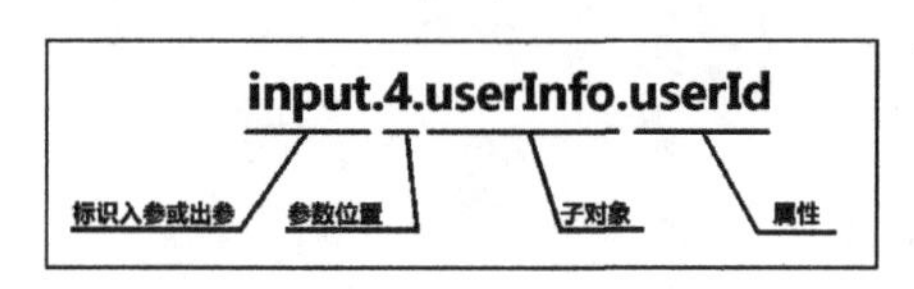

图 6.41　Key 的结构

该规则也同样适用于抓取出参，只是把前缀换成 output，这样就避免了不同对象中同名属性的表示问题。Value 就是这个属性的值，为了传输需要被统一转换成了字符串。因此，抓取的属性值最终被组织成类似如下 KV 组成的字符串。

```
input.2.fundCode=001630;;;input.2.applicationVol=1421;;;output.retCode=999
999;;;output.retMsg=密码错误，请重新输入
```

这些被采集的指标数据将跟随日志采集通道被上传到数据中心，脱敏处理后入库存储。这一节主要介绍了实现原理，本书的“实践篇”中会详细介绍自定义采集的具体技术实现。

6.5.3　业务指标实时监控及分析

1. 指标展示

核心业务都会定义自己的业务指标，指标不需要太多，主要用于 24 小时值班监控，以实时发现业务问题。这类指标数据通常会进行分钟级统计或汇总。如图 6.42 所示，我们会统计交易的次数（count 操作），展示总交易金额（sum 操作），并在小时级或者天级的报表上进行一分钟刷新一次的滚动展示。

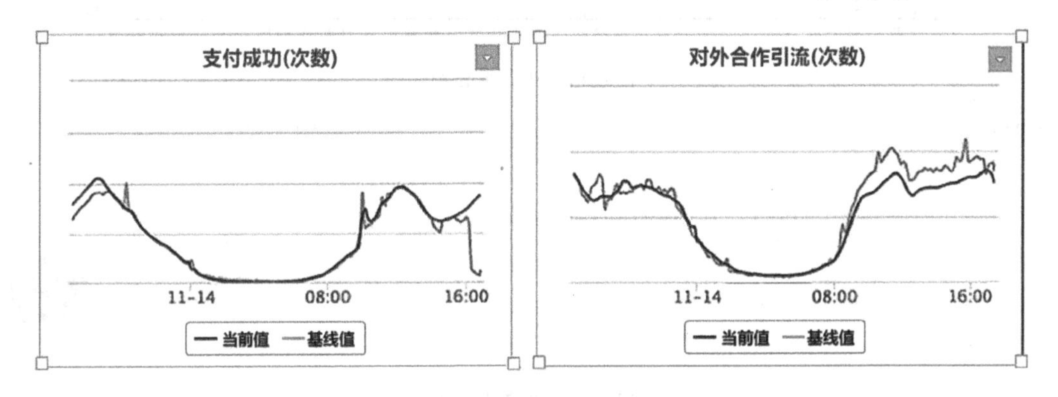

图 6.42　业务汇总及趋势综合图

从图中可见，除了业务数据，还可以基于业务数据做一些“移动平均”或者“最小二乘法的多项式拟合”计算，进行趋势预测，趋势线和真实业务曲线用不同颜色在图上做区分。这样就可以做一些简单直观的短期业务指标预测。

2. 指标聚合

当然，还可以把多种指标聚合在一个图表上进行综合展示。一方面可以呈现更丰富的信息，充分利用大盘空间，另一方面有利于进行多种指标的综合比对。如图 6.43 所示，图上统一汇总了基金的申购次数、申购金额、赎回次数、赎回金额等多个指标。通过这个图可以看出，当前是申购多还是赎回多，整体存量的趋势是升高还是降低。

此外，可以将单次业务操作的数据聚合在一起，以散点图的形式进行展示，便于业务人员对具体业务进行查询，如图 6.44 所示。

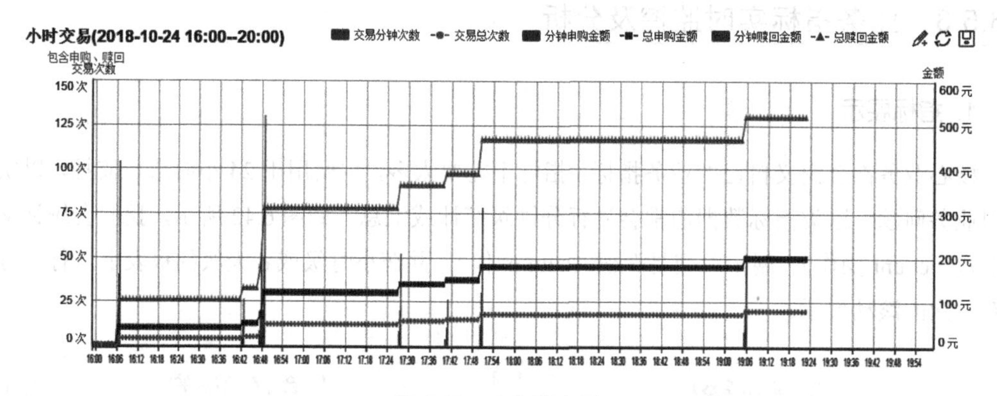

图 6.43　业务聚合图

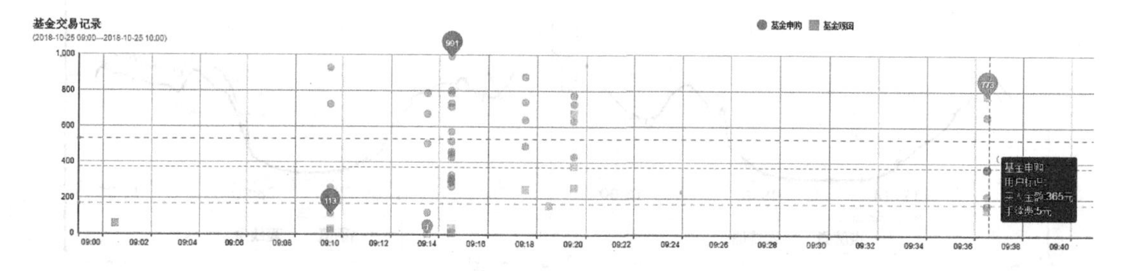

图 6.44　业务散点图

图上的每个点都汇总了一个业务行为涉及的多个接口的采集数据，基于调用链跟踪号进行数据聚合，最终以单点形式标识一个完整的业务上下文。鼠标挪到这一点上，会显示这个点的完整信息，比如一个基金交易的完整订单信息及过程处理信息。

3. 指标比对

除了业务指标之间的聚合及比对，还可以将系统指标和业务指标进行拉通比对，以判断流量、耗时、异常等基础指标对业务的影响。

首先来看一个流量分布和业务关联的例子。如图 6.45 所示，将某一个时段下入口服务的调用量和业务系统的交易量的监控曲线进行对比。从图上可以看到，系统的调用量（可以换算出对应的 PV、UV）和交易量的曲线趋势基本吻合，但在下午 16：00 左右交易量有较大幅度的增长，明显高于之前流量的趋势，也就是说这个时段的流量转化率要明显高于其他时段。深入挖掘这个时段的流量构成，对这个时段的访问用户和交易行为进行深入分析，从中挖掘出用户特性及交易习惯，可对后续的流量运营进行优化。

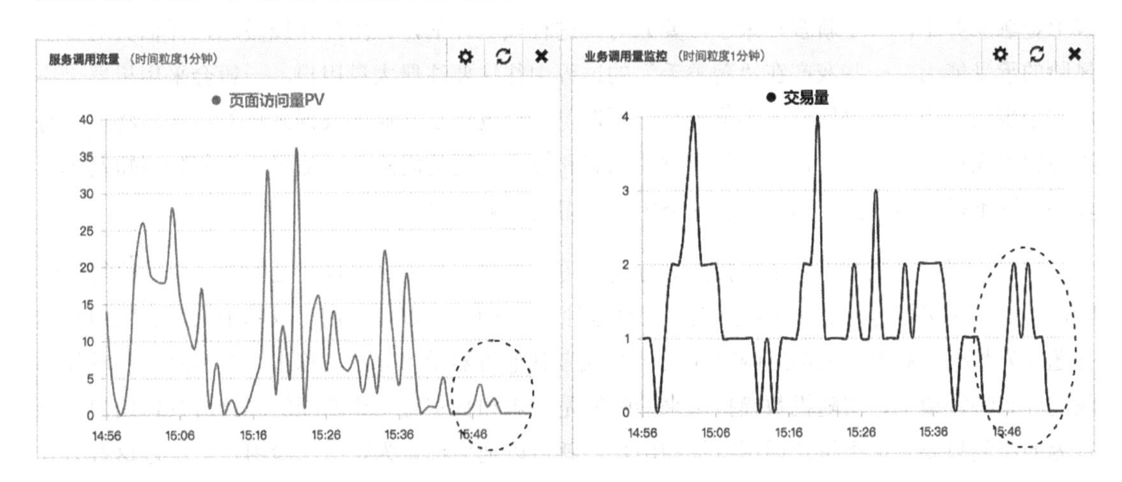

图 6.45　系统指标和业务指标的比对

通过以上几个业务指标展示、聚合、比对的例子，可以看到，业务监控图无非就是展示原始信息、展示统计信息（sum 操作）、展示汇总信息（count 操作）这几种基础操作及它们的组合。因此，可以将这些操作设计成通用模板，通过简单配置就可以自动生成图表和报表。这样可以以较低的成本快速满足大部分业务的实时监控需求，剩下的小部分复杂监控需求再通过定制化开发来解决，有效提高了实时业务监控的可配置性和灵活性。本书的“实践篇”中会详细介绍通用监控大盘的具体实现。

6.5.4　风控及反欺诈

在很多互联网金融和电商公司中，都有专门的风控团队进行风控和反欺诈操作，他们会利用大量的规则和大数据算法来甄别线上的高风险行为和用户。这是“正规军”的做法，但这绝不是唯一的做法。其实有些风险识别手段往往并不需要那么“高大上”，一些简单的方法也能起到不错的效果。我们在微服务治理中，既然构建了完善的业务数据采集和分析手段，完全可以利用这些手段和现成的数据辅助我们进行线上风控及欺诈行为识别。

在 3.5.7.2 节中，介绍了通过业务异常来识别高风险用户的做法，这只是利用业务数据的一种手段。通过对其他业务指标的灵活运用，也可以对线上的一些风险进行即时识别和告警。在线上金融业务中，一个新客户来了，要先对其进行风险评估，让用户在线做题，评估其对金融风险的承受能力。一些灰产在“薅羊毛”的过程中往往要注册大量用户，一般会采用机器来完成这个步骤。由于机器操作的频度极高，所以可以通过自定义业务数据采集的方式，将用户每次做题的操作记录下来，再比对每道题的加载和提交时间的间隔差，如果时间间隔极短基本可以判断这不是自然人的行为，可将这类用户标识为风险用户。

一些高级的“灰产”为了模拟人类行为，可能会在题目加载及提交之间加一个随机等待时间，尽量让提交行为看上去像自然人。应对这种“高级机器人”，我们可以基于大量真实用户的答题行为数据，利用卷积神经网络（CNN）或者其他机器学习算法，算出用户答题提交时间间隔的分布特征模型，用随机数模拟出来的时间是很难和真实行为相匹配的。针对具体用户答题行为的监测只要发现不符合通用特征的用户，就可以把他标识为疑似风险用户。不过这种方式有一定的误差，只能作为一种辅助的风控手段来使用。

风控是一个范围很大的领域，涉及业务、技术的方方面面，需要多种手段并行，底层核心是“数据”，只要仔细分析和灵活使用，简单的业务治理数据也能发挥大作用。

6.5.5 通过数据稽核发现分布式架构下的业务风险

分布式系统的复杂度迟早会超出单个人的理解能力，虽然能够通过调用关系网络的梳理进行局部的调用关系优化和核心服务识别，但当整个体系庞大到一定程度时，就不可能再有一个人对整个业务链路上的所有细节都很清楚，毕竟“人力有穷时”。而微服务化架构更加剧了复杂度的“膨胀”，让我们对整个体系的业务逻辑合理性的把控越来越困难。现在不时会出现的“某电商由于运营配置失误以每件 1 元的价格售出几万件电器”，或者“某电商由于将实物奖品配置成电子卡券而导致用户可以重复领取”等导致企业大量资损的“黑天鹅”事件，就是由于对业务前后逻辑掌控不一致、把关不严导致的。

那么，是否有某种方法和机制，能够让我们不再纠结于服务调用关系的复杂性，并绕过它，通过某种手段来及时验证并找出服务集群整体业务逻辑的风险呢？

答案是肯定的。再复杂的系统，终究也是为了完成某项业务，总是要将输入的请求转化成最终的业务结果。不管过程如何复杂，通过对核心业务服务的前置初始请求和后置最终输出的把关，即可在“头”“尾”处校验并把控分布式系统的整体风险。也就是说，分布式业务架构的准确性和合理性，可以通过对核心环节的输入、输出数据的稽核来进行把控。

本节将重点介绍如何基于前期的数据校验及后期的数据验证来构建数据稽核体系及其落地架构。

6.5.5.1　数据稽核场景及应对策略分类

要做数据稽核，必须先搞清楚数据流向，而数据流向又依赖于业务链路。所以应从业务入手，首先梳理业务的核心链路，找出与核心数据相关的业务场景，不必拘泥于具体形式，只要能清晰展示业务场景即可。以基金交易业务为例，图 6.46 以用例图的形式来展示基金下单买入的业务场景，其中涉及 3 个行为实体，包括客户、基金销售系统、基金份额登记系统（TA）。客户的交易请求会由基金销售系统处理，进行创建订单、订单付款、交易上报等操作；国家法律规定，基金交易记录必须经过 TA 份额确认才能生效，确认失败或者客户主动撤单的交易需要执行退款操作。

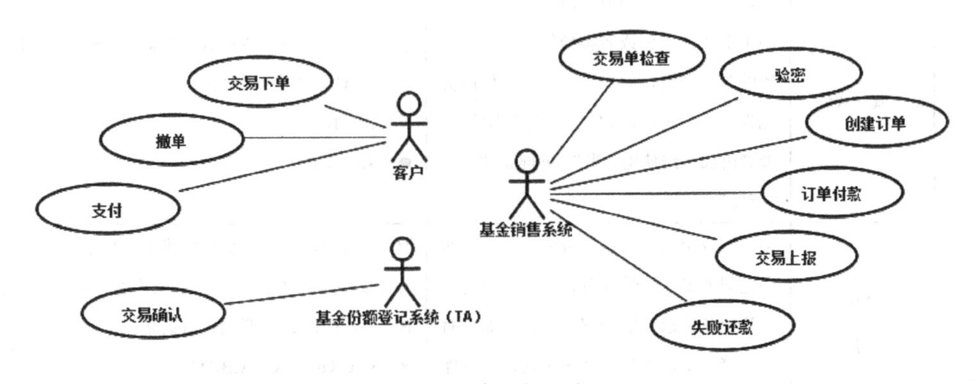

图 6.46　基金下单业务场景的用例图

基于以上业务场景进一步梳理出基金下单的核心业务流程，如图 6.47 所示。核心业务流程同时承载了核心业务的数据流向，这个场景里主要包含订单流（创建订单、上报、TA 确认、订单状态订正）和资金流（支付、还款）这两个数据流。

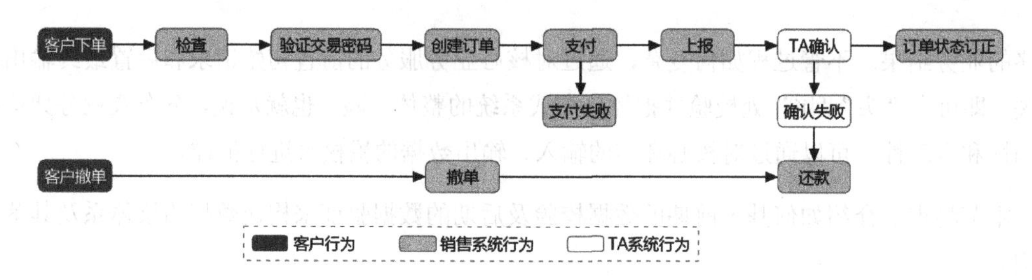

图 6.47　基金交易下单业务对应的核心业务流程

如果有条件，还可整理数据流对应的数据模型（E-R 关系模型），这对于后续的梳理工作也会有帮助。

在核心业务链路和数据流的基础上进一步梳理数据流上的各个风险点，每个风险点就是一个具体的稽核场景。根据风险点产生的原因不同，可以总结出常见的 5 大类风险，如表 6.6 所示。

表 6.6　风险项分类及对应稽核策略

分类	风险名称	风险描述	稽核策略
一致性风险	跨域一致性	上、下游系统之间或者内、外部系统之间由于数据单位或者类型约定不一致导致的逻辑异常，比如，上游服务使用美元为单位，下游服务使用人民币为单位；或者内部系统使用“米”，外部系统使用“英尺”	针对内部（上游）数据 A、外部（下游）数据 B、常量比例 C，常用核对公式： ● A==B ● A==B*C
	跨域幂等性	某些涉及上、下游服务或者内、外部服务之间的操作敏感业务，必须保证对同一笔业务请求只能处理一次。比如针对同一笔订单，不管处理多少次，都只能有一次扣款行为	针对上游单据流水 A 及在其中存储的下游单据号 A.BID，下游单据流水 B 及在其中存储的上游单据号 B.AID，操作 do，常用核对策略： ● size（do（A，A.BID））==1 ● size（do（B，B.AID））==1
	跨环境一致性	不同环境之间，比如测试、生产，或者在线、离线等。例如，在线的 OLTP 系统和离线的 OLAP/BI 系统所使用的字段的类型和含义必须保持一致，尤其是这些数据在离线环境中还要参与汇总统计行为	常用核对策略： ● A 环境属性==B 环境属性 ● A 环境主键==B 环境主键 ● A 环境某字段　in　B 环境字段集合

续表

分类	风险名称	风险描述	稽核策略
一致性风险	总量平衡	对账户金额或者商品库存这类总量固定的属性，必须保持总量一致及状态匹配，不可凭空增加或者减少。比如基于账户付款，收款方的入款数和付款方的扣款数必须一致，账户的入款记录和扣款记录也必须成对出现	某对象固定总量，在上游系统减少 A，在下游系统增加 B，常量比例 C，常用核对策略： ● A==B ● A==B*C
	并发	一般是由于技术上缺少并发控制手段导致的，会使业务明细的汇总值和业务总量不一致	一般以离线核对为主。明细流水 A，明细数值 A.val，明细处理状态 SA；汇总流水 B，汇总总量数值 countVal，汇总数量数值 sizeB，汇总处理状态 SB，常用核对策略： ● sum（A.val）==B.countVal ● size（A）==B.sizeB ● SA==SB
控制性风险	业务边界失控	业务逻辑总是在特定业务边界内生效，一旦跨业务边界使用，就会发生异常。比如针对直销用户使用代销用户的费率，就会给客户或者公司造成资损	业务逻辑 A，业务范围 range，常用核对策略： ● A in [range]
	时间边界失控	可以理解为时效性。时间是一种常用的控制属性，商品有过期时间，活动也有持续时间，在活动有效期外给客户优惠或者把过期商品销售给用户都会导致问题	业务属性 A（商品是否可售标识、优惠开关），常用核对策略： ● A between [startTime，endTime]
	参与实体失控	业务逻辑只适用于特定的业务实体群体，比如只针对白金用户提供 7 折优惠，或者只有认证用户才能参与投票等	实体（用户）标识 A，黑名单 BLACKLIST，白名单 WHITELIST，取值范围[min，max]，常用核对策略： ● A in WHITELIST ● A not in BLACKLIST ● A between [min，max]
	流程失控	在特定业务中，数据流只能按一定顺序进行流转。比如资金的划拨就必须在划出账户、中转账户、划入账户之间流转；金融行业中的退款普遍采用“同卡进出”策略也是一种流程表现	业务状态 status，状态集合 list，常用核对策略： ● status in [list]

续表

分类	风险名称	风险描述	稽核策略
	阈值失控	阈值无所不在。比如在交易中，扣款金额不能大于账户余额，账户余额不能小于 0；银行卡在 ATM 机每日提现不能超过 5000 元；公司每月报销款累计不能超过 2 万元等	业务属性数值 A，阈值[min，max]，常用核对策略： ● A in [min，max] ● sum（A） between [min，max] ● count（A） between [min，max]
配置风险		大量的业务要依赖于配置，而大量的异常也是由于配置导致的。比如 5%的优惠折扣应该配置为 0.05，但实际配置为 5，活动到期忘记将会场入口链接隐藏等	大部分配置校验是范围校验，配置属性 A 的常用核对策略： ● A in [list] ● A between [min，max] 此外，还要加上流程审核、自动或定时巡检等策略
切换风险		在业务迁移中，新老流程、新老系统之间必须能够在业务上无缝平滑过渡，且新老代码、新老数据交叉处理能够正常进行	综合上述稽核策略
算法异常风险		很大一部分算法异常或者逻辑缺陷，在单个请求上很难察觉，但通常在全量请求汇总之后，会在一些统计量上体现出差异，比如导致总库存异常、总销售金额或者销售量异常等	一般以离线核对为主。明细流水 A，明细数值 A.val，明细处理状态 SA；汇总流水 B，汇总总量数值 countVal，汇总数量数值 sizeB，汇总处理状态 SB，常用核对策略： ● sum（A.val）==B.countVal ● size（A）==B.sizeB ● SA==SB

参考以上风险，针对图 6.47 中的各个关键业务点进行梳理，最终汇总出一份**风险梳理清单**，如表 6.7 所示。这份清单上的任何一项稽核事件发生，都要第一时间通过消息渠道（短信、邮件、IM 等）通知相关系统或者人员，以保证相关风险能够得到及时处理并有效止损。至此，风险的前期分析就完成了，接下来重点是如何将梳理出来的风险清单上的预防策略进行落地。在下一节中将详细介绍数据稽核体系的落地架构。

表 6.7　基金交易下单业务流程风险梳理清单

稽核项目	逻辑	目的	业务环节	频率	通知对象
交易阻断告警	校验是否有相关全局配置或其他运营配置导致的交易被阻断	配置异常监控	检查	准实时	渠道系统/后台
密码锁定告警	高风险用户高频认证异常状态检测，以增强风险防控	客户状态异常监控	验证密码	准实时	渠道系统
交易日合法性校验	交易是否处于合法交易时段，防止非交易日交易	配置异常监控	创建订单	准实时	渠道系统/后台
在途金额有效性	校验支付金额和在途金额的一致性	检查跨系统数据的一致性	支付	准实时	渠道系统/后台
交易流水-支付流水验证	校验申购金额与支付对账金额总额的一致性，避免漏报数据	检查跨系统数据的一致性	支付失败	10min	渠道系统/后台
支付失败原因短期趋势	推送最近一段时间的支付失败原因及涉及用户	业务数据通知	支付失败	10min	后台
待报交易申请文件	每日检查订单的合法性；检查确认日期内的订单是否全部被确认	交易数据业务逻辑检查	上报	1 天	清算/后台
总应收款	日终清算资金核对	检查跨系统数据的一致性	上报	1 天	清算/后台
订单日终状态	判断日终生成文件时的交易订单状态是否为终态或者合法的中间状态	交易数据异常监控	上报	1 天	清算/后台
确认失败告警	TA 确认失败的数据进行推送，以提升对业务结果的关注	业务数据通知	确认失败	1 天	清算/后台
在途金额	确保在途金额状态和订单确认状态一致	检查跨系统数据的一致性	订单状态订正	1 天	后台
还款失败告警	针对订单的还款状态进行检查，维护还款的质量。以主动发现涉及用户的业务异常	支付数据异常监控	还款	准实时	渠道系统/后台

6.5.5.2　数据稽核体系架构

图 6.48 是数据稽核体系的整体架构图。从图上可以看到，整个体系分三大部分，一部分是

业务风险预防，一部分是通过数据稽核平台进行的业务风险发现，另外一部分就是风险的日常运维。

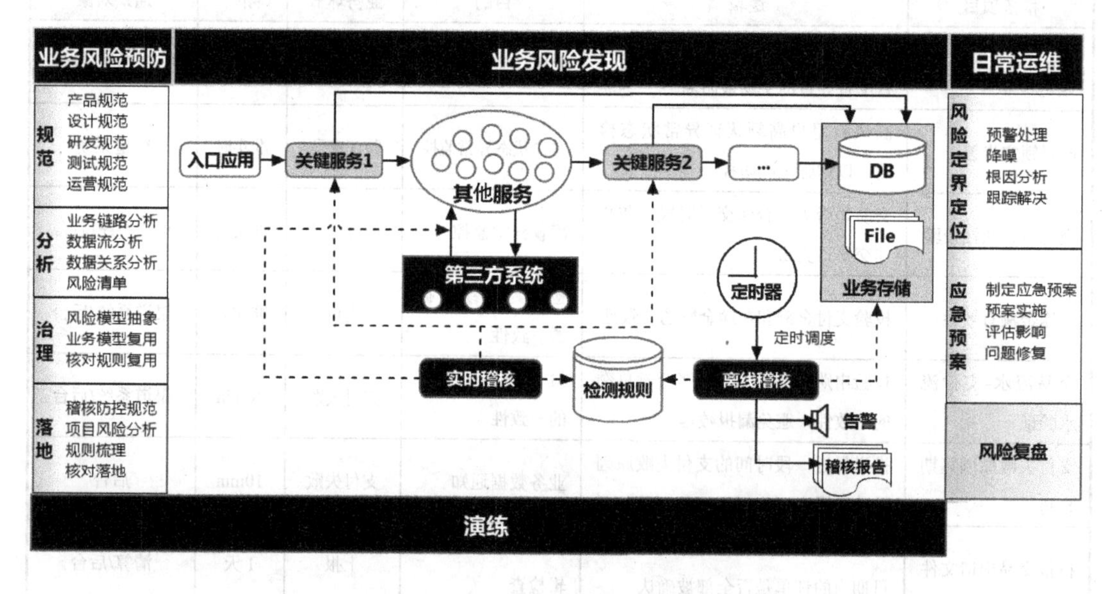

图 6.48 数据稽核体系的整体架构图

业务风险重在预防，能够将其消弭于上线之前是最好的。因此首先要“立规矩”，通过制定产品、设计、研发、测试、运维维度的规范，来避免在各个环节中带入风险。另外，要从业务链路及数据流入手进行各个风险点的深入分析和梳理，制定出风险清单，并在此基础上，结合业务模型，建立整个业务体系的风险模型。根据风险模型制定相应的应对策略和保障策略。能够转化为管理策略的，就在日常管理工作中落地，或者在设计阶段就进行规避；针对其他无法绕过的风险制定出数据稽核策略，通过数据稽核平台来进行落地。

数据稽核平台包含实时稽核及离线稽核两套能力。实时稽核主要是通过设计及开发，在各个关键服务节点中落地，对服务的进入请求或者出去请求的参数进行稽核校验。这套能力会与业务开发代码集成在一起。如果企业已经引入 APM 技术体系，也可以利用 APM 的动态业务指标采集能力对业务数据进行实时采集，并开发专门的稽核分析器对相应指标进行有针对性的稽核分析。

离线稽核是数据稽核的“精髓”和重点，体现了“聚沙成塔”的哲学思维。通过离线场景的数据汇总来放大实时业务场景的隐性风险，并将之捕获。离线稽核一般从各个业务系统、服务对应的数据库或其他存储（文件、MQ、数仓）中进行数据拉取，按预先定义的稽核策略（参考表 6.6）进行数据的汇聚、计算，并分析与正常总量的偏差，一旦发现异常，及时发出风险告警。

相对于实时稽核，离线稽核可以通过数据聚合获得更多数据，在稽核策略的组合使用上更自由、更灵活，劣势在于时效性较差，尤其是在数据的拉取上，由于采用定时触发机制，往往会有一个延时周期。当发现问题时，相关风险往往已经扩散了。为了提高时效性，可以使用 otter、canal 这类实时同步工具来加快数据的同步时限。

一旦在线上收到了稽核告警，就要快速地排查风险、定位并解决问题，这就属于运维的范畴了。因此要建立起一套针对稽核风险的运维策略，同时要有相应的应急预案，并将其纳入日常的运维故障演练计划中。只有这样，我们在遇到风险故障时，才能做到心里不慌，从而快速地解决问题。

最后，还要做好风险的复盘和总结，将这些“血淋淋”的教训转换成经验和能力，并通过案例和策略的积累，不断提高系统抗风险的能力。

第7章 构建轻量高效的指标采集能力

通过前面6章的学习，相信读者已经对微服务治理的整体技术架构有了一个相对完整的认识。但是，“纸上得来终觉浅，绝知此事要躬行”，理论和实践之间终究还有一定的距离。为了帮助读者学以致用，从本章开始的后3章将构建一个服务治理的演示实例。服务治理的技术及应用体系非常庞大，一个示例不可能覆盖所有的领域。本书一再强调，度量是治理的前提和基础，因此本实例不追求面面俱到，只重点聚焦于服务度量领域，构建一个集指标采集、分析、监控为一体的服务度量平台，帮助读者深入理解如何基于性能、异常和自定义日志采集来对服务的性能及业务状态进行监控。

本章主要聚焦于服务指标采集客户端SDK的构建，包含架构分析和必要的核心代码说明。

7.1 整体架构

7.1.1 功能架构

在目前的Java开发领域，Spring提供了非常完善的AOP能力，很多企业在开发自己的微服务框架时都会以 Spring 作为底层基础。例如，在国内应用比较普遍的 Dubbo 就以 Spring 作为其 SPI 的具体实现，其服务的 Consumer 及 Provider 最终都被封装为一个个的 Spring Bean。本示例也将利用 Spring 的 AOP 技术来构建基于中间件的日志采集能力，避免手工埋点的弊端。

本章将展示以下几方面。

- 如何设计自定义指标采集埋点。提高埋点的灵活性，实现在不停机的情况下动态指定对任意业务接口的数据抓取，为实时线上业务监控提供数据支持。
- 如何站在应用的角度看待资源的性能及异常监控，并通过构建一个 MyBatis 的插件来对数据库的访问进行操作日志的抓取。
- 构建一个小而全的系统性能采集器，对操作系统及 JVM 的各项基础性能进行定期的指标采集。
- 如何结合“落盘”及“不落盘”这两种方式，在采集效率和可靠性之间达成较好的平衡。

为了平衡采集端和收集端的资源消耗，本示例采用客户端性能指标预统计的方式，对调用延时、调用量、异常量进行分钟统计，以减少指标收集端的分析及存储压力。采集的所有监控及治理指标都会通过统一的收集通道被发送到指标收集中心。

本章将展示指标采集、组织及发送的整体功能，如图 7.1 所示。

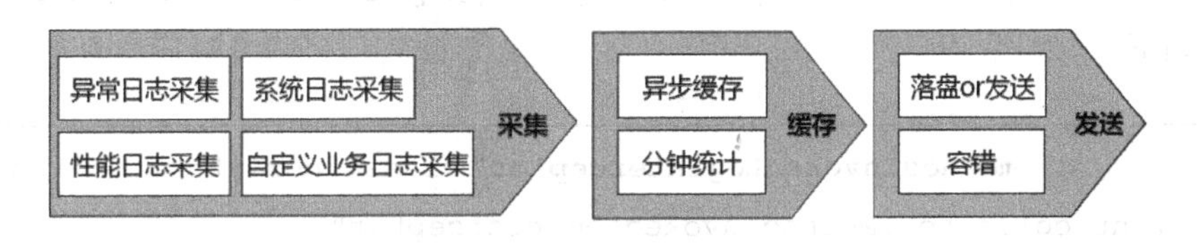

图 7.1　指标采集端功能架构

7.1.2　系统架构

本示例将采用 Spring 的 AOP 和 MyBatis 的拦截器来分别实现对服务及数据库资源的性能指标的采集；采用内存消息队列 BlockingQueue 对指标数据进行异步缓存以提高处理效率；分钟级统计数据统一采用 Map 进行封装；数据发送则由独立线程负责。数据采集端系统架构如图 7.2 所示。

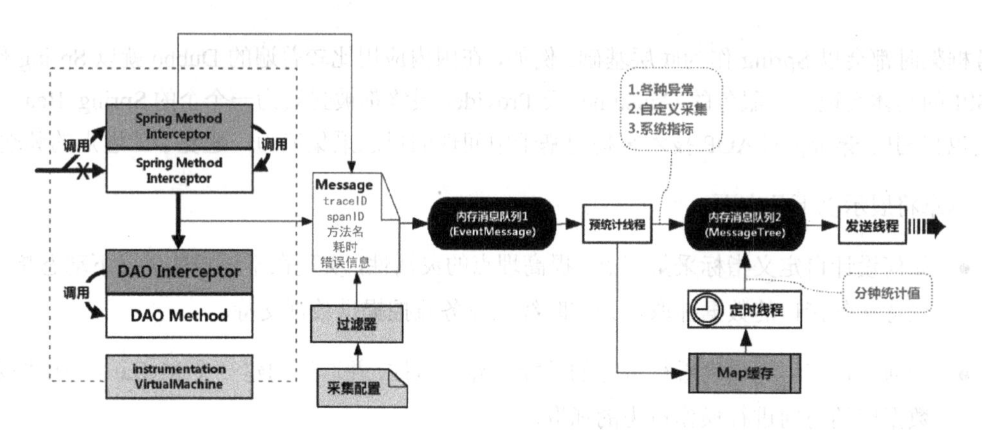

图 7.2　指标采集端系统架构

7.2 指标采集

7.2.1　使用 API 接口拦截器采集服务性能指标

要对 Spring bean 的方法（Method）进行 AOP 拦截，可以使用 Spring 提供的 org.aopalliance.intercept.MethodInterceptor 拦截器。在 Spring 配置文件 service-config.xml 中的拦截器配置如下。

```
01    <bean id="methodInvokedLogInterceptor" class="com.storm.monitor.core.
      client.collector.MethodInvokedLogInterceptor">
02        <property name="bizMessageHandler" ref="demoBizMessageHandler" />
03        <property name="onlineCrawlerConfig" ref="onlineCrawlerConfig" />
04        <property name="apmCommonConfig" ref="apmCommonConfig" />
05    </bean>
06
07    <!--只配置在抓取客户端-->
08    <bean id="onlineCrawlerConfig" class="com.storm.monitor.core.client.
      OnlineCrawlerConfig" init-method="init" />
```

```
09    <bean id="apmCommonConfig" class="java.util.HashMap">
10        <constructor-arg>
11                <map  key-type="java.lang.String"  value-type="java.lang.
                   String">
12              <!--(采集端有效)日志存储模式，有两种：1、local：本地日志模式；2、
                 remote：远程 NIO 发送模式-->
13              <entry key="LogStoreMode" value="remote" />
14              <!--(采集端有效)日志采集服务器地址，只在远程模式下有效,如果有多个地
                 址，用“;”隔开-->
15              <entry key="ServerAddress" value="127.0.0.1:20280" />
16          </map>
17        </constructor-arg>
18    </bean>
19    ...
20    <aop:config>
21        <aop:advisor pointcut="execution(* com.storm..*Controller.*(..))"
           advice-ref="controllerMethodInvokedInterceptor" order="0"/>
22              <aop:advisor  pointcut="execution(*  com.storm..*.*(..))"
                 advice-ref="methodInvokedLogInterceptor" order="1"/>
23    </aop:config>
```

代码中的 01~05 行配置了一个 Spring Bean 的方法级拦截器，并且在 22 行中把这个拦截器配置到 Spring 的 AOP 切面中。在 02 行中定义了一个业务指标采集器，用于演示采集 traceID、用户标识等信息，这些信息则由第 21 行中的一个拦截器在请求发起前生成，这两者对所采集的指标名称必须能够完全匹配，否则无法采集。拦截器中的一些基础性配置，包括日志存储模式和日志的发送地址等信息，通过动态设置的方式来完成，参考代码 09～18 行。

通过以上配置，就可以在 com.storm.app.ifinance.demo.service 包下的任何一个 Bean 的方法被调用时，触发 MethodInvokedLogInterceptor 类的 invoke 方法。接下来看看拦截器 MethodInvokedLogInterceptor.invoke 的核心实现。

首先利用拦截器对 Bean 的方法进行拦截，进而获取相应的类名和方法名。分布式服务框架在基于接口生成远程调用的动态代理类时，默认生成 com.sun.proxy.$Proxy1 或者$Proxy1 这样的文本格式的类名。但获取这种格式的类名显然不是我们的本意，我们更希望获得 Bean 的接口

名称。可以通过对实现接口进行检测来获得准确的接口名称，具体逻辑请参考 invoke 方法中的如下代码。

```
01.         if (clzName.startsWith("com.sun.proxy") || clzName.
          startsWith("$Proxy")) {
02.            for (Class clz : processor.getClass().getInterfaces()) {
                                                    //遍历 Bean 的所有接口
03.               if (clz != null && clz.getName().startsWith("com.storm")) {
04.                  clzName = clz.getName();   //以接口名称替代实现类的名称
05.                  break;
06.               }
07.            }
08.         }
```

每次 Bean 的方法调用都作为一次“调用事件”进行记录，将记录的被调用的类名、方法名、调用耗时（RT）、调用状态（成功、失败）等信息封装成一个 EventMessage 的类实例。如果调用失败，则记录相关的异常信息，具体实现逻辑参考如下代码。

```
01.         try {
02.            long t1 = System.currentTimeMillis();       //记录调用前时间点
03.            finalResult = invocation.proceed();         //过程调用
04.            //记录正常调用事件，包含调用耗时(RT)
05.             eventMessage = new EventMessage(clzName, method.getName(),
EventMessage.TYPE_SERVICE_METHOD, System.currentTimeMillis() - t1);
06.         } catch (Exception e) {
07.            //如果调用异常，则记录异常调用事件，这时要记录异常信息
08.             eventMessage = new EventMessage(clzName, method.getName(),
EventMessage.TYPE_SERVICE_METHOD, null);
09.            eventMessage.LogError(e);
10.            throw e; //异常接着往上抛
11.         }
```

调用事件生成之后，为了不影响业务性能、避免阻塞，需要以异步的方式进行后续处理，

直接将调用事件压入内存消息队列 BlockingQueue 中，代码如下。

```
01.         Bee.pickEventMessage(eventMessage);
```

Bee 的意思是小蜜蜂，不过这里采的不是“花蜜”，而是“调用事件”。Bee 封装了对 Honeycomb 的 send 方法的调用，把调用事件压入一个叫 eventQueue 的有限长的内存消息队列。之所以使用有限长的消息队列，最主要的原因是控制对采集端的资源占用，避免影响正常业务处理。需要注意的是，一旦内存消息队列满了，不要阻塞等待，要快速抛弃事件对象，并将异常事件计数加 1。Honeycomb.send 的核心逻辑代码如下。

```
01.         //注意，这里并没有使用阻塞，主要是为了效率考虑，如果消息队列满了，则直接把消
              息抛弃
02.         boolean result = eventQueue.offer(eventMsg);
04.         if (!result) {                         //队列满了，塞不进去
05.             logQueueFullInfo(eventMsg);     //抛弃消息计数
06.         }
```

后续对调用事件的处理就由其他的异步线程负责，通过消息队列对业务处理进行解耦，可以很好地防止资源等待所带来的阻塞消耗。

7.2.2　使用 DAO 拦截器采集数据库访问性能日志

MyBatis 应该是目前 Java ORMapping 领域应用最广泛的组件，本示例通过使用 MyBatis 的 org.apache.ibatis.plugin.Interceptor 接口来实现自定义插件，完成对 DAO 访问的过程日志抓取。Interceptor 接口的定义代码如下。

```
01.    package org.apache.ibatis.plugin;
02.    import java.util.Properties;
03.    public interface Interceptor {
04.        public Object intercept(Invocation invctn) throws Throwable;
05.        public Object plugin(Object o);
```

```
06.         public void setProperties(Properties prprts);
07.     }
```

这个接口有 3 个方法，每个方法的作用如表 7.1 所示。

表 7.1　org.apache.ibatis.plugin.Interceptor 接口的方法说明

方法名	方法说明
intercept	它是插件真正运行的方法，会直接覆盖真实拦截对象的方法。里面有一个 Invocation 对象，利用它可以调用原本要拦截的对象的方法
plugin	它是生成动态代理对象的方法
setProperties	它允许在使用插件时设置参数值

MyBatis 的插件可以拦截 Executor、StatementHandler、ParameterHandler 和 ResultHandler 对象，具体拦截哪一个需要通过注解来声明。在本示例中，只实现采集 DAO 方法的调用延时和运行状态（成功、失败）即可，具体逻辑相对简单，因此只需要拦截 Executor 对象。以下是拦截类 SqlStatementLogInterceptor 的拦截注解设置。

```
01.  @Intercepts({
02.      @Signature(type = Executor.class, method = "update", args =
           {MappedStatement.class, Object.class}),
03.      @Signature(type = Executor.class, method = "query", args =
           {MappedStatement.class, Object.class, RowBounds.class,
           ResultHandler.class}),
04.      @Signature(type = Executor.class, method = "query", args =
           {MappedStatement.class, Object.class, RowBounds.class,
           ResultHandler.class, CacheKey.class, BoundSql.class})
05.  })
```

拦截器的具体拦截逻辑代码如下。在代码中，02～03 行用于获取 mapper 接口名称。08～10 行记录 DAO 正常执行时的调用耗时，并封装为一个 EventMessage 对象（和服务的调用记录类似）。12～13 行记录 DAO 执行出现异常时的异常信息。16 行用于将调用过程事件写入内存消息队列之中。调用事件 EventMessage 进入消息队列后，后续的处理逻辑和服务的调用事件一致。

```
01.         public Object intercept(Invocation invocation) throws Throwable {
02.                 MappedStatement mappedStatement = (MappedStatement)
                    invocation.getArgs()[0];
03.             String sqlId = mappedStatement.getId();
04.
05.             Object returnValue = null;
06.             EventMessage eventMessage = null;
07.             try{
08.                 long t1 = System.currentTimeMillis();
09.                 returnValue = invocation.proceed();
10.                 eventMessage = new EventMessage(null, sqlId,
                     EventMessage.TYPE_DAO_METHOD,
                     System.currentTimeMillis() - t1);
11.             }catch(Exception ex){
12.                     eventMessage = new EventMessage(null,  sqlId,
                         EventMessage.TYPE_DAO_METHOD, null);
13.                 eventMessage.LogError(ex);
14.                 throw ex;      //异常接着往上抛
15.             }finally{
16.                 Bee.pickEventMessage(eventMessage);
17.             }
18.
19.             return returnValue;
20.         }
```

7.2.3　定时采集系统性能指标

本示例在 Honeycomb 的初始化方法 init 中会启动一个定时器线程池，每隔 1 分钟执行系统性能数据采集的线程任务 SystemStatusInfoCollector 类，它的采集项及采集方法如表 7.2 所示。

表 7.2　系统性能指标采集项及采集方法

采集大类	采集明细项	采集方法
操作系统	● 操作系统的架构 ● 操作系统的名称 ● 操作系统的版本 ● 处理器数目 ● 系统负载	使用 java.lang.management.ManagementFactory 的 getOperatingSystemMXBean 方法获得 OperatingSystemMXBean 对象，再通过此对象获取操作系统及处理器的相关信息
JVM 运行环境	● 启动时间 ● Java 版本 ● 当前用户 ● 总物理内存 ● 未分配物理内存 ● 总交换空间数量 ● 未分配交换空间数量 ● Java 到当前为止所占用的 CPU 处理时间 ● Java 运行进程保证可用的虚拟内存大小	1）使用 java.lang.management.ManagementFactory 的 getRuntimeMXBean 方法获得 RuntimeMXBean 对象 2）使用系统环境变量
磁盘	● 挂载卷（盘）信息 ● 磁盘总空间 ● 磁盘未分配空间 ● 磁盘可使用空间	通过 java.io.File 获取各个磁盘卷，再获取磁盘卷的空间信息
内存	● 虚拟机试图使用的最大内存量 ● 虚拟机中的内存总量 ● 虚拟机中的空闲内存量 ● 堆/非堆内存 ● 各个垃圾回收器的相关信息 　○ 垃圾回收器名称 　○ 垃圾回收器被触发次数 　○ 垃圾回收总时长	使用 java.lang.management.ManagementFactory 的 getMemoryMXBean 方法获得 MemoryMXBean 对象。再通过此对象获取各个垃圾收集器及其相关的 GC 操作信息
JVM 线程	● 当前总线程数 ● 守护线程数 ● 峰值线程数 ● 活动线程数 ● Web 线程数	使用 java.lang.management.ManagementFactory 的 getThreadMXBean 方法获得 ThreadMXBean 对象，再获得各类关于线程的信息

采集到的以上各类系统指标数据会被转换成一个 JSON 格式的文本，并被封装成 MessageTree 对象，再放入内存消息队列中。这里的内存消息队列和前面所提到的不同，它是一个第二级的、用于承载最终待发送的消息的消息队列。

7.2.4　自定义采集业务指标

1. 配置表

要实现自定义业务指标采集，首先必须让用户能够自定义配置。本示例采用一个名为 **apm_business_cfg** 的表来存储用户的自定义抓取配置信息。数据抓取配置中同时包含了针对入参和出参的抓取，相关表结构如表 7.3 所示。

表 7.3　自定义业务数据采集配置表字段清单

字段 ID	字段类型	字段说明
Id	INT（10），自增字段	记录主键
business_key	VARCHAR（200）	业务主键，起业务标识的作用
title	VARCHAR（200）	自定义配置的标题
description	VARCHAR（500）	配置描述
class_method_name	VARCHAR（500）	要抓取的类名及方法名，格式为：**类全路径名称.方法名** 例如：com.mycompany.impl.RunTestServiceImpl.testArgs3
parameters	VARCHAR（1000）	针对入参的抓取配置，由于入参会有多个，分别用 0、1、2 等表示第 *N* 个参数，可以设置参数的多级抓取，用“.”隔离下一级参数，比如“4.sortColumn”表示抓取第 5 个入参的 sortColumn 属性。多个参数的配置用“;”隔离，“0;1;2.name”表示抓取第 1 个、第 2 个及第三个入参的 name 属性
return_result	VARCHAR（1000）	针对出参的抓取配置，可以设置参数的多级抓取，用“.”隔离下一级参数，比如“page.pageCount”表示抓取出参中的 page 属性的 pageCount 子属性。多个参数的配置用“;”隔离
create_time	DATETIME	抓取配置的创建时间
modify_time	DATETIME	抓取配置的修改时间

基于抓取配置表开发了配置页面，如图 7.3 所示。

保存 取消

业务主键：apply_testArgs3

标题：业务数据抓取测试

说明：这里是说明

抓取接口：com.fund.demo.service.impl.RunTestServiceImpl.testArgs3

格式为：类全路径名称.方法名
例如：com.mycompany.impl.RunTestServiceImpl.testArgs3

抓取入参：0;1;2;3;4.sortColumn

抓取出参：page.pageCount

图 7.3　自定义抓取配置 UI

2. 配置初始化

有了自定义抓取配置表之后，就可以在此基础上开发抓取功能了。服务应用启动时，需要进行初始化操作，查表获取抓取配置，参考配置文件 service-corofig.xml 的 08 行，这行代码定义了一个名为 OnlineCrawlerConfig 的 Spring Bean，并设置其初始化方法为 init。下面是 init 方法的相关逻辑代码。

```
01.     /**抓取配置初始化，在 Spring 启动时触发*/
02.    public void init() throws Exception {
03.        try {
04.            loadCrawlerConfig(); //从抓取配置表 apm_business_cfg 中查询并加载配置
05.        } catch (Exception ex) {
06.            log.error("OnlineCrawlerConfig.init error, error message={}", ex);
07.        }
08.          scheduledThreadPool = Executors.newScheduledThreadPool(1, new
             NamedThreadFactory("apm-reload-crawler-config-schedule",true));
09.        scheduledThreadPool.scheduleWithFixedDelay(new ReloadApmCrawlerConfig
             Monitor(), 1000L * 15L, 1000L * 60L, TimeUnit.MILLISECONDS);
```

```
10.     }
01.      /**抓取配置定时加载线程*/
02.     private class ReloadApmCrawlerConfigMonitor implements Runnable {
03.         @Override
04.         public void run() {
05.             try {
06.                 loadCrawlerConfig();
07.             } catch (Exception ex) {
08.                 log.error("ReloadApmCrawlerConfigMonitor.run error, msg=", ex);
09.             }
10.         }
11.     }
12.     /**从抓取配置表 apm_business_cfg 中查询并加载配置*/
13.     private void loadCrawlerConfig() throws Exception {
14.         …
15.     }
```

从代码可见，系统启动时 Spring 会首先调用 OnlineCrawlerConfig 的 init 方法。init 方法先调用 **loadCrawlerConfig** 方法（代码行 04）从抓取配置表 apm_business_cfg 中查询并加载配置，接着创建一个定时线程池（代码行 08～09），每隔 1 分钟启动线程 ReloadApmCrawlerConfigMonitor 重新加载并刷新配置，线程调用的也是 **loadCrawlerConfig** 方法（代码行 16）。

在本示例中采用了定时查表来获取自定义抓取配置的方式，主要是为了演示方便，尽量降低示例的复杂度。在实际应用中不推荐这种方式，而应该采用推送的方式，可以将变更后的抓取配置主动推送到指定采集机上，或者提供独立的抓取配置查询服务，比如和全局配置中心结合，由采集机主动来调用查询，以提高抓取配置下发能力的可用性。

3. 数据抓取

将抓取配置对象 OnlineCrawlerConfig 作为参数，通过 Spring 注入 Spring 方法拦截器中，如配置文件 service-corofig.xml 的 03 行代码所示。这样就可以在方法请求被拦截并抓取性能指标的同时，进行自定义数据采集，具体采集逻辑参考 MethodInvokedLogInterceptor 中的 invoke 方法。注意，这个方法同样也是服务性能指标的采集方法。自定义采集的代码如下。

```
01. if (onlineCrawlerConfig != null) {                       //数据抓取启动
02.     String apiKey = clzName + "." + method.getName();
03.     BeanCrawlerConfig bccf = onlineCrawlerConfig.getApiCrawlerConfig(apiKey);
04.     if (bccf != null) {                                  //对本接口定义了抓取
05.         for (PropertyCrawlerConfig pccf : bccf.getPropertyCrawlerConfigs()) {
06.             try {
07.                 if (PropertyCrawlerConfig.PROPERTY_TYPE_INPUT.equals
                        (pccf.getPropertyType())) {          //入参抓取
08.                     eventMessage.addInfo(pccf.getPropertyKey(),
                        BeanUtils.getPropertyValue(arguments[pccf.getInputInd
                        ex()], pccf.getPropertyName()));
09.                 } else if (PropertyCrawlerConfig.PROPERTY_TYPE_OUTPUT.equals
                      (pccf.getPropertyType())) {            //出参抓取
10.                     if (PropertyCrawlerConfig.PROPERTY_NAME_OUTPUT.equals
                            (pccf.getPropertyName())) {      //全部抓取
11.                         eventMessage.addInfo(pccf.getPropertyKey(), finalResult);
12.                     } else {                             //抓取出参中的属性
13.                         eventMessage.addInfo(pccf.getPropertyKey(),
                                BeanUtils.getPropertyValue(finalResult,
                                pccf.getPropertyName()));
14.                     }
15.
16.                 }
17.             } catch (Exception ex) {
18.                 //异常不提示
19.             }
20.         }
21.     }
22. }
```

在上面代码中，首先判断是否配置了自定义业务数据抓取，以及当前接口是否在抓取配置中，如果有配置则循环遍历所有的抓取定义，进行入参和出参的抓取。从代码中可以看到，入参及出参中特定参数的抓取都采用了 BeanUtils.getPropertyValue 方法。这个方法的逻辑是，首先对诸如“**属性.子属性.子子属性**”的自定义配置按“.”进行截取，再使用 org.apache.commons.beanutils.PropertyUtils 的 getProperty 方法逐级获取相应属性值。

自定义抓取的参数也被封装到 EventMessage 对象中的一个 HashMap 数据结构中，以支持同时抓取并存储多个属性。

7.3 日志预处理

7.2 节介绍了服务性能、异常、自定义业务数据等指标最终都被封装成 EventMessage 数据对象，并通过 Bee 类的 pickEventMessage 方法压入 Honeycomb 中一个名称为 eventQueue 的内存消息队列。下面将介绍被采集的原始 EventMessage 对象如何进行后续处理。

7.3.1 日志缓存

在 Honeycomb 类的初始化方法 init 中创建了一个针对 eventQueue 消息队列的消息消费线程，具体代码如下。

```
01.    public void run() {
02.        int nullIdx = 0;
03.        while (true) {
04.            try {
05.                EventMessage event = eventQueue.poll();
                                                   //从消息队列中获取一个消息
06.                if (event != null) {
07.                    long c_t1 = event.getTimeInMillis() / Common.ONE_MINUTE_
                         INTERVAL;                    //当前分钟
08.                    StaticsMapManager sm = null;
09.                    if (event.getType() == EventMessage.TYPE_ SERVICE_METHOD)
{
```

```
10.                 sm = serviceStatisticsManagers.get(c_t1);
                                                //当前分钟对应的服务调用统计器
11.             } else {
12.                 sm = daoStatisticsManagers.get(c_t1);
                                                //当前分钟对应的 DAO 调用统计器
13.             }
14.             sm.addEventMessage(event); //消息处理
15.             event = null;
16.             nullIdx = 0;
17.         } else {                            //消息队列为空
18.             nullIdx++;
19.             if (nullIdx >= 5) {             //连续 5 次获取不到消息
20.                 nullIdx = 0;
21.                 Thread.sleep(5);            //线程睡眠 5 毫秒
22.             }
23.         }
24.     } catch (Exception e) {
25.         LOG.error("EventConsumerTask is error, {}", e);
26.     }
27.   }
28. }
```

消息消费线程不断轮询消息队列（代码行 03），从中获取 EventMessage 消息对象（代码行 06），根据消息对象的创建时间找到它对应的分钟统计时间片（窗口）的“调用统计器”（代码行 08～14），并将 EventMessage 对象交给调用统计器进行处理（代码行 15）。注意，服务调用统计器和 DAO 资源调用统计器是分开的。如果消息队列中没有消息（判定依据是连续 5 次未从消息队列中获取到消息），则让线程短暂睡眠（代码行 19～23），以防止无谓地持续消耗系统资源。

在本示例中，将时间按分钟级进行分片（窗口），每个时间片对应一个服务调用统计器和一个 DAO 调用统计器。上面代码中的 serviceStatisticsManagers 和 daoStatisticsManagers 就是为各个时间片提供统计功能的服务调用统计器和 DAO 调用统计器的集合。在 HoneyComb 中创建的另一个名为 StaticsDataSender 的分钟级定时发送线程会定期创建新的时间片统计器，并将其加入 serviceStatisticsManagers 及 daoStatisticsManagers 集合中。采用这种异步创建的方式可以将计算压力分散，防止影响消息消费线程的处理效率。

7.3.2 指标预处理

通过上一节的介绍，我们知道最终对 EventMessage 对象进行处理的实际上是各个分钟级的服务调用统计器和 DAO 调用统计器。下面重点来看看这些调用统计器的具体实现逻辑。

调用统计器最核心的功能是负责一个分钟时间片内的各类指标的汇总和计算。这些指标是：

- 调用成功数量；
- 总调用延时；
- 调用失败数量；
- 最近异常类型；
- 最大调用延时；
- 最小调用延时；
- 业务异常数量；
- 最近业务异常代码；
- 最近业务异常内容。

每个接口的以上指标都将被封装为一个名为 EventStatistics 的类对象，并以接口名称（类名.方法名）作为 Key，EventStatistics 的类对象作为 Value，存入一个 Map 对象中。除了以上指标，如果 EventMessage 中包含了系统异常信息、业务异常信息、自定义采集指标，则将基于这些信息或指标再构建一个 MessageTree 对象，并将其压入另一个等待发送的消息队列中。以自定义采集指标为例，具体代码如下。

```
01.    private void logCustomDataPick(EventMessage event) {
02.        String eventKey = getEventKey(event);
03.        boolean isRemoteSenderOK = false;
04.        if (!isLogStoreLocal) {              //远程接收模式
```

```
05.             MessageTree msg = buildMessageTree(MessageTree.MESSAGE_TYPE_
                  CUSTOM_PICK);
06.         msg.setMessage(String.format("%s, %s, traceId=%s, userKey=%s,
              customPickData=%s;",
07.                 String.valueOf(event.getTimeInMillis()), //事件时间
08.                 eventKey,                                //接口名称
09.                 event.getTraceId() == null ? "" : event.getTraceId(),
                                                             //调用链跟踪 ID
10.                 event.getUserKey() == null ? "" : event.getUserKey(),
                                                             //用户标识
11.                 event.getInfos().toString()));
13.         isRemoteSenderOK = sender.send(msg);
14.     }
15.
16.     if (isLogStoreLocal || isRemoteSenderOK == false) {
                                              //本地日志存储模式/远程接收失败
17.             LOG_CUSTOM_DATA_PICK_MONITOR.info("{}, {}, traceId={},
                  userKey={}, customPickData={};",
18.                         format_date.format(event.getTimeInMillis()),
                                                             //事件时间
19.                 eventKey,                                //接口名称
20.                 event.getTraceId() == null ? "" : event.getTraceId(),
                                                             //调用链跟踪 ID
21.                 event.getUserKey() == null ? "" : event.getUserKey(),
                                                             //用户标识
22.                 event.getInfos().toString());
24.     }
25.   }
```

上面代码中，如果数据发送模式被设置为“远程接收模式”（参考配置文件 service-config.xml 的 09～10 配置项），则以自定义采集指标构建一个 MessageTree 对象（代码行 05～11），并通过 sender 对象的 send 方法把它压入发送消息队列中（代码行 13）。如果发送失败（或者数据发送模式被设置为“本地日志存储模式”），则以本地日志的形式将自定义指标直接落地（代码行

17～22）。可见，本地日志模式既是一种日志存储模式，也是一种容错模式。

上面代码第 13 行中调用了 TcpSocketSender 中的 send 方法，其代码如下。

```
01.    public Boolean  send(MessageTree tree) {
02.       boolean result = m_queue.offer(tree);
03.
04.       if (!result) {
05.          logQueueFullInfo(tree);
06.       }
07.       return result;
08.    }
```

可见，所谓的消息发送实际上是将被二次封装的 MessageTree 对象压入 TcpSocketSender 中一个名为 m_queue 的内存消息队列中（代码行 02）。这是一个定长为 5000 的链表消息队列，所有待发送到远程指标收集服务器的日志消息都在这里缓存。这里使用的是消息队列的快速抛弃模式（offer 方法），一旦队列满了，消息无法压入，就将消息直接抛弃，防止堵塞，同时记录异常信息（代码行 05）。

7.3.3　定时指标发送

上节所述的分钟级调用统计器会汇总一分钟内服务或资源调用的各类相关指标，当一分钟结束的时候，需要及时将这些指标发送到指标收集服务端，做后续的处理和分析。

在 HoneyComb 中创建的名为 StaticsDataSender 的定时线程用来承担定时发送统计数据的工作。它主要处理如下三项工作。

1）定时创建未来若干分钟内的时间片（窗口）对象。

2）遍历刚结束的上一个时间片中各个服务或 DAO 接口所对应的 EventStatistics 统计对象，并构建相应的 MessageTree 消息对象，把其压入待发送消息队列中（TcpSocketSender 中名为 m_queue 的消息队列）。一旦消息队列满了，则采用本地日志的模式存储这些接口调用的统计信息。

3）定时回收之前创建并已经处理、发送完毕的时间片（窗口）对象。

7.4 指标发送

根据前面的介绍可知，最终要发送给指标收集服务端的异常指标、自定义采集指标、分钟级汇总统计指标等都会被封装为 MessageTree 对象，并放入 TcpSocketSender 中名为 m_queue 的待发送消息队列中。

待发送的消息有了，接下来要解决网络通道的问题。由于封装指标的消息数量庞大，所以需要尽量选择性能高的网络通道。从效率方面考虑，HTTP 这类短连接协议无法满足性能上的要求，应该优先考虑 NIO 这类长连接协议。

7.4.1 基于 Netty 的 NIO 通道

Java 的 NIO 称为非阻塞 I/O（Non-blocking I/O），它是一种同步非阻塞的 I/O 模型，所以 I/O 多路复用的基础，已经被越来越多地应用到大型应用服务器中，成为解决高并发与大量连接、I/O 问题的有效手段。

传统的 I/O 操作是面向流的，比如 read()，当没有数据可读时线程一直阻塞被占用，直到数据到来。而 NIO 是面向缓冲区的，当缓冲区中没有数据可读时，read()会立即返回 0，线程不会阻塞。Java NIO 虽然效率高，但原生 java.NIO 的开发比较复杂。所幸的是，目前已经有很多成熟的基于 NIO 的网络开发框架，可以以较低的成本快速开发基于 NIO 的通信功能，Netty 就是其中的佼佼者。本示例就选择 Netty 来实现日志采集端和收集端的通信。

TcpSocketSender 对象在初始化（调用 initialize 方法）的时候，会通过 ChannelManager 对象创建与指标收集服务端的 NIO 连接通道。以创建 NIO 连接的代码为例，为了浏览方便，这里把几个方法的代码糅合在了一起。

```
01.    EventLoopGroup group = new NioEventLoopGroup(1);
02.    Bootstrap bootstrap = new Bootstrap();
03.    bootstrap.group(group).channel(NioSocketChannel.class);
04.    bootstrap.option(ChannelOption.SO_KEEPALIVE, true);
```

```
05.    bootstrap.handler(new ChannelInitializer<Channel>() {
06.        @Override
07.        protected void initChannel(Channel ch) throws Exception {
08.        }
09.    });
10.    m_bootstrap = bootstrap;
11.    ChannelFuture future = null;
12.    …
13.    future = m_bootstrap.connect(address);
14.    future.awaitUninterruptibly(100, TimeUnit.MILLISECONDS); // 100 ms
```

NIO 通道创建完毕之后，就可以通过此长连接通道将封装指标数据的消息发送到远程收集服务端。

但是，基于 NIO 的长连接通道很可能由于网络抖动、服务器异常等不可控因素的影响而被非正常关闭。因此，需要提供一种机制能对通道故障进行监测，并在故障发生时及时恢复网络连接。本示例在 NIO 通道创建之后，启动一个检测线程，每隔 10 秒对 NIO 通道进行监测，以下是代码实现（ChannelManager 类的 run 方法）。

```
01.    public void run() {
02.        while (m_active) {
03.            checkServerChanged();
04.                ChannelFuture activeFuture = m_activeChannelHolder.
                     getActiveFuture();
05.            List<InetSocketAddress> serverAddresses = m_activeChannelHolder.
                 getServerAddresses();
06.            doubleCheckActiveServer(activeFuture);
07.            reconnectDefaultServer(activeFuture, serverAddresses);
08.            try {
09.                Thread.sleep(10 * 1000L); // check every 10 seconds
10.            } catch (InterruptedException e) {
11.                // ignore
12.            }
13.        }
14.    }
```

在上面的代码中，03 行的代码会监测远程指标收集服务端的地址是否有变化（重新负载均衡，或者地址变更），如果有，则重新创建网络连接。06～07 行的代码则对当前的收集通道进行双重检测，一旦通道被关闭或者传输效率低下，都会创建新的 NIO 长连接通道，同时将旧通道关闭。

7.4.2 消息发送

NIO 长连接通道创建之后，就可以通过它将指标消息源源不断地发送到指标收集服务端。

TcpSocketSender 对象在初始化的时候，会创建一个名为 RealMessageSender 的发送线程，这个线程会不断轮询待发送消息队列 m_queue，从中取出一个个 MessageTree 对象，并通过高性能的 NIO 长连接通道将对象发送到指标收集服务端。发送指标消息的核心方法 sendInternal 的代码如下。

```
01.    private void sendInternal(MessageTree tree) {
02.        ChannelFuture future = m_manager.channel();
03.        ByteBuf buf = PooledByteBufAllocator.DEFAULT.buffer(10 * 1024);
                                                  // 10K
04.        m_codec.encode(tree, buf);
05.        int size = buf.readableBytes();
06.        Channel channel = future.channel();
07.        channel.writeAndFlush(buf);       //发送消息
08.…
09.    }
```

为了保证消息能够及时发送到收集服务端，这里使用了 Netty Channel 的 writeAndFlush 方法，确保消息不会被缓存，而是直接发送。

另外，这里还使用了自定义的消息编码器，如 04 行代码所示，具体实现请参考 PlainTextMessageCodec 类。

第 8 章 构建支持高并发的高效的指标收集及存储能力

第 7 章介绍了使用 Spring AOP、MyBatis Plugin 机制、JVM 的 ManagementFactory 来构建针对服务调用日志、DAO 调用日志、系统日志等的采集功能，采用 Netty NIO 来构建高性能的日志传输通道。本章将构建一个接收指标消息并落地存储的服务端应用，与第 7 章构建的指标采集客户端相对接，形成一个完整的“采集—接收”闭环体系。

8.1 整体架构

本示例基于 Spring Boot 构建，并以 MyBatis 作为 DAO 层的底层框架。

日志收集服务端将接收从采集客户端发送过来的：

- 应用服务访问分钟级统计数据；

- DAO 访问分钟级统计数据；
- 异常指标；
- 自定义采集指标；
- 系统性能监控指标。

由于这些指标除了采集时间、主机 IP 等少数相同的信息，其他属性差异较明显，为了便于区分及后续分析，将它们分别存储在 5 张独立的数据库表中。由于一次系统性能采集可能会收集多条磁盘及 GC 的日志，所以可以额外增加磁盘监控日志表和内存 GC 监控日志表，它们与系统性能监控日志表形成了一对多的关系。先设计这 7 张基础日志表的表结构，如图 8.1 所示。

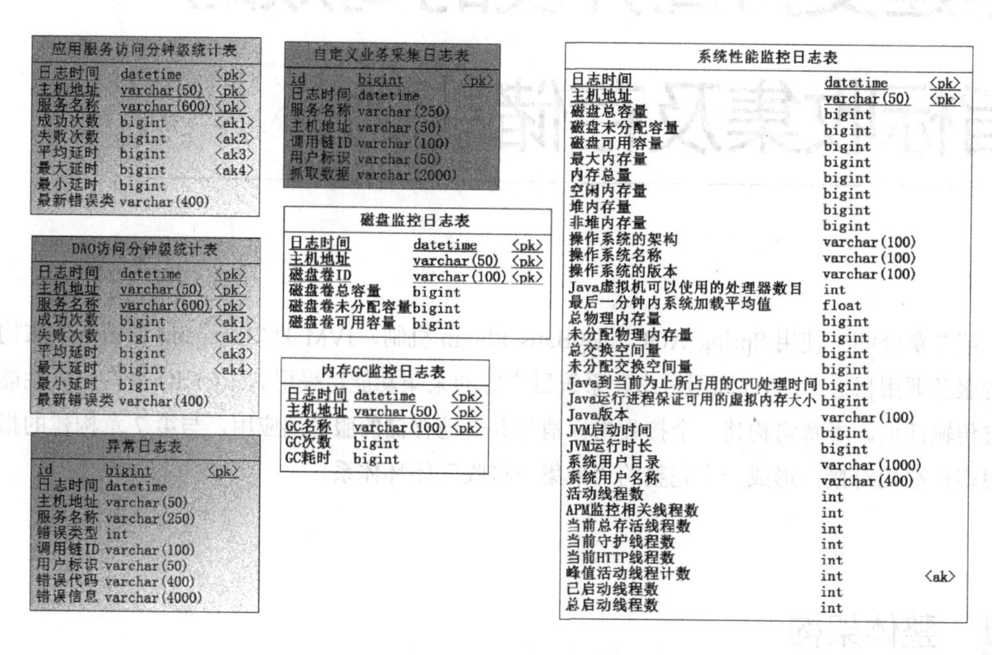

图 8.1　监控基础日志表

为了统计和分析方便，需要定期从基础表中将分钟级的统计数据汇总成小时统计数据和天统计数据。所以还要增加 4 张汇总表，如图 8.2 所示。这样基于分钟、小时、天的不同维度的统计表，就可以构建一个最简单的面向服务监控的数据集市。

由于本示例是演示系统，为了便于读者安装和试验，数据库采用 MySQL，同时不考虑分库分表的需求。

DAO监控小时汇总表		
日志时间	datetime	<pk>
主机地址	varchar(50)	<pk>
服务名称	varchar(600)	<pk>
成功次数	bigint	<ak1>
失败次数	bigint	<ak2>
平均延时	bigint	<ak3>
最大延时	bigint	<ak4>
最小延时	bigint	
最新错误类	varchar(400)	

服务监控小时汇总表		
日志时间	datetime	<pk>
主机地址	varchar(50)	<pk>
服务名称	varchar(600)	<pk>
成功次数	bigint	<ak1>
失败次数	bigint	<ak2>
平均延时	bigint	<ak3>
最大延时	bigint	<ak4>
最小延时	bigint	
最新错误类	varchar(400)	

DAO监控天汇总表		
日志时间	datetime	<pk>
主机地址	varchar(50)	<pk>
服务名称	varchar(600)	<pk>
成功次数	bigint	<ak1>
失败次数	bigint	<ak2>
平均延时	bigint	<ak3>
最大延时	bigint	<ak4>
最小延时	bigint	
最新错误类	varchar(400)	

服务监控天汇总表		
日志时间	datetime	<pk>
主机地址	varchar(50)	<pk>
服务名称	varchar(600)	<pk>
成功次数	bigint	<ak1>
失败次数	bigint	<ak2>
平均延时	bigint	<ak3>
最大延时	bigint	<ak4>
最小延时	bigint	
最新错误类	varchar(400)	

图 8.2 监控（小时、天）汇总表

8.2 数据接收

8.2.1 NIO 服务器

消息接收服务器在启动时，会通过 TcpSocketReceiver 类的 init 方法来启动 NIO 接收服务，以下是相关实现代码。

```
01.    boolean linux = getOSMatches("Linux") || getOSMatches("LINUX");
02.    int threads = 24;
03.    ServerBootstrap bootstrap = new ServerBootstrap();
04.
05.    m_bossGroup = linux ? new EpollEventLoopGroup(threads) : new
         NioEventLoopGroup(threads);
06.    m_workerGroup = linux ? new EpollEventLoopGroup(threads) : new
         NioEventLoopGroup(threads);
07.    bootstrap.group(m_bossGroup, m_workerGroup);
08.    bootstrap.channel(linux ? EpollServerSocketChannel.class :
         NioServerSocketChannel.class);
09.
```

```
10.    bootstrap.childHandler(new ChannelInitializer<SocketChannel>() {
11.        protected void initChannel(SocketChannel ch) throws Exception {
12.            ChannelPipeline pipeline = ch.pipeline();
13.            pipeline.addLast("decode", new MessageDecoder());
                 //自定义的消息解码器
14.        }
15.    });
16.    …
17.    bootstrap.childOption(ChannelOption.SO_REUSEADDR, true);
18.    bootstrap.childOption(ChannelOption.TCP_NODELAY, true);
19.    bootstrap.childOption(ChannelOption.SO_KEEPALIVE, true);
20.    bootstrap.childOption(ChannelOption.ALLOCATOR,
         PooledByteBufAllocator.DEFAULT);
21.    try {
22.        m_future = bootstrap.bind(port).sync();
23.        …
24.    } catch (Exception e) {
25.        …
26.    }
27.    …
```

以上代码的相关说明如下。

- 首先判断系统是Linux操作系统还是其他操作系统（代码行01）。
- 如果是Linux操作系统，就采用Linux内核（2.6以后的版本）支持的Epoll模型，以期获取更好的并发传输性能（代码行05～06）。同时采用Netty官方推荐的Reactor多线程模型（代码行07），此线程模型的工作原理如图8.3-①所示。

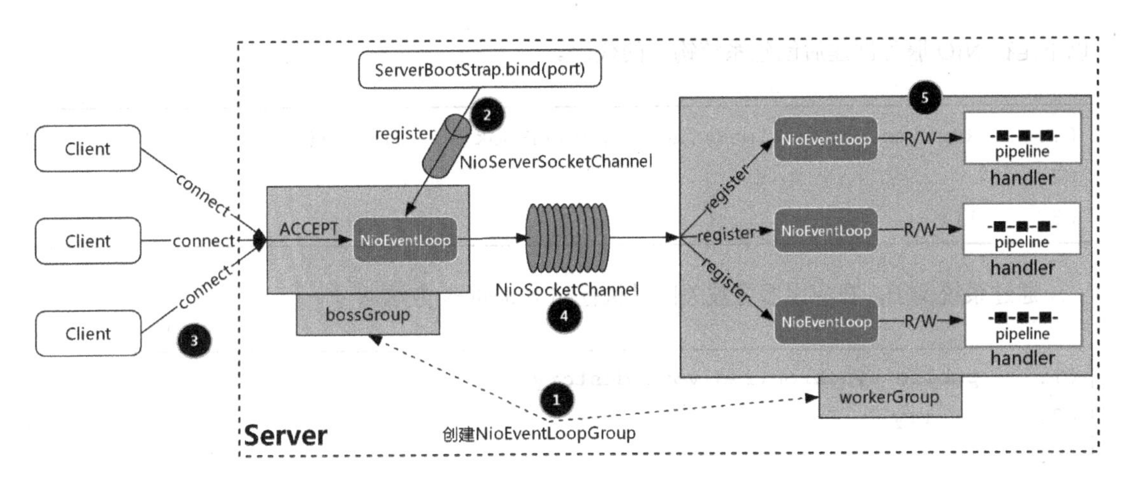

图 8.3　Netty Reactor 多线程模型的工作原理

- 每个 Netty channel 内部都会持有一个 ChannelPipeline 对象的 pipeline，可以对接收的消息进行一系列的流式处理。本示例注册了一个针对接收消息的自定义解码器 MessageDecoder（代码行 13），系统对指标消息的所有后续处理都被封装在了此解码器中。

- 通过 ServerBootStrap 的 bind 方法启动服务端服务（代码行 22），bind 方法会在 bossGroup 中注册 NioServerScoketChannel，监听客户端的连接请求，如图 8.3-②所示。

- Client 发起连接（connect）请求，bossGroup 中的 NioEventLoop 不断轮循是否有新的客户端请求，如果有，触发 ACCEPT 事件，如图 8.3-③所示。

- 触发 ACCEPT 事件后，bossGroup 中 NioEventLoop 会通过 NioServerSocketChannel 获取对应的代表客户端的 NioSocketChannel，并将其注册到 workerGroup 中，如图 8.3-④所示。

- workerGroup 中的 NioEventLoop 不断检测自己管理的 NioSocketChannel 是否有读写事件准备好，如果有，调用对应的 ChannelHandler 进行处理，如图 8.3-⑤所示，ChannelHandler 实际上调用内部的 pipeline 中注册的具体业务逻辑，也就是我们在“代码行 13”中注册的 MessageDecoder，对日志消息进行进一步的处理。

如果应用被关闭，可以通过系统钩子让应用在退出前进行一些 NIO 连接通道的清理工作。

以下是在 NIO 服务创建后创建系统钩子的代码。

```
01.    Runtime.getRuntime().addShutdownHook(new Thread() {
02.        …
03.    });
```

通过系统钩子，在应用服务被关闭时执行如下 destory 方法。

```
01.    public synchronized void destory() {
02.        try {
03.            …
04.            m_future.channel().closeFuture();
05.            m_bossGroup.shutdownGracefully();
06.            m_workerGroup.shutdownGracefully();
07.            …
08.        } catch (Exception e) {
09.            …
10.        }
11. }
```

在应用准备关闭的时候，系统可能还有很多在途的日志消息请求等待处理或者正在处理中，需要确保这些请求全部处理完毕之后，再关闭接收服务，保证日志消息不丢失。因此，以上代码逻辑执行下述动作：

- 通过“代码行 04”发出通道关闭的通知（异步方式），不再接收新的消息请求；
- 通过“代码行 05、06”进行优雅退出，等待所有连接线程池中的工作线程处理完在途请求，然后关闭。

8.2.2 消息接收

上一节介绍了示例在 ChannelHandler 的 pipeline 中注册自定义的解码器 MessageDecoder，每个远程请求到达后，Netty 服务都会调用 decode 对其进行处理。接下来，我们进一步介绍指标消息的处理过程，以下是 MessageDecoder.decode 的核心实现代码。

```
01.    protected void decode(ChannelHandlerContext ctx, ByteBuf buffer,
         List<Object> out) throws Exception {
02.        if (buffer.readableBytes() < 4) {
03.            return;
04.        }
05.        buffer.markReaderIndex();
06.        int length = buffer.readInt();
07.        buffer.resetReaderIndex();
08.        if (buffer.readableBytes() < length + 4) {
09.            return;
10.        }
11.        try {
12.            if (length > 0) {
13.                ByteBuf readBytes = buffer.readBytes(length + 4);
14.                readBytes.markReaderIndex();
15.                readBytes.readInt();
16.                DefaultMessageTree tree = (DefaultMessageTree) m_codec.
              decode(readBytes);
17.                readBytes.resetReaderIndex();
18.                tree.setBuffer(readBytes);
19.                m_handler.handle(tree);
20.                …
21.            } else {
22.                buffer.readBytes(length);
23.            }
24.        } catch (Exception e) {
25.            …
26.        }
27.    }
```

以上代码逻辑说明如下。

- 首先检测请求数据包是否正确（代码行 02～10），根据第 7 章的介绍，日志消息的请求数据包利用 PlainTextMessageCodec.encode 的方法进行编码，因此数据包必须符合**[整形][消息体]**这样的格式。
- 如果数据包符合自定义的编码规范，则调用 PlainTextMessageCodec.decode 方法对数据包进行解码，获得 MessageTree 的消息对象（代码行 13～16）。
- 获取 MessageTree 的日志消息对象后，调用 DefaultMessageHandler.handle 方法对 MessageTree 消息对象进行处理，最终调用了 RealtimeConsumer. Consume 方法。仔细分析 Consume 方法，它通过调用一个分发器（distributeMessage 方法）把 MessageTree 消息对象根据消息类型分类放入不同的内存消息队列中，这又是一个典型的异步消息处理模式。为了防止消息堆积，这里也采用了快速抛弃的策略，一旦消息队列满了，就把后续的消息“扔”掉。

不论是被处理的消息，还是被抛弃的消息，系统都有详细的计数，会不定期以日志的形式将这些记录落地。

8.2.3 消息处理

RealtimeConsumer 类在初始化的时候，会创建 5 个有限长度的消息队列（LinkedBlockingQueue），分别用于缓存以下 5 类指标消息：

- 异常指标消息；
- 应用服务访问分钟级统计数据；
- DAO 访问分钟级统计数据；
- 系统性能监控指标消息；
- 自定义采集指标消息。

针对每个消息队列分别创建一个消费线程，线程不断地从消息队列中读取指标消息，批量写入对应的数据库表中。图 8.4 是指标消息从分发到缓存、再到异步写入数据库的相关流程图。

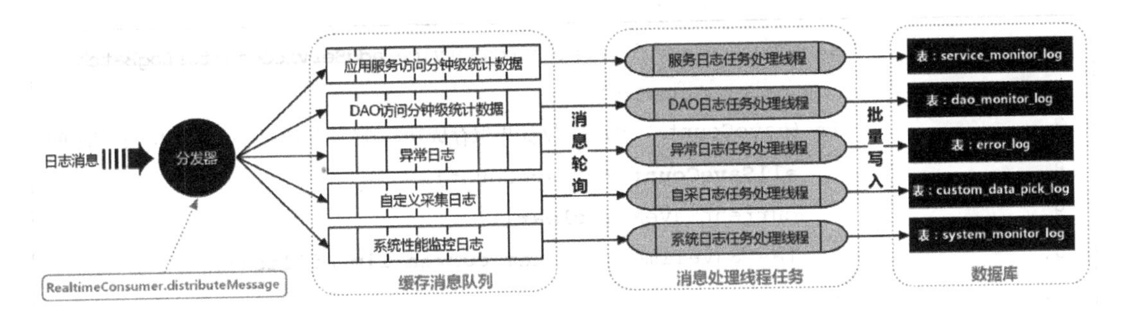

图 8.4　日志消息处理流程图

下面我们来讨论指标处理线程的具体逻辑，了解它如何实现指标数据的高效处理及入库。以下是服务性能指标处理任务线程的核心代码。

```
01.     ServiceMonitorLogService serviceMonitorLogService = null;
            //服务对应的 Service，是一个 Spring Bean
02.     List<ServiceMonitorLog> currentSaveMsg = new ArrayList();
03.     long lastSaveTime = -1;        //最后一次保存的时间（毫秒值）
04.     int nullIdx = 0;
            //连续从消息队列中获得空值的次数，连续 5 次获得空值，则让线程睡眠 5 毫秒
05.     while (true) {
06.         try {
07.             MessageTree event = serviceMinuteStatQueue.poll();
            //从消息队列中获取一个消息
08.             if (event != null) {
09.                 ServiceMonitorLog serviceMonitorLog = ServiceMonitorLog.
                    buildServiceMonitorLog(event);
10.                 currentSaveMsg.add(serviceMonitorLog);
11.             }
12.             int saveCount = 0;
13.             if (currentSaveMsg.size() >= 50
14.                 || (currentSaveMsg.size() > 0 && (System. currentTimeMillis()
                    - lastSaveTime) >= 1000)) {    //保存判定
15.                 …
```

```
16.             saveCount = serviceMonitorLogService.addServiceMonitorLogBatch
                  (currentSaveMsg);
17.             if (saveCount > 0) { //如果保存成功，则清空待保存消息队列，重置时间
18.                 allSaveCount += saveCount;
19.                 currentSaveMsg.clear();
20.                 lastSaveTime = System.currentTimeMillis();
21.             }
22.         }
23.         …
24.     } catch (Exception e) {
25.         LOG.error("ServiceMessageConsumerTask is error, {}", e);
26.     }
27.     if (currentSaveMsg.size() > 500) {
28.         errorSaveCount += currentSaveMsg.size();
29.         currentSaveMsg.clear();
30.         lastSaveTime = System.currentTimeMillis();
31.         LOG.info("ServiceMessageConsumerTask is error, batch save is
error, current message queue count={}, now clearAll", currentSaveMsg.size());
32.     }
33. }
```

以上代码说明如下。

- 由于要实现批量保存指标，所以定义了保存指标的列表对象（代码行 02）及最近一次保存指标（入库）的时间（代码行 03）。
- 在一个 while 循环中，不断轮询内存消息队列（代码行 07），如果取到消息，则构建 DAO 对象，并将其放入待入库日志列表中（代码行 08～11）。
- 只要满足下面任意一个条件（代码行 13～14），则进行一次批量指标保存操作（代码行 16）。成功后清空待入库数据列表集合（代码行 19），同时更新最近一次保存数据时间（代码行 20）。通过这种方式，我们既避免了低效地逐条保存指标，又确保了指标存储的时效性。

- ○ 待入库数据列表集合中的指标 DAO 对象数量已经超过 50。
- ○ 上次保存时间距今已经超过 1 秒，同时待入库指标列表集合中有 DAO 对象。

● 如果持续出现保存失败的情况，有两种处理方式：如果队列数不满 500，可以下次再重复保存操作；如果队列数已经超过 500，为了防止堆积只能抛弃（清空）队列，同时记录异常（代码行 27～32）。

实现批量入库的 DAO 组件采用了 MyBatis，以上“代码行 16”通过调用 MyBatis 对应的 Mapper 对象进行入库操作，相关批量 insert 操作的定义如下。

```
01.    <insert id="addServiceMonitorLogBatch" parameterType="java.util.List" >
02.        insert ignore into service_monitor_log(log_time, machine_address,
             service_name, success_count, failure_count, avg_elapsed,
             max_elapsed, min_elapsed, lastest_error_msg,
             lastest_biz_error_code, lastest_biz_error_msg,
             biz_failure_count)
03.        values
04.        <foreach collection="list" item="item" index="index" separator=", " >
05.            (#{item.logTime}, #{item.machineAddress}, #{item.serviceName},
             #{item.successCount}, #{item.failureCount},
             #{item.avgElapsed}, #{item.maxElapsed}, #{item.minElapsed},
             {item.lastestErrorMsg}, #{item.lastestBizErrorCode},
             {item.lastestBizErrorMsg}, #{item.bizFailureCount})
06.        </foreach>
07.    </insert>
```

可以看到，MyBatis 通过 foreach 标签实现了 Collection 数据的循环变量，构建了批量插入的 SQL 语句“**insert into 表名（字段列表）values（数据行 1），（数据行 2）...（数据行 *n*）**”。

这里实现指标消息高效处理的关键是消息不落地。从消息请求到达到入库之前的全过程都在本服务器的内存中完成，不涉及任何的磁盘 I/O 及网络 I/O。同时基于消息队列的全异步处理方式，也是提升指标整体处理效率的有效手段。

这里我们只分析了服务性能指标的处理逻辑，其他指标的处理逻辑类似，请读者自行参考源码实现。

8.3 扩展能力

8.3.1 数据定期统计汇总

可以有选择地启动定期数据汇总服务，将分钟级基础统计数据定期汇总成小时统计数据、天统计数据。如果指标接收服务器是集群，可只选择其中一台机器来进行数据汇总服务，以防止数据写入冲突。

通过将Spring配置文件中的“BuildReport”配置项的值设置为true来开启定期数据汇总服务。如果日志数据较多，可以将执行定期数据汇总服务的服务器的日志接收功能关闭，即将配置文件中的“ReceiveMessage”设置为 false，该服务器就可以专心进行数据汇总服务，而不用担心和指标的接收服务争抢资源。

以服务性能指标小时汇总任务为例，来看其具体实现思路。以下是ApmReportBuilder类中的核心代码实现（方法createServiceReportHour）。

```
01.     long now_time = MilliSecondTimer.currentTimeMillis();
02.     ServiceMonitorLogHourView serviceMonitorLogHourView = new
          ServiceMonitorLogHourView();
03.     serviceMonitorLogHourView.getPage().setSortColumn("log_time");
04.     serviceMonitorLogHourView.getPage().setOrderBy("desc");
05.     serviceMonitorLogHourView.getPage().setBegin(0);
06.     serviceMonitorLogHourView.getPage().setEnd(1);
07.     List<ServiceMonitorLogHour> newestLogHours = serviceMonitorLogHourService.
          queryServiceMonitorLogHourByPage(serviceMonitorLogHourView);
08.     Date newestLogHour = null; //开始小时
09.     if (newestLogHours != null && !newestLogHours.isEmpty()) {
10.         newestLogHour = newestLogHours.get(0).getLogTime();
```

```
11.         newestLogHour = DateUtils.addHours(newestLogHour, 1);
                                  //计算已有小时报表下一个小时开始的统计数据
12.     } else {
13.         ServiceMonitorLogView serviceMonitorLogView = new ServiceMonitorLogView();
14.         serviceMonitorLogView.getPage().setSortColumn("log_time");
15.         serviceMonitorLogView.getPage().setOrderBy("asc");
16.         serviceMonitorLogView.getPage().setBegin(0);
17.         serviceMonitorLogView.getPage().setEnd(1);
18.         List<ServiceMonitorLog> newestLogs = serviceMonitorLogService.
              queryServiceMonitorLogByPage(serviceMonitorLogView);
19.         if (newestLogs != null && !newestLogs.isEmpty()) {
20.             newestLogHour = newestLogs.get(0).getLogTime();
                          //统计原始分钟级报表中的那个小时的统计数据
21.             newestLogHour = new Date(((long) (newestLogHour.getTime() /
                  DateUtils.MILLIS_PER_HOUR)) * DateUtils.MILLIS_PER_HOUR);
22.         }
23.     }
24.     if (newestLogHour == null) {
25.         return;  //找不到开始时间，说明没有数据只能退出
26.     }
27.     Date now_hour = new Date(((long) ((new Date()).getTime() /
          DateUtils.MILLIS_PER_HOUR)) * DateUtils.MILLIS_PER_HOUR);
28.     while (newestLogHour.before(now_hour)) {
29.         ServiceMonitorLogView serviceMonitorLogView = new ServiceMonitorLogView();
30.         serviceMonitorLogView.setLogTimeBegin(DateUtils.addHours
              (newestLogHour, 1));
31.         serviceMonitorLogView.getPage().setBegin(0);
32.         serviceMonitorLogView.getPage().setEnd(1);
33.         List<ServiceMonitorLog> newestLogs = serviceMonitorLogService.
              queryServiceMonitorLogByPage(serviceMonitorLogView);
34.         if (newestLogs == null || newestLogs.isEmpty()) {
35.             break;  //说明后面没有数据了，不需要再循环统计
```

```
36.         }
37.         int deleteNum = serviceMonitorLogHourService.deleteService
               MonitorLogHourById(newestLogHour);
38.         Date logEndTime = DateUtils.addMinutes(newestLogHour, 59);
39.         int insertNum = serviceMonitorLogHourService.addServiceMonitor
               LogHourBySelect(newestLogHour, newestLogHour, logEndTime);
40.         LOG.info("service-reportlog，小时时间点{}，先删除了{}条数据，插入{}条
               汇总数据", DateUtil.formatDate(newestLogHour, "yyyy-MM-dd HH:
               mm: ss"), deleteNum, insertNum);
41.         newestLogHour = DateUtils.addHours(newestLogHour, 1);
42.     }
```

以上代码说明如下。

- 确定服务的小时统计报表中最新的一条报表记录。将查询表 service_monitor_log_hour 按采集时间 log_time 排序，找出最新的一条记录即可（代码行 02～07）。
- 如果存在最新的小时统计报表记录，则以这条报表记录的时间作为新一轮小时统计汇总的开始时间（代码行 09～11）。如果没有小时统计报表记录，说明表 service_monitor_log_hour 是空的，这时就需要根据服务的分钟统计报表中最老的一条记录来确定新一轮小时统计汇总的开始时间（代码行 13～21）。
- 找到了开始时间之后，以当前时间作为小时统计汇总的结束时间（代码行 27）。
- 以一个小时为步长，从找到的开始时间起，逐小时汇总分钟表 service_monitor_log 中的数据，并将生成的小时统计数据插入小时表 service_monitor_log_hour 中（代码行 28～42）。这个过程又分如下几个步骤：
  - 判断一小时的原始分钟数据是否存在。如果数据存在，则说明当前小时的数据已经完备，可以做统计，否则跳过当前小时步骤（代码行 29～36）。
  - 为了防止数据冲突，如果有，先删除 service_monitor_log_hour 表中当前小时的报表记录，（代码行 37）。
  - 汇总当前小时的服务统计数据，按主机上的服务来统计，一个主机中的一个服务创建一条记录（代码行 38～39）。汇总操作完全依赖于数据库来进行，“代码行 39”

的方法 addServiceMonitorLogHourBySelect 最终会通过 MyBatis 的 DAO Mapper 调用如下 SQL 语句。

```
insert into
      service_monitor_log_hour(log_time , machine_address , service_name ,
        success_count, failure_count, avg_elapsed, max_elapsed, min_elapsed,
        biz_failure_count)
SELECT
      #{logTime} as log_time,
      machine_address,
      service_name,
      sum(success_count) as success_count,
      sum(failure_count) as failure_count,
      sum(avg_elapsed*success_count)/sum(success_count) as avg_elapsed,
      max(max_elapsed) as max_elapsed,
      min(min_elapsed) as min_elapsed,
      sum(biz_failure_count) as biz_failure_count
FROM
      service_monitor_log
where
      log_time between #{logBeginTime} and #{logEndTime}
group by machine_address, service_name
```

以上是对服务的小时汇总统计任务的逻辑分析，表 8.1 是定时汇总任务所对应的方法清单，相关逻辑类似，请读者自行阅读代码。

表 8.1　定时汇总任务所对应的方法清单

方法名	方法说明
createServiceReportHour	统计服务小时报表
createDaoReportHour	统计 DAO 小时报表
createServiceReportDay	统计服务天报表
createDaoReportDay	统计 DAO 天报表

8.3.2 服务监控台

指标接收服务提供了一个信息接口 TcpSocketReceiver.getInfo，可以获取指标接收服务的整体指标处理状况，包括 Netty NIO 相关处理状况，以及总的消息处理量和抛弃量。Web 访问地址**/apmtest/getinfo** 已经封装了对此接口的访问，提供了一个简单页面可以直接查看日志接收服务器的相关信息，如图 8.5 所示。

APM MONITOR

Receive Server Info:

- Server First Start Time:2019-06-17 11:09:23
- ChannelFuture.isCancellable:false
- ChannelFuture.isCancellable:false
- ChannelFuture.isDone:true
- ChannelFuture.isSuccess:true
- ChannelFuture.Channel:have channel
- ChannelFuture.Channel.isActive:true
- ChannelFuture.Channel.isOpen:true
- ChannelFuture.Channel.isRegistered:true
- ChannelFuture.Channel.isWritable:true

Message Handler Info:

- All Process Message Count(Success):1026
- All Loss Message Count(Error):0

Queue Name	Queue Size	Total Handle	Success Handle	Error Handle
serviceMinuteStatQueue	0	2	2	0
daoMinuteStatQueue	0	8	8	0
errorEventQueue	0	1	1	0
systemMonitorQueue	0	18	18	0
customPickDataQueue	0	1013	1013	0

图 8.5　指标接收服务器监控页面

由于指标接收服务器的主要工作是处理指标消息，对其监控只是一个附属功能，没有必要为监控再引入专业的诸如 Tomcat 或者 Jetty 的 HTTP 服务能力，以避免无谓的资源消耗和增加部署成本，所以这里采用了 JDK 自带的 HttpServer 服务（com.sun.net.httpserver.HttpServer），读者可以参考工程中的 HttpWebServer 类相关代码，同时可以在 service-config.xml 中修改 ID 为“apmCommonConfig”的 Bean 中的“ServerHttpPort”属性值来修改 HTTP 服务的端口。最终指标接收服务的监控页面访问地址为：**http://部署主机地址: ServerHttpPort/apmtest/getinfo**。

第9章 指标可视化及度量能力构建

通过前面两章的介绍，我们已经构建了基本完整的治理指标采集、收集、存储的技术框架和系统功能。本章将重点介绍数据的可视化及治理指标的度量分析。我们会构建一个可视化系统来承载这些能力。

9.1 系统架构

9.1.1 整体架构

指标数据的可视化及分析由两大能力构成，一是后台数据库的数据查询及组织，二是前端页面的数据呈现，整体架构如图9.1所示。

系统总体上遵循如下操作流程：

1）前端页面组件向服务端发出请求数据的Ajax请求；

2）服务端构建SQL向数据库查询数据；

3）数据库返回数据；

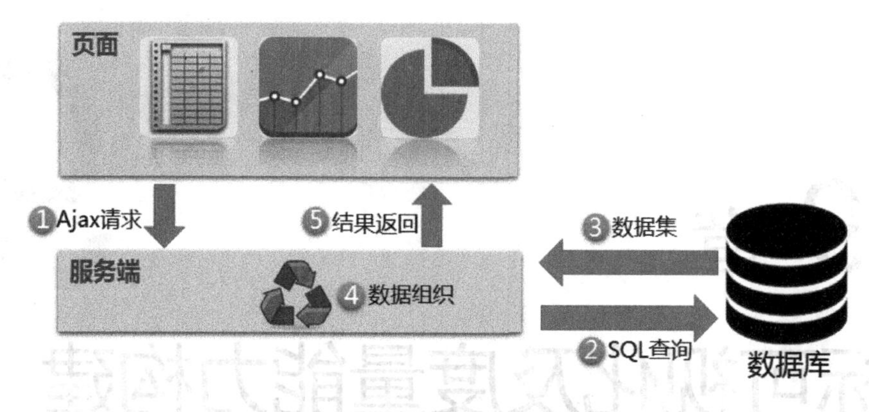

图 9.1　度量监控系统的整体架构

4）服务端得到查询数据后，对数据进行再组织，构建成符合前端读取要求的数据格式；

5）前端获得服务端返回的结果并展示。

9.1.2　技术选型

前端页面以 H5 为基础，由于数据展示涉及表格和图表，所以还必须引入适当的 UI 框架和图表组件。本系统使用 jQuery easyUI 作为 UI 框架和表格控件，同时使用百度开源的 eCharts 作为图表控件。

服务端与第 8 章的选型一样，还是以 Spring Boot 作为基础框架。由于要处理 Web 请求，因此引入 Spring MVC 组件，数据库访问的 DAO 组件选用 MyBatis。

1. jQuery easyUI 集成

jQuery easyUI 依赖于 jQuery，因此必须同步引入 jQuery。以下是 jQuery easyUI 的集成代码，除了相应的 JS 文件（代码行 03～04），还必须引入基础样式文件和图标定义样式文件（代码行 01～02）。

```
01.        <link rel="stylesheet" type="text/css" href="<%=jQueryPath%>/
             themes/default/easyui.css">
02.        <link rel="stylesheet" type="text/css"
             href="<%=jQueryPath%>/themes/icon.css">
03.        <script type="text/javascript" src="<%=path%>/scripts/jquery-
             1.9.1.min.js"></script>
04.        <script type="text/javascript"
             src="<%=jQueryPath%>/jquery.easyui.min.js"></script>
```

利用 easyUI 创建一个表格非常简单，主要定义表格的字段信息并指定数据加载的 Ajax 地址。以下是利用 easyUI 创建一个表格的示例代码。

```
01.        <table id="m_error_top5" class="easyui-datagrid" style="width:
             100%;height: 600px"
02.              data-options="onDblClickRow: onDblClickRowByDG, striped:
                   true, scrollbarSize: 5, fit: true, fitColumns: true, idField:
                   'serviceName', rownumbers: true, singleSelect: true, method:
                   'post', selectOnCheck: true, title: '【服务】系统错误最多'">
03.           <thead>
04.              <tr>
05.                 <th data-options="field: 'serviceName', width: 200,
                       formatter: shortServiceName">接口</th>
06.                 <th data-options="field: 'successCount', width: 40">成功
                       量</th>
07.                 <th data-options="field: 'failureCount', width: 40, styler:
                        AttentionCellStyler">失败量</th>
08.              </tr>
09.           </thead>
10.        </table>
```

eaysUI 使用 HTML 原生的**<table>**标签来定义表格，利用一个自定义属性 **data-options** 进行表格属性的配置，配置项中包含表格标题、表格和 UI 面板的贴合模式、滚动栏样式、行号是否显示、单选还是多选等外观展示属性，同时定义了行点击事件、数据请求地址等动作属性。easyUI 利用**<th>**标签定义表格列，同样用 **data-options** 属性定义映射字段和列的样式及动作，代码 05～07 行共定义了 3 个表格列。

利用代码动态刷新表格数据可以采用如下 JS 代码。代码中指定要刷新的表格**<table>**标签的 ID，同时利用 **url** 及 **queryParams** 两个属性分别指定数据加载地址及相关请求参数。

```
01.        $('#m_error_top5').datagrid({url :  'getnewestminutecallmax' ,
             queryParams: {
02.      ... ...
03.    }});
```

2. eCharts 集成

利用一行代码即可引入 eCharts 组件，如下所示。

```
01.        <script type="text/javascript" src="<%=path%>/scripts/
             echarts.min.js"></script>
```

利用 eCharts 在页面中插入一个图表组件也非常简便，只需要在 HTML 页面中增加一个**<DIV>**区域，然后利用如下代码即可创建一个图表。

```
01.    var systemThreadDetailChart = echarts.init(document.getElementById
         ('m_error_top'));
02.    var option = {
03.        tooltip:  {
04.            ... ...
05.        },
06.        legend:  {
07.            ... ...
```

```
08.         },
09.         ... ...
10.         series: [
11.             ... ...
12.         ]
13.     };
14.     systemThreadDetailChart.setOption(option, true);
```

代码 01 行利用一个 **id=m_error_top** 的<**DIV**>区域创建了一个 **echarts** 图表对象，并进行初始化；在代码 02～13 行利用对象 **option** 对图表的各种样式和数据进行详细定义，并在代码 14 行中利用 **option** 对象对图表进行渲染。

利用以上组件构建系统的框架后，就可以在此基础上利用 SQL 对数据库表的各种度量指标进行查询，并基于数据构建出多种前端展示图表。下面分别介绍系统已经内置的每种度量图表的构建方法及用途。

9.2　服务监控

服务的分钟、小时、天的性能监控指标主要存储在 **service_monitor_log**、**service_monitor_log_hour**、**service_monitor_log_day** 这三张汇总表中。通过对这三张表的各个维度的查询汇总可以获得服务的各类监控图表。

9.2.1　服务错误 Top*N* 监控

统计某个时间段（分钟、小时、天）内所有服务的累积调用量和累计调用异常量，按调用异常量进行排序，取前 *N* 条记录，就可以获得如图 9.2 所示的服务错误 Top*N* 监控图表。可以用不同的背景颜色将超出告警阈值的单元格着重标注出来。

	【服务】系统错误最多		
	接口	成功量	失败量
1	[usercenter]UserInfoService.queryUserAllAccounts	985	101
2	[usercenter]UserInfoService.queryUserBaseInfo	24780	60
3	[usercenter]UserAuthService.addPay	1	3
4	[confcenter]FundInfoService.getProductGraphData	9	1

图 9.2　某个时段内服务报错最多的微服务列表

由于在表 **service_monitor_log** 中已经存在单服务节点（单 IP）的一分钟调用量（字段 success_count）和调用异常（字段 failure_count）的分钟统计值，所以只要将一分钟内所有服务节点（所有 IP）的统计日志按服务名称（字段：service_name）进行再次汇总即可获得图 9.2 中的表所需要的数据，具体 SQL 如下。

```
01.  SELECT
02.     a.*
03.  FROM
04.     (SELECT
05.        service_name,
06.        SUM(success_count) AS success_count,
07.        SUM(failure_count) AS failure_count
08.     FROM
09.        service_monitor_log
10.     WHERE
11.        log_time = (SELECT log_time FROM service_monitor_log ORDER BY
                      log_time DESC LIMIT 1)
12.     GROUP BY service_name) a
13.  WHERE
14.     a.failure_count > 0
15.  ORDER BY a.failure_count DESC;
```

监控大盘只展示最近有数据的一分钟内的数据，因此以上代码 11 行中的时间并不是指定的，而是通过查询表中最近一条记录的时间来获取，如果要展示历史上某一分钟的数据，只需把这个时间改成历史时段所对应的分钟值即可。

以上代码中的 SQL 查询的是分钟时段的 Top*N* 列表，如果要查询“小时时段”和“天时段”的 Top*N* 数据，只需将 SQL 中涉及的表名 **service_monitor_log** 分别修改为 **service_monitor_log_hour** 和 **service_monitor_log_day**，其他无须调整。

9.2.2 业务错误 Top*N* 监控

统计某个时间段（分钟、小时、天）内的所有服务累计发生的业务异常量，排序取前 *N* 条记录，就可以获得如图 9.3 所示的业务错误 Top*N* 监控图表。

【服务】业务错误最多

	接口	业务调	业务失	最新异常信息
1	[app]LoginImpService.sendMobileMsg	249	245	该手机号未注册
2	[uc]UserRegService.thirdPartyLogin	36	28	快登|无此用户
3	[app]AccountManager.bindWeChat	17	14	您尚未注册
4	[robovisor]RobovisorService.getSigned	12	12	签约协议不存在
5	[uc]CustomerService.checkTransPwdByC	10	8	密码错误，请重新输

图 9.3　某个时段内业务异常最多的微服务列表

查询语句和系统异常的 SQL 很类似，如下所示，但要增加“最新异常信息”的查询。从效率的角度考虑，只查询一个小时内出现的业务异常就足够了（代码行 03），也能满足时效性要求。

```
01.   SELECT
02.       a.*,
03.       (select c.lastest_biz_error_msg from service_monitor_log c where
             c.service_name=a.service_name and c.log_time>date_add(now(),
             interval -1 hour) and c.biz_failure_count>0 order by c.log_time
```

```
        desc limit 1) as lastest_biz_error_msg
04.   FROM
05.       (SELECT
06.           service_name,
07.           SUM(success_count) AS success_count,
08.           SUM(biz_failure_count) AS biz_failure_count
09.       FROM
10.           service_monitor_log
11.       WHERE
12.           log_time = (SELECT log_time FROM service_monitor_log ORDER BY
                  log_time DESC LIMIT 1)
13.       GROUP BY service_name
14.       ORDER BY SUM(biz_failure_count) DESC
15.       LIMIT 20) a
16.   WHERE
17.       a.biz_failure_count>0
```

以上代码中的SQL查询的是分钟时段的业务异常Top*N*列表，如果是查询“小时时段”和“天时段”的Top*N*的数据，只需将SQL中“代码行10”及“代码行12”中的表名**service_monitor_log**分别修改为**service_monitor_log_hour**或**service_monitor_log_day**，其他无须调整。

9.2.3 性能最差Top*N*监控

所谓的性能最差指的是耗时最多，这里为了简单，使用了算术平均耗时。如果想追求更高的准确性，读者可以自行尝试使用百分位值。对一段时间（分钟、小时、天）内的所有服务进行耗时的平均统计，并从高到低按平均值排序，取前20个服务，就可以得到如图9.4所示的性能最差服务Top20监控图表。为了便于比对，还在图表上附加了总调用量及最大耗时这两个指标。

【服务】性能最差Top20				
	接口	总调用量	平均延时(ms)	最大延时(ms)
1	[appcenter]UserInfoManagerService.addBankCardRec	27719	4412	8525
2	[appcenter]UserInfoManagerService.unbundBankCard	357135	2051	4093
3	[usercenter]UserCheckService.checkCardChange	316	2024	4066
4	[usercenter]UserQueryService.queryBankCardByCardNo	26908	1677	3706
5	[appcenter]TransactionService.resetTransPwd	147	1214	3214

图 9.4　性能最差服务 Top20 监控图表

以下是获取图 9.4 中图表数据的 SQL 查询语句。“代码行 06～08”分别用于计算总调用量、最大值、平均值这三个指标的值。“代码行 12”指定的是最近一分钟的时间，如果查询“小时时段”或“天时段”的性能 Top*N* 数据，只需将 SQL 中“代码行 10”和“代码行 12”的表名 **service_monitor_log** 分别修改为 **service_monitor_log_hour** 或 **service_monitor_log_day**，其他无须调整。

```
01.   SELECT
02.       a.*
03.   FROM
04.       (SELECT
05.            service_name,
06.            SUM(success_count + failure_count) AS success_count,
07.            MAX(max_elapsed) AS max_elapsed,
08.                SUM(success_count * avg_elapsed) / SUM(success_count) AS
                       avg_elapsed
09.       FROM
10.           service_monitor_log
11.       WHERE
12.           log_time = (SELECT log_time FROM service_monitor_log ORDER BY
                           log_time DESC LIMIT 1)
13.       GROUP BY service_name) a
14.   ORDER BY a.avg_elapsed DESC
15.   LIMIT 20
```

9.2.4 调用次数最多 Top*N* 监控

这个报表展示单位时间（分钟、小时、天）内的服务调用量和失败量，主要用于衡量服务负载及服务质量，如图 9.5 所示。

【服务】调用次数最多Top20

	接口	成功量	失败量
1	[assetcenter]AssetFacadeService.findUserAllChannelAsset	56478	0
2	[usercenter]UserInfoService.queryUserBaseInfo	37864	284
3	[confcenter]ProductFinderService.findProductByProductId	19331	0
4	[usercenter]UserQueryService.queryUserAccountInfos	14352	0
5	[confcenter]WeekdayFinderService.isWeekday	13598	0

图 9.5 衡量服务负载及服务质量的图表

以下是获取图 9.5 中图表数据的 SQL 查询语句。“代码行 06～08”分别用于计算成功调用量、失败调用量和总调用量。“代码行 12”指定的是最近一分钟的时间，如果查询“小时时段”或“天时段”的负载 Top*N* 数据，只需将 SQL 中“代码行 10”及“代码行 12”中的表名 **service_monitor_log** 分别修改为 **service_monitor_log_hour** 和 **service_monitor_log_day**，其他无须调整。

```
01.   SELECT
02.       a.service_name,  a.success_count,  a.failure_count
03.   FROM
04.       (SELECT
05.           service_name,
06.           SUM(success_count) AS success_count,
07.           SUM(failure_count) AS failure_count,
08.           SUM(success_count + failure_count) AS total_count
09.       FROM
10.           service_monitor_log
11.       WHERE
```

```
12.           log_time = (SELECT log_time FROM service_monitor_log ORDER BY
                         log_time DESC LIMIT 1)
13.        GROUP BY service_name) a
14.     ORDER BY a.total_count DESC
15.     LIMIT 20
```

9.2.5　总资源占用最多 TopN 监控

服务的资源占用主要通过计算处理服务的总 CPU 耗时来进行排序比对。相关 SQL 的排序指标见以下“代码行 13”中的 total_time 字段，“代码行 12”计算的是平均耗时。

```
01.     SELECT
02.        a.service_name,
03.        a.success_count,
04.        a.failure_count,
05.        a.avg_elapsed,
06.        a.total_time
07.     FROM
08.        (SELECT
09.           service_name,
10.              SUM(success_count) AS success_count,
11.              SUM(failure_count) AS failure_count,
12.               SUM(success_count * avg_elapsed) / SUM(success_count) AS
                    avg_elapsed,
13.              SUM(success_count * avg_elapsed) AS total_time
14.        FROM
15.           service_monitor_log
16.        WHERE
17.           log_time = (SELECT log_time FROM service_monitor_log ORDER BY
                         log_time DESC LIMIT 1)
18.        GROUP BY service_name) a
```

```
19.    ORDER BY a.total_time DESC
20.    LIMIT 5
```

最终展示的效果如图 9.6 所示，与前面的查询类似，通过修改“代码行 15”和“代码行 17”中的表名，就可以从分钟统计报表切换为小时统计报表和天统计报表。

【服务】总资源占用最多Top5

	接口	成功量	平均延时(ms)
1	[assetcenter]AssetFacadeService.findUserAllChannelAsset	56478	121
2	[appcenter]IndexPageManagerService.queryIndexPageInfo	3017	668
3	[appcenter]MobilePagesService.userPageInfo	2005	724
4	[appcenter]AssetsService.listUserAssetsHold	1227	1059
5	[paycenter]CommonBankQueryService.balanceQuery	3394	254

图 9.6　资源占用排序图表

9.2.6　服务调用时间纵比

以上介绍的报表都是衡量服务在某个时间点的状态的。但有时候我们还想查看服务的状态变化趋势，这就需要一些基于时间的纵比图表。如图 9.7 所示，就是一个服务在连续两个小时的变化趋势图表，按变化率进行排序。从这个图表可以很直观地查看线上波动最大的服务。

【服务】每小时调用次数变化最多Top5

	接口	现值(次)	旧值(次)	变化率
1	[assetcenter]AssetFacadeService.findUserPeriod	116	10	10
2	[appcenter]AssetsService.findUserPeriodAssetsInfo	5073	501	9
3	[appcenter]AssetsService.listHistoryRegionAssets	10	1	9
4	[equitycenter]LotteryCardManagerService.queryUserLotteryCard	73	9	7
5	[assetscenter]FundManagerService.getFundCurveGraphData	8	1	7

图 9.7　调用量波动最大的服务 Top*N* 排序图表

图 9.7 中的图表是通过如下所示的一个复杂的 SQL 语句构造的，这个语句实际上由两个子 SQL 构成，这两个子 SQL 分别查询当前小时的调用量（代码行 16～23）和前一个小时的调用量（代码行 24～38），对比两个调用量并算出变化率（倍数），最终基于变化率进行排序。

```
01.   SELECT
02.       d.service_name,
03.       d.success_count,
04.       IFNULL(d.old_success_count,  0) AS failure_count,
05.       d.incremt_ration AS max_elapsed
06.   FROM
07.       (SELECT
08.           c.service_name,
09.           c.success_count,
10.           c.old_success_count,
11.                 ABS(success_count - IFNULL(c.old_success_count ,  0)) /
                        IFNULL(c.old_success_count,  1) AS incremt_ration
12.       FROM
13.           (SELECT
14.               a.*,  b.success_count AS old_success_count
15.           FROM
16.                 (SELECT
17.                       service_name,
18.                       SUM(success_count + failure_count) AS success_count
19.                    FROM
20.                       service_monitor_log_hour
21.                    WHERE
22.                           log_time = (SELECT log_time FROM service_monitor_
                                 log_hour ORDER BY log_time DESC LIMIT 1)
23.                    GROUP BY service_name) a
24.       LEFT JOIN (SELECT
25.                    service_name,
26.                    SUM(success_count + failure_count) AS success_count
```

```
27.            FROM
28.                service_monitor_log_hour
29.            WHERE
30.                log_time = (SELECT
31.                                log_time
32.                            FROM
33.                                service_monitor_log_hour
34.                            WHERE
35.                                log_time < (SELECT log_time FROM service_
                                               monitor_log_hour   ORDER   BY
                                               log_time DESC LIMIT 1)
36.                            ORDER BY log_time DESC
37.                            LIMIT 1)
38.            GROUP BY service_name) b ON a.service_name = b.service_name) c) d
39.     ORDER BY d.incremt_ration DESC
40.     LIMIT 5
```

9.3 DAO 监控

与服务类似，针对数据库监控的分钟、小时、天的性能监控指标主要存储在 **dao_monitor_log**、**dao_monitor_log_hour** 和 **dao_monitor_log_day** 三张汇总表中。对数据库操作的各类监控图表也主要通过对这三张表的各个维度的查询汇总来获取数据。

9.3.1 错误最多 Top*N* 监控

统计某个时间段（分钟、小时、天）内的所有数据库访问的累积调用量和累积调用异常量，按调用异常量进行排序取前 *N* 条记录，就可以获得如图 9.8 所示的数据库访问错误接口 Top*N* 监控图表。可以将超出告警阈值的单元格用背景颜色着重标注出来。

	【DAO】错误最多		
	DAO	成功量	失败量
1	[app]LoveFundMapper.addLoveFeed	20	12
2	[app]HongRankMapper.getScoreInfoByUserId	0	8
3	[app]LoveFundMapper.getLoveFeedByIdWithLock	0	2
4	[app]LoveFundMapper.addFeedReply	0	1

图 9.8　某个时段内调用报错最多的数据库访问接口列表

相关数据访问的 SQL 和 9.2.1 节中的服务错误 Top*N* 监控图表的 SQL 基本上是一样的，只需把其中的表名 **service_monitor_log** 修改为 **dao_monitor_log** 即可。

9.3.2　性能最差 Top*N* 监控

统计某个时间段（分钟、小时、天）内所有数据库接口的平均耗时、总调用量、最大调用耗时，按平均耗时进行排序取前 20 条记录，就可以获得如图 9.9 所示的性能最差的数据库访问接口 Top20 监控图表。

	【DAO】性能最差			
	DAO	总调用量	平均延时(ms	最大延时(ms)
1	[equitycenter]LotteryCardMapper.getAllAlertAndPushBatchCar	20	1619	1951
2	[equitycenter]LotteryCardMapper.listSendMessageCards	20	1480	1771
3	[equitycenter]HdCardRecordMapper.queryHdCardExchangeRe	1	782	782
4	[equitycenter]EquityMapper.listRankUserReferee	4	213	400
5	[equitycenter]LotteryCardMapper.queryAllInUseCards	1	212	212

图 9.9　性能最差的数据库访问接口 Top20 监控图表

相关数据访问的 SQL 和 9.2.3 节中的性能最差服务 Top20 监控图表的 SQL 基本上是一样的，只需把其中的表名 **service_monitor_log** 修改为 **dao_monitor_log** 即可。

9.3.3　调用次数最多 Top*N* 监控

统计某个时间段（分钟、小时、天）内的所有数据库接口的访问调用量（其值等于成功调用量和失败调用量的总和）和调用失败的调用量，按访问调用量排序取前 20 条记录即可得到如图 9.10 所示的数据库调用量最多接口 Top20 图表。

【DAO】调用次数最多Top20			
	DAO	成功量	失败量
1	[equitycenter]LotteryCardMapper.getHdCardRuleByPK	643422	0
2	[equitycenter]UserModelTypeMapper.queryUserId	301905	0
3	[equitycenter]AppCardModuleMapper.queryThAppCardModule	263263	0
4	[equitycenter]LotteryCardMapper.queryCardDetailAndConfig	238412	0
5	[equitycenter]MobileClassMapper.queryAppMobileClassBySelective	233619	0

图 9.10　数据库调用量最多接口 Top20 图表

相关数据访问的 SQL 与 9.2.4 节中的调用次数最多服务 Top20 监控图表的 SQL 基本上是一样的，只需把其中的表名 **service_monitor_log** 修改为 **dao_monitor_log** 即可。

9.3.4　总资源占用 Top*N* 监控

与 9.2.5 节中服务的总资源计算算法一致，将某个时间段（分钟、小时、天）内的所有数据库接口调用的总 CPU 耗时按调用接口名称进行汇总统计，计算总的成功调用量和平均调用耗时，最后按总 CPU 耗时进行排序取前 5 条记录就可以获得如图 9.11 所示的最消耗系统资源的 Top5 数据库访问接口列表。

【DAO】总资源占用最多Top5			
	DAO	成功量	平均延时(ms)
1	[equitycenter]LotteryCardMapper.queryCardDetailAndConfig	238412	7
2	[equitycenter]AppPrivateFundMapper.queryPrivateFundBySelective	31603	42
3	[equitycenter]LotteryCardMapper.getHdCardRuleByPK	643422	1
4	[equitycenter]CmsMapper.queryAdsListByCardCodeList	233619	2
5	[equitycenter]MobileClassMapper.queryMobileClassBySelective	233619	2

图 9.11　最消耗系统资源的 Top5 数据库访问接口列表

相关数据访问的 SQL 与 9.2.5 节中的服务消耗资源监控图表的 SQL 基本一样，只需把其中

的表名 **service_monitor_log** 改为 **dao_monitor_log** 即可。

9.4　系统监控

系统监控的数据被存放在 **system_monitor_log**、**disk_volume_monitor_log** 和 **memory_gc_monitor_log** 三张表中。其中 **system_monitor_log** 表存储了绝大多数的系统监控指标，**disk_volume_monitor_log** 表用于存储磁盘监控指标明细，**memory_gc_monitor_log** 表用于存储 JVM 内存 GC 的相关信息，包括 **Full GC** 和 **minor GC**。对系统的各类监控图表也主要通过对这三张表的各个维度的查询汇总来获取数据。

由于系统监控主要针对主机，所以不会像服务和 DAO 监控那样有总的汇总值，而是分 IP 进行汇总和展示。

9.4.1　一小时系统负载变化曲线图

系统监控每分钟采集一次，因此可以从数据库中查出最近一小时内的每台主机的系统负载、内存总量和可使用内存量的监控指标，按时间排序得到 60 分钟的监控指标明细列表。具体 SQL 如下，其中“代码行 10～11”用于获得时间区间。

```
01.    SELECT
02.        a.log_time,
03.        a.machine_address,
04.        a.os_systemLoadAverage,
05.        a.memory_total,
06.        a.memory_free
07.    FROM
08.        system_monitor_log a
09.    WHERE
10.          a.log_time > DATE_ADD((SELECT log_time FROM system_monitor_log
```

```
                                  ORDER BY log_time DESC LIMIT 1),
11.                            INTERVAL - 1 HOUR)
12.     ORDER BY a.machine_address ,  a.log_time ASC
```

有了这个数据之后，就可以在前端利用 eCharts 的折线图表组件制作出每台服务器最近一小时内的负载变化趋势图，如图 9.12 所示。

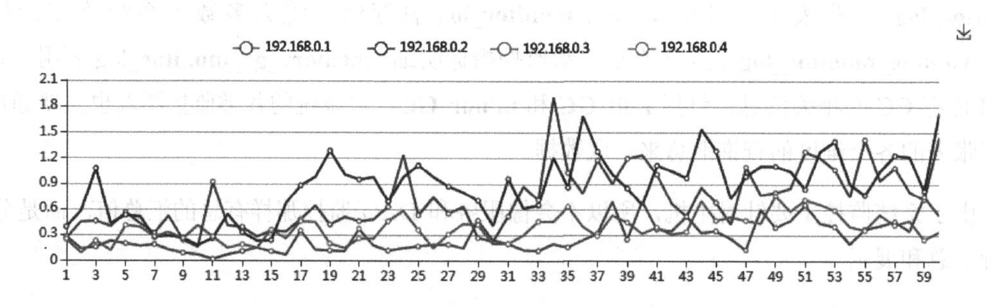

图 9.12 最近一小时内的集群服务器负载变化趋势图

9.4.2 一小时 JVM 使用内存变化曲线图

同样，可查询内存总量及空闲内存量，计算出每个服务器每分钟的实际使用内存。基于这个计算指标，可以在前端利用 eCharts 的折线图表组件制作出每台服务器最近一小时内的使用内存变化趋势图，如图 9.13 所示。

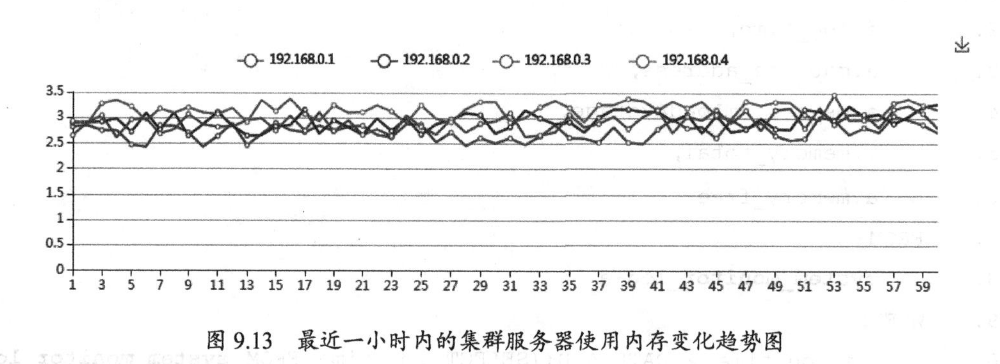

图 9.13 最近一小时内的集群服务器使用内存变化趋势图

9.4.3　系统时点指标监控

system_monitor_log 表存储了绝大部分系统监控的分钟级指标。为了提高查询效率，可以利用如下 SQL 语句一次性将最新分钟时点的监控指标全部查出来，利用这些系统监控指标制作出线程、存储、内存的系统时点指标监控图表。

```
01.    SELECT
02.        a.*
03.    FROM
04.        system_monitor_log a
05.    WHERE
06.          a.log_time = (SELECT log_time FROM system_monitor_log ORDER BY
                          log_time DESC LIMIT 1)
```

1. 线程监控

基于以上查询所得的数据，把每台服务器的峰值线程总数（字段 thread_peek）、活动线程数（字段 thread_active）和守护线程数（字段 thread_daemon_count）按柱状图进行展示，可以获得如图 9.14 的时点集群服务器线程监控图表。

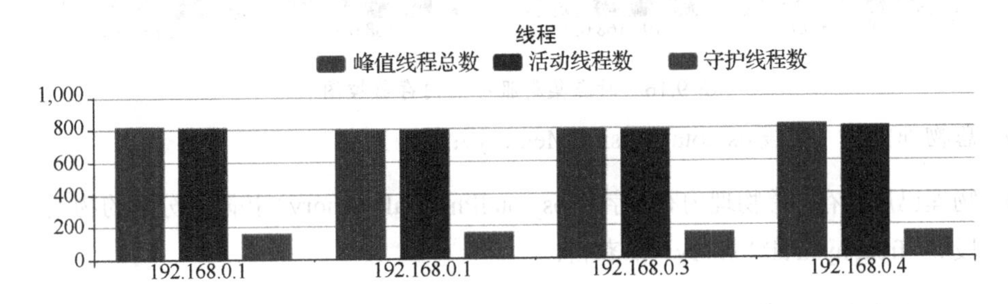

图 9.14　时点集群服务器线程监控图表

2. 存储监控

基于所查询的数据，把每台服务器的总容量（字段 disk_total）、未分配容量（字段 disk_free）

和可使用容量（字段 disk_usable）按柱状图进行展示，可以获得如图 9.15 所示的时点集群服务器存储监控图表。

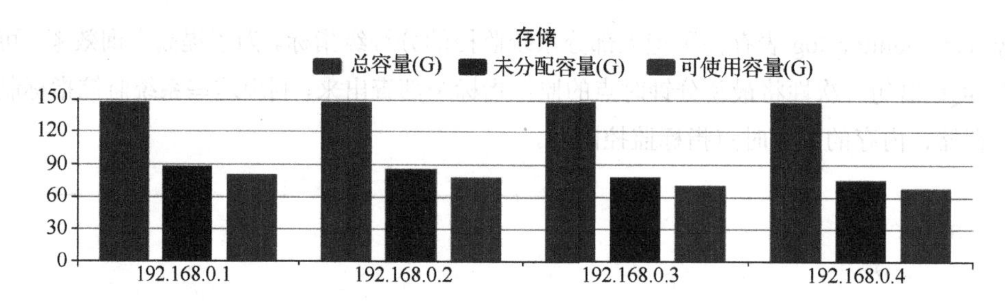

图 9.15　时点集群服务器存储监控图表

3. 内存监控

基于所查询的数据，把每台服务器的如下指标或指标计算值按柱状图进行展示，可以获得如图 9.16 所示的时点集群服务器内存监控图表。

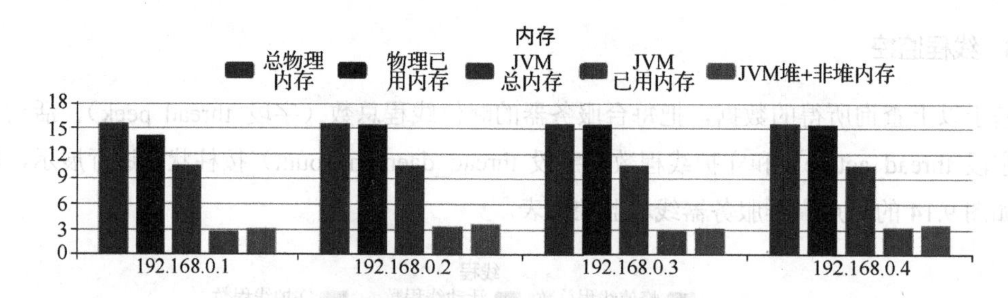

图 9.16　时点集群服务器内存监控图表

- 总物理内存（字段 os_totalPhysicalMemory）；
- 物理已用内存：总物理内存（字段 os_totalPhysicalMemory）扣除未分配的物理内存（字段 os_freePhysicalMemory）后获得；
- JVM 总内存（字段 memory_total）；
- JVM 已用内存：JVM 总内存（字段 memory_total）扣除 JVM 空闲内存（字段 memory_free）后获得；
- JVM 堆+非堆内存：利用 JVM 堆内存（字段 memory_heapUsage）和非堆内存（字段

memory_nonHeapUsage）的总计获得。

9.4.4　JVM 垃圾收集统计

JVM 的垃圾收集（GC）明细信息都存储在 memory_gc_monitor_log 表中，利用如下 SQL 语句可以获取最新时点各个服务器的所有垃圾收集信息。

```
01.    SELECT
02.        *
03.    FROM
04.        memory_gc_monitor_log
05.    WHERE
06.         log_time = (SELECT log_time FROM memory_gc_monitor_log ORDER BY
                       log_time DESC LIMIT 1)
07.    ORDER BY machine_address , gc_name
```

将查询到的数据按主机 IP 地址排序，简单罗列后即可获得如图 9.17 所示的时点集群服务器 JVM 垃圾收集监控图表。

（JVM启动后）垃圾收集统计

	服务器IP	收集器	次数	总耗时(ms)
1	192.168.0.1	ConcurrentMarkSweep	4	555
2	192.168.0.1	ParNew	24449	754193
3	192.168.0.2	ConcurrentMarkSweep	4	605
4	192.168.0.2	ParNew	27951	1098168
5	192.168.0.3	ConcurrentMarkSweep	4	319
6	192.168.0.3	ParNew	28791	669141
7	192.168.0.4	ConcurrentMarkSweep	4	359
8	192.168.0.4	ParNew	31951	768205

图 9.17　时点集群服务器 JVM 垃圾收集监控图表

9.5 自定义业务监控

用户自定义采集的指标数据统一存储在表 **custom_data_pick_log** 中，图 9.18 是其核心字段的存储格式。从图上可以看到，基本上由服务接口名称和日期共同构成 **key**（这个 **key** 可以重复），自定义采集的数据虽然每个接口都不相同，但都被统一组织成一个由“;;;”符号分隔的长字符串作为 **value**。因此，可以定义几个通用的图表模板，通过配置即可对自定义采集的数据进行展示，这样就节省了重复开发报表的成本。

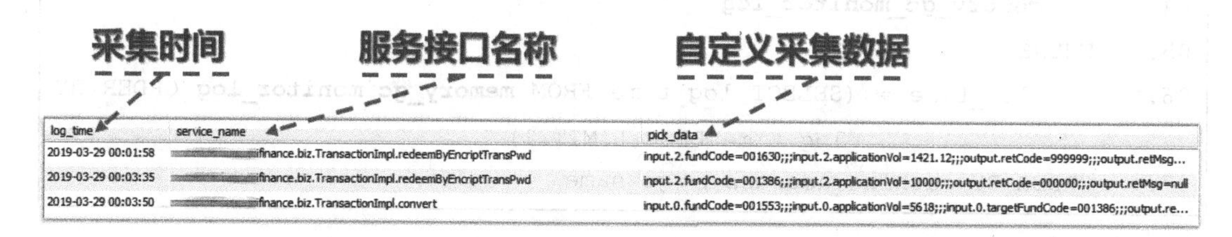

图 9.18 表 custom_data_pick_log 的字段存储格式

9.5.1 图表配置

系统提供了图表配置功能，可以在如图 9.19 所示的配置界面上进行三类数据的配置：

- 动态小时图表；
- 静态天图表；
- 时间分布散点图表。

为了简便，可在配置的编辑页面上采用直接编辑 JSON 字符串的形式，后台配置存储表存储的也是 JSON 字符串。

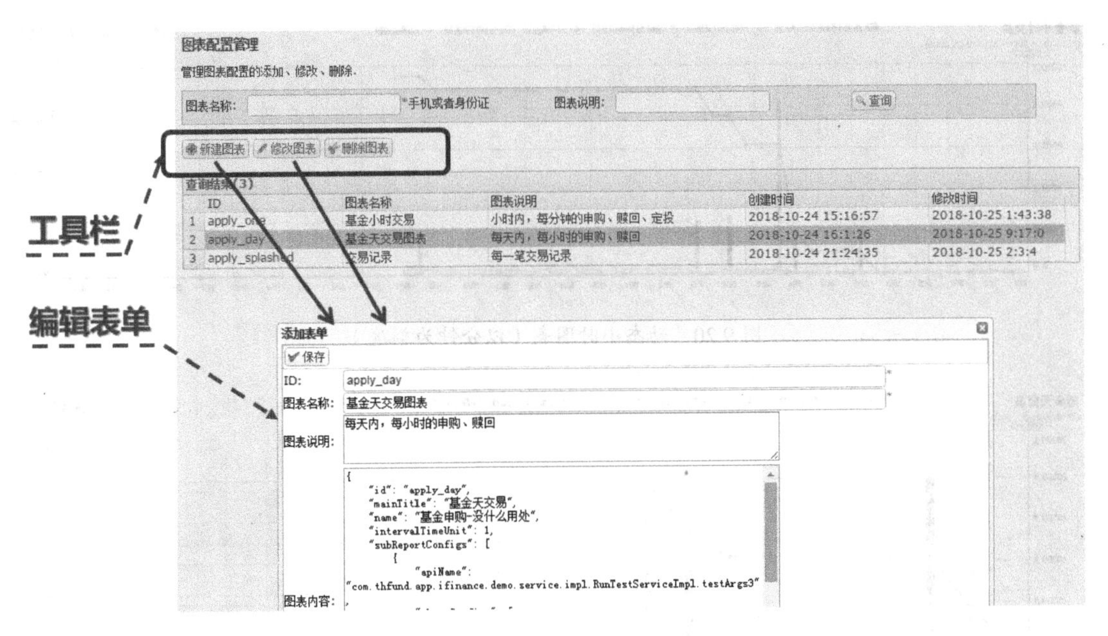

图 9.19　自定义采集图表配置管理界面

9.5.2　图表展示

本节主要介绍三大类图表的呈现效果。

1. 动态小时图表

动态小时图表展示的是 1 个小时或者几个小时之内的数据，单位刻度为分钟，由于屏幕大小的限制，推荐展示的数据不要超过 2 个小时的。所谓的动态，意思就是每隔 20 秒会自动重新查询数据并刷新图表，样式如图 9.20 所示。

2. 静态天图表

静态天图表主要用于展示以小时为刻度的天一级的数据，由于屏幕大小的限制，推荐展示的数据最多不要超过 4 天的。天图表不会自动刷新，需要手工进行刷新操作，样式如图 9.21 所示。

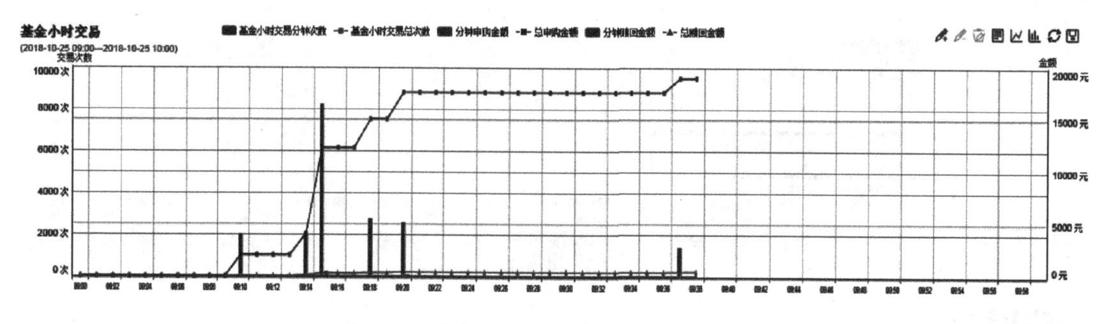

图 9.20　动态小时图表（以分钟为刻度）

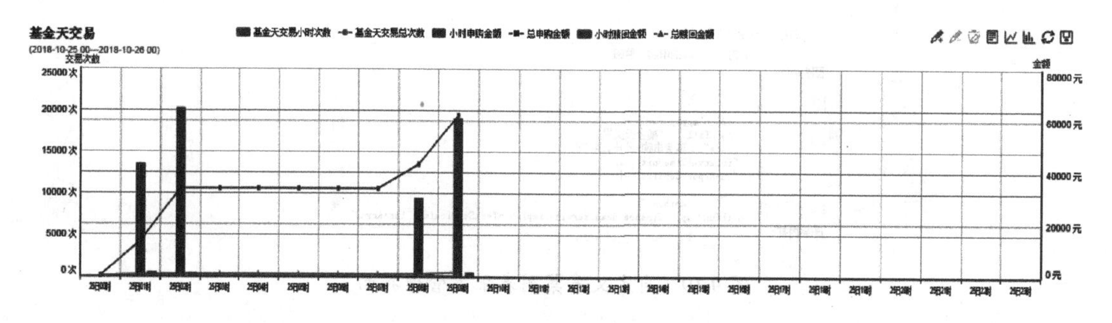

图 9.21　静态天图表（以小时为刻度）

3. 时间分布散点图表

时间分布散点图表也是一种动态图，每隔 20 秒会自动重新查询数据并刷新图表。它的时间刻度也是分钟，因此建议展示的数据最多不要超过 2 个小时的。散点图上可以定义展示极值（极大值、极小值）和平均线，样式如图 9.22 所示。

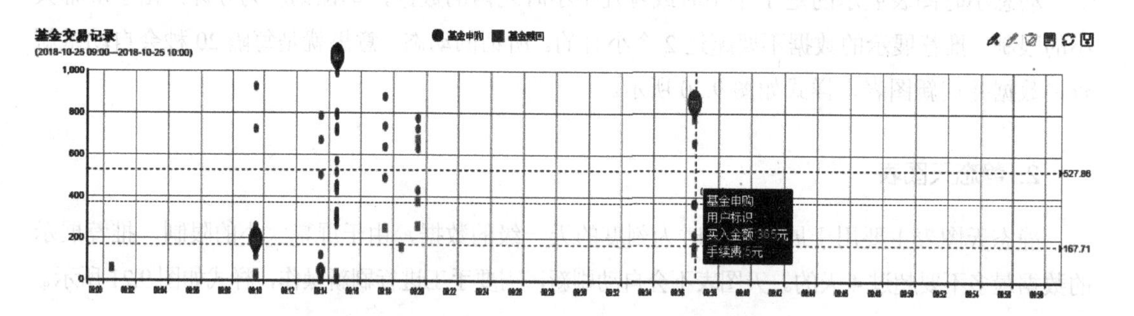

图 9.22　时间分布散点图表（以分钟为刻度）